건축재료학

공학박사 박도경·한동진 공저

SEOWOO PUBLICATIONS

머 리 말

최근 급속한 경제성장과 인구의 도시 밀집화 현상으로 건축물의 고층화 대형화 추세가 날로 가속화 되고 있습니다. 이렇듯 신소재, 신공법에 의한 다양하고 고층화된 구조물을 이해하고 새로운 구조물 축조기술을 익히기 위해서는 건축재료의 기본적인 지식이 요구되고 있습니다. 건축재료학은 이러한 요구를 충족하기 위한 기본적인 필수 과목으로 가장 중요한 역할을 담당하고 있습니다.

이책은 강의 자료와 실무자료를 토대로 하여 다양한 설명으로 건축을 공부하고자 하는 초보자에게 건축재료에 요구되는 기본이론을 상세히 설명하였습니다.

그러나 저자의 능력의 한계로 미비한 점이 많은 것으로 생각되며 앞으로 더욱 연구 노력하여 보완해서 충실한 교재가 되도록 독자 여러분의 많은 조언을 바라는 바입니다.

독자 여러분의 건승을 기원하며...

끝으로 본 서를 집필하는데 많은 도움을 주신 도서출판 서우 이석환 사장님과 편집부에 감사드립니다.

저자 씀

5장 미장재료

6장 유리

7장 점토

8장 접착제, 퍼티, 코팅제

13장 도장재료

14장 방수재료

1 총 론

1. 개요
2. 재료의 분류
3. 규격
4. 재료의 역학적 성질
5. 재료의 유기적 성질
6. 재료의 물리적 성질
7. 안전율과 허용응력(Factor of safety and allowable stress)

1. 개 요

건축재료란 건축공사 전반에 사용되는 재료를 말하며, 구조물의 설계, 시공에 있어서 사용재료에 대한 충분한 지식을 가지고 구조물의 목적에 따른 적절한 재료의 선택, 시방서에 따른 공법의 타당성 판단, 사용재료의 검사시험등을 행하지 않으면 안된다. 그러므로 재료의 적재적소에 사용하기 위하여 재료의 산지, 제법, 용도, 시험법, 가격등을 고찰하여 안전하고도 경제적인 시공과 아울러 미개척 재료의 발전과 현 재료의 개량이 요구된다. 이 책에서는 건축재료 중 목재, 석재, Cement 및 혼화재료, 골재, concrete 배합설계, 금속재, 역청재, 점토제품, 도료, 합성수지, 보온 및 단열재료 등의 주요 건축재료에 대하여 기술 하였다.

2. 재료의 분류

건축재료는 여러 방면으로 분류되나 용도, 생산, 화학적 조성면으로 나누면 다음과 같다.

2.1 용도에 의한 분류

(1) 구조주체 재료

구조물 축조에 주가 되는 재료는 높은 강도와 내구성을 필요로 한다. 일반적으로 사용되는 구조주체 재료는 목재, 석재, Cement, Concrete, 점토제품, 금속재료 및 역청재료이다.

(2) 부재료

주체재료에 첨가 또는 부가되어 保存(보존), 緩衝(완충), 裝飾(장식) 등의 목적으로 사용되며 부재료에만 쓰이는 것은 유리, 도료, 합성수지 및 경금속 재료이다.

2.2 산출(産出)에 의한 분류

(1) 천연재료(Natural Material) : 목재, 석재, 골재, 점토, 천연 아스팔트
(2) 인공재료(Manufactured Material) : 벽돌, Cement, 금속, 석유 아스팔트

2.3 화학적 조성에 의한 분류

(1) 유기질 재료 (Organic Material) : 목재, 역청재료, 합성수지, 섬유 등
(2) 무기질 재료 (Inorganic Material) :
  ① 금속재료(Metalic Materials) : 철금속 재료에는 주철, 연철, 가단철, 강합금강 등이 있고, 비철금속재료에는 동, 연, 알루미늄, 아연등이 있다.
  ② 비금속재료(Inmetalic Materials) : 석재, 점토제품(벽돌, 토관, terra cotta), Cement, Concrete, 유리 등

건축구조물은 구축 후의 개조가 곤란 하므로 구조재료에 대한 충분한 검토가 필요하다. 따라서 건축재료로서 필요한 일반 조건을 들면 다음과 같다.

① 재질이 균일 하고 강도가 클 것
② 생산량이 풍부하고 경제적으로 求得(구득) 할 수 있을 것
③ 운반, 취급에 편리 할 것
④ 내후성, 내마모성, 열에 대한 내구성이 클 것

3. 규격

건축공사에서 쓰이는 재료뿐만 아니라 모든 공업제품에 대하여 그

품질, 모양, 치수가 다양하므로 어떤 표준에 의한 규격을 정하여 품질, 형상, 치수 및 시험방법 등을 종류별로 통일 시킨다면 재료의 사용과 품질 판정을 원활하게 함은 물론 경제적인 이익을 가져 오게 할 수가 있고, 우열의 기준이 되며, 생산측 및 수요측 나아가서 국가 및 국제적으로 편익을 가져 올 수 있다. 따라서 1947년 국제 표준화기구인 I.S.O(International Standard Organization)가 설립되어 각국간의 규격의 통일을 위하여 노력하고 있다. 우리나라에서도 1961년 9월 30일 한국공업 규격을 제정하고 1971년 1월 22일 이것을 개정하여 국산공업 제품의 규격을 통일하였다.

건축재료의 규격은 각국마다 다소의 차이점은 있으나 그 제정목적은 거의 같다.

각국의 규격명칭 및 제정년도는 다음과 같다.

① 한국 : K.S. (Korea Industrial Standard) 1961년 제정
② 미국 : A.S.T.M (American Society for Testing Material) 1931년 제정
③ 영국 : B.S.S (British Standard Specification) 1903년 제정
④ 독일 : D.I.N (Deutsch Ingenieur Norman) 1927년 제정
⑤ 일본 : J.I.S (Japan Industrial Standard) 1949년 제정

한국공업규격 (K.S)의 분류를 보면 〈표1〉과 같이 11부분으로 나누고 그중 F가 토건 부분이다.

표1. KS의 분류

분류기호	부문	종수	분류기호	부문	종수
A	기본부분	104	G	일용품	48
B	기계	313	H	식료품	22
C	전기	297	K	섬유	122
D	금속	254	L	요업	88
E	광산	94	M	화학	317
F	토건	319	계		1,978

4. 재료의 역학적 성질

4.1 응력(Stress)

구조물에 외력(하중)이 작용하면 구조물 내부에 저항력, 즉 내력이 일어난다. 이 내력의 크기를 응력(Stress)이라 부른다. 단위 면적당 내력의 크기를 단위응력(Unit stress) 또는 응력도 (Stress intensity)라 부른다. 응력의 단위는 kg/㎠, Ibs/in^{2}로 나타내고 1kg/㎠=14.2233Ibs/in^{2}이다. 응력에서 재료의 단면에 수직으로 작용하는 직접응력(Direct stress) 혹은 수직응력(Vertical stress)과 그 면에 평행하게 작용하는 전단응력(Shearing stress)이 있고 직접응력은 단면의 인접부를 당기려는 인장응력(Tensile stress)과 서로 밀려는 압축응력(Compressive stress)으로 구분되고 부재방향에 직각인 단면에 부재 단면의 중심과 여기에 작용하는 응력의 합력이 일치하지 않고 편차가 있을때 일어나는 응력을 휨응력(Bending stress)이라 한다. 휨 응력이 일어날때는 부재의 상단에 인장응력 하단에는 압축응력이 생겨 이 저항 모멘트가 외력에 의한 Moment에 대항한다. 이외에도 축부재에서는 비틀림 응력이 생긴다.

(1) 직접응력 (Direct stress) 또는 수직응력(Vertical stress)

직선봉으로 그 단면이 일정한 경우 그 단면의 도심을 지나는 선을 그 본의 축(Axis)이라 한다. 그림1의 축에 하중 P가 압축으로 작용할 때 봉의 단면적을 A라 하면 단면의 단위 면적에 미치는 내력 즉 응력 σ_c다. 이때 σ_c를 압축응력도(Compressive stress intensity)라 한다.그림1과 같이 하중 P가 인장으로 작용 할때의 단면적에 미치는 내력 즉 응력σ_t 는 이 σ_t를 인장응력도(Tensile stress intensity)라 한다.

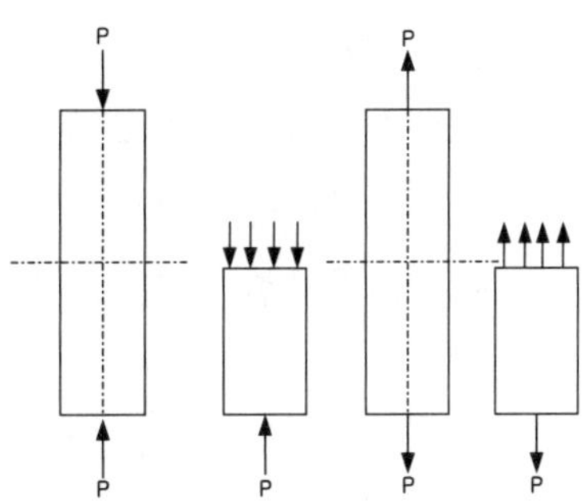

그림1 축의 응력도

(2) 전단응력(Shearing stress)

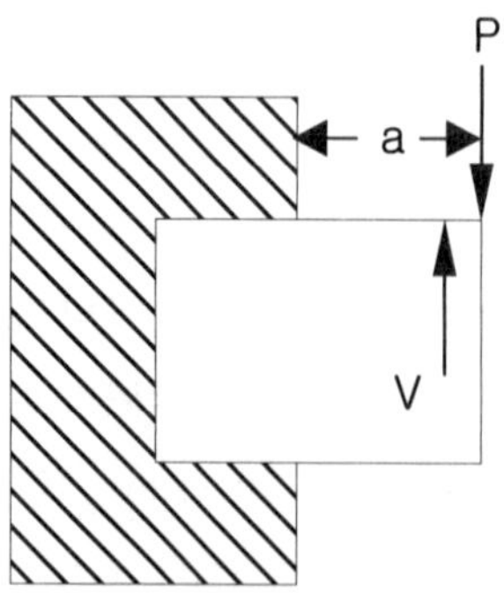

그림2. 전단응력도

만일 벽에 매립된 봉에 외력 P가 작용하면 본의 길이 a 가 매우 짧을 때 휨 모멘트 M은 대단히 적고 이것을 무시하면 이 단면에는 전단력 (Shearing force) P 의 영향만을 고려하면 된다. 이 전단력에 대항하는 내력을 전단응력이라 하면 단위 면적에 미치는 전단 응력을 τ , 봉의 단면적을 A라 하면

이 V를 수직 응력에 대하여 접선 응력 (Tangential stress)이라고 하는 경우도 있다.

(3) 휨응력(Bending stress)

보가 하중에 의하여 휨을 받으면 보의 내부에 저항하는 휨 응력이 생긴다. 보의 축에서 하측은 인장되고 상측은 압축된다. 이때 압축과 인장도 일어나지 않는 평면을 중립축이라 하고, 이 중립축과 보의 횡단면과의 교선을 중립축(Central axial)이라 한다.

인장력을 (-), 압축력을 (+)로 하면, 이 휨응력은 보의 단면의 가장자리, 즉 상연과 하연에서 가장 크며 휨 응력은 다음 식으로 표시된다.

여기서 M : 보에 작용하는 모멘트

I : 중립축에 대한 단면 2차 모멘트

y : 중립축에서 가장자리까지의 거리

(인장이며(−), 압축이면(+))

(4) 부착응력(Bond stress)

한 재료속에 다른 재료가 묻혀 있을때 이 양 재료 사이에 일어나는 마찰적항을 부착응력이라 한다. 파묻고 있는 재료의 전단력을 S, 파묻힌 재료의 파묻힌 부분의 총 면적을 A라 하면 부착응력 τ_o는 다음과 같다.

$$\tau_o = \frac{S}{A}$$

4.2 변형(Strain) 및 Poisson 비 (Poisson's ratio)

길이 ℓ 의 봉을 축방향으로 힘 P로 써 인장 하거나 압축하면 봉의 길이가 (ℓ +Δℓ) 또는 (ℓ −Δℓ)로 된다. 이때 Δℓ 을 伸張(신장 Elongation)이라 하고, 신장과정을 변형한다고 한다. Δℓ 은 길이 단위 ㎝로 측정되며 Δℓ 을 ℓ 로 나눈 값을 ε 으로 표시하고 변형율 이라 한다. 여기서 (+)는 인장, (−)는 압축변형율 이다. 이상의 변형율은 늘어난 량이나 압축된 양을 원래의 길이로 나눈 값이며, 이는 축방향으로 고려한 것으로 특히 종변형율(Longitudinal strain)이라 한다. 단위는 없고 대개 %로 표시하고 있다.

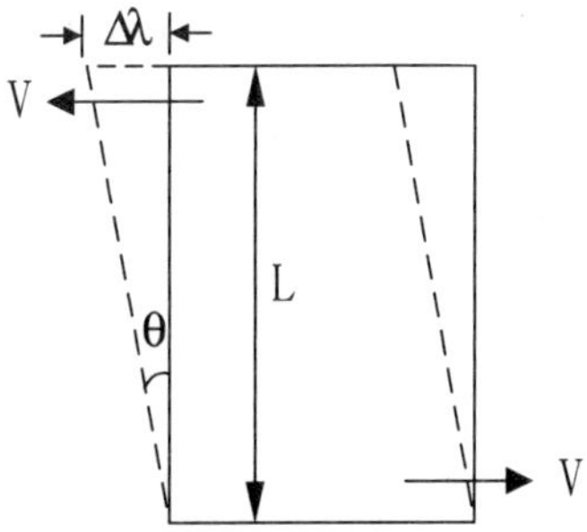

그림3. 재료의 변형도

봉이 늘어나면 그것과 직각 방향에는 압축되고, 봉이 압축되면 그것과 직각 방향에는 늘어난다. 길이 b가 Δb 만큼, 하중 방향의 직각에 압축 도는 인장 되었으면 이때의 변형율 d는 횡변형율(Lateral strain)이라 한다. 그림과 같이 AB가 A'B'의 위치가 되면 이 경우 AA' BB'는 같고 극히 적으므로 r을 Radian 으로 표시 한다고 하면

$$\frac{y}{a} = \text{Tan} r \fallingdotseq r$$

라고 생각해도 좋다.

이 r을 전단변형(Shearing strain)이라고 한다.

탄성체에 외력이 작용할 때 그 응력 방향에 변형이 일어남과 동시에 이와 직각인 방향에도 변형이 생긴다. 가령 인장 응력을 받으면 인장 응력방향은 늘어나지만 그와 직각인 방향은 줄어든다. 이들 변형의 비를 포아슨비(Poisson's ratio)라 하고 그 역수를 포아슨수(Poisson's number)라 한다.

포아슨 비 μ 는 항상 정이며 강은 0.3, 콘크리트는 0.17~0.2 정도이다.

보통재료에서 포아슨 수 m은 3~4이다.

4.3 응력-변형율도(Stress-strain diagram)

어떤 재료의 응력과 변형율의 관계를 도시해 보면 그 재료의 역학적 성질을 쉽게 파악 할 수 있다. 그림4는 강재를 인장했을때 종축에는 응력(Stress) 횡축에는 변형율(Strain)을 놓고 응력과 변형율과의 관계를 도시 한 것으로 이와 같은 곡선을 응력-변형율도라 한다. 이 곡선의 모양은 재료의 종류, 또는 같은 재료라도 압축했을 때와 인장 했을 때에 따라 달라진다.

탄성한도(Elastic limit) : 그림에서 A점 까지를 말하며, 외력을 제거해도 영구 변형을 남기지 않고 원래의 상태로 돌아가는 응력의 최대한도

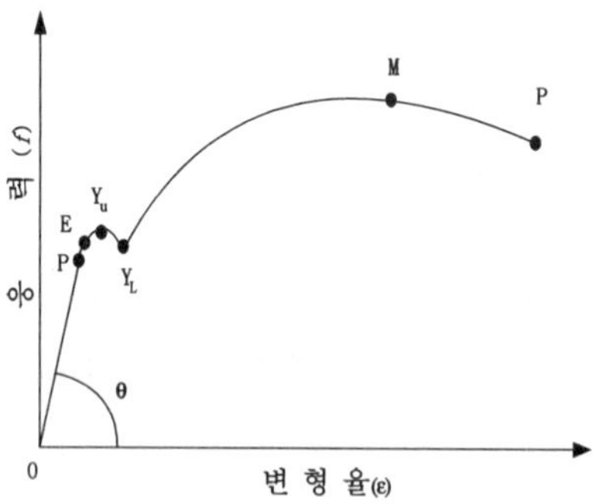

그림4. 재료의 응력과 변형율

비례한도 (Proportional limit) : 그림에서 P까지를 말하며, 응력과 변형율의 관계는 직선적이고 Hooke의 법칙이 성립되는 최대한도, 실제로 비례한도와 탄성한도는 같은 경우가 많다. 항복점 (Yielding point) : 응력이 증가하지 않는데도 변형이 급격히 증가하므로 이와 같은 변형 상태로 흐름(Flow) 도는 크리프(Creep)라 하고 이 현상을 항복이라 하며, 그림의 C점을 상위항복점 또는 D점을 하위 항복점이라 한다.

극한강도(Ultimate strength) : 응력이 최대인 점으로 곡선의 최고점 E를 말한다. 파괴점 (Breaking point) : 재료가 절단되는 점이며 실제의 응력은 단면이 감소했기 때문에 매우 큰 응력이 작용할 것이나 단면의 축소를 고려하지 않으므로 응력은 감소한 것이다. 단면의 감소를 고려한 응력을 실응력 (Actural stress)이라 하고, 고려하지 않고 최초의 단면으로 생각한 응력을 공칭응력(Nominal stress)이라 한다.

동이나 鑄鐵(주철), 콘크리트나 주철을 압축 했을 때의 응력-변형도는 직선부가 없고 처음부터 곡선이므로 이와 같은 재료에서는 탄성계수 E가 일정치 않으며 큰 응력에 대해서 Young 계수는 작아진다.

4.4 탄성계수(Modulus of elasticity), 전단탄성계수(Shear modulus of elasticity) 및 체적탄성계수(Modulus of elastic of volume)

길이 ℓ 의 봉을 힘 P로 인장하면 $\Delta\ell$ 만큼 늘어나고, 힘 P를 제거하면 봉의 원래의 길이 ℓ 로 돌아갔다고 하면 이 봉을 탄성체(Elasticity body)라고 하는데 안전 탄성체는 거의 없다. 재료의 비례한계 이하에선는 응력 σ 와 변형율 ε 은 비례한다. 이 성질을 Hooke의 법칙(Hooke's law)이라 하고 이때의 응력과 변형율의 비 E=σ /ε 를 탄성계수 F또는 영계수라 한다.

Hooke의 법칙에 따라 응력과 σ 와 변형율 ε 은 비례하므로

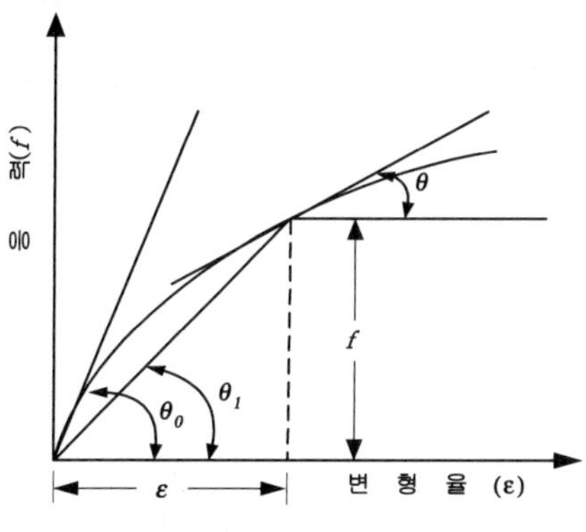

그림5. 응력과 변형율에서 탄성계수

비례상수를 E라 하면 이식은 다음과 같이 표시된다.

식은 인장응력이나 압축응력에도 적용되고 여기서(a)식을 대입하면 힘 P를 kg, 길이 ℓ 을 ㎝로 표시하면 윗식의 단위는 단위로 표시되고 이때 E는 봉의 축방향 탄성계수이다.

같은 응력 변형율 관계에서 탄성계수는 다음과 같은 종류가 있다.

① 초기접선계수(Initial tangent modulus)
② 접선계수 (Tangent modulus)
③ 활선탄성계수 (Secant modulus)

현재 탄성계수에 있어서는 활선계수가 쓰여지고 있고 다른 계수는 거의 쓰여지지 않고 있으며 초기 접선 계수는 초음파를 이용한 측정방법에 의하여 측정이 가능한 동탄성계수(Dynamic elastic modulus)에서 조사된다.

Hooke의 법칙에 의해 전단 응력 τ 와 전단 변형 r 와는 비례한다.

비례상수를 G라 하면

이 G는 탄성계수의 일종으로 전단탄성계수(Shear modulus, modulus of rigidity)라 한다.

G는 봉축의 직각방향 탄성계수이다.
응력의 방향에 신축이 있음과 동시에 이것과 직각 방향에서도 신축이 생긴다. 응력 σ =P/A, 원체적을 V, 체적의 변화를 ℓ v라 하면

K를 체적탄성계수라 하며 일반적으로 체적의 변형율 ℓ v/V는 길이 변형율 $\Delta\ell/\ell$ 의 3배이다. 철근 및 콘크리트의 탄성계수는 다음 값을 표준으로 한다.

E_s= 2,040,000kg/㎠

E_c=W ×4,270

보통 골재를 사용할 때 W=2.3t/㎥이고

이때 E_c=15,000 σ 차

4.5 재료의 강도(Strength)

물체에 하중이 작용할 때 그 하중 또는 응력에 저항하는 재료의 능력을 강도(Strength)라 하며 일반적으로 응력의 단위로 표시한다.
강도에는 외력의 종류에 따라 인장강도(Tensile strength), 압축강도(Compressive strength), 휨강도(Bending, flexural strength), 전단강도(Shearing strength) 및 비틀림 강도(Torsional strength)등이 있고 또 하중이 작용하는 속도에 따라 정적강도(Static strength), 충격강도(Impact strength)로 나누며, 하중이 반복 작용하면 정적강도보다 낮은 강도에서 파괴되므로 이것을 피로파괴(Fatigue rupture), 또 장시간에 걸쳐서 하중이 지속하여 작용하면 역시 파괴되는 일이 있

으므로 이것을 크리프 파괴(Creep rupture)이라 한다.

(1) 정적강도(Static strength)

보통 사용되고 있는 목재, 석재, 콘크리트, 강재 등의 강도는 모두 정적강도이다. 이때 압축, 인장, 전단력에 대한 극한 강도를 각각 압축강도, 인장강도, 전단강도라 한다.

(2) 충격강도 (Impact Strength)

재료의 충격에 대한 저항성을 정적인 강도만으로는 판단하기 곤란한 경우가 있다. 이 때문에 시험편에 충격적인 힘을 가하여, 그 파괴에 소요되는 에너지를 가지고 나타내는데 이것을 충격치(Impact Value)라 부른다. 충격시험으로는 샬피 충격시험 또는 아이조드 충격시험등이 있다.

(3) 피로파괴(Fatigue rupture)

피로 파괴는 정적인 인장 또는 압축에 의한 파괴와 달리 변형을 수반하지 않고 파괴되는 것이 특징이다. 특히 금속 재료의 피로 파괴는 표면으로부터 안쪽으로 균열이 발전하여 이루어진다.

피로시험에는 아직도 표주시험방법이 규정되어 있지 않으나, 일반적으로 막대 모양, 판자모양의 시험편을 써서 목적에 따라서 반복 휨(Repeated bending), 회전휨(Rotary bending), 반복인장(Repeated tension) 반복압축(Repeated compression) 및 반복 비틀림(Repeated twisting) 등의 반복작용을 주어 재료의 피로한계(Fatigue limit), 시간강도(Time strength)등을 구하거나 부재의 형상, 치수, 표면상태, 가공법 등에 대한 영향을 조사 시험한다.

보통 피로시험에서는 몇 개의 시험편을 준비하여 처음에는 상당히 높은 응력으로 시험 하고 순차로 응력을 낮추어서 시험하여 그 결과로부터 종축에는 응력 S를, 횡축에는 파괴까지의 반복 회수 N의 대수를 취한 S-N 도선을 그려서 피로한도, 시간강도 등을 구한다.

철, 침, 강과 같은 재료는 피로한계(Fatigue limit)이하에서는 N를 증가 시켜도 파괴가 일어나지 않고 수평으로 된다. 이 수평부가 나타나기 시작할 때의 반복회수는 대체로 $N=10^7$ 정도이다.

비철금속과 콘크리트 등의 S-N곡선은 수평부가 나타나지 않고 정확한 피로 한계는 구하기 곤란 하므로 10^8회 또는 10^7회의 반복에 저항하는 응력을 시간강도(Time strength)라 한다. 콘크리트에서는 보통 $N=10^6$ 정도의 시간강도를 잡고 있다. 취급상 피로한계와 시간강도는 같은 것으로 하고 있다.

(4) 크리프 파괴(Creep rupture)

재료는 대부분 고온도에서는 점성 액체의 상태를 나타내고 하중을 받으면 유동(Flow)한다. 이 유동은 소성과 같이 일정한 하중에 대하여 이와 비기는 변형량을 가지는 것이 아니고 하중이 작용하는 동안은 그 변형이 진행한다. 이 현상을 Creep 또는 유동(Flow)이라 한다. 재료 중에는 납처럼 실내온도에도 크리프가 생기는 것도 있다. 대개는 온도와 변형이 일정한도를 넘으면 비로소 크리프가 생긴다. 일정한 온도에서 어느 긴 시간 동안의 크리프 변형율 속도가 0으로 되는 응력 가운데서 최대인 것은 크리프 한계(Creep limit)라 하고 금속재료의 100시간 동안의 단기 시험과 1,000~2,000 시간의 장기 시험의 결과로부터 편의상 다음의 규정을 정하여 크리프 한계로 한다.

① 변형율 속도에 의한 것 : 한 예로서 하중을 가한 뒤 25~35시간의 사이에 평균 크리프 변형을 속도가 0.0015%/hr 로 되는 응력으로 정한다.

② 변형율에 의한 것 : 예를 들면 10^5 시간에 1% 변형율을 응력으로 정한다.

건축재료인 목재, 콘크리트 및 석재 등의 내용연한은 대단히 큰 것이므로 시험방법을 정하지 못하고 있어서 장기간 하중에 의한 강도의 저하등의 문제를 취급하고 있다.

(5) 재료의 파괴

구조물은 이것을 구성하고 있는 여러 가지 재료에 가해지는 응력이 어느 한계이상에 달해지면 파괴된다. 파괴 현상은 이것을 일으킨 원인에 의하여 다음과 같이 분류할 수 있다.

① 탄성의 상실로 인한 파괴 : 영구 변형을 일으켜 구조물로서 원형을 상실하였을 경우
② 균열에 의한 파괴 : 균열의 발생은 과도하중에 의한 것과 반복하중에 의해 서서히 생기는 것으로 구별할 수 있다.
③ 크리프에 의한 파괴 : 대부분의 재료는 온도에서 크리프 파괴가 일어난다.
④ 자연마모에 의한 파괴 : 기계적 마찰에 의한 재료의 摩損(마손) 파괴

이상의 파괴는 모두 물리적 또는 기계적 원인에 의한 것이나, 구조용 재료의 파괴에는 이외의 금속의 부식과 같은 화학적 원인에 의한 것, 목재의 부식과 같은 유기적 원인에 의한 것 도한 큰 원인으로는 화재를 들 수 있다.

5. 재료의 유기적 성질

5.1 하중과 응력(Load and Stress)

구조물의 외력에는(Exteral force)에는 여러 형태로 작용하고 있으나 이 모드가 하중의 취급되어 수직력과 수평력으로 분해할 수 있고, 이것이 다시 휨응력과 전단응력으로 작용된다. 또 정하중과 동하중으로 나누어지며, 집중하중과 분포하중으로 작용된다.

이와 같은 하중이 재료에 작용되면 부재 내부에서는 반발력이 생기는데 이것을 응력이라 한다.

하중은 외력 , 응력은 내력이라 부른다.

5.2 탄성과 소성(Elasticity and Plasticity)

외력을 받아서 변형한 재료가 외력을 제거할 때 안전히 원형으로 되돌아 가는 성질을 탄성이라 하고, 이 변형을 탄성변형 이러한 재료를 탄성체라 하며 외력을 제거해도 그 변형은 그대로 남아 있고 변형으로 되돌아 오지 못하는 성질을 소성이라 한다.

이러한 변형을 소성 변형, 이러한 재료를 소성체라 한다. 엄밀한 의미에서 많은 재료는 위의 두가지 성질을 가지고 있어 완전한 탄성체 도는 소성체라고 말할 수 없으며, 응력이 어는 한도 크기까지는 거의 탄성 변형을 하고, 그 이상을 넘으면 점차 소성 변형을 하게 된다.
많은 구조재료는 공학적으로 사용되는 범위에서는 탄성체로 취급되는 경우가 많다.

5.3 剛性(강성), 靭性(인성), 脆性(취성) (Rigidity, Toughness, Brittleness)

외력을 받아서 변형(Deformation)을 작게 일으키는 재료는 강성이 큰 재료라 부르며, 이 성질은 파괴에 대한 강도의 대소와는 직접적인 관계는 없다. 어떤 재료는 파괴에 이를 때 까지 높은 응력에 견디며 큰 변형이 일어난다. 이와 같은 재료(압연강)를 인성이 큰 재료라고 말한다. 이와 반대로 약간의 변형이 일어나도 파괴되는 재료(주철, 유리, 콘크리트)를 취성이 큰 재료라 한다.

5.4 延性(연성), 展性(전성) (Ductility and Malleability)

인장력을 받아서 파괴될때 까지 현저하게 늘어 날 수 있는 재료를 연성이 많다고 한다. 큰 응력에 견딜 수 있고 또한 연성이 큰 재료는 인성이 큰 재료이다. 도 어떤 재료는 햄머로 쳐서 얇게 펼 수 가 있다. 금, 납 등은 이러한 성질이 강하고 전성이 많은 재료라고 말한다.

5.5 硬度(경도, Hardness)

재료의 경고는 어떤 재료는 긁을 때 자국, 절단, 마도 등에 대한 저항하는 능력으로 표시한다. 광물에는 Mohs 씨의 방법과 같이 긁는것(Scratch), 금속이나 목재인 경우에는 Brinell씨의 경도 및 Rockwell 씨의 경도 와 같이 새기는것(Indentation), Shore 씨의 경도와 같이 재료의 탄성 에너지를 이용한 것(Resilience), 석재에서는 Devel 시험기 및 Losangels 시험기와 같이 마모저항으로 나타내는 것 등이 있어서 재료에 따라 시험 방법 및 단위도 틀린다.

5.6 均質性(균질성), 耐久性(내구성), 水密性(수밀성)(Uniformity, Durability, Waterfightness)

재료 각 부분의 조직이 균일하고 여러 성질들이 균등할 때 이러한 재료를 균질성이 큰 재료라 말하고 이와 반대의 것을 불균질성 재료라 말한다. 분균질성 재료는 응력집중의 원인이 되어 적은 외력에 파괴하는 수가 많다. 구조물이나 사용재료에 있어서 마모, 노후, 파손됨이 없이 오래 견디는 성질을 내구성이라 말하며 우리들은 가급적 내구성이 풍부한 것을 필요로 하지만 여러 가지 원인(녹, 세균, 기후, 마모 등)으로 말미암아 내구성이 저하된다. 따라서 사용재료의 선택에 있어 내구성을 중요시 여겨야 한다.

댐과 같은 저수를 목적으로 하는 구조물이나 지하수의 침투를 막아야 하는 지하 구조물에 있어서는 수밀성이 큰 재료를 쓰지 않으면 안된다. 즉 재료의 조직이 치밀하여 물 분자가 스며들지 않아야 한다.

재료의 내구성을 검사하기 위한 대상 조건으로는 다음과 같다.

① 온도와 습도의 변화 또는 가열 냉각의 반복

② 물속 또는 공기 중에서의 동결, 융해의 반복

③ 습윤 상태에서의 자외선 투사로 인한 건조의 반복

④ 탄산가스 또는 일산화탄소에 의한 시멘트질 재료의 중성화 검토

⑤ 화학적인 약품 용액에 의한 침식의 반복

⑥ 마찰에 의한 닳음의 검토

6. 재료의 물리적 성질

6.1 중량에 대한 성질

(1) 비중 (Specific gravity)

재료의 중량을 그와 같은 체적의 4℃의 순수물 중량으로 나눈 값을 말한다. 재료가 포함한 공극을 제외한 실질적인 것에 대한 비중을 진비중이라 하고, 목재와 같은 수분과 공극을 포함시킨 비중을 겉보기 비중이라한다. 이 비중은 무차원량이므로 단위는 없고 보통 단위 체적당의 무게인 kg/ℓ , kg/㎥을 겸해 쓰는 경우가 많다.

(2) 함수량 (Water content)

재료속에 포함된 수분의 중량은 완전히 건조시킨 그 재료의 중량에 대한 백분율을 말한다. 때문에 완전히 건조시킨 재료의 함수율은 0% 이다. 그러나 실용상 105±5℃의 온도에서 恒量(항량)이 될 때 가지 건조시킨 상태를 절대건조상태로 생각 할 때가 많다.

6.2 열에 대한 성질

(1) 비열 (Specific heat)

무게 1g의 재료의 온도를 1℃ 만큼 올리는데 필요한 열량을 그 재료의 비열이라 한다. 물의 비열은 1㎈/g℃이다.

(2) 열전달율 (Thermal conductivity)

단위 두께를 가진 재료의 상대한 두 면에 단위온도차를 주었을 때 단위 시간에 전단된 열량인 단위가 ㎈/㎝ sec ℃ 또는 ㎉ sec ℃ 인 것을 열전단율이라 한다. 또한 열 전달율의 역수를 열전달비저항이라 하며 두께가 e, 열전달율은 λ 라 하면 $\frac{\varepsilon}{\lambda}$ 로 표시된다. 이것은 단위는 ㎡h℃/㎉이고 방열벽의 단열효과를 구할 경우 이것은 대단히 중요하다.

(3) 열팽창계수 (Coefficient of thermal expansion)

재료가 온도의 변화로 인하여 팽창 수축하는 비율을 말한다. 두점 사이의 거리인 경우를 선팽창계수, 체적의 변화에 대한 것을 체적팽창계수라 하며 체적 팽창계수는 선팽창계수의 3배이고 단위는 m/℃이다.

(4) 열확산율 (thermal diffusibility)

단위 두께를 가진 재료의 상대한 두 면에 단위 열량을 주었을 때 단위 시간에 상승하는 온도를 말하며 온도 전달율(Themometric Conductivity)이라고도 불리운다. 재료의 밀도를 ρ , 비열을 c, 열전달율은 λ 라 하면 열확산율 $D=\frac{\lambda}{\rho c}$ 이고 단위는 ㎡/hr 이다.

(5) 연화점(Softening point) 인화점(Flash point)

아스팔트와 같은 재료에 열을 가하면 점차 물러지기 시작하여 액체로 되어간다. 이와 같은 연화상태가 일정한 조건에 合致하는 온도를 적당히 정할 필요가 있어서 정해진 온도를 연화점이라 한다. 다시 열을 더욱 가하면 열분해를 일으켜 증발 가스가 발생되어 불에 닿으면 인화한다. 이 온도를 인화점 또는 燃燒點(연소점 Burning point)이라 한다.

6.3 전기에 대한 성질

(1) 비저항(Specific resistance)

단위 길이와 단위 면적을 가진 재료에 전류를 통하게 했을 때의 전기저항으로 단위는 보통 Ω ㎝로 표시된다. 또한 이것의 역수를 비전달도 또는 전기 전달율이라 부른다.

6.4 음에 대한 성질

(1) 吸音率(흡음율)

벽체에 세기가 e^1인 음을 透射(투사)했을 때 e1인 일부는 반사되고 e^2인 일부는 흡수된다. 또한 e^3인 일부는 벽체를 통과하여 다른 부분으로 황산되고 e^4인 일부만 벽체를 통과하여 고안에 확산된다. 이 경우 e^1/e을 반사율 e^4/e를 투과율 이라 하며 벽의 음향적인 성질을 나타내는 지표로 된다.

e^3는 벽체 재료는 물론 벽체 구조에 좌우된다. 또한 $a = \frac{1-e^1}{e}$을 흡수율이라 하고, 이것은 재료의 비중, 음파의 진동수에 좌우되는 것으로 콘크리트 벽은 0.02이고 두께 2.5㎝인 코르크 판은 약 0.~0.3이다.

(2) 遮音率(차음율)

음파의 투과율의 역수를 차음율이라 한다. 이 경우

$$R = 10 \log_{10} \frac{e}{e^4}$$

로 정해지는 R를 차음량 이라 하고 단위는 ㏈(decibel)로 표시된다. 이것은 비중과 음파의 진동수에 따라 변화하며 한 예로 두께 5㎝인 콘크리트 벽은 약 40㏈이고 두께 1.5㎝인 합판은 약 10~25㏈ 이다.

6.5 빛에 대한 성질

(1) 색깔

재료의 표면에 빛이 반사하면 반사되는 부분과 흡수하는 부분(얇은 판은 투과하는 부분)이 생긴다. 이 두 현상이 비를 색깔의 지표로 삼는다.

(2) 투과율

빛의 투사 에너지와 투과 에너지의 비율을 투과율이라 한다. 이것은 평면의 조도(粗度)와 두께, 가시광선, 적외선 및 자외선 등의 파장에 의해 변화한다.

7. 안전율과 허용응력(Factor of safety and allowable stress)

같은 재료라도 그 크기, 모양 또는 하중을 가하는 방법에 따라 파괴 도는 강도가 다르며 재료 시험도 여러개 가운데 둘이나 셋으로 골라 시험하며 그 결과로서 전체를 대표하는 것은 위험하다. 또 허용 이론에도 불안전한 곳도 있을 것이며 시공상에도 불충분한 곳도 있을 수 있는 일로서 재료의 응력을 제한하는 것이다. 이 제한된 응력을 許容應力(Allowable stress, Working stress)이라고 한다. 재료가 파괴 될 때의 응력 σ_b을 허용응력 σ a로 나눈 값을 안전율이라고 한다.

재료		재료의 강도(kgf/㎠)				영 계수 (kg/㎠)	허용응력도(kgf/㎠)			
		인장	압축	전단	휨		인장	압축	전단	휨
금속재료	軟鐵	3,700~4,500	2,,400			2,100,000	1,300	1,200	1,000	1,300
	鑄鋼	3,500~7,000	2,400~3,120			2,150,000	1,100	1,300		1,300
	鑄鐵	1,200~3,200	7,000~8,500			1,000,000	400	800	300	
Cement Concrete			100~350			140,000~210,000		55이하		70이하
석재	화암석	55	1,500	110	140	500,000		100		15
	안산암	45	1,050		85			80		9
목재	삼나무	250	300	50	460	90,000	50	50	5	50
	소나무	390	430	50	500	80,000	65	65	6.5	65

안전율은 재료에 대한 신뢰의 정도를 표시하는 것이므로 강재와 같이 재질이 항상 일정한 재료에 대해서는 적게, 목재나 석재 같은 재질

이 일정하지 않은 재료에 대해서는 크게 잡는다. 또 같은 재료라도 이것을 사용하는 개소에 따라 안전율을 취하고 있다.

응력에도 여러 종류가 있듯이 허용 응력에도 허용 인장응력, 허용압축응력, 허용전단응력의 구별이 있다.

구조물의 부재에 생기는 최대의 응력이 그 재료의 허용응력 이내의 값으로 되도록 부재의 단면을 정하는 일이 곧 설계이다.

재 료	밀도 (lb/in3)	탄성계수 E (psi)	전단탄성계수 G (psi)	항복응력 σ (psi)	극한응력 σ (psi)	u(=횡수축율/축신장율)
알루미늄	0.097	10×10^6	4×10^6	20×10^3	30×10^3	
알루미늄합금	0.1~0.3	10×10^6	4×10^6	$15\sim50\times10^3$	$20\sim60\times10^3$	
황동	0.3	14×10^6	5.5×10^6	$15\sim60\times10^3$	$40\sim75\times10^3$	
청동	0.3	14×10^6	5.5×10^6	$10\sim55\times10^3$	$30\sim60\times10^3$	0.25
콘크리트(압축)	0.085	$2\sim4\times10^6$			$2\sim10\times10^3$	(등방성재료)
동	0.32	15×10^6	6×10^6	$10\sim45\times10^3$	30~60	0.5
주철	0.28	15×10^6	6×10^6	6.40×10^3	16~	(고무)
마그네슘	0.064	6×10^6	2.4×10^6	$12\sim18\times10^3$	20~30	0.17
연강	0.283	$29\sim30\times10^6$	$11\sim12\times10^6$	$30\sim60\times10^3$	50~100	(콘크리트)
고강도강	0.283	$29\sim30\times10^6$	$11\sim12\times10^6$	$50\sim160\times10^3$	$100\sim280\times10^3$	
텡스텐	0.68	50×10^6	20×10^6		600×10^3	
구조용 목재	0.01~0.03	$1\sim2\times10^6$			$4\sim10\times10^3$	

(주 : 1psi=0.6895N/㎠=0.07031㎏/㎠)

2 시멘트

1. 개 요

시멘트는 고대 이집트, 그리스, 로마시태부터 석회, 석고, 화산회 등과 석재나 벽들의 접합제 또는 건축용으로 사용되기 시작했다. 현재의 포틀랜드 시멘트는 영국의 조셉 아스프린이 1824년에 발명한 것으로 되어 있으나 오래 시대를 거쳐 여러사람들의 연구 결과로 이루어진 것이라 하겠으며 최근에는 포틀랜드 시멘트에 플라이 애쉬, 화산재, 금조토, 포졸란 등을 혼합하여 제조한 혼합 포틀랜드 시멘트가 사용되고 있다.

2. 시멘트(Cement)

시멘트의 어원은 라틴어의 Caeder(부순돌)에서 시작하여 Caediementum을 거쳐 Cementum으로 변화여 오늘날 영어의 Cement, 독일어의 Zement로 쓰게 되었고 우리나라에서는 시멘트라 부르게 되었다.

넓은 의미의 시멘트는 물질을 접착시키는 모든 물질을 말하나 보통 말하는 시멘트는 수분과 열에 의하여 일부가 화학적으로 결합하여 시간이 경과 될 수록 경화하는 성질을 가진 수경성(Hydraulicity)인 물질 중에서 많이 쓰이는 석회질 수경성 시멘트의 대표적인 포틀랜드 시멘트(Portland Cement)를 의미한다.

여기에서 포틀랜드 시멘트란 주로 석회질 원료와 점토질 원료를 적당한 비율로 충분히 섞어 그 일부가 용융 할 때까지 소성해서 얻어진 클링커(Clinker)에 적당량의 석고를 가해 분쇄하여 얻어진 것이라 정의되며 한마디로 말해서 이 포틀랜드 시멘트에 다른 물질을 혼합해서 만든 혼합 시멘트와 구별해서 혼합물이 없는 시멘트라 할 수 있다.

1824년 영국의 벽돌공인 죠셉 아스프딘(Josepe Aspdin)은 "인조석 제조방법의 개량" 이란 표제로서 특허를 얻었다. 그 내용은 경질 석회석을 구워 얻어진 생석회를 미분쇄한 소석회에다 점토를 혼합하여 재소성하여 만들어진 시멘트 제법과 이용법 이었다.

이와 같이 제조된 시멘트의 굳어진 모양이 포틀랜드섬에서 산출되는 건축용 석회석과 유사하여 이것을 포틀랜드 시멘트라 명명하였다.

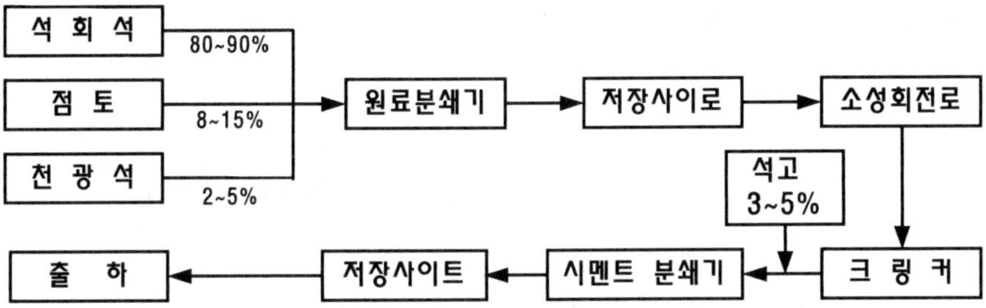

그림 1. 시멘트 제조공정

2.1 포틀랜드 시멘트의 화학성분 및 화합물 조성

시멘트의 3주성분은 점토에 포함된 실리카(SiO_2), 알루미나 (Al_2O_3), 석회(CaO)이다. 그 밖에 소량의 산화철(Fe_2O_3), 마그네시아 (MgO), 아황산(SO_3), 알칼리 (K_2O+Na_2O)와 탄산가스(CO_2)등이 포함되어 있다.

화학적인 분석결과에 의하면 시멘트의 종류, 제조회사에 의한 차이는 있으나 그 성분의 범위는 〈표1〉과 같다.

표1. 포틀랜드 시멘트 화학성분

종류	SiO_2	Al_2O_3	Fe_2O_3	CaO	MgO	SO_3	강열감량	HM
보통	21.06 ~ 23.21	4.53 ~ 6.22	2.64 ~ 3.62	63.46 ~ 65.42	0.87 ~ 2.59	1.03 ~ 2.13	0.65 ~ 1.60	2.1
중용열	23.81	4.84	4.10	63.86	1.01	1.21	0.60	1.9~2.0
조강	20.41 ~ 21.59	4.56 ~ 5.48	3.58 ~ 2.88	65.12 ~ 66.05	0.93 ~ 2.03	1.68 ~ 2.51	0.62 ~ 2.13	2.2

〈표1〉에서 보는 바와 같이 시멘트의 중요성분은 CaO, SiO_2, Al_2O_3, Fe_2O_3이며 이들의 조합 비율은 시멘트의 품질을 감정하는데 기준으로

되고 있다. 특히 그 대표적인 것은 다음에 표시하는 수경율(Hydraulic Modulus: HM) 이다.

수경율 (H.M)이다

$$수경율(H.M)=\frac{CaO(\%)}{SiO_2(\%)+Al_2O_3(\%)+Fe_2O_3(\%)}$$

석고에 포함된 SO_3는 필요하나 다른 성분은 필요치 않다. 그러나 MgO는 석회석으로부터 알칼리는 점토에 의해서 연행된다. 중요한 4성분은 CaO는 염기 성분이고 다른 3성분은 산기 성분이며, 이들은 소성과정에서 결합하여 조성광물을 만들고 나머지는 조성광물의 사이를 메꾸어 주는 유리질 물질로 존재한다.

시멘트 크링커(Clinker)는 조성광물은 1883년 프랑스의 레샤텔리언(Le Chatrlier)에 의하여 4가지가 있는 것이 발견되었고 1897년 독일의 톨네본(Tornebohn)에 의하여 알리트(Alite), 베리트(Belite), 세리트(Celite), 훼리트(Felit)로 이름 지워졌다. 현미경으로 관찰하면 알리트는 백색, 베리트는 황색, 세리트는 흑색, 훼리트는 흰결정으로 구별된다고 한다. 시멘트 크링커는 약 10~25%의 유리질 부분이 존재한다.

3. 포틀랜드 시멘트의 화합물의 특성

우리나라에서 생산되는 시멘트에 포함된 4가지 조성 광물의 명칭, 분자식 및 기호를 적어보면 다음과 같다.

1. 알리트 : 규산 3석회 (3CaO, SiO_2) 〈C_3S〉
2. 베리트 : 규산 2석회 (2CaO, SiO_2) 〈C_2S〉
3. 세리트 : 알민산 3석회 (3Cao, Al_2O_3) 〈C_3A〉
4. 훼리트 : 알민산철 4석회(4CaO, Al_2O_3, Fe_2O_3) 〈C_4AF〉

3.1 조성광물의 특징

C_3S와 C_2S가 차지하는 양은 70~80%로써 이들이 강도의 태반을 지배한다. C_3S의 양이 많으면 조강성을 나타내고 C_2S의 양이 많으면 강도의 발현이 늦고 수하열(Hydration Heat)의 양이 적다.

(1) 알리트

C_3A 보다는 수화작용이 늦으나 오래 지속되므로 강도의 발휘가 크고 수화열도 C_3A 다음으로 높다. 이 때문에 중용열 시멘트에서는 이 양을 50%로 제한하고 있다.

(2) 베리트

C_3S보다 수화가 늦고 장기적인 강도의 발휘를 가져온다. 이 때문에 베리트의 양이 많은 시멘트는 장기강도가 크다.

(3) 세리트

수화작용이 대단히 빠르다. 물과 접촉하면 몇분 사이에 응결하는 순결성을 가지고 있다. 이 때문에 석고의 필요성이 있다. 도한 수화열도 가장 높아서 중용열 시멘트에서는 이 양을 8%로 제한하고 있다. 경화과정에 있어서 수축량이 대단히 크므로 시멘트의 균열 현상을 일으켜 안정성을 해치고 있으나 시멘트의 제조시 소성공정에서는 반드시 필요하다.

(4) 훼리트

수화작용이 늦으며 수화열도 낮다. 조기나 장기나 강도는 낮으며 수축율이 적은 강점도 있어서 도로 댐(Dam)에 쓰이는 시멘트는 이것이 많이 포함된 것이 좋다.(약 12~13%) 또한 내산성을 위시한 내구성이 강한 장점이 있다.

3.2 그밖의 화합물

(1) 마그네시아(MgO)

마그네시아는 석회석이나 점토등의 불순물로 혼입되는 것으로 시멘트 크링커의 냉각과정에서 유지 질속에 포함되므로 시멘트 특유의 암갈색을 띄게 하는 작용을 하며 시멘트 경화체에 별로 큰 영향을 주지 않으나 장기후 팽창되어 균열을 가져온다. 이 때문에 보통 중요성 시멘트는 4.0%, 조강 시멘트는5.0%를 한도로 한다.

(2) 산화철(Fe_2O_3)

이것은 MgO의 공동작용으로 시멘트의 색깔을 좌우한다. 이 때문에 백색시멘트는 훼리트의 양을 0.5%로 제한하고 있다.

(3) 아황산(SO_3)

석고에 따라서 혼입되며 이 양이 많으면 시멘트 경화체의 안정성을 해친다.

(4) 유리석회(Free Lime)

원료의 화학적 성분의 비율이 적당치 않든가 소성이 불충분 하면 4대 조성광물로 결합치 못한 유리석회(CaO)가 많은 시멘트 크링커가 된다. 이렇게 만들어진 시멘트 크링커는 안정성이 나쁘고 이상 응결을 일으키며 장기강도가 낮다.

(5) 알칼리 (Na_2O 및 K_2O)

이것은 주로 점토질 원료에서 혼입된다. 적은 양으로도 콘크리트 속의 골재의 성질에 따라 이와 반응하여 시멘트 경화체는 팽창시키는 역할을 한다.

(6) 불용해분

이것은 석고에 포함된 불술물로서 미량은 불활성 물질이다.

(7) 강열감량 (Ignition loss)

이것은 시멘트가 풍화작용과 탄산화 작용을 받은 정도를 나타내는 척도이다. 풍화작용은 시멘트가 수분을 흡수하면 일어나고 탄산화 작용은 수분과 함께 공기중의 탄산가스(CO_2)에 노출되면 일어난다.

4. 시멘트 분류

넓은 의미의 시멘트는 앞에서 설명한 바와 같이 모든 무기질 결합재를 의미하고 또한 그 종류도 대단히 많아서 그것을 완전히 분류하는 것은 곤란하다. 지금까지의 대표적인 분류법으로는 엑켈(E, Eckel), 퀴일(H, Kuhl)의 분류, 스핀델(M, Spindel)의 분류등이 있으나 시멘트의 화학적인 관점으로 보아 스핀델의 분류가 가장 잘 되어진 것으로 학계에서도 넓게 사용되어지고 있다.

스핀델에 의한 시멘트 분류는 다음과 같다.

4.1 기경성 시멘트 (대기중에서 경화하는 것)

(1) 석회(소석회) 및 마그네시아 질석회(돌로 마이트, 플라스타)
(2) 석고(소석고)
(3) 마그네시아 시멘트

4.2 수경성 시멘트 (대기 및 수중에서 경화 하는 것)

(1) 단미 시멘트
  (가) 수경성 시멘트
  (나) 로만 시멘트
  (다) 천연 시멘트
  (라) 포틀랜드 시멘트
    a. 보통 포틀랜드 시멘트 (Normal - Portland Cement)

b. 중용열 포틀랜드 시멘트 (Moderate Heat of Hardening Portland Cement)
c. 조강 포틀랜드 시멘트 (High early Strength Cement)
d. 저열 포틀랜드 시멘트 (Low Heat Cement)
e. 내황산염 포틀랜드 시멘트(Sulfate Resisting Cement)
f. 고산화철형 포틀랜드 시멘트
g. 백색 포틀랜드 시멘트

(2) 혼합시멘트

(가) 고로시멘트(Slag Cement) : 혼합재로서 고로수냉 광재를 사용
(나) 실리커 시멘트 (Silica Cement) : 혼합재로서 화산회, 규산백토 등 실리커질 혼합재를 사용
(다) 플라이애쉬 시멘트 (Flyash Cement) : 혼합재로서 플라이애쉬를 사용
(라) 메이손리 시멘트 (Masonry Cement) : 혼합재로서 석회석, 돌로마이트 등을 사용
(마) 팽창성 시멘트 : 혼재로서 광재, 석고등을 사용
(바) 착색 시멘트 : 백색 시멘트를 주재로 각종 안료를 혼합한 것

(3) 특수 시멘트

(가) 내산 시멘트
(나) 치과용 시멘트

위에 열거한 여러 종류의 시멘트 중에서 시멘트 공업상 실제적으로 중요한 것은 단미 포틀랜드 시멘트 및 혼합 시멘트 중 고로시멘트, 실리커 시멘트, 플라이애쉬 시멘트라 할 수 있다.

4.3 보통 포틀랜드 시멘트

보통의 콘크리트 공사용으로 널리 사용되어지고 우리가 일반적으로 포틀랜드 시멘트라고 할 때는 이 보통 포틀랜드 시멘트를 가르킨다.

4.4 조강 포틀랜드 시멘트

C_3S의 양을 가능한 한 최대로 하고 C_3A는 그 장점과 단점을 고려하여 적절히 조절한 시멘트이며 또한 그 구성 화합물의 균등한 분포를 목표로 하여 제조되어진 시멘트이다. 그 특성으로는

(1) 초기 높은 강도를 나타내고 장기적으로 강도의 증진이 계속된다. 즉 보통 포틀랜드 시멘트와 비교하면 1일 강도의 약 3배, 3일 강도의 약 2배, 7일 강도의 1.5배 28일 강도의 약 1.2배가 되어 공사기간의 단축이 가능하게 된다. (거푸집 회수 및 양생기간이 단축된다.)

(2) 휨 (Bending) 강도가 크다.

(3) 콘크리트의 수밀성이 높다. 수밀성이 높음으로 건축물의 수명을 늘리고, 또한 지하실등의 방수에 대단히 좋고 해수나 유산염등의 화학적 침식에 대한 저항성이 크다.

(4) 낮은 온도에 있어서도 강도의 발현성이 크다. 따라서 동절기 공사에 좋다.

(5) 수축이 적다. 따라서 조강성 휨강도가 강하여 도로용에 좋다. 이상과 같은 특성이 있어 도로, 수중공사등 단기간에 공사의 완결을 필요로 하는 것, 높은 강도를 필요로 하는 콘크리트 제품등에 많이 쓰여진다.

4.5 중용열 포틀랜드 시멘트

중용열 시멘트에 있어서 가장 중요한 조건은 수화열 및 강도 발열비로서 이들의 조건도 구축물의 크기, 시공법, 시공속도, 시공계절 등에 의하여 똑같지는 않다.

중용열 포틀랜드 시멘트는 주문 생산에 의하는 것이 통례이다. 화합물을 수화열의 점으로 보면 다음과 같은 특질이 있다.

① C_3S : 수화열이 상당히 높다. : 120㎈/g

② C_2S : 수화열이 극히 낮다. : 60㎈/g

③ C_4AF : 수화열이 극히 낮다. : 100㎈/g

④ C_3A : 수화열이 제일 높아 C_3A의 약 2배의 발열 320㎈/g

여기서 중용열 포틀랜드 시멘트는 C_3A와 C_3S를 적게 하고 또 한편 C_3S, C_4AF를 높이기 위해 석회 및 알루미나를 줄이고 산화철 및 실리커를 늘리도록 원료를 조합하여 엄중한 관리하에 제조하게 된다.
(C_3A 8%이하 , C_3S 50% 이하)

중용열 포틀랜드 시멘트의 특성으로는

(1) 수화열이 낮다.
물과 화합하는 경우에 발생하는 수화열이 보통 포틀랜드 시멘트보다 낮고 또한 그 기간은 장기간에 걸쳐 지속된다.

(2) 단기강도는 보통 포틀랜드 시멘트 보다 약간 낮으나 장기강도는 보통 포틀랜드 시멘트와 같거나 또는 이를 능가한다.

(3) 수축이 적다.

(4) 내침식성과 내구성이 대단히 크다.

(5) 다른 종류의 시멘트에 비하여 적은 수량으로 Workable한 콘크리트가 얻어진다.

이상과 같은 특성이 있어 댐 같은 대량의 콘크리트 공사난 도로, 포장등에 사용된다.

4.6 실리커 시멘트

가용성의 실리커 및 알루미나 시멘트가 수화할 때 발생하는 수산화석회($Ca(OH)_2$)와 결합하여 시멘트 광물 〔예를 들면 CaO, SiO_2, $n(H_2O)$〕 를 생성 시킨다. 이 작용을 Pozzolanic 작용이라고 하며 이로 인해 포틀랜드 시멘트의 성질이 개선되어지고 수밀성이 좋아져 장기강도가 증진된다. 이러한 이유로 실리커 시멘트는 포틀랜드 시멘트 크링커에 화산회, 응회암 기타 특수 반응성 규산질을 적당히 조합한 규산질 혼합제를 첨가하여 미쇄해서 만들어지고 그 특성으로는

(1) 단기강도는 보통 포틀랜드 시멘트보다 낮으나 장기강도가 높다.

(2) 보통 포틀랜드 시멘트에 비하여 화학적 저항성이 강하고 또한

내수 및 내함성이 우수하다.

(3) 수밀성이 높다.

이와 같은 특성이외에 가격도 보통 포틀랜드 시멘트보다 싸고 일반 건축이외에 댐공사, 해수공사(방파제 호안등), 공장이나 광산의 배수 공사, 하천공사, 터널공사등에 쓰인다.

4.7 고로 시멘트

광재(Slag)는 대부분 유기질로 되어 SiO_2, Al_2O_3, CaO, MgO를 주성분으로 하고 있다. 그리하여 이 화학성분의 비율이 적당하면 잠재 수경성을 발휘하여 시멘트 혼합재로서 적당하게 된다. 이와 같은 이유로 고로 시멘트는 포틀랜드 시멘트의 클링커에 광재를 혼합하여 분쇄하거나 도는 포틀랜드 시멘트에 분쇄한 광재를 혼합하여 만들기도 한다. 그 특성으로는

(1) 장기 강도가 크다.

고로 시멘트에 혼합되어 있는 광재는 잠재 수경성이 있으므로 장기 간에 걸친 강도의 증진이 크다.

(2) 화학적 저항력이 크다.

슬래그의 존재로 인하여 산이나 해수, 하수, 지하수 등의 화학적 침 식에 대하여 큰 저항성을 나타낸다.

(3) 수화열이 크다.

(4) 내열성이 크다.

(5) 수밀성이 크다.

이와 같은 특성이외에 가격도 보통 포틀랜드 시멘트 보다 저렴하고 하천 항만등의 일반 토목공사에는 물론 도로나 건축공사등에도 넓게 쓰여진다.

4.8 플라이 애쉬 시멘트

미분탄 연소 보일러의 연도 가스로 부터집진기로 채취한 재(Ash)를 일반적으로 플라이애쉬(Fly Ash)라 부른다. Fly Ash의 주성분은

SiO_2와 Al_2O_3로서 그 화학성분은 쓰여진 석탄재의 화학성분에 의해 지배된다. 미립자의 구형으로서 불완전 연소에 의한 탄소의 잔분이 적은 플라이 애쉬는 유효한 수화물을 생성하여 이것이 시멘트 경화에 돕게 된다.

이와 같은 이유로 플라이 애쉬 시멘트는 포틀랜드 시멘트의 클링커에 광재를 혼합하여 분쇄하거나 또는 포틀랜드 시멘트에 분쇄한 광재를 혼합하여 만들기도 한다. 그 특성으로는

(1) 유동성이 좋다.
(2) 건조수축이 적다
(3) 수화열이 낮다
(4) 탈수성이 좋다.
(5) 3개월 이후의 장기강도는 보통 포틀랜드 시멘트와 같거나 또는 능가 한다. 이러한 여러 가지 특성이외에 가격면에서 보통 건축공사에 넓게 사용되어지고 있다.

4.9 백색 포틀랜드 시멘트

포틀랜드 시멘트의 회록색은 클링커에 포함되어 있는 Fe_2O_3와 MgO에 기인한다. 따라서 Fe_2O_3의 함유량이 적은 시멘트를 만들면 백색인 시멘트가 얻어진다. 이러한 이유로서 시멘트 중에 포함되어 있는 Fe_2O_3가 0.5%이하가 되도록 원료를 조합하는데 점토대신에 백토를, 융제(Flux)로는 형석을 사용하고 또한 석탄회중의 Fe_2O_3의 혼입을 피하기 위하여 연료로는 중유를 사용하며 산화에 의한 황생화를 막기 위하여 물속에 급냉하여 만들어진다. 이렇게 만들어진 백색 포틀랜드 시멘트는 보통 포틀랜드 시멘트에 비하여 초기강도는 낮으나 기타의 성질은 대체로 같다. 따라서 포틀랜드 시멘트가 갖고 있는 고강도, 내구성등과 함께 안정된 백색성을 구비하고 있는 종래로부터 건축물의 내외면의 도장, 각종 가공품, 인조 대리석, 테라조등의 장식용, 채광용, 표지용등에 쓰여지고 있다.

5. 포틀랜드 시멘트의 수화작용

5.1 시멘트 응결 및 경화

포틀랜드 시멘트에 적당한 물을 첨가하여 비빈 시멘트풀(Cement Paste)은 시간이 경과함에 따라 점차 유동성을 상실하여 응고한다. 이 현상을 수화작용 이라하고 시멘트 풀이 응고 는 하였으나 충분한 소성(Plasticity)을 나타내는 상태를 응결(Setting)이라 하며 이시기에는 발휘하는 강도는 거의 없다.

이 시멘트 풀이 굳어지기 시작하는 상태를 응결의 끝이라 하고 차차 조직이 굳어져 가는 상태를 경화(Hardening)라 말하고 있다.

여러나라의 공업규격은 그 나라의 사정에 따라 〈표2〉과 같이 응결의 시작(Initial Setting)과 응결의 끝(Final Setting) 시간을 규정하고 있다.

표2. 각국의 응결시간 규정

	한국	미국	영국	독일	일본	프랑스
시작	1시간 이후	1시간 이후	30분 이후	1시간 이후	1시간 이후	30~60분
끝	10시간 이내	10시간 이내	10시간 이내		10시간 이내	

(1) C_3S 및 C_2S의 반응은

$3CaO\ SiO_2(C_3S)+6H_2O=3CaO\ 2SiO_2\ 3H_2O+3Ca(OH)_2$

$3CaO\ SiO_2$=규산 3석회=Tricalcium Silicate

$3CaO\ SiO_2\ 3H_2O$ = Tobermolite Gel

$3Ca(OH)_2$=수산화석회=Calcium Hydroxide

$2(2CaO\ SiO_2)+4H_2O=3CaO\ 2SiO_2\ 3H_2O + Ca(OH)_2$

윗식에서 보는 바와 같이 C_3S 및 C_2S의 가수분해에서 많은 양의 수산화석회가 생긴다. 여기서 시멘트 성분의 약 75%을 차지하고 있는 C_3S 및 C_2S에서 약 30%인 석회가 탄산석회로 되며 그것의 1.3배인 약 40%가 유리되어 콜로이드(Colloid) 모양에서 결정으로 되어 시멘트의 경화에 도움을 주고 있다.

(2) C_4AF의 반응

$4CaO\ Al_2O_3\ Fe_2O_3 + 10H_2O + 2Ca(OH)_2 = 6CaO\ Al_2O_3\ Fe_2O_3\ 12H_2O$

$4CaO\ Al_2O_3\ Fe_2O_3$ = Tetracalcium Aluminoferrite

$6CaO\ Al_2O_3\ Fe_2O_3\ 12H_2O$ = Calcium Aluminoferrite Hydrate

가장 늦고 수화로서 분해되는 것으로 보고 있다.

(3) C_3A의 반응은

수화작용이 가장 빠르고 C_3A가 물과 접촉하면 다음의 반응을 한다.

$3CaO\ Al_2O_3 + 12H_2O + Ca(OH)_2 = 3CaO\ Al_2O_3\ Ca(OH)_2\ 12H_2O$

$3CaO\ Al_2O_3 + 10H_2O + CaSO_4\ 2H_2O = 3CaO\ Al_2O_3\ CaSO_4\ 12H_2O$

(Ettringite)

접촉수량이 적으면 미세한 결정에서 드디어 무정형으로 되고 시멘트 풀이 빠르게 응고한다. 그러나 이때 석고가 들어있으면 (나)와 같은 반응을 하고 Ettringite 라는 바늘 모양의 미세한 결정이 나타난다. 이 반응이 응결지연작용을 하는 것인데 이때 Ettringite가 시멘트 경화체안에 생기면 균열 원인이 된다.

위의 4가지 광물의 반응으로 미세결정 및 Gell 이 만들어지는데 미세한 결정은 차츰 성장되고 서로 엉키며 겔은 차츰 탈수하여 굳어지거나 결정으로 되어 경화를 촉진한다. 겔의 경화물의 체적은 시멘트와 물의체적보다 적으므로 경화하면 수축한다. 시멘트의 수화작용은 표면에서 안쪽으로 침투하여 시간이 지남에 따라 그 속도는 느리고 장기간 지속된다. 포틀랜드 시멘트가 완전히 수화하기 위해 필요한 수량은 약 35~37%가 되며 재령 28일에서도 약 1/2 정도의수화작용이 진행된 것으로 본다.

6. 시멘트의 풍화

시멘트의 풍화(Aeration)는 시멘트가 수분을 흡수하여 수화작용을 한 결과로 생긴 수산화석회가 공기중의 탄산가스가 작용하여 탄산칼슘($CaCO_3$)을 생기게 하는 작용을 말한다.

풍화현상을 설명하면 시멘트속의 유리석회와 C_3S는 수분을 흡수하여 다음의 반응을 한다.

$CaO+H_2O=Ca(OH)_2$

$2C_3S+6H_2O=C_3S_2 \cdot 3H_2O+3Ca(OH)_2$

위 두반응을 모두 $Ca(OH)_2$를 생기게 하고 이들이 공기중의 탄산가스에 의하여 다음과 같은 반응을 하여 탄산석회가 생긴다.

$Ca(OH)_2+CO_2=CaCO_3+H_2O$

또한 시멘트속의 C_3A는 수화작용에 표시한 식에서 보는 바와 같이 석고에 물과 결합하여 시멘트 바질러스(Ettingite)를 만든다.

위와 같은 반응으로서 시멘트 입자의 표면은 반응으로 생긴 화합물의 피막으로 둘러싸이기 때문에 풀의 수화작용이 저지되며 반응에 따른 C_3A가 감소되므로 응결이 늦어지고 강도 발휘에 필요한 조성 광물이 탄화되어 있기 때문에 시멘트 경화물의 강도가 낮아진다.

이와같은 강도의 저하는 재령이 작을수록 크고 휨강도보다 압축강도 쪽이 모르터 보다 콘크리트쪽이 영향을 많이 받는다. 풍화된 시멘트는 비중의 저하와 강열 감량의 저하를 가져온다.

7. 포틀랜드 시멘트의 성질

시멘트의 품질이 제품의 제조공정이나 품질에 미치는 영향이 크다. 최근 시멘트의 품질은 제조회사에 따라 다소의 차이는 있지만 충분히 신뢰할 수 있는 품질을 가지고 있다. 사용하는 시멘트의 품질을 잘 알고 가능한 한 동일한 상표의 시멘트를 사용하여 취급상 풍화방지에 주의 할 것과 간혹 이상응결을 나타내는 시멘트가 있으므로 주의를 요한다.

7.1 물리적 성질

시멘트의 물리적 성질로서 비중, 분말도, 응결, 안정성 및 강도가 규격으로 정해져 있다.

(1) 비중 (Specific Gravity)

KS 규격과 JIS 규격에는 시멘트와 비중을 3.05이상으로 규정하고 있으나 보통 3.12~3.16으로 되어 있고 여기에 타 물질을 혼합하면 비중이 적어지고 혼합 포틀랜드 시멘트는 3.0이하가 된다.

시멘트의 비중은 포틀랜드 시멘트에 혼합물의 유무판정, 풍화정도의 판정, 또는 모르터나 콘크리트에 있어서 시멘트의 절대용적의 산출에 쓰인다. 또한 비중에 관련하여 시멘트의 단위용적량은 용기나 투입방법의 여하에 의하여서 어느 정도 차가 있지만 통상 1,500kg/㎥을 표준으로 한다. 포대에서 쏟아져 휘저어 흩어진 시멘트는 1,200kg/㎥정도가 되는 경우가 있다.

(2) 분말도

시멘트의 입자가 미분이 될 수록 질량에 대한 표면적이 크고 수화가 촉진되며 강도가 크고, 또한 조강성이 된다. 점성이 증가하여 투수성 및 블리딩(Bleeding)이 감소하여 균질성이 증가하는 이점이 있는 반면 응결 경화후의 수축이 크고 균열 발생의 가능성을 높이는 원인이 된다. 습도(Humidity), 탄산가스(CO_2)가 흡착되기 쉽고 시멘트는 비표면적으로 분말도를 표시하며 KS L 5201에서는 2,800㎠/g 이상으로 규정하고 있으며 시멘트 가공제품은 시멘트의 분말도가 너무 높은 것은 바람직하지 못되고 2,500~3,000 ㎠/g 정도가 적당하다고 한다. 또는 시멘트의 분말도는 44μ 표준체(No. 325)에 의한 잔분율로 표시하는 방법도 있다.

(3) 응결

시멘트에 물을 넣고 반죽하면 최초에는 점성을 갖고 유동성을 나타내지만 곧 형태가 안정되어지는데 이 현상이 응결이다.

응결과 경화에 영향을 주는 ㉠시멘트 자신의 화학성분 ㉡혼합물질 ㉢온도 ㉣습도 ㉤풍화 정도 ㉥분말도 등이다.

혼합 용수가 많으면 응결경화가 늦고 온도와 습도가 높으면 응결 시간이 짧아지고 경화가 촉진된다. 시멘트의 분말도가 높으면 응결경화가 빠르고 온도의 증가에 대한 응결 경화속도는 대수 함수의 관계가 있다. 시멘트에 따라서는 시멘트 풀이 물과 혼합하여 발열치 않고 10~20분만에 굳어 졌다가 다시 풀리면서 응결 현상이 나타날 수 있는데 이것을 위응결(False Setting) 또는 2중 응결이라고 한다. 시멘트 사용에 있어서 응결 시간이 적당치 않으면 불편하므로 KS 규격에는 KS L 5108(바이커 침에 의한 시험법)과 KSL 5109(길모어 침에 의한 시험법)의 규정에 따르는 것이 있다.

표3. 시멘트의 응결

규 격	종 류		길모아 시험		비이커 시험
			초 결 (분)	종 결 (시간)	응결(분)
KSL 5201	포틀랜드 시멘트	보통	60이상	10 이하	60이상
		중용열	〃	〃	〃
		조강	〃	〃	〃
KSL 5204	백색 포틀랜드시멘트		〃	〃	〃
KSL 5401	포틀랜드 포졸란 시멘트		〃	〃	〃

(4) 안정성

시멘트가 불안정하면 시멘트의 응결 경화중에 이상 팽창을 일으키고 균열이 생기는 수가 있다. 이 수화작용중에 팽창 균열이 생기는 여부를 안정성 이라고 한다. 이 원인은 시멘트 크링커 안에 유리 석회, 마그네시아 및 아황산의 함유량이 초과한 것이다.

표4. 시멘트의 안정도

규격	종류		오토클레이브 팽창도(%)
KSL 5201	포틀랜드 시멘트	보통	0.80 이하
		중용열	0.80 이하
		조강	0.80 이하
KSL 5204	백색 포틀랜드 시멘트		0.80 이하
KSL 5401	포졸란 시멘트		0.50 이하
KSL 5405	플라이 애쉬 시메트		0.50 이하

우리나라에서는 KSL 5107의 규정에 의한 오토클레이브(Autoclave)를 이용한 팽창도 시험 방법이 있고 〈표4〉와 같은 안정성의 한계를 정하고 있다.

(5) 강도

강도는 시멘트의 물리적 성질 중에 가장 중요하다. 시멘트의 강도는 수화 작용의 진행에 따라 일수의 경과와 같이 증진하는데 28일 정도까지는 급속하지만 그 이후는 완만하다. 콘크리트 공학상에서 시멘트 강도는 재령 28일의 것을 표준치로 한다. 시멘트의 강도는 KS L 5100에 정한 표준 모래(주문진 향호리에서 채취한 것)을 사용하여 KS L 5104와 KSL 5105의 규정에 따라 실시한 모르터 강도를 말한다.

표5. 강도시험용 표준모래

항목	입도 표준체상의 잔분(%)				
항목	No. 20	No. 30	No.50	이토량	단위용적중량
압축강도시험용		1.0이하	95.0이상	0.4이하	1.53~1.60

시멘트의 강도에 영향을 주는 요인은 시멘트의 성분, 분말도, 사용수량, 풍화정도, 양생조건 및 시험방법등이 있다.

3 콘크리트

1. 개 요

콘크리트의 강도라면 통상 압축강도를 뜻하며 이것은 콘크리트의 인장강도에 비하여 현저하게 크고 구조재료로 이용 될 때에는 압축력에 주로 저항할 수 있게 설치되어 있기 때문이다. 또한 압축강도는 그 시험방법이 일반적으로 간단하게 할 수 있게 개발되었고 인장강도, 휨강도 등 각동 강도나 탄성계수, Creep의 변형 성상과도 밀접한 관계를 맺고 있다. 그리고 이들의 개략치는 압축강도에서 추정 할 수 있으므로 콘크리트의 역학적 성질의 총합 지표와 같은 역할을 한다. 여기서 중요한 것은 콘크리트와 같이 미시적이나 거시적으로도 비균일성인 재료에서는 강도가 여러 가지 요인에 따라 영향되며 시험법을 결정하지 않으면 강도는 결정할 수 없게 된다.

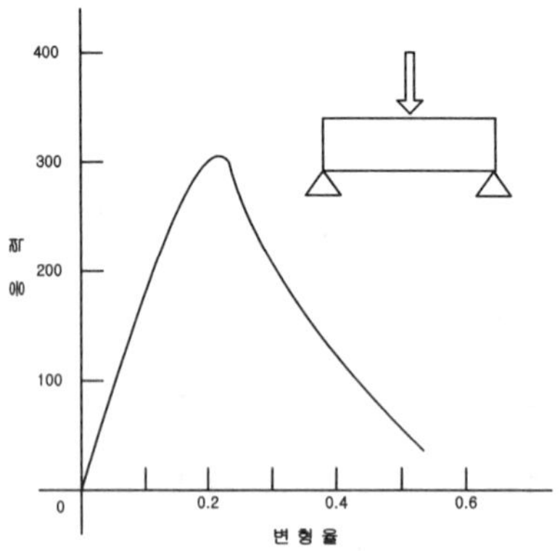

그림1. 휨압축시험에 의한 콘크리트 응력변형도

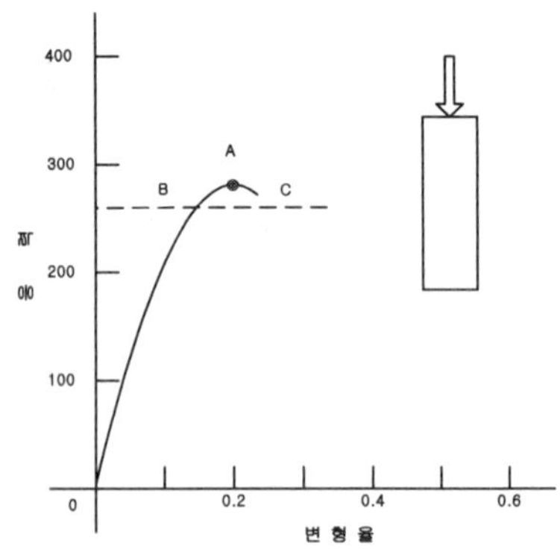

그림2. 중심압축시험에 의한 콘크리트 응력변형도

공시체의 모양이나 크기를 고려하지 않는 콘크리트의 고유의 강도란 엄밀하게 존재할 수 없다. 따라서 콘크리트의 압축강도는 특별히 언급하지 않는 한 우리나라에서는 ø10×20㎝ 또는 ø15×30㎝ Cylinder로 구한 압축강도를 뜻하는 것이다. 가령 구조체에 타설한 콘크리트 압축강도를 조사하고 싶을때에는 구조체에서 조직을 흐틀어지지 않게 채취한 Cylinder 공시체에 대하여 시험한 강도를 구조체의 강도라고 볼 수밖에 없다. 이것은 면밀히 말하자면 구조체중의 콘크리트 강도는 아니지만 현실적으로 그와 같이 해석할 수밖에 없는 별도리가 없다. 압축강도를 위시하여 각종 강도는 어떤 약속하에서 정의된 강도 지표에 지나지 않는다. 콘크리트 구조체는 휨을 받으므로 〈그림 1〉과 간이 하중의 초기단계에서는 응력 변형도 관계가 증대되면 변형도 ε =0.2% 정도에 달하면 하중이 증대가 되고 그 후부터 점차로 감소되어 하강부(Falling Branch)에 이르며 드디어 붕괴된다. 한편 콘크리트 구조체의 일부분을 채취하여 시행한 공시체의 직접 압축에 의한 시험 결과는 〈그림2〉에서 알 수 있듯이 직접 압축응력도는 〈그림1〉의 휨 압축응력도와 최대치에 있어서는 같지만 전자가 연성을 나타내고 있는데 반하여 후자는 취성을 나타내고 있는 것을 알 수 있다.

휨 압축시험은 현장에서 제조하여 시행한다는 것은 곤란한 것이 아니다. 따라서 Cylinder를 만들어 중심 압축시험을 하면 설계할 때 組用되는 종국하중치는 같게 얻을 수 있으므로 무관하다. 그러나 Cylinder에 가하는 하중을 〈그림2〉의 응력변형도 곡선의 B점에 해당하는 값만 적용하고 상당한 시간이 경과되면 자연히 Creep으로 인한 변형도가 진행되어 C점에 이루게 되면 붕괴된다. B, C 점을 연결한 직선 D,E를 Creep Limitation이라 한다. 따라서 구조에서는 설계기준 강도를 콘크리트 종국강도의 80%에 해당하는 값으로 하고 압축강도 시험용 공시체도 표에서 알 수 있듯이 영국에서는 15㎝ Cubic을 사용하며 France 나 독일에서는 20㎝ Cubic 인 것을 쓰고 있다. 그리고 중심 압축강도 σ c 는 다음과 같다.

$$\sigma_c = \frac{\text{최대하중}}{\text{시험체의 단면적}} = \frac{P}{\frac{\pi D^2}{4}} = \frac{4P}{\pi D^2}$$

치　수	환 산 계 수
φ 15×30	1
φ 10×20	0.97
10 Cubic	0.8
15 Cubic	0.8
20 Cubic	0.83

(1) 배합과 강도

동일 재료를 사용하고, 어떤 일정한 온도로 양생하여 정하여진 재령으로 또한 일정한 표준적인 시험 방법으로 시험한 콘크리트 의 압축강도는 콘크리트의 배합과 다짐의 정도에 따라 결정된다고 생각된다. 이와 같이 여러 가지 조건을 제약한 범위내에서 콘크리트 강도를 지배하는 기본적인 법칙을 통일시켜 설명하는 노력이 예부터 행하여져 왔으며 이와 같은 설명을 강도 이론 또는 강도 원칙이라 칭하고 있으며 그 대표적인 것으로는 물시멘트비설, 공극설 등이 있다. 지금도 실용적으로 물시멘트비에 입각한 콘크리트 강도의 배합설계를 하고 있다.

① 물시멘트비설

1919년에 Abrams가 발표한 법칙에 따르면 콘크리트를 충분히 다질때 그 강도는 물시멘트비에 반비례한다고 한다.

$$F = \frac{B^x}{A}$$

다만 F : 콘크리트의 압축강도

A, B : 시험에서는 정해진 상수

x : 물시멘트비 이다.

물시멘트비설을 잘 설명해주는 것으로 〈그림3〉과 〈그림4〉가 있다. 〈그림3〉은 W/C비가 일정하며 W/C비 이외의 배합이 상이한 A, B 및 C 종의 콘크리트라 할지라고 동일한 강도를 얻을 수 있다는 설이다. 그러나 동일 W/C비라도 다짐 정도가 불충분하면 W/C비의 적은 범위에서는 점선 부분과 같은 콘크리트의 Workability가 부족하여 강도의 저하를 나타낸다. 〈그림4〉는 완전히 다지면 콘크리트 강도는 W/C 비만으로 결정되며 불충분한 다짐일때 다짐 방법에 따른 강도저하를 점선으로 표시하였다.

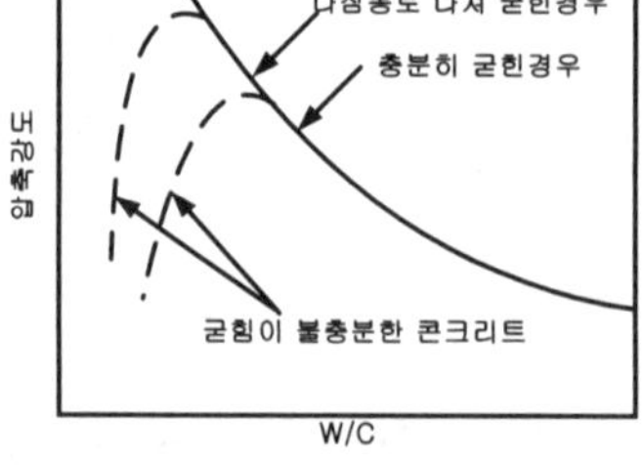

그림3. W/C 비설에 의한 콘크리트 강도와 W/C비와의 관계

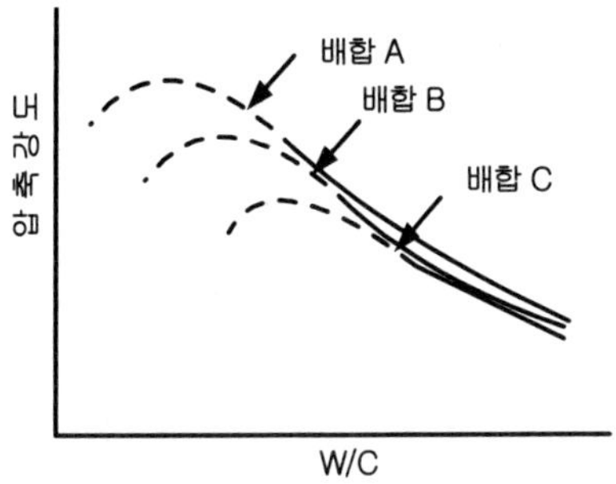

그림4. W/C비설에 의한 각종 배합의 강도와 W/C비와의 관계

② 공극설

W/C비설은 콘크리트 속에 있은 골재간의 공극을 시멘트 페이스트로 충분히 채워졌을 경우에만 적용되는 이론으로서 시멘트 페이스트량이 불충분한 경우 도는 수량이 지나치게 많아져서 콘크리트속에 공극이 생겼을 때에는 물 시멘트비설로는 기대할 수 있는 강도를 나타낼 수 없다. 따라서 콘크리트 강도는 Mortar 속의 공극에 의하여 지배된다는 것이 공극설(Void Theory)이다. Talbot의 연구에 의하면 조골재의 공극을 충진하여 그 표면을 덮는데 충분하고 또한 그 Mortar를 최소용적으로 하는 데 필요한 수량 즉 기준수량(Basic Water Content)을 사용한 콘크리트의 강도와 콘크리트 속의 공극 υ 및 사용 시멘트의 절대용적 C와의 비 υ /C와의 관계와. υ /C 대신에 시멘트 공간비 C/(υ +C)를 적용하여 강도를 얻을 수 있다. 한편 사용수량을 기준수량보다 더 증가 시키면 콘크리트 강도는 감소된다.

③ Gel Space 비설

물시멘트비설은 실용적인 관점에서는 우수한 설명이지만 그러나 여러 가지 제약조건이 있다. 물시멘트비가 일정하더라고 시멘트이 수화반응의 정도에 따라 콘크리트 강도가 결정되는데 수화반응은 온도, 습도에 따라 시멘트의 화학 및 물리적 성질을 바꾸게 한다. 이와같은 조건이외에도 콘크리트의 공기량, Bleeding에 의한 수량의 변화도 콘크리트 강도에 직접 영향을 주게 된다. 여기서 수화물이 점유하게 되는 공간을 고체 수화 생성물이 어떤 비율을 차지하는 지의 정도에 따라 강도가 표현된다는 것이 T. C. Power에 의하여 제안 되었다. Power

는 Gel-Space 비와 강도와의 관계를 표시하였고 이것을 Gel Space Ratio Theory라 한다.

(2) 시멘트 품질과 강도

골재 강도가 크기 때문에 콘크리트의 파괴가 시멘트 페이스트의 강도에 의하여 좌우되는 경우에는 콘크리트의 강도는 시멘트 페이스트의 강도에 의하여 결정된다. 또한 시멘트 페이스트는 시멘트의 품질의 영향이 크며 Abrams의 물시멘트비설에 근거를 두고 일반적으로 다음과 같은 표현을 한다.

$$F=\frac{A}{B^{x}}$$

다만 x : 배합중의 물시멘트비

A,B : 시험에 의하여 결정되는 상수

또는 F=a+b

다만 a, b : 물시멘트비

여기서 물시멘트비 x의 산정식으로서

$$x=\frac{61}{\frac{F}{K_{n}}+0.34}$$

(3) 골재 품질과 강도

골재 품질이 콘크리트 강도에 미치는 영향은

① 골재자체의 강도와 시멘트 페이스트 강도의 상관관계에서 원인이 있는 경우

② 골재 표면상태에 따라 시멘트 페이스트의 계면 접착강도에 원인이 있는 경우

③ 골재량 및 입경의 크기에 영향을 주는 원인을 들 수 있다.

① 골재 강도의 영향

골재 강도의 영향은 Mortar 또는 Cement Paste 강도가 증대하는데 따라 현저하게 영향을 한다. 여러 가지 골재 비중에 조정한 인공경량 골재와 강자갈 및 쇄석을 조골재로 사용한 콘크리트를 제조하여

Mortar의 압축강도를 200, 300, 400, 550 및 750 kgf/㎠으로 하였을 때 콘크리트 강도를 시험하고 Mortar 강도에 대한 콘크리트 강도의 강도비 골재 비중과의 관계를 조사한 결과이다. 이 도표에서 수평으로 된 부분이 골재 강도에 의한 콘크리트 강도에 영향을 받지 않는 범위이다. Mortar 강도가 낮을수록 골재 강도가 적으면서 비중이 적은 골재의 경우에도 같은 콘크리트 강도를 얻을 수 있다. 강자갈 콘크리트보다 쇄석 콘크리트 가 강도가 커진다는 것은 골재와 Mortar 계면의 성상에 영향을 주지 않는 한계의 골재 비중은 Mortar 강도 300, 400, 500 및 600 kgf/㎠에 대하여 1.3, 1.4, 1.5 및 1.6 일때마다 구조용 경량조골재로서 JISA 5002에서는 골재의 강도 레벨을 W/C=40% 슬럼프 8㎝의 콘크리트로 시험하고 있다. 그리고 ASTM C-330에서도 같은 조건으로 시험을 하고 있다. 이와 같은 콘크리트 속에 있는 재료로서의 골재강도와 콘크리트 강도의 관계를 많은 연구자에 의하여 제안되고 있으나 모두 개념적인 성격만을 나타내고 있고 골재강도가 Mortar 강도보다 낮은 경우만을 상정하고 있다.

Bache 의 식을 인용하면

$$\frac{F_c}{F_m} = \left(\frac{F_a}{F_m}\right)^n$$

다만 F_c : 콘크리트의 압축강도

F_m : Mortar의 압축강도

F_a : 골재의 압축강도

n : 모체 Mortar 와 골재의 탄성계수비

谷川(타나가와)은 골재 강도가 모체 Mortar 강도보다 강하거나 약해도 콘크리트 강도는 mortar 강도보다 떨어지기 때문에 골재에 의한 보강 효과는 없다고 주장하였다. 그리고 골재 강도가 Mortar 강도보다 낮을 경우에는 골재의 붕괴를 일으킬 때 콘크리트가 붕괴하기 때문에 골재강도가 커질수록 Mortar 강도에 가까워지는 한편 골재 강도가 Mortar 강도 보다 클 경우에는 골재 주변 Mortar 부분에 응력 집중으로 콘크리트 국부 압괴를 초래하게 된다. 골재 강도와 모체 Mortar 부분의 비가 클수록 모체 Mortar 부분의 응력 집중 정도가 현저하게 된다. 따라서 골재 강도가 커지면 도리어 콘크리트 강도가 적어진다고 생각된다. 결국 고강도 콘크리트를 얻을 목적으로 Mortar 강도보다 강도가 큰 골재를 사용하여도 그다지 좋은 효과를 얻을 수 없고 인공 경량 골재 콘크리트 에서는 약 400kgf/㎠ 정도의 골재 강도보다 큰 강도의 콘크리트를 얻기 위하여 W/C비를 적게 하거나 Mortar 비를 적게 하거나 Mortar 강도를 크게 하여도 의미가 없다는 것을 논하고 있다. 그러나 휨 강도의 경우에는 그렇다 하여도 압축강도에서는 골재에 의한 보강 효과가 있다는 유력설도 있어서 보강 효과를 주는 조건을 한정하는 것은 과제이다.

② 골재-Mortar 계면의 영향

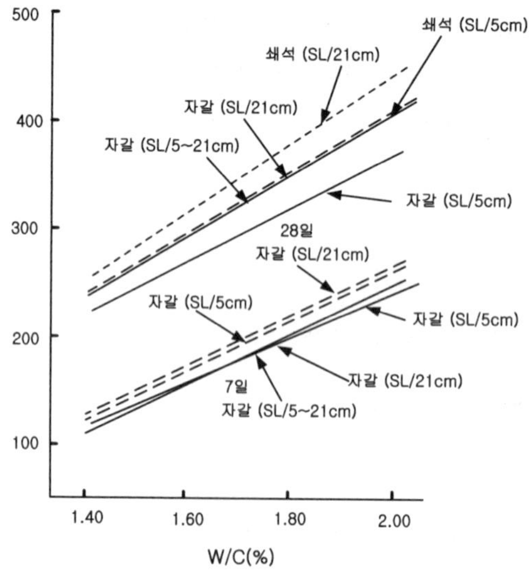

그림6. 쇄석사용에 의한 콘크리트 강도 증대

골재의 표면 상태가 콘크리트의 압축강도에 미치는 영향에 대해서는 예부터 많은 연구가 되었으며 유리 구슬등의 Model 골재를 사용하여 만든 콘크리트 에 대하여 그 특성을 강조하는 연구가 행하여져 있다. 이들 연구 결과에 의하면 서로 모순된 결론도 볼 수 있으나 전체적으로 골재 표면 상태는 압축균열을 발생시키는 응력에는 민감하게 영향하지만 특히 압축강도에 대해서는 그다지 현저하게 영향을 주지 않는 것이 많다.

골재 표면 상태의 영향을 명확히 나타내는 것으로는 천연 골재를 사용한 콘크리트와 쇄석 콘크리트의 강도의 차가 전형적인 예이다. 그리고 쇄석 콘크리트의 강도의 특성을 조사한 결과 총괄하여 도시한 것이다. 이것은 모두 Plain Concrete의 경우로서 AE 콘크리트(공기량 3.5%)의 경우, 재령 7일에 11.3%, 재령 28일에는 12.5 % 감소된다. 이와 같은 결과를 실험적으로 나타낸 것이 〈표2〉이다. 이와 같이 동일 물시멘트비를 비교하면 쇄석 콘크리트는 강자갈 콘크리트 보다 압축강도가 커진다. 이것은 골재의 표면이 거칠어져서 Mortar와의 부착강도가 증대되기 때문이라고 설명한다.

표2. 콘크리트의 W/C비와 압축강도와의 관계식

굵은골재	재령	관계식	표준편차	상관계수
강자갈	7일	$\sigma 7=-185+214\frac{C}{W}$	14.6	0.948
	28일	$\sigma 28=-190+299\frac{C}{W}$	26.1	0.918
쇄석	7일	$\sigma 7=-215+242\frac{C}{W}$	17.9	0.939
	28일	$\sigma 28=-219+332\frac{C}{W}$	30.5	0.910

쇄석을 사용한 콘크리트에서는 동일 슬럼프로 조정하기 위해서는 W/C비에 거의무관계하고 단위수량을 19~20kgf/㎠(증가율 약 10%) 증가시킬 필요가 있기 때문에 동일 W/C비에서는 시멘트량이 10% 증대된다. 저 강도일수록 그 차가 접근되며 슬럼프 5㎝인 된 비빔인 경우에는 이와 같은 관계가 역전된다. 즉 된 비빔 Mortar 강도가 증대 할수록 쇄석을 사용하였을 때 강도상의 우위를 알 수 있다. 〈표4〉은 암석 종류별로 된 쇄석으로 제조된 콘크리트에 관한 압축 강도비를 표시한 것이다. 골재와 Mortar와의 계면에 있어서 부착강도를 증대시키기

위해서는 Cement Clinker 와 같은 반응성인 골재를 사용할 것을 생각한다. 골재 표면부착이 좋아도 골재 강도가 낮을 경우에는 콘크리트 전체의 강도 저하가 커진다는 것을 나타내는 것을 알 수 있다.

표3. 저품질 쇄석원석의 물리적 성질

비 중	흡 수 율(%)	압축강도(kgf/㎠)	탄성계수
2.28	7.15	348	10.6×104
2.53	1.59	759	24.3
2.63	2.97	863	39.6
2.66	0.27	954	33.3

표4. 쇄석 암종별 재령 28일 콘크리트의 압축강도비 (강자갈=1.00)

암 종	시험소계	물시멘트비(%)					총평균
		50	55	60	65	70	
안산암	4	1.04	1.06	1.08	1.04	0.07	1.06
유문암	1	1.02	1.11	1.22	1.13	0.97	1.09
석영반암	1	1.20	1.20	1.32	1.09	1.27	1.22
석영분암	1	1.16	1.06	1.03	0.93	0.99	1.03
각섬석	1	0.98	0.98	0.83	1.01	1.06	0.97
석회석	6	1.10	1.08	1.11	1.04	1.05	1.08
각암	2	1.06	1.14	1.04	0.96	1.06	1.06
규석	1	1.12	1.16	1.13	1.18	1.22	1.16
경질사암	4	1.10	1.10	1.12	1.11	1.16	1.12
옥암	3	1.09	1.08	1.11	1.08	1.10	1.09

③ 골재량 및 입경크기의 영향

콘크리트의 골재량 및 크기를 변경하면 동일 물시멘트비에 대해서도 상이한 콘크리트 강도를 얻게 된다. 이 원인은 골재 총 표면적이 증감함에 따라 골재와 Paste 또는 Mortar 와의 탄성계수가 상이 하는데 다른 골재 주변의 응력 집중도의 차이, 그리고 탄성계수가 상이 하는

데 따른 수축 변형도의 구속도의 차이, 골재 흡수의 가정의 차이가 증폭되는 것에 의한 차이 등의 영향이 복합된 것이다. 또한 골재 입자의 크기의 영향을 논할 때 공시체의 크기와 최대입경의 비율이 극단적으로 변동하면 정확히 결론을 얻을 수 없다.

2. 철 근

(1) 제조

철은 비중이 7.87로서 속칭 철 또는 철강 이라는 것이며 탄소, 규소, Mn, 인, 유황 등의비 금속 원소와 Ni, Cr 등 소량의 금속 원소를 포함하고 있다. 이중에서도 강의 성질을 크게 좌우하는 것은 탄소로서 그 함유량이 0～0.008% 정도인 것을 철 0.008～1.7%를 강, 1.7～4.2%인 것을 주철이라 한다. 철광석에서 강재가 만들어질 때까지의 공정은 제선, 제강, 압연의 단계를 거치게 된다.

① 제선

철광석에 고열을 가하여 용해 환원하여 탄소와 다른 불순물을 제거시키고 철분을 집성하는 공정을 제선이라 한다. 제철을 경제적으로 대량 제조하는 방법으로 고열(용광로) 제철법이 있는데 열원 및 환원제로서의 Cock와 불순물을 제거하기 위한 용제로서 석회암을 철광석과 같이 爐內에 투입하고 열풍을 불어서 Cock를 연소 시키면 이때 생기는 일산화탄소는 노내에서 가열 용해되어 하강하는 투입물과 작용하여 환원한다. 그리고 爐의 저부에는 순도가 높은 제철이 고이게 된다. 그러나 이들의 대부분은 석회와 화합하여 광제로서 비중이 가볍기 때문에 용철이 된 제철은 일정시간마다 수시로 출구를 통하여 유출 시킨다.

② 제강

제철은 탄소가 많이 함유되어 있을 뿐 아니라 불순물이 대단히 많으므로 압연이나 단조(鍛造)등의 가공이 힘들다. 따라서 탄소량을 감소시키고 불순을 제거하는 제강 공정을 거쳐야 한다. 노에서 나온 용강을 주형에 부어 넣어서 주상의 덩어리로 만든다.

이것을 鋼塊(Steel Ingot)라 하며 압연 작업에 적합한 형상으로 바꾼다. 이것을 단조(鍛造)라 한다. 이것을 장시간 1200℃의 고온으로 가열하여 윗부분의 불량부분을 잘라내고 망치 치기로 조직을 조밀하게 한다. 이와 같은 과정을 鍛造라 한다.

③ 압연

단조한 것을 상호 반대 방향으로 회전하는 대, 중, 소의 Roller 사이를 1000~1200℃로 가열된 강을 통과시켜서 소정의 형상 치수로 만드는 과정을 압연이라 하며 이와 같이 만들어진 강을 압연강(Rolled Steel)라 한다.

(2) 가공

① 열처리

강을 가열하여 다시 냉각 시키면 내부 결정의 변화에 의하여 원강과 다른 성상을 나타낸다. 이와같은 현상을 일으키게 할 조작을 열처리라 한다.

② 설담금(Annealing)

열도 높이에 따라 가공강의 조직은 거칠어지며 강도, 항복점, 신도가 낮아진다. 이것을 양질로 변화 시킬려면 일단 변태점(變態點) 726℃ 이상으로 熱하여 적당한 조직이 되게 서냉(徐冷)하는 경우를 Annealing 라 하며 공기냉은 Normalizing라 한다. 가령 저온가공(Cold Working)을 받은 강의 내부의 변화를 제거하기 위하여 설담금을 하는 경우가 있는데 이것은 앞서 말한 경우와는 다르며 변태점에는 관계없이 600~650℃ 정도 가열하면 좋다.

③ 담금질(Quenching)

고온도로 열한 후 급냉하여 경화 시킨 것을 담금질(Hardening 또는 Quenching)라 한다. 일반적으로 온도에 의한 조직의 변화는 일정한 시간이 필요하다. 따라서 급냉에 의한 고온에 있어서의 안정한 조직을 그래도 상온 상태로 옮겨 놓고자 한다.

그러나 담금질 하는 온도가 맞지 않거나 탄소량이 많을 때는 담금질 후의 취성이 증대되어 도리어 경화하는 경향이 있다.

④ 되담금(Tempering)

급한 강은 저 탄소강 이외는 취경(脆硬)으로 되어 그 내부에 변형이 일어난다. 이것을 조절하기 위하여 變態溫度(726℃)이하로 재열하여 서냉하는 것을 되 담금이라 한다.

(3) 물리적 성질

일반적으로 저 탄소강은 가공용재로, 고탄소강은 공구용으로 쓰인다. 합금으로서 첨가 시키는 Maganess는 脫炭劑(탈산제) 뿐만 아니라 유황을 제거시키는데 필요한 원소이며 규소로는 0.08% 이하로 함유될 때는 원강에서 잔류한 것 이지만 0.1% 이상일때는 탈산제로서 사용되었을 뿐 아니라 기포를 적게 하여 재질을 치밀하게 한다. 한편 인은 元鑛(원광)에서 잔류되어 문제가 되지 않지만 다량 있으면 충격 저항력이 저하 되므로 규정에서는 0.05~0.06% 이하로 제한하고 있고 고급품은 0.03%이하로 하고 있다. 유황은 고온도하에서 강을 취약하게 하므로 인과 같이 제한하여야 한다.

① 강 도

강도는 상온 이상에서는 도리어 증가 하며 200~300℃에서 최대가 된다. 그 이상 온도가 상승하면 강도는 감소되며 500℃ 내외에서 엿 모양이 되고 상온 정도의 1/2이 되고 1000℃에서는 0이다.

② 신 장

상온 이하에서는 약간 감소하는 경향이 있으며 200~300℃ 사이에서 현저하게 감소되고 이 이상은 온도부터는 급격히 증대된다. 가령 온도 200~250℃ 에서는 강은 청색으로 연소하고 가장 약한 취성을 나타낸다.

이와 같은 현상은 靑熱脆性(청열취성 Blue Shortness)라 한다. 다시 온도가 상승되어 900℃ 전후에 도달하면 다시 신장이 감소되어 취성을 나타낸다. 그리고 강에 來雜物(예잡물)이 많을수록 취성이 현저하다. 이 현상 적열취성(赤熱脆性 Red Shortness)라 한다. 보통 강은 열도에 따라 그 조직을 변화 시키는데 온도 726℃ 내외에서 제 1의 변태점이 나타난다. 따라서 이 한계이하에서 가공하면 강의 조직이 섬세하여지지만 내부에 현저한 변형이 일어나 靭性(인성)을 감소시킨다. 이를 저온가공(Clod Working)라 하는데 구조물에서는 피하여야 한다. 일반 구조재에서는 900~1200℃의 고온가공(Hot Working)으로 단련가공한 것을 열간 가공이라 한다. 강을 작열하여 냉각시키면 그 내부 결정이 변화하여 원강과 다른 성상을 나타낸다. 이와 같은 조작을 열처리라 한다.

③ 저고온 특성

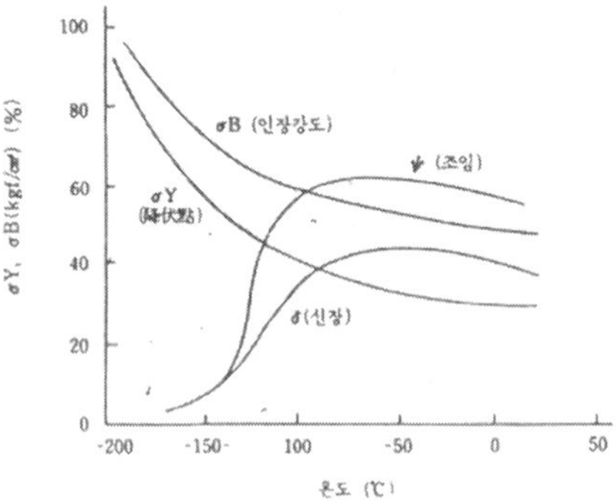

그림7. 연강의 저온에 있어서의 성질

일반적으로 강재의 인장 강도나 항복점은 상온 보다 온도가 저하 하는데 따라 상승한다. 여기에 대하여 파단까지에 일어나는 신장 δ 와 조임 φ 와 같은 변형은 고온 저하와 더불어 감소된다. 〈그림7〉은 軟鋼의 정적 인장 특성이 온도와 더불어 변화하는 상태를 나타내고 있다. 저온시에는 항복점의 상승이 현저하며 항복비 σ /σ 는 커지고 균등하게 늘어가는 경향이 감소는 것이 특징이다. 고온 강도는 250~300℃에서 가장 큰 값을 나타내고 300~450℃가지는 완만하게 변화하며 그 이상에서는 급격히 저하한다. 600℃ 까지는 인장강도, 降伏點 모두 변화 하지 않지만 700℃를 초과하면 특히 고인장력강의 경우 인장강도, 항복점이 급격히 저하된다. 고장력강에서는 설담금, 담금질, 되담금을 하였을 대 가열 온도가 되감금 온도를 넘기면 인장강도, 항복점이 급격히 저하한다. 그리고 냉간가공에서는 고온 인장 특성의 저하가 현저하다.

④ 강재의 부식

전해질 매체중 에서의 강재의 부식은 전기 화학적 반응에 의한 것으로서 강재의 표면 도는 여기에 접하는 매체중에 불균질한 부분이 있으면 거기에 국부적으로 전위차가 일어나서 전류가 흐르고 강의 부식이 일어난다. 즉 일종의 국부적인 전지가 형성되며 이것을 부식 전지라 한다. 이와 같은 전기 화학적 강재의 부식의 기구는 〈그림8〉와 같다. A,B의 2점간에 전위차가 생기면 A(양극 : Anode)점에서 철원자가 결정 격자에서 이탈하여 Fe2+ ion 으로 되여 매체중에 나온다. 이 때문에 Fe 원자 1개당 2개의 전자 e- 는 B(음극 : Cathode)점으로 옮겨진다. 이와 같은 결과 매체중의 A 점서 B로 전류가 흐르게 된다. 이때의 전기 화학적 반응은 다음과 같다.

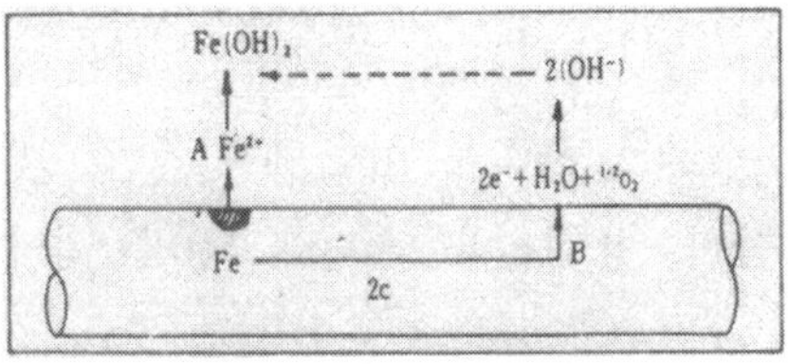

그림8. 강재부식기구

양극 반응 Fe -- fe_2+ + 2e-

음극 반응 $\frac{1}{2}$ O_2 + H_2O + Ze - --- 2OH- $Fe(OH)_2$

이와 같은 반응에 의하여 양극부분에서 강이 부식한다. 또한 강의 부식에는 수분과 탄소가 불가결 하다는 것을 알 수 있다. 국부적인 전위차를 일으키는 원인에는 철근 쪽의 불균일성과 매체쪽의 불균일성이 있다. 철근 쪽의 원인은 Millscale 등의 피막의 국부적인 문제, 기계적인 凹凸, 잔류 변형도의 불균일 분포, 불순물의 부착 등이며 매체쪽의 원인은 溶材 탄소 농도차, 용액중의 Ion 농도차, PH의 차, 온도 차등이다. 콘크리트 속에서는 콘크리트의 고 Alkali 성 때문에 강재의 표면에 Fe_2O_3인 부통태 피막이 형성되어 상기의 전기 화학 반응을 일으키지 않게 된다. 그러나 탄산화에 의한 PH치가 11.5 이하로 되고 Alkali 성을 함유하여도 염분 함유량이 많으면 강재는 녹이 슬게 된다. 그 원인은 염소 Ion에 의하여 부동태 피막이 국부적으로 분산 파괴된다고 설명한다. 부통태 피막이 국부적으로 파괴된 결과 강재 표면은 부동태 피막에서 이루어지는 Cathode 으로 둘러쌓인 장소 면적에 Anode가 형성되어 그사이에서 큰 전위차를 일으키므로 부식은 일부분에 집중되어 孔蝕(공식)이라 칭하는 부식 형태를 취한다.

(4) 강의 기계적 성질

① 순철(純鐵)

엄밀히 100% 순철은 있을 수 없다. 제조법, 정련법에 따라 탄소 기타 원소의 함유물이 다르며 그 가운데서 전해철의 순도가 가장 높고 다음이 Carbonyle Iron, Armco Iron, 연철의 순서로 순도가 떨어진다. 순도에 가장 가까운 순철은 용융상태에서 냉각하면 1528℃에서 응고한다. 순철은 상온에서 전연성이 풍부하여 가공성이 좋은 동시에 단접성, 용접성도 좋다.〈표5〉는 순철의 기계적 성질을 나타낸 것이다.

표5. 순철의 기계적 성질

종류	비중	비중 (0~100℃)	선팽창계수 (0~100℃)	인장강도 (kgf/㎟)	항복점 (kgf/㎟)	신장(%)	탄성계수 (kgf/㎟)
전해철 Carbonyleiron 연선	7.86 ~ 7.88	0.111	11.7×10−6	25 20~28 30~40	11 11~17 19~29	50 30~40 20~40	20700

② 강철

주철의 탄소량이 1.7~1.69% 정도이며 보통 주철, 고급 주철, 특수 주철 및 가단주철로 분류된다. 보통 주철 은 선철을 원료로 하였고 불순물의 량, 강도 및 경도 등에 관하여 엄밀히 정하여지지 않았다. 용도로는 수도용 주철관 교량난간, 전주 등에 사용된다.

③ 기타 강류

주철은 취약하여 진동, 충격 등에 대하여 파괴하기 쉽고 구조재료는 적합치 않다. 그러나 주철은 훨씬 강인하며 거의 강의 성질을 잃지 않고 가단철로 제조하기 어려운 형상을 가지고 있다. 그리고 고 탄소강은 순철에 산소 하나만 가하여 제조하였기 때문에 2원강이라 칭하며 주로 공구강에 사용된다. 합금강은 탄소강에 특수한 용도에 쓰이기 위하여 그 목적에 합당되는 여러 가지 금속을 부가시켜 만든 고급 강이며 부착강이 1개 일 때를 2원강, 2개일때는 3원강이라 한다. 합금강은 고강도를 목적으로 하는 구조재와 방청 기타 특수한 목적을 가진 특수용으로 구분된다.

(5) 철근의 특성

철근 콘크리트용 강재는 항복점이 24~50 kgf/㎟ 인 범위의 연강(Mild Steel)이며 30kgf/㎟ 이상인 것을 고강도 철근(High Tension Steel Bar)이라 한다. 강도를 증대시키기 위하여 Manganese 또는 Silicon 등의 원소를 미량 첨가하여 열간 압연(Hot Working) 한 성분 조정강을 만들게 되는데 강도가 증가되는 대신에 연성이 감소된다. 보통 연강을 냉간 비틈, 인장하여 저온 가공하면 결정이 가공 방향으로 배열되어 纖維狀(섬유상) 조직을 형성한다. 가공도에 따라 인장강도, 항복점 및 경도도 증가하지만 신장이나 Necking은 감소한다. 이와 같이 가공하여 항복점을 높인 강을 냉간가공강(Cold Working)이라 한다. 탄소강에 Chrome, Nickel 또는 동등의 다른 금속과 합금 하면 탄소강에 비하여 부식 저항이 4배나 증가한다. 이들 강재에 관한 응력 변형도의 곡선이 〈그림9〉와 같이 철근의 품질에 따라 대소 상이한다. 그림에서도 알 수 있듯이 비교적 저강도인 압연강의 경우에는 명료하게 항복점과 항복점의 디딤장을 볼 수 있지만 일반적으로 고강도 강으로 갈수록 항복점의 디딤장의 길이도 짧아지고 파괴시의 신장도 적어진다. 한편 냉간 가공강이 경우에는

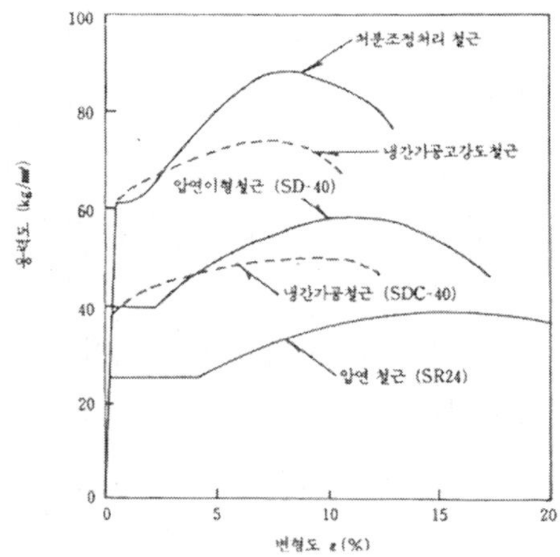

그림9. 철근의 응력도 –변형도 곡선

뚜렷하게 항복점을 볼 수 없다. 이와 같이 잔류 변형도가 0.2% 일때의 응력도를 항복점으로 정한다. 구조해석에 사용할 때의 σ-ε 곡선은 보통 CEB-FIP 국제 설계지침에서 적용하고 있으며 〈그림9〉의 σ-ε 곡선을 이용하고 있다.

3. 콘크리트 혼화재료

3.1 개 요

혼화재료는 콘크리트 혹은 모르터 배합시 시멘트, 물 골재 이외의 성분으로서 혼합할 때 필요에 따라 콘크리트의 한 성분으로 더 첨가하는 재료이며 굳지 않은 콘크리트나 경화된 콘크리트 혹은 모르타르의 제 성질을 개선하거나, 이를 첨가함으로써 첨가하지 않을 경우에는 얻기 어려운 특성을 얻기 위해 사용된다.

일반적으로 혼화재료는 사용량, 재료의 작용효과, 사용목적 및 재료의 조성등에 따라 국가나 협회에 따라 그 분류가 약간씩 다르다.

우리나라에서는 혼화재와 혼화제로 구별하고 있으며 시멘트에 대한 혼합비가 약 5%이상인 비교적 다량으로 사용되는 무수계미분말 등의 산업 부산물을 혼화재로 구분하고, AE제, 감수제 등과 같이 시멘트에 대한 혼합비가 약 3% 이하인 약품과 같이 소량 사용하는 유기계 액체 등을 혼화제로 구분하고 있다.

3.2 혼화재료의 특성

혼화재료를 물리적 화학적 작용에 의하여 콘크리트의 제 성질을 개선하고 경제성을 향상 시키며 또한 콘크리트에 새로운 특성을 부여한다. 혼화재료를 사용함으로써 개선할 수 있는 콘크리트의 성질은 다음과 같다.

(1) 굳지 않은 콘크리트, 모르터 및 그라우팅의 성질개선

① 수량의 증가없이 Workability를 개선, 또는 동일한 Worability에

서 수량 감소
② 초기 응결 시간의 지연 및 촉진
③ 침하 감소 또는 체적 팽창
④ Bleeding의 양을 조절
⑤ 골재분리 감소
⑥ 침투성 및 Pumpability 개선
⑦ 슬럼프 손실율 감소

(2) 경화중의 콘크리트, 모르터 및 그라우팅의 성질 개선
① 빙점을 낮추어 초기동해 방지
② 응결지연

(3) 경화된 콘크리트, 모르터 및 그라우트의 성질 개선
① 수화열 발생의 지연 또는 감소
② 초기 재령에서 강도 증가율 촉진
③ 강도 증진
④ 내구성 및 저항성 증대
⑤ 수분 침투 억제 및 방지
⑥ 알칼리 골재 반응에 의한 팽창 조절
⑦ 기포 콘크리트 제조
⑧ 철근과 콘크리트 부착력 증진
⑨ 신구 콘크리트의 부착력 증진
⑩ 내충격성 또는 내마모성 증진
⑪ 방청성 증진
⑫ 착색에 이용
⑬ 살균성 및 살충성

3.3 혼화재료의 분류 및 비교

혼화재료는 주로 사용량의 다소에 따라 혼화재와 혼화제로 구별되며 혼화재는 고로 슬래그 미분말, 플라이 애쉬, 시멘트 팽창제 등과 같이

비교적 다량으로 사용되며, 혼화제는 AE제, 감수제, 지연제, 유동화제 등과 같이 약품으로서 소량 사용된다.

일반적으로 혼화재와 혼화제를 비교하면 그 특성은 다음과 같다.

(1) 상태

혼화재는 미분말 상태이며 혼화제는 액체 또는 분말 상태로서 일반적으로 물에 희석하거나 용해시켜 사용한다.

(2) 유기 무기제

혼화재는 대체적으로 무기계이며 혼화제는 대체적으로 유기계이다.

(3) 사용량

혼화재는 단위 시멘트량의 약 5% 이상으로서 배합 설계시 중량을 고려하며, 혼화제는 단위시멘트량의 약 3% 이하로서 배합설계시 중량을 무시한다.

(4) 시멘트 반응성

혼화재는 일반적으로 수화반응을 하며 대부분의 혼화제는 시멘트 수화물과 반응한다.

3.4 콘크리트 표준 시방서에 따른 분류

콘크리트 표준 시방서에는 혼화재와 혼화제를 용도별로 다음과 같이 분류하고 있다.

(1) 혼화재

① 포졸란 작용이 있는 것 - 플라이 애쉬, 규조토, 화산회, 규산백토
② 주로 잠재 수경성이 있는 것 - 고로슬래그 미분말
③ 경화 과정에서 팽창을 일으키는 것 - 팽창재
④ 오토클레이브 양생에 의하여 고강도를 나타내게 하는 것 - 규산질 미분말

⑤ 착색시키는 것 - 착색제
⑥ 기타 - 고강도용 혼화재, 폴리머, 증량제 등

(2) 혼화제
① 워커빌리티와 내동해성을 개선시키는 것 - AE제, AE 감수제
② 워커빌리티를 향상 시켜 소량의 단위수량이나 단위 시멘트량을 감소시키는 것 - 감수제, AE감수제
③ 유동성을 크게 개선시키는 것 - 유동화제
④ 큰 감수 효과로 강도를 크게 높이는 것 - 고강도용 감수제(또는 고성능 감수제라고 함)
⑤ 응결, 경화 시간을 조절하는 것 - 촉진제, 지연제, 급결제, 초지연제
⑥ 방수효과를 나타내는 것 - 방수제
⑦ 기포의 작용에 의해 충진성을 개선하거나 중량을 조절하는 것 - 기포제, 발포제
⑧ 염화물에 의한 철근의 부식을 억제하는 것 - 철근의 방청제
⑨ 유동성을 개선하고, 적당한 팽창성을 주어 충전성과 강도를 개선하는 것 - 프리펙트 콘크리트용 혼화제, 고강도 프리펙트 콘크리트용 혼화제, 공극 충전 모르터용 혼화제
⑩ 응집 작용에 의해 재료 분리를 억제 시키는 것 - 수중 콘크리트용 혼화제, 펌프 압송용 혼화제
⑪ 기타 - 보수제, 방동제, 건조수축 저감제, 수화열 억제제, 분진방지제 등

3.5 혼화재료의 일반적인 특성

본 절에서는 분류된 각각의 혼화제와 혼화제에 대한 일반적인 특성에 대하여 간단히 설명하고 혼화제에 대하여는 다음장에서 구체적인 특성 및 품질 규정, 사용 목적 등에 대해 설명하기로 한다.

(1) 혼화재
① 포졸란이란 이탈리아 화산의 산지의 지명 Pozzoli에서 이름을 따

왔으며 그 자체에는 수경성이 없으나 콘크리트 속의 물에 용해되어 있는 수산화칼슘과 상온에서 서서히 화합하여 물에 녹지 않는 화합물을 만들 수 있는 실리카질(SiO_2) 물질은 함유하고 있는 미분말 상태의 재료이다.

(가) 포졸란의 종류

- 천연산 - 화산회, 규조토, 규산 백토
- 인공산 - 고르 슬래그, 소성 점토, 플라이 애쉬

(나) 포졸란을 사용한 콘크리트의 특성

- Workability 가 좋다.
- Bleeding 및 재료 분리가 적다.
- 수밀성이 크다
- 강도 증진이 늦고 장기강도가 크다
- 발열량이 적다
- 해수에 대한 화학적 저항성이 크다.
- 인장강도와 신장율이 크다
- 단위수량을 많이 필요로 한다.
- 건조수축이 크다

② 플라이 애쉬 (Fly Ash)

플라이애쉬는 화력 발전소에서 미분탄을 연소시킬 때 부산된 미분말로서 미분탄 저부에 낙하된 크링커 애쉬(10~15%) 절탄기 하부에 포착된 신더 애쉬(5%) 및 전기 집진기에서 채집된 플라이애쉬 (75~85%)로 대별된다. 플라이애쉬의 품질은 미분탄의 품질에 다라 차이가 있으나 이 성분의 60%이상이 SiO_2이며 이밖에 Al_2O_3, CaO, Fe_2O_3, 탄소 등을 함유하는 5~20㎛ 정도의 표면이 매끄러운 유리질구상물이다.

③ 고로 슬래그 분말

제철용 고로로부터 나오는 용해된 슬래그를 물로 급냉 시키면 유리질이 되는데 이것을 고로 슬래그라 하며 이 유리질의 화학 성분은

CaO, SiO_2, Al_2O_3, MgO 등으로 구성되어 있다. 이 수쇄 슬래그를 분말 상태로 만들어 혼화재로 사용하고 있다.

④ 실리카슘

실리카슘은 Fly Ash 보다 50배 정도 미세하고 실리콘(Si)이나 페로실리콘(Fe-Si) 및 실리콘 합금 등을 제조할 때 생기는 폐가스중에서 포함된 50Å~0.5㎛ 정도의 비결정질의 구상 초미분마로서 집진기로 채집하여 얻으며, 그 성분은 주로 SiO_2(86~96%)정도이다.

⑤ 왕겨재(Rise Husk Ash)

왕겨속에는 실리카가 함유되어 있는데 이것을 태운 왕겨재에는 왕겨세포의 규산질 골격 그대로의 재가 남아 있으므로 다공질로서 SiO_2의 함유량은 85~96% 정도이다.

⑥ 천연 포졸란

천연 실리카질의 미립 광물로서 시멘트 반응시 고결하는 물질이며 여기에는 화산회, 규조토, 규산백토 등이 있다.

⑦ 팽창제

시멘트 및 물과 함께 반죽할 경우 수화 반응을 하여 에트링 가이드(Ettringite) 또는 수산화칼슘등을 생성하여 모르터 또는 콘크리트를 팽창 시키는 혼화재료로 서 콘크리트의 경화수축이나 건조수축으로 인한 균열 발생을 저감 시키고 균열에 대한 내력을 향상 시킨다.

⑧ 규산질 미분말

석영등을 주성분으로 하고 있으며 오토 클래이브 양생을 하여 콘크리트에 공강도를 준다

⑨ 착색제

모르터 및 콘크리트에 착색하는 경우에는 가하는 내알칼리성 안료로서 통상 백색시멘트나 유색 모래와 함께 사용된다.

⑩ 고강도용 혼화제

무수 석고 등을 주성분으로 하며 고강도용 감수제와 병용하여 증기양생을 하면 압축강도 1,000kgf/㎠ 정도의 고강도를 얻을 수 있다.

⑪ 폴리머

콘크리트나 모르터에 혼합하여 인장강도 및 내구성 등을 개선시키는 유기 고분자 화합물 이다.

(2) 혼화제

① AE제는 콘크리트 중에 많은 독립 미세 기포를 발생시켜 가는 모래 주위에서 Bearing 과 같은 작용을 하기 때문에 Workability를 향상 시키고 단위수량을 감소시키며 또한 내동결 융해성을 향상 시킨다.

② 감수제

감수제는 콘크리트 중의 시멘트 입자를 정전기적으로 활성화 하여 분산시킴으로서, 시멘트 입자끼리 서로 반발하여 Workability를 향상시키고 소정의 Consistency 및 강도를 얻기 위해 단위 수량과 단위 시멘트량을 감소시킬 목적으로 사용하며, 리그닌 설폰산염, 옥시카르본 산염, 다가알콜등이 있다.

③ AE 감수제

AE제 및 감수제의 효과를 동시에 나타내는 혼화제로서 표준형, 지연형, 촉진형이 등이 있다.

④ 유동화제

유동화제는 콘크리트의 단위수량을 증가 시키지 않고 유동성을 증진시킬 목적으로 사용되는 것으로 콘크리트 품질을 저하 시키지 않고 타설 및 다짐 작업을 용이하게 해준다. 종류에는 표준형 유동화제와 지연형 유동화제가 있으며 주성분으로 나트탈렌설폰산계, 멜라민설폰산계 등이 있다.

⑤ 고성능 감수제

감수제에 비해 현저한 감수성, 저공기 연행성, 및 저응결 지연성 등의 특징이 있으며, 시멘트의 수화에 필요한 이론수량에 가까운 낮은물 - 시멘트비에서도 Workability가 양호한 콘크리트를 만들 수 있다. 화학성분으로는 나프탈렌설폰산축합물계, 멜라민 수지설폰산염 축합물계 등으로 분류된다.

⑥ 지연제

수화되지 않은 시멘트의 입자 표면에 흡착하여 시멘트의 수화반응을 일시적으로 방해하는 것으로 유기계, 무기계가 있으며 이들을 병용하기도 한다.

⑦ 초지연제

첨가량의 증감으로 시멘트의 수화반응을 현저하게 방해할수 있으며, 공기 연행성이 없기 때문에 첨가량의 증가에 따라 응결시간을 24시간 지연 시킬수 있다. 따라서 Cold Joint 의 방지 이음부의 일체화 및 서중 콘크리트 공사를 용이하게 한다.

⑧ 촉진제, 급결제

시멘트이 수화반응을 조절하여 콘크리트와 모르터의 응결시간 및 초기 수화속도를 촉진시키기 위해 사용하며 AE제, 감수제 및 AE 감수제와 병용하는 경우가 많다.

⑨ 방수제

콘크리트의 공극을 메우거나 방습성을 줌으로서 콘크리트의 방수 효과를 높이는 것으로 물유리계, 지방산염계, 실리콘계, 수지계 및 고무계 등이 있다.

⑩ 건조수축저감제

물의 표면 장력을 저하 시켜 건조시에 모세관에 발생하는 모세관 장력을 적게 하여 수축을 감소시킴으로서 건조수축을 억제하는 유기계의 혼화제와 에트링가이드를 생성시켜 수축을 약간 완화시키는 무기계 혼화제등이 있다.

⑪ 방청제

염분에 의한 철근의 부식을 억제하기 위해 첨가한다.

⑫ 기포제, 발포제

콘크리트나 모르터등에 다량의 기포를 넣어 단위용적 중량을 줄이거나 빈배합 콘크리트 또는 모르터의 충전성을 개선하는 것으로 화학작용에 의해 가스를 발생시켜 기포를 만드는 발포제와 계면 활성작용에 의해 기포를 도입하는 기포제가 있다.

⑬ 수중콘크리트용 혼화제 펌프 압송제

시멘트 풀의 점도 또는 응집성을 증대 시켜 콘크리트나 모르터의 재료분리를 억제하고 유동성을 개선시킨다.

⑭ 보수제

시멘트 풀의 점착력을 증가시켜 콘크리트의 보수성을 높이고 Bleeding을 감소시켜, Pumpability를 개선시킨다.

⑮ 방동제

동절기 콘크리트 타설시 콘크리트의 빙점을 낮추어 동결을 방지하고 초기 동해를 막아 소요의 강도와 내구성을 갖는 콘크리트를 만들기 위한 혼화제로서, 고성능감수제와 함질소 무기염을 조합한 것이 쓰이고 있다.

⑯ 수화열 억제제

특수한 용해성을 이용해서 콘크리트의 온도상승속도와 온도 상승량을 감소시키는 혼화제로서 Glucose 의 고분자등이 쓰인다.

⑰ 분진방지제

숏크리트 공법에서 발생하는 분진을 저감시키기 위한 감수제로서 주고 수용성 고분자를 이용한다.

⑱ 즉시 탈형 콘크리트용 AE제

된 비빔 콘크리트에 의한 즉시 탈형의 각종 블록에 쓰이며 적정량의 공기를 연행시켜 동결융해에 견디는 능력을 향상시킬 목적으로 사용한다.

4. 콘크리트 혼화제

4.1 개요

건설업의 근간을 이루는 콘크리트분야에 있어서 콘크리트 품질의 향상을 위해 효과적인 품질관리 , 공사의 특성에 맞는 적정재료 선정 및 타설방법 등 여러 가지 방안이 고려되고 있으나, 가장 직접적인 영향을 미치는 요인으로서 혼화제의 역할은 점차 그 비중이 커지고 있다.

4.2 혼화제의 종류와 이용

(1) AE제

AE제는 독립된 미세한 콘크리트를 콘크리트 중에 균일하게 분포시키기 위해 사용하는 재료이며 장단점 및 특성은 다음과 같다.

① 장점

(가) Workability 개선

㉠ AE제에 의해 발생한 미세기포는 단위 수량이 같은 경우 콘크리트의 Consistency를 증가 시킨다.

㉡ 미세기포는 시멘트 입자 및 잔골재 입자 주변에 분포되고 윤활작용을 하므로 콘크리트의 plasticity를 개선하고 재료 분리에 대한 저항성을 향상 시킨다.

㉢ 따라서 잔골재율을 감소시킬 수 있다.

㉣ 단위 수량을 감소시킬 수 있으며 Bleeding을 적게 한다.

(나) 내구성, 수밀성 개선

㉠ 단위수량의 감소와 AE제의 기포에 의한 수압 완화로부터 동결융해작용에 대한 저항성을 개선하다.

㉡ Workability 개선에 의한 밀실한 콘크리트를 타설 할 수 있으므로 공기 중 탄산가스에 의한 중성화 속도를 감소시키고 화학적 침식을 방지 할 수 있으며 알칼리 골재의 유해한 반응을 최소화 할 수 있다.

(다) 단위 수량 감소로 인하여 발열량이 적고 경제적인 콘크리트를 만 들 수 있다.

(라) 압축강도에 대한 영향

물-시멘트비를 일정하게 하여 공기량을 증가시킬 경우 공기량 1% 증가에 따라 압축강도는 약 4~6% 정도 감소한다. AE 콘크리트는 Workability의 향상으로 단위 수량을 감소시킬 수 있으므로 압축 강도에 대한 영향은 거의 없다.

② 단점

(가) 부배합 콘크리트에서는 강도는 낮아진다.

(나) 공기량 증가에 의해 철근과 콘크리트의 부착강도가 약간 줄어든다.

③ AE제의 종류

(가) 수지염계(송진성분)

(나) 알킬벤젠설폰산염계

(다) Polyoxy Methelene Ether 등

④ AE 콘크리트 배합

(가) 공기량은 AE제의 사용량 , 콘크리트 재료(시멘트, 골재, 물),

배합 조건(Slump치 배합시 온도, 비빔상태, 운반조건)등에 의해 큰 영향을 받으므로 구조물의 종류, 규모, 장소, 부재의 종류, 크기, 형상, 기상조건, 시공방법, 등을 고려하여 사용재료, 굵은 재료의 최대치수, 슬럼프, 공기량 등을 결정해야 하며

(나) 재료나 조건의 변동을 고려하여 배합강도를 결정한다.

(다) 내구성과 수밀성을 고려하여 W/C 비를 정한 후 시험 배치를 하여 배합을 결정해야 한다.

⑤ AE제 사용시 주의 사항

(가) AE제는 조금만 증가시켜도 공기량이 크게 변화 하고 모래의 입도, 입형 등에 따라 공기량이 변하므로 배합, Mixing, 운반, 타설에 주의해야 한다.(계량오차 3% 이하)

(나) AE제는 KS F 2560에 따라 적합한 것을 사용한다.

(다) 공기량이 너무 과다하면 강도가 저하되므로 AE제의 사용량을 정확히 한다.

(라) 운반 및 진동다짐에 의해 공기량이 감소하므로 Mixing시 소요 공기량 보다 1/4~1/6정도 많게 한다.

(마) 연행 공기량 변동을 줄이기 위해 잔골재 입도는 일정하게 유지한다.

(2) 감수제 및 AE감수제

감수제 및 AE감수제는 시멘트의 분산작용이나 공기 연행 작용에 의해 시멘트 입자를 활성화 하여 시멘트 입자끼리 서로 반발하게 함으로써 콘크리트 단위 수량을 감소시킨다.

① 장점

(가) 감수효과

㉠ 소요의 Workability를 갖는 콘크리트의 단위 수량을 대폭 감소 시킨다.

㉡ 시멘트 분산 효과에 따라 혼화제를 사용하지 않는 보통 콘크리트에 비해 10~17% AE 콘크리트에 비해서는 4~8% 정도

의 단위 수량 감소 효과가 있다.

㉢ 시멘트 결합체의 미세구조 개선, 단위 수량감소 및 미세 독립 기포 작용등에 따라 재료 분리에 대한 저항성이 증대되고 블리딩이 감소된다.

(나) 응결시간 조절

㉠ 콘크리트 응결 및 초기 강도 발현에 미치는 영향에 따라 표준형, 지연형, 촉진형으로 구분된다.

㉡ 지연형은 Mass 콘크리트, 연속타설이 요구되는 특수 구조물, 서중 콘크리트 등에 이용된다.

㉢ 촉진형은 콘크리트의 응결촉진하여 초기강도를 대폭 증대 시킨다.

(다) 압축강도에 대한 영향

㉠ 단위 수량 감소 및 시멘트 분산 효과로 콘크리트의 압축강도가 현저히 상승된다.

㉡ 일정한 슬럼프치와 일정한 시멘트량에서 10~20% 정도 압축강도를 증가 시킬 수 있다.

㉢ 따라서 동일 강도로 할 경우 시멘트사용량을 줄일 수 있다.

㉣ 사용량 증가에 따라 강도도 증가한다.

㉤ 시멘트 수화열에 의한 콘크리트의 온도 상승이 저하된다.

(라) 내구성 수밀성 개선

㉠ 소요 공기량을 얻을 수 있으므로 내동결 융해 작용에 대한 저항성이 증가한다.

㉡ 재료 분리 감소 및 균질한 콘크리트가 됨에 따라 수밀성이 현저히 개선된다.

㉢ 따라서 중성화 속도를 감소시킬 수 있고 화학적 침식과 마모에 대한 저항성을 개선시킬 수 있다.

② 감수제 및 AE 감수제의 분류

(가) 성능에 따른 분류

콘크리트 응결, 초기 경화 속도에 따라 각각 표준형, 지연형, 촉진형으로 분류된다.

(나) 화학적 성분에 따른 분류

리그닌설폰산염계

옥시카르본산염계

알킬아릴설폰산염

고급 다가 알콜설폰산염 등

③ 감수제 AE 감수제 배합 및 사용방법

(가) 시판되는 종류가 많으므로 사용실적, 신뢰성, 사용성 등을 감안하여 선택한다

(나) 감수제나 AE 감수제를 사용할 경우 단위수량 감소에 있어서는 기존 실적에 따르거나 보통 콘크리트 보다 10~17%, AE 콘크리트보다 4~8%정도 단위 수량을 줄인다.

(다) 사용량은 종류나 제품에 따라 시멘트 중량의 0.1~0.5% 정도로 하 고 특수 한 경우 이외에는 명시된 표준량을 사용하며, 보다 큰감수 효과나 지연 효과가 요구될 경우에도 허용 범위내로 사용량을 한정시켜야 한다.

(라) 공기량 조정을 위해서는 사용량을 증가 시키지 않고 AE제량을 가감하여 조정한다.

(마) 계량장치는 정기적으로 검사하고 계량 오차가 허용범위 3% 이내에 들도록 한다.

(바) 혼화제의 성능은 재료와 시공조건에 따라 미리 시험을 한다.

(사) 보관에 있어서 종류별로 구분하고, 용액은 유해물 혼입이나 품질변화가 일어나지않도록 한다.

(3) 응결, 경화시간 조절제

응결 경화 시간 또는 조절제는 계면 활성작용을 하지 않고 주로시멘

트 수화 반응에 영향을 주어, 모르터나 콘크리트 응결시간과 초기 수화 속도를 촉진 또는 지연 시키는 작용을 한다.

① 분류
- 급결제
- 급경제
- 촉진제
- 지연제
- 초지연제

② 급결제
(가) 급결제는 시멘트 수화 반응을 자극하여 콘크리트가 순간적으로 응결을 일으키도록 하며 주로 뿜어 붙이기 콘크리트에 사용한다.
(나) 종류에는 분말형과 액체형이 있다.
(다) 이러한 성질을 갖는 재료에는 유기질계, 무기염계, 시멘트 광물계등이 있으며 급결제는 이러한 재료를 조합하여 응결과 초기 경화 촉진을 조정한다.
(라) 급결제는 초기 강도 발현을 촉진하고 콘크리트의 박리를 방지한다.
(마) 급결제 선정시 시공 및 환경 조건의 영향을 고려하여, 사용전에 조사 및 시험을 하여 최적의 급결제를 선정하고 인체에 대한 안전성과 무공해성 등을 확인한다.

③ 급경제
(가) 순간적인 응결을 이용하여 긴급공사나 또는 지수용으로 사용한다.
(나) 사용시간과 급경성은 시멘트의 종류, 혼합방법 등에 영향을 받으므로 사용시 주의해야 하며, 알루미나 시멘트계의 급경제는 장기 강도의 저하가 발생할 우려가 있다.

④ 촉진제

(가) 일반적으로 시멘트 수화반응을 촉진하는 약제에는 무기염계와 유기염계로 분리되며, 이들을 단독으로 사용하지 않고 일부를 감수 제나 AE 감수제에 소량 혼합하여 응결 지연성을 보완할 목적으로 사용한다.

(나) 시멘트 수화반응을 촉진하여 초기강도를 증가 시킨다.

(다) 따라서 한중 콘크리트 시공에 응결 경화를 촉진시켜 내동결 융해성을 증진시키기 위해 사용하거나 거푸집 회전을 빠르게 할 목적으로 사용된다.

(라) 도로 또는 철도의 보수 공사에 사용된다.

(마) 촉진에의 성분은 대개 칼슘염이므로 다른 혼화제와 혼합 사용 시에는 사전에 양자간에 용해성을 확인할 필요가 있으며, 철근 부식을 방비하기 위해 일정한 도 이상의 염화칼슘이 포함되지 않도록 한다.

⑤ 지연제

(가) 지연제는 수화 되지 않은 시멘트 입자의 표면에 흡착하여 시멘트의 수화작용을 일시적으로 방해함으로써 콘크리트나 모르터의 응결, 경화를 늦추는 역할을 하며 유기질계와 무기질계로 분류된다.

(나) 지연제는 공기연행성에 의해 강도저하가 발생할 우려가 있으므로 첨가량을 높이지 않는다.

(다) 서중 콘크리트에 사용하여 응결을 지연시키거나 Mass 콘크리트에 사용하여 수화열 및 온도 응력을 억제한다.

(라) 지연제는 일반적으로 감수제나 AE 감수제에 혼합하여 사용한다.

(마) 연속 타설하는 콘크리트에 첨가하여 먼저 타설하는 콘크리트 응결, 경화를 지연시킴으로서 시공이음부를 줄인다.

(바) 과잉 사용할 경우 경화 불량이 된다.

⑥ 초지연제

(가) 경화된 콘크리트의 제 성질을 훼손시키지 않고 응결만을 장시간 지연시켜며, 공기연행성을 갖지 않는 혼화제로서 유기질계와 무기질계로 구분된다.

(나) 초지연에 사용량에 따라 지연효과는 거의 비례하여 증가하며 온도가 높을수록 지연 효과는 크다.

(다) 지연 효과는 시멘트의 종류에 따라 크게 변한다.

(라) 초지연제는 첨가량의 증감에 따라 시멘트의 수화 반응을 현저하게 방해 할 수 있으므로 Cold Joint 의 방지, 이음부의 일체화, 서중 콘크리트 타설 및 Sliding Form 공법등에 주로 이용된다.

(5) 방수제

방수제는 모르터나 콘크리트의 흡수 및 투수에 대한 저항성을 높이기 위해 사용되는데 그 원리는 화학적 물리적 작용에 의해 콘크리트나 모르터내의 공극을 충전하거나 불투수측 형성, 건조수축감소 또는 균열 방지 등으로 투수 도는 흡수에 대한 저항성을 증가시킨다.

방수제는 용도에 따라 완결 방수제와 급결 방수제로 구분 할 수 있는데 완결 방수제는 일반적으로 상온에서 사용되며 급결 방수제는 누수가 많은 곳에 주로지수용으로 사용된다.

① 특성

(가) 일반적으로 Workability 개선 및 W/C 비를 감소할 수 있다. (폴리머 분산재계)

(나) 공기 연행성을 증가한다.

(다) 일반적으로 공기 연행성에 의해 강도는 저하 하나 폴리머 분산재계에서는 강도는 증가된다.

(라) 흡수 및 투수성에 대한 저항성이 향상된다.

(마) 방수제를 혼입한 모르터나 콘크리트에서는 방수에 대한 신뢰성이 양호하지 않으나 경제적으로 시공성이 양호하다.

② 요구되는 성질

사용이 간편하고 경제적일 것

안전성 및 방수 효과가 높을 것

내구성 및 내화학성이 있을 것

침투성이 있을 것

백화 현상을 방지 할 수 있을 것

5. 고성능 감수제 및 유동화제

5.1 서론

고성능 감수제는 종래의 감수제에 비해 현저한 감수성, 저기포성 및 저응결 지연성 등의 성질이 있으며 시멘트 수화에 필요한 이론 수량에 가까운 낮은 물-시멘트비에서도 Workability가 양호한 콘크리트를 만들 수 있다. 보통 감수제로는 5% 정도의 감수가 가능하지만 고성능 감수제를 사용할 경우 20~30%정도의 삼수 효과를 나타내며 첨가량이 많을수록 분산성의 차이가 몹시 커진다. 따라서 고성능 감수제는 Workability나 응결에 별로 영향을 주지 않고 콘크리트의 단위수량을 대폭 감소시키므로 콘크리트의 고강도화에 크게 기여한다. 유동화제는 일반적으로 단위 수량을 증가 시키지 않고 유동성을 증진 시키는 것으로, 콘크리트 품질의 저하 없이 타설 및 다짐 작업을 용이 하게 함으로서 인건비 절감 등 경제적인 이점을 얻을 수 있다. 이와 같이 고성능 감수제는 그 사용 목적에 따라 고강도 콘크리트용과 유동화 콘크리트용으로 구분되고 있으나 기본적으로 동일 한 것으로 볼 수 있다. 다만 고강도 콘크리트용은 시멘트의 분산성과 감수성에 중점을 두고 있으며 유동화 콘크리트용은 적당한 공기연행성을 갖게 하고 후 첨가에 의한 유동화 후 공기량의 안정도모 등 주로 작업성의 개선에 중점을 두고 있다. 고성능 감수제에 대한 명칭은 정확하게 명시 된 것이 없고 각국에 따라 다음과 같이 불리어지고 있다.

유럽 : Super-Plasticizer 혹은 Superplasticizing Admixture

미국 : High Range Water Reducing Agent (HRWR)

독일 : Super-Verflussiger

ASTM C494에서는 고성능 감수제(Type F 및 Type G) 에 대하여 주어진 Consistency를 유지 시키면서 물의 양을 12% 이상 감소시킬 수 있는 혼화제로 규정하고 있다.

5.2 화학적 구조 및 특성

(1) 주요성분

① Naphthalene Sulfonate 계
② Melamine Sulfonate 계
③ Alkyl Aryl Sulfonate 계
④ 변형 Lignin sulfonate 계
⑤ 기타

(2) 화학적 특성

고성능 감수제 및 유동화제의 주요 성분은 위와 같이 4가지로 크게 분류 할 수 있으며 국내에서 시판되고 있는 제품은 주로 Naphthalene Sulfonate 계이며 Naphthalene을 주원료로 한 중축합형 고분자물로서 성상은 Sodium salt of a Sulfonate Naphthalene Formal Dehyde condensate(나프탈렌 설폰산 포름알데히드의 고축합물 나트륨염)로서 구조식은 다음과 같다.

위와 같이 고축합물 Na염은 같은 종류의 저축합물에 비해 시멘트의 분산성이 매우 우수하고 주로 리그닌 설폰산염을 사용한 종래의 감수제와 비교하여 첨가량이 많을수록 시멘트이 분산성이 더욱 현저할 뿐 아니라 공기의 연행성을 줄어들게 한다.

5.3 고성능 감수제 및 유동화제의 물리적 특성

(1) 감수성

① 종래의 콘크리트용 계면활성제의 감수율은 AE제 약 8%, 감수제 약 5% AE 감수제 약 10~15% 정도였으나 고성능 감수제를 사용할 경우 분산 효과의 증대로 안하여 감수율이 약 20~30% 정도로 증가한다.

② 사용량에 따라 감수율이 거의 비례하여 증대 되므로 대폭적으로 단위수량을 줄일 수 있다. 그러나 감수율의 증대에는 한계가 있으므로 각각의 혼화제 특성에 따라 어느 정도의 사용량을 초과하면 감수율은 거의 증가하지 않는다.

③ 일반적으로 감수율은 부배합 일수록 시멘트의 분말도가 높을수록 온도가 높을수록 증대된다.

④ 감수 효과는 일반적으로 후첨가 일수록 크다

⑤ 감수 효과로 시멘트수화작용에 소요되고 남은 여분의 수량을 줄일 수 있으므로 Bleeding 현상 감소, 시멘트 풀과 골재와의 경계면에 공극감소 등으로 콘크리트의 강도를 증가시킨다.

(2) 공기연행성

① 표면 장력의 저하가 적고 기포 작용도 적으므로 연행 공기량이 적으며 사용량을 증가 하여도 콘크리트의 공기량은 거의 변하지 않는다.

② 따라서 공기 연행에 의한 콘크리트 저하는 발생하지 않는다.

(3) 응결지연성

① 고성능 감수제의 혼입율은 증가 시켜도 응결 지연작용은 일어나지 않는다.

② 그러나 너무 많은 양을 사용하면 재료 분리가 일어난다.

③ 지연형 혼화제의 경우 사용량의 증가에 따라 지연된다.

(4) 분산성

① 고성능 감수제의 가장 중요한 특성으로 시멘트페이스트에 고성능 감수제를 첨가하면 시멘트 분자에 흡착되어 입자 표면에 전위를 띄게 된다. 이로 인하여 입자간에 상호 반발력이 일어나 응집되었던 입자가 분산하게 되며 콘크리트의 유동성이 현저하게 증가한다.

② 이러한 효과는 후첨가시 더욱 증가한다.

③ 첨가량을 증가할 경우 흡착량이 증가하고 표면 전위가 증대한 다음 입자간의 상호 반발 에너지 장벽도 크게 되므로 시멘트 풀의 점도는 저하하고 분산성은 더욱 크게 된다.

5.4 고성능 감수제를 사용한 굳지 않은 콘크리트 성질

(1) 슬럼프의 경시 변화

① 유동화제가 유동 효과에 영향을 주는 요인은 첨가시기, 첨가량, 첨가후 콘크리트 혼합시간, 콘크리트의 온도 등으로서 이러한 요인은 슬럼프의 경시변화 또는 아직 굳지 않은 콘크리트의 성질에도 큰 영향을 준다.

② 유동화제의 첨가량이 같을 경우 각종 재료와 동시에 첨가하는 경우보다 후 첨가 하는 쪽이 유동화 효과가 크다. 따라서 재료비절 감등 경제적이다.

동시첨가 : 유동화제를 용해한 물에 시멘트를 투입

후 첨가 : 물에 시멘트를 넣은 후 유동화제를 첨가

③ 유동화제를 사용한 콘크리트의 슬럼프는 보통 콘크리트에 비해 경시 변화가 크다. 그 이유는 유동화 콘크리트의 단위수량이 적으며 시멘트 입자에 대한 분산 효과가 경시적으로 감소되기 때문이다.

④ 이러한 현상은 시간의 경과에 따라 거의 직선적으로 감소하여 1시 간의 경과후에는 거의 Base Concrete 와 같아진다.

⑤ 또한 슬럼프가 적을수록 유동화제의 첨가량이 많을수록 온도가 높을수록 시간 경과에 따른 슬럼프의 감소는 많아진다.

⑥ 유동화제의 첨가시기가 늦을수록 첨가후의 슬럼프 감소가 빨라진다.

⑦ 슬럼프 손실은 특히 펌프 압송시 큰 결함이 발생한다. 이의 대책으로 지연제를 첨가하는 방법이 있으나 효과는 적다. 따라서 가능한 현장에서 콘크리트 타설 직전에 투입 하는 것이 효과적이나 작업 조건 등 어려운 경우도 있으므로 유동화제를 반복 첨가 하는 방법이 이용되고 있다.

(2) Bleeding과 골재 관리

① 고성능 감수제를 사용한 유동화 콘크리트는 단위 수량의 감소로 동일 한 슬럼프의 보통 콘크리트에 비해 서는 Bleeding양이 훨씬 줄어든다.

② 고성능 감수제를 사용할 경우 Cement Paste 양도 줄어들게 되므로 적합한 Workability를 얻기 위해서는 더 많은 양의 잔골재가 필요하게 된다.

③ 또한 시멘트량이 적을 때와 잔골재의 미분말이 부족하면 Bleeding양이 증가 하므로 0.25㎜ 이하의 미분량이 450kg/㎥ 정도 유지 하도록 한다.

④ 고성능 감수제를 과다하게 사용하면 유동성과 분산성이 매우 커지므로 골재 분리가 쉽게 발생하게 되며 Bleeding 량도 증가한다. 따라서 골재 분리가 발생하지 않는 범위 내로 혼화제량을 적당량 사용하고 감수량도 적정하게 되도록 한다.

⑤ 굵은 골재의 최대 치수가 40㎜ 이면 시멘트와 굵은 골재내에 0.25㎜의 미분량이 400kg/㎥ 이상 되도록 하고 굵은 졸재의 최대 치수가 20㎜ 이면 450kg/㎥ 이상 되도록 한다.

(3) 응결성상

① 고성능 감수제의 주성분에는 응결지연성이 없으므로 사용량을 증가 하여도 콘크리트의 응결성상에는 거의 변화가 없다.

② 서중 콘크리트 등에서 응결을 지연하기 위해서는 지연성의 성분이 포함된 고성능 감수제를 이용하면 효과를 얻을 수 있다.

(4) 펌프 압송성 (Pumpability)

① 일반적으로 슬럼프 증가에 따라 유동성도 증가하므로 콘크리트를 Pump로 용이하게 압송할 수 있다.

② 단위 시멘트량 및 잔골재율을 증가 시켜 펌프의 압송성을 높일 수 있으나 이에 따라 단위 수량도 동시에 증가하여 균열이 증가하게 된다. 따라서 고성능 감수제를 첨가 하면 단위 수량이 감소하여도 압송성이 양호하게 된다.

5.5 고성능 감수제를 사용한 굳지 않은 콘크리트 성질

(1) 강도 및 탄성계수

① 고성능 감수제 자체는 첨가량의 다소에 따른 콘크리트 압축강도에 대한 영향이 거의 없다.

② 그러나 고성능 감수제를 사용하여 물-시멘트비를 대폭적으로 감소 할 수 있으므로 강도 및 탄성계수가 증가하게 된다. 즉 낮은 물-시멘트비에서도 시멘트의 분산효과 증대에 따라 콘크리트의 Consistency 가 대폭 증대하고 시멘트의 수화 효과가 높아지므로 강도가 증진된다.

③ 고성능 감수제를 사용한 콘크리트는 보통 콘크리트와 마찬가지로 온도가 높을수록 초기 강도가 증가한다.

(2) 건조수축

① 고성능 감수제를 첨가 할 경우 첨가전에 Base Concrete에 발생하는 건조수축의 양과 거의 비슷하다.

② 그러나 보통 콘크리트에 비해서는 훨씬 줄어든다. (10~15%)

③ 고강도 콘크리트의 건조수축은 시멘트량의 증가에 따라 오히려 감소한다.

(3) 내구성

① 콘크리트의 내구성은 특히 물-시멘트비와 단위 수량을 줄임으로써 증가되며 건조수축, 투수성, 중성화, 내동결융해, 크리프 등

에 관계가 있다.

② 투수성은 물-시멘트비를 줄임으로써 개설 할 수 있으며 물 -시멘트비가 35% 이하에서는 투수성이 거의 없어진다.

③ 수중 양생을 충분히 하면 물-시멘트비 30% 이하에서는 중성화가 거의 일어나지 않는다.

6. 콘크리트 배합계획 및 설계

6.1 개 요

콘크리트 공사는 재료의 선택, 조사, 계량, 혼합, 콘크리트 치기, 양생의 순서로 시공되며 양호한 콘크리트 공사는 이러한 항목이 각각 요구하는 조건을 만족시킬 수 있도록 수행되어야 한다. 이러한 항목은 반드시 최상의 성질을 구비할 필요는 없으나 재료의 선택이 적절하고, 배합이 완전하고 우수한 시공이 행해지면 소요의 강도를 갖고 워커빌리티가 양호하고 균질하며 내구성이 큰 콘크리트를 얻을 수 있다.

재료의 선택이 적절하지 않을 경우에는 콘크리트의 배합 시공이 완전할 지라도 좋은 콘크리트를 얻을 수 없으며 또한 재료의 성질이 반드시 만족할 만한 것이 아닌 경우 에도 콘크리트의 배합, 시공이 완전히 행해지면 상당히 양호한 콘크리트를 제조할 수 있다. 따라서 콘크리트의 배합은 시공과 함께 대단히 중요하며 흥미가 많은 분야인 것이다. 콘크리트 배합설계 방법에는 각종의 방법이 제안되고 있으나 하루빨리 국내의 현실정에 맞는 콘크리트의 배합설계방법에 관한 여러 가지 자료와 한국의 지역성을 고려한 합리적이고 과학적인 콘크리트 배합설계가 지속적으로 발전되어야 할 것이다.

6.2 콘크리트가 구비해야 할 성질

콘크리트의 배합은 소요의 강도, 워커빌리티, 균일성 및 내구성이 얻어질 수 있도록 결정해야 하나 이들 조건을 만족해야 하는 배합은 무수히 생각할 수 있으므로 이중 가장 경제적이 좋은 것을 선택해야 한다.

(1) 소요의 강도를 얻을 수 있을 것

구조물 소요의 강도를 얻어야 하는 것을 당연하고 가장 중요한 것이다. 건축기준법 또는 대한 건축학회의 철근 콘크리트 계산 규준에서는 구조계산에 있어 장기 하중에 대해서는 콘크리트의 허용 압축응력을 중심축 방향 응력일 때 4주 강도의 약 0.3배, 즉 $f_c=0.3F_c$ 휨재 또는 편심 축방향 압축응력을 받는 부재의 허용 휨압축응력도는 $f_b=0.4F_c$를 초과하지 않도록 규정하고 있으며, 단기 하중에 대해서는 장기 하중에 대한 값의 2배로 규정하고 있다. 콘크리트 강도는 콘크리트 압축강도 시험에 의한 재령 28일의 압축강도를 기준으로 하고 있다.

(2) 적당한 워커빌리티를 가질 것

워커빌리티는 시공연도라고 하는 것으로 콘크리트 치기의 작업난이에 관한 콘크리트의 부드러움 정도를 의미하고 굳지 않은 콘크리트의 성질중 가장 중요한 것으로 재료의 분리가 없이 철근 사이나 거푸집의 구석구석까지 충분히 충전시킬 수 있는 것이어야 한다. 워커빌리티를 수치로 표시하는 것은 곤란하나 보통 슬럼프시험, 플로시험, 낙하시험, 리몰딩 시험, 컨시스턴시 시험 등 각종의 방법이 제안되고 있는데 보통은 슬럼프 시험 등 각종의 방법이 제안되고 있는데, 보통은 슬럼프 시험을 기준으로 하고 있다. 콘크리트 워커빌리티는 시멘트의 분말도, 골재의 형상 입도, 입형, 배합, 혼화제의 종류, 비비기의 정도 및 거푸집의 크기, 형상, 철근 간격, 치기방법등에 따라 다르다.

(3) 균일성을 유지하도록 할 것

콘크리트의 균일성은 워커빌리티, 계량오차, 치어넣는 방법등에 의하여 영향을 받으며 이러한 것이 불량하면 콘크리트의 표면에 곰보 등이 생기기 쉽고 강도 내구성을 현저하게 저하시키므로 콘크리트는 균일성을 가져야 한다. 특히 오늘날 제치장 콘크리트로 시공되는 건축물이나 구조물의 경우 골재의 분리 등이 생기지 않도록 세심한 주의를 기울여야 한다.

(4) 내구성이 있을 것

내구성이란 콘크리트의 중성화에 의한 철근 및 철골의 녹발생, 화학적 부식, 동결융해에 의한 동해 등에 대한 저항성을 의미하고 이들에 대하여 충분한 내구성을 유지할 수 있도록 콘크리트 배합설계를 해야 한다.

(5) 가장 경제적일 것

콘크리트의 성질은 재료 시공 및 기타의 경제적 제약이 없으면 그 요구를 어느 정도 만족시키는 것은 가능하나, 실제는 상기의 조건을 만족시키는 범위에서 가장 경제적인 배합이 요구된다. 그러나 경제적이라 할지라도 단순히 시공시의 경제성뿐만 아니라 건물의 내구성을 고려하여 총괄적으로 판단해야 한다.

6.3 재료의 선정

(1) 시멘트

시멘트의 선정은 사용장소, 사용시기, 시공방법 등에 따라 보통 포틀랜드 시멘트, 조강 포틀랜드 시멘트, 중용열 포틀랜드 시멘트 또는 고로 시멘트, 플라이애시 시멘트 등을 사용한다. 혼합시멘트는 중성화가 빠르고 내구성이 부족하나 포틀랜드 시멘트에 비하여 가격이 저렴하고, 내약품성이나 해수에 대한 저항성이 우수하므로 그 특성을 고려하여 특기 또는 계원의 승인에 의해 혼합 시멘트 B종도 사용할 수 있도록 되어 있다. 시멘트는 규격에 정한 품질 규격에 합격하는 이외에 이상응결시험에도 합격해야 한다.

(2) 골재

(가) 모래 및 자갈

모래 및 자갈의 일반적 성질에 관해서는 전술한 바와 같고 여기서는 골재의 입도, 최대치수에 관해서 설명한다. 골재입도의 양부는 골재 체가름 시험 방법에 의해서 실시하고 보통 철근 콘크리트용 골재의 표준입도는 〈표1〉 및 〈표2〉와 같다.

표1. 굵은 골재의 표준입도

굵은골재의 크기 \ 체치수(㎜)	체통과 중량 백분율(%)								
	50	40	30	25	20	15	10	5	2.5
40㎜ 이하	100	95~100	–	–	35~70	–	10~30	0~5	–
30㎜ 이하	–	100	–	–	40~45	–	10~35	0~10	0~5
25㎜ 이하	–	–	95~100	95~100	60~90	–	20~50	0~10	0~5
20㎜ 이하	–	–	100	100	90~100	(50~80)	20~55	0~10	0~5

표2. 잔골재의 표준입도

잔골재 종류 \ 체치수(㎜)	체 통과중량 백분율(%)						
	10	5	2.5	1.2	0.6	0.3	0.15
모 래	100	90~100	80~100	50~60	25~60	10~30	2~10

모래의 미립분이 적은 것은 워커빌리티가 나빠지는 경향이 있어 0.3㎜ 이하의 통과율에는 주의를 요한다. 골재의 최대 치수는 골재 낱알이 클수록 유효수량 또는 시멘트 사용량이 적고 경제적이어서 콘크리트로서 유리하나, 굵은 골재가 분리되기 쉬우며 철근 간격이 좁고 피복두께가 적은 경우에는 곰보 현상이 생기기 쉬우므로 건축학회 건축공사 시방서에서는 20~25㎜이하를 주장하고 있으나 양질의 골재 부족 때문에 보통 25㎜이하를 사용하고 있다.
단면이 크고 철근량이 비교적 적은 철근 콘크리트 부분 (기초 등)에서는 담당자의 승인을 얻어 입도가 큰 것 (25~40㎜)을 사용할 수가 있다.

(나) 깬자갈 (碎石 : Crushed Stone)

깬자갈은 주로 현무암, 안산암, 경질사암, 경질 석회암 또는 이에 준하는 석질을 가진 암석을 원석으로 한 것으로 콘크리트용 깬자갈로서 보통 다음과 같이 규정하고 있다.

① 깬자갈은 청정, 견경, 내구적이고, 먼지, 진흙, 유기불순물 등의 유해량을 포함하지 않을 것

② 깬자갈은 표 3의 규정에 합격해야 한다.

③ 깬자갈의 입도는 크고작은 입자가 적당하게 혼입된 것으로 표 4와 같은 범위의 것이어야 한다.

④ 깬자갈의 씻기시험에서 유실되는 것의 함유량은 1.0%이하여야 한다.

⑤ 깬자갈은 너무 얇고 긴 석편의 유해량을 함유해서는 안된다.

⑥ 깬자갈 2005의 실적율의 값은 55% 이상이어야 한다.

표3. 깬자갈의 재질

항 목	규정값
비 중	2.5 이상
흡 수 량	3% 이하
안 정 성	12% 이하
마 모 감 량	40% 이하

표4. 깬자갈의 입도범위

		체통과 중량 백분율(%)							
		50	40	25	20	15	10	5	2.5
깬자갈 4005	40~5	100	95~100	–	35~70	–	10~30	0~5	–
깬자갈 2505	25~5	–	100	95~100	–	25~60	–	0~10	0~5
깬자갈 2005	0~5	–	–	100	90~100	–	20~55	0~10	0~5
깬자갈 1505	15 · 5	–	–	–	100	90~100	40~70	0~15	0~15

(다) 경량골재 (light-weight-aggregate)

구조용 경량콘크리트에 사용되는 경량골재는 경석, 용암, 팽창 슬래

그, 팽창혈암, 팽창점토, 소성 플라이 애쉬, 석탄재 등으로 JIS A 5002에서는 표5와 같이 재료에 따른 구분을 비롯하여 골재의 절건비중 및 실적율 콘크리트 압축강도 및 단위 용적 중량으로 구분하고 있다.

경량골재는 다음과 같은 품질을 가지고 있어야 한다.

① 경량골재는 청정하고 내구, 내화적이며 유해량의 유해물질을 포함해서는 안된다.
② 경량 골재는 표 6의 규정에 합격해야 한다.
③ 경량골재의 입도 범위는 표 7과 같다.

표5. 재료에 따른 구분

종 류	설 명
인공경량골재	팽창혈암, 팽창점토, 팽창슬레이트, 소성 플라이 애쉬
천연경량골재	화산재 및 그의 가공품
부산경량골재	팽창 슬래그 등의 부산 경량골재 및 그의 가공품

표6. 경량골재의 품질

시 험 항 목	인 공 경 량 골 재	천연경량골재, 부산경량골재
강열감량	1% 이하	5% 이하
삼산화항(SO3)	0.5% 이하	0.5% 이하
염화물(NaCl)	0.01% 이하	0.01% 이하
탄산칼슘(CaO)	-	50% 이하
유기불순물	시험용액의 색이 표준색보다 연할 것	
안정성	-	20% 이하
점토덩어리	1% 이하	2% 이하

표7. 경량골재의 입도범위

구분		25	20	10	5	2.5	1.2	0.3	0.15
JIS	잔골재	–	–	100	90~100	75~100	50~90	15~40	5~20
	굵은골재	100	90~100	20~55	0~10				
KS	잔골재	–	–	100	85~100	–	40~80	10~35	5~25
	굵은골재	100	95~100	10~50	0~15				

주의 : 1) JIS A 구조용 경량 콘크리트 골재(인공경량골재의 경우)
2) KS F 구조용 경량골재

6.4 물

물은 청정하고 유해량의 기름, 산, 알칼리, 염류 및 유기물 등을 포함해서는 안된다. 보통 음료수로 사용 할 수 있는 정도의 물이면 지장이 없다. 해수는 철근 부식의 원인이 되므로 철근 콘크리트에 사용해서는 안된다. 그러나 무근 콘크리트의 경우에는 해수를 사용해도 비교적 콘크리트의 물성이 저하하지 않는 다는 연구 결과도 있다.

한편 콘크리트에 사용하는 물은 상수도물 또는 표 8과 같이 품질규정에 적합한 것이면 사용 할 수 있다. 또한 최근에는 레디믹스트 콘크리트 공장에서 회수 처리 시설을 의무화하고 있어 여기에서 발생되는 회수수를 사용하는 경우에도 표 8의 품질 규정에 만족하면 사용할 수 있다. 그러나 슬러지수를 사용하였을 경우 슬러지 고형분율이 3%를 초과하면 안된다.

표8. 상수도물 이외의 물의 품질

항목	품질
현탁물질의 양	2g/ℓ 이하
용해성 증발 잔유물의 양	1g/ℓ 이하
염소 이온량	150ppm 이하
시멘트 응결시간의 차	초결은 30분 이내, 종결은 60분 이내
모르터의 압축강도비	재령 7일 및 재령 28일에서 90%이상

6.5 혼화재료

콘크리트용 혼화재료는 표 9와 같이 분류되며, 이중 화학 혼화제의 종류 및 품질은 KS F 2560에 나타난 바와 같이 표 10과 같다. 새로운 제품이나 품질이 확인도지 않은 제품은 반드시 품질을 확인한 후에 신뢰할 수 있는 메이커의 지시대로 사용해야 한다. 적절한 혼화재료의 사용은 콘크리트의 품질 개선에 큰 효과가 있으나 혼화재료의 무분별한 남용은 도리어 콘크리트 물성을 개선하는 것이 아니라 콘크리트의 품질을 저하시키는 경우가 있다.

표9. 혼화재료의 종류

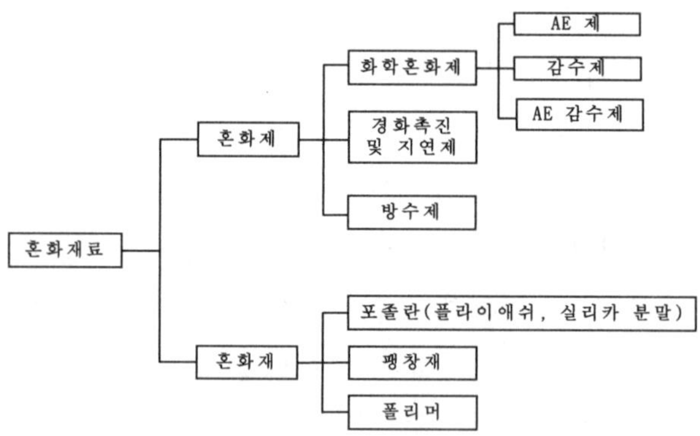

표10.표면활성제의 품질규준

종류		AE제	감수제			AE 감수제			고성능AE 감수제	
품질항목			표준형	지연형	촉진형	표준형	지연형	촉진형	표준형	지연형
감수율(%)		6이상	4 이상	4이상	4이상	10이상	10이상	8이상	18이상	18이상
블리딩비(%)		75이하	100이하	100이하	100이하	70이하	70이하	70이하	60이하	70이하
응결시간차(min)	초결	-60 ~ +60	-60 ~ +90	-60 ~ +210	+30이하	-60 ~ +90	+30이하	+30이하	-30 ~ +120	+90 ~ +240
	종결	-60 ~ +60	-60 ~ +90	+210이하	0이하	-60 ~ +90	0이하	0이하	-30 ~ +120	+240이하
압축강도비(%)	3일	95이상	115이상	105이상	125이상	115이상	125이상	125이상	135이상	135이상
	7일	95이상	110이상	110 이상	115이상	110이상	110 이상	110이상	125이상	125이상
	28일	90이상	110이상	110이상	110이상	110이상	110이상	110이상	115이상	115이상
길이변화비(%)		120이하	120이하	120이하	120이하	120이하	120이하	120이하	110이하	110이하
상대동탄성계수비(%)		80이상				80이상	80이상	80이상	80이상	80이상
경시변화량	슬럼프(㎝)	-							6.0이하	6.0이하
	공기량(%)	-							±1.5이내	±1.5이내

최근에는 감수율이 높은 고성능 감수제 및 유동화제의 개발에 따라 고강도 및 고성능 콘크리트의 제조가 가능하게 되었다. 고성능 감수제는 기존 감수제의 단점을 보완하기 위하여 만들어진 새로운 화학성분의 감수제로 고강도 및 고성능 콘크리트의 제조에 많이 사용되고 있다. 고성능 감수제의 이점은 콘크리트의 강도를 저하시키지 않고 높은 워커빌리티를 갖도록 하여 타설이 용이하게 하며, 낮은 물시멘트비에서도 양호한 시공성을 갖도록 하기 때문에 고강도 및 고성능 콘크리트의 제조가 가능하게 한다. 현재 KS 규준에서는 고성능 감수제의 품질규정이 없기 때문에 표11에 나타낸 건축공사 표준시방서의 부속서(KASS 5T-402)의 품질규정을 사용하는 것이 바람직하다. 한편 혼화재로서 팽창재는 KS F 2562(콘크리트용 팽창재), 그리고 플라이애시는 KS L 5405(플라이애시)에 적합한 것을 콘크리트의 혼화재로서 사용하여야 하며, 고로 슬래그 미분말 및 석회석분, 실리카 미분말과 같은 혼화재는 국내에 아직 규준이 정립되지 않기 때문에 콘크리트에 사용하고자 할 경우에는 JIS 및 ASTM의 규준에 따라 사용하는 것이 바람직하다.

표11. 콘크리트용 유동화제의 품질규준

			표 준 형	지 연 형
시험조건	슬럼프(㎝)	베이스	8±1	
		유동화	18±1	
	공기량(%)	베이스	4.5±0.5	
		유동화	4.5±0.5	
블리딩양의 차 (㎤/㎠)			0.1이하	0.2이하
응결시간의 차 (min)		초결	-30 ~ +90	+60 ~ +210
		종결	-30 ~ +90	+210이하
슬럼프 경시 (15분) 저하량 (㎝)			4.0 이하	4.0이하
공기량 경시 (15분) 저하량 (%)			1.0 이하	1.0이하
압축강도비(%) 유동화/베이스	재령 3일		90이상	90이상
	재령 7일		90이상	90이상
	재령 28일		90이상	90이상
길이변화비 (%)			120이하	120이하
동결융해 저항성 상대동탄성 계수비 (%)			90이상	90이상

7. 콘크리트 배합 및 결정방법

7.1 콘크리트 배합

콘크리트는 물, 시멘트, 잔골재, 굵은골재 및 혼화재료 등을 혼합시켜 만든 것으로 이들 여러 가지 재료의 혼합비율을 배합이라고 한다. 콘크리트의 제 성질, 즉 굳지 않은 콘크리트의 경우 강도, 내구성, 수밀성 등은 배합에 의해서 크게 변화한다.
한편 콘크리트에서 요구되는 성질은 콘크리트의 운반이나 치기방법, 양생방법 등의 시공조건 구조체에 있어서 기초, 기둥, 바닥, 벽 등 콘크리트 치어 붓기 위치 구조물의 종류, 시공시의 기온 습도 등 기상조건과 같은 여러 가지 조건에 따라 다르다. 그러나 콘크리트의 제성질과 배합의 사이에는 지금까지의 많은 연구 결과로 부터 대략 일정한 관계가 있다는 사실이 알려지고 있다. 배합설계는 이러한 연구결과를 정리하여 얻어진 자료를 이용하여 일정한 방침하에 소요의 성질을 갖춘 콘크리트가 얻어질 수 있도록 실시하여야 한다.

대한건축학회나 일본건축학회에서는 건축공사 표준시방서 및 동해설에서 배합설계의 방법 및 기타 사항이 상세히 기술되어 보통 이에 다라 배합설계가 행해진다. 그러나 일반적으로 이와 같은 구한 배합은 어디까지나 참고값으로서 동일배합이라도 사용하는 골재나 시멘트 등의 재료에 따라서 콘크리트의 배합이나 성질이 달라진다. 따라서 배합의 최종 결정까지는 참고 배합표에 따라 사용 할 재료에 의한 시험비빔을 행하여 소요의 성질이 얻어 질 때 까지 시험비빔을 반복한다. 또한 동일 성질의 콘크리트 성질과 물성이 얻어질 때 까지 시험비빔을 반복한다. 또한 동일 성질의 콘크리트에 대하여 일반적으로 배합은 몇가지 종류로 생각할 수 있으나 보통은 단위수량, 단위 시멘트량이 적은 경제적이고 워커빌리티가 양호한 배합표가 선정된다. 또한 콘크리트에는 강모래, 강자갈을 이용한 콘크리트 인공경량 골재를 이용한 콘크리트, 깬자갈을 이용한 콘크리트 등 여러 종류가 있고 각각 배합 설계방법이 상이하다.

7.2 배합의 표시방법 및 참고 배합표

배합에는 참고 배합과 현장 배합이 있다. 현장에 반입되는 골재는 그 함수의 정도에 따라 용적이 다르므로 일정한 배합을 하기 위해서는 기준이 되는 참고 배합을 정하여 놓곻 함수량, 용적팽창, 계량방법 등의 현장 상태에 따라 참고배합을 중량 또는 현장 계량 용적으로 환산하여 계산할 필요가 있다. 배합의 표시방법은 각 재료의 양을 콘크리트1㎥에 대하여 표시하거나, 시멘트 1포에 대한 양으로 표시하거나 시멘트 1에 대한 비율로 표시하는 것이 보통이다. 보통 콘크리트 1㎥에 대한 참고 배합으로 하고 계량 방법에 따라 절대용적배합, 중량배합, 표준계량에 의한 용적 배합 및 현장 계량에 의한 용적배합 등을 규정하고 있다. 이 배합은 각 재료의 사용량을 직접 알수 있고 적산에도 편리하다.

(1) 절대 용적 배합

각 재료를 콘크리트 1㎥당 절대용적(ℓ)으로 표시한 배합으로 각 배합의 기본이 된다.

(2) 중량배합

각 재료를 콘크리트 1㎥ 당 중량(kg)으로 표시한 배합으로 용적계량의 경우에도 병기하여 놓으면 가수량의 산정이 편리하다. 골재는 절건중량을 기준으로 하고 있다.

(3) 현장계량 용적배합

콘크리트 1㎥당 재료를 시멘트는 포대수, 골재는 현장계량 용적배합은 표 25의 수치를 가정하여 절대 용적배합으로부터 환산할 수 있다. 이들 배합 사이에는 다음의 관계가 있다.

중량 = 절대용적 × 비중 (절건비중)

현장계량용적 = 절대용적 ÷ 현장계량 실적률

현장계량용적 = 중량÷ 현장 계량 단위용적 중량

각 배합은 물시멘트비, 슬럼프, 잔골재율 및 단위수량을 병기해야 한다.

보통 포틀랜드 시멘트를 사용한 모래, 자갈, 콘크리트의 참고 배합표(1)
모래의 조립율 3.3 (5㎜), 자갈의 최대치수 25㎜

물시멘트비 (%)	슬럼프 (cm)	잔골재율 (%)	단위수량 (kg/m³)	절대용적(ℓ/m³)			중량(kg/m³)			단위굵은골재 겉보기 중량 (m³/m³)
				시멘트	모래	자갈	시멘트	모래	자갈	
40	8	39.0	170	135	267	418	425	694	1,088	0.604
	12	37.1	181	144	247	418	453	642	1,088	0,604
	15	35.3	192	152	228	418	480	593	1,088	0.604
	18	38.6	201	160	243	386	503	632	1,003	0.590
	21	41.1	218	173	246	353	545	640	918	0.540
45	8	41.0	165	117	290	418	367	754	1,088	0.604
	12	39.4	176	124	272	418	391	707	1,088	0,604
	15	38.1	185	130	257	418	411	668	1,088	0.604
	18	41.2	198	138	270	386	436	702	1,003	0.590
	21	43.8	212	150	275	353	471	715	918	0.540
50	8	42.3	162	103	307	418	324	798	1,088	0.604
	12	41.0	172	109	291	418	344	757	1,088	0,604
	15	39.9	180	114	278	418	360	723	1,088	0.604
	18	43.1	191	121	292	386	382	762	1,003	0.590
	21	45.9	206	131	300	353	412	785	918	0.540
55	8	43.2	161	93	318	418	293	827	1,088	0.604
	12	41.9	171	99	302	418	311	785	1,088	0,604
	15	41.2	177	105	293	418	322	762	1,088	0.604
	18	44.3	188	109	307	386	342	798	1,003	0.590
	21	47.3	203	117	317	353	369	824	918	0.540
60	8	43.8	161	85	326	418	268	848	1,088	0.604
	12	42.8	169	90	313	418	282	814	1,088	0,604
	15	42.0	176	93	303	418	293	788	1,088	0.604
	18	45.3	186	98	320	386	310	832	1,003	0.590
	21	48.3	201	106	330	353	335	858	918	0.540
65	12	44.3	168	82	328	412	258	853	1,071	0.630
	15	43.6	175	85	318	412	269	827	1,071	0.630
	18	46.8	186	91	334	379	286	868	986	0.580
	21	49.8	201	98	344	347	309	894	901	0.530
70	15	45.0	175	79	331	405	250	861	1,054	0.620
	18	48.2	186	84	347	373	266	902	969	0.570
	21	51.3	201	91	358	340	287	931	884	0.520

주의 : 1)~4)의 가정값은 다음과 같다.

1) 시멘트 : 3.15
2) 모래 : 2.60(절건상태)
3) 자갈 : 2.60(절건상태)
4) 자갈의 단위용적중량 :1.7㎏/ℓ, 자갈의 실적율 : 65.4%

보통 포틀랜드 시멘트를 사용한 모래, 자갈, 콘크리트의 참고 배합표(2)
모래의 조립율 2.8 (2.5㎜), 자갈의 최대치수 25㎜

물시멘트 비 (%)	슬럼프 (㎝)	잔골재율 (%)	단위수량 (㎏/㎥)	절대용적(ℓ/㎥)			중량(㎏/㎥)			단위굵은골재 겉보기 중량 (㎥/㎥)
				시멘트	모래	자갈	시멘트	모래	자갈	
40	8	34.0	171	136	232	451	428	603	1,173	0.690
	12	32.1	182	144	213	451	455	554	1,173	0.690
	15	30.8	193	153	193	451	483	502	1,173	0.690
	18	32.8	205	163	204	418	513	530	1,088	0.640
	21	35.0	221	175	208	386	553	541	1,003	0.590
45	8	35.8	168	118	253	451	373	658	1,173	0.690
	12	34.2	179	126	234	451	396	608	1,173	0.690
	15	32.6	188	133	218	451	418	567	1,173	0.690
	18	35.8	199	140	233	418	442	606	1,088	0.640
	21	38.0	215	152	237	386	478	616	1,003	0.590
50	8	37.1	167	106	266	451	334	692	1,173	0.690
	12	35.8	176	112	252	451	352	653	1,173	0.690
	15	34.7	183	116	240	451	366	624	1,173	0.690
	18	37.9	194	123	255	418	388	663	1,088	0.640
	21	40.1	209	133	262	386	418	681	1,003	0.590
55	8	38.0	166	95	277	451	302	720	1,173	0.690
	12	37.0	174	100	265	451	316	689	1,173	0.690
	15	36.1	180	104	255	451	327	663	1,173	0.690
	18	39.3	191	110	271	418	347	705	1,088	0.640
	21	42.0	206	119	279	386	375	725	1,003	0.590
60	8	38.9	165	87	287	451	275	746	1,173	0.690
	12	37.9	173	91	275	451	288	715	1,173	0.690
	15	37.0	179	95	265	451	298	689	1,173	0.690
	18	40.4	189	100	283	418	315	736	1,088	0.640
	21	43.1	204	108	292	386	340	759	1,003	0.590
65	8	40.2	165	81	299	445	254	780	1,156	0.690
	12	39.4	172	84	289	445	265	751	1,156	0.690
	15	38.6	178	87	280	445	274	731	1,156	0.690
	18	42.0	188	92	298	412	289	775	1,071	0.630
	21	44.8	204	100	307	379	314	798	986	0.580
70	15	40.1	178	81	293	428	254	762	1,139	0.670
	18	43.5	188	85	312	405	269	811	1,054	0.620
	21	46.3	204	92	321	373	291	835	969	0.570

주의 : 1)~4)의 가정값은 표

보통 포틀랜드 시멘트를 사용한 모래, 자갈, 콘크리트의 참고 배합표(3)
모래의 조립율 2.2 (1.2㎜), 자갈의 최대치수 25㎜

물시멘트비 (%)	슬럼프 (㎝)	잔골재율 (%)	단위수량 (kg/㎥)	절대용적(ℓ/㎥)			중량(kg/㎥)			단위굵은골재 겉보기 중량 (㎥/㎥)
				시멘트	모래	자갈	시멘트	모래	자갈	
40	8	28.2	176	140	190	484	440	494	1,258	0.740
	12	26.2	186	148	172	484	465	447	1,258	0.740
	15	24.4	195	155	156	484	488	406	1,258	0.740
	18	27.4	206	163	170	451	515	442	1,173	0.690
	21	29.4	222	176	174	418	555	452	1,088	0.640
45	8	30.4	173	122	211	484	384	549	1,258	0.740
	12	28.6	183	129	194	484	407	504	1,258	0.740
	15	27.1	191	135	180	484	424	468	1,258	0.740
	18	30.3	201	142	196	451	447	510	1,173	0.690
	21	32.6	217	153	202	418	482	525	1,088	0.640
50	8	31.8	171	109	226	484	342	588	1,258	0.740
	12	30.5	180	114	212	484	360	551	1,258	0.740
	15	29.4	186	118	202	484	372	525	1,258	0.740
	18	32.5	197	125	217	451	394	564	1,173	0.690
	21	35.0	212	135	225	418	424	585	1,088	0.640
55	8	33.0	170	98	238	484	309	619	1,258	0.740
	12	31.9	178	103	215	484	324	585	1,258	0.740
	15	30.9	184	106	216	484	335	562	1,258	0.740
	18	34.1	194	112	233	451	353	606	1,173	0.690
	21	36.7	209	121	242	418	380	629	1,088	0.640
60	8	33.8	169	90	247	484	282	642	1,258	0.740
	12	32.9	176	93	237	484	293	616	1,258	0.740
	15	32.0	182	96	228	484	303	593	1,258	0.740
	18	35.2	192	102	245	451	320	637	1,173	0.690
	21	37.9	207	110	255	418	345	663	1,088	0.640
65	8	35.4	169	83	261	477	260	679	1,241	0.730
	12	34.5	176	86	251	477	271	653	1,241	0.730
	15	33.7	182	89	242	477	280	629	1,241	0.730
	18	36.8	192	94	259	445	295	673	1,156	0.680
	21	39.6	207	101	270	412	318	702	1,071	0.630
70	12	35.8	176	80	263	471	251	684	1,224	0.720
	15	35.2	181	85	256	471	259	666	1,224	0.720
	18	38.4	192	87	273	438	274	710	1,139	0.670
	21	41.2	207	94	284	405	296	738	1,054	0.620

보통 포틀랜드 시멘트를 사용한 모래, 자갈, 콘크리트의 참고 배합표(4)
모래의 조립율 3.3 (5㎜), 자갈의 최대치수 20㎜

물시멘트 비 (%)	슬럼프 (㎝)	잔 골 재 율 (%)	단 위 수 량 (kg/㎥)	절대용적(ℓ/㎥)			중량(kg/㎥)			단위굵은골재 겉보기 중량 (㎥/㎥)
				시멘트	모래	자갈	시멘트[1]	모래[2]	자갈[3]	
	8	42.3	172	137	288	393	430	749	1,023	0.620
	12	40.6	183	145	269	393	458	699	1,023	0.620
40	15	38.8	194	154	249	393	485	647	1,023	0.620
	18	40.8	205	163	254	368	513	660	957	0.580
	21	43.1	222	176	255	337	555	663	875	0.530
	8	44.2	168	118	311	393	373	809	1,023	0.620
	12	42.6	179	126	292	393	398	759	1,023	0.620
45	15	41.2	188	133	275	393	420	715	1,023	0.620
	18	43.3	200	141	281	368	444	731	957	0.580
	21	45.8	216	152	285	337	480	741	875	0.530
	8	45.4	165	105	327	393	330	850	1,023	0.620
	12	44.2	175	111	311	393	350	809	1,023	0.620
50	15	43.0	184	117	296	393	368	770	1,023	0.620
	18	45.2	195	124	303	368	390	788	957	0.580
	21	47.9	210	133	310	337	420	806	875	0.530
	8	46.2	164	95	338	393	398	879	1,023	0.620
	12	45.2	173	100	324	393	315	842	1,023	0.620
55	15	44.3	181	104	312	393	329	811	1,023	0.620
	18	46.4	192	111	319	368	349	829	957	0.580
	21	49.2	207	119	327	337	376	850	875	0.530
	8	46.8	164	87	346	393	273	900	1,023	0.620
	12	45.9	172	91	334	393	287	868	1,023	0.620
60	15	45.0	180	95	322	393	300	837	1,023	0.620
	18	47.4	190	101	331	368	317	861	957	0.580
	21	50.1	205	109	339	337	342	881	875	0.530
	8	48.2	163	80	360	387	251	936	1,007	0.610
	12	47.4	171	83	349	387	263	907	1,007	0.610
65	15	46.5	179	87	337	387	275	876	1,007	0.610
	18	48.8	190	93	345	362	292	897	941	0.570
	21	51.8	205	100	355	330	315	923	858	0.520
	15	47.8	179	81	349	381	256	907	990	0.600
70	18	50.3	190	86	359	355	271	933	924	0.560
	21	53.2	205	93	368	324	293	957	842	0.510

보통 포틀랜드 시멘트를 사용한 모래, 자갈, 콘크리트의 참고 배합표(5)
모래의 조립율 2.8 (2.5㎜), 자갈의 최대치수 20㎜

물시멘트 비 (%)	슬럼프 (㎝)	잔골재율 (%)	단위수량 (kg/m^3)	절대용적(ℓ/m^3)			중량(kg/m^3)			단위굵은골재 겉보기 중량 (m^3/m^3)
				시멘트	모래	자갈	시멘트[1]	모래[2]	자갈[3]	
40	8	37.5	173	137	255	425	433	663	1,106	0.670
	12	34.7	189	150	226	425	473	588	1,103	0.670
	15	33.3	197	156	212	425	493	551	1,106	0.670
	18	35.0	209	166	215	400	523	559	1,040	0.630
	21	37.2	225	179	218	368	563	567	957	0.580
45	8	39.1	171	121	273	425	380	710	1,106	0.670
	12	37.3	183	129	253	425	407	658	1,103	0.670
	15	35.8	192	136	237	425	427	616	1,106	0.670
	18	37.9	203	143	244	400	451	634	1,040	0.630
	21	40.3	219	155	248	368	487	645	957	0.580
50	8	40.3	170	108	287	425	340	746	1,106	0.670
	12	39.2	178	113	274	425	356	712	1,103	0.670
	15	37.9	187	119	259	425	374	673	1,106	0.670
	18	40.1	197	125	268	400	394	697	1,040	0.630
	21	42.7	213	135	274	368	426	712	957	0.580
55	8	41.3	169	97	299	425	307	777	1,106	0.670
	12	40.2	177	102	286	425	322	744	1,103	0.670
	15	39.3	184	106	275	425	335	715	1,106	0.670
	18	41.3	195	113	282	400	355	733	1,040	0.630
	21	44.2	210	121	291	368	382	757	957	0.580
60	8	42.0	168	89	308	425	280	801	1,106	0.670
	12	41.1	176	93	296	425	293	770	1,103	0.670
	15	40.1	183	97	285	425	305	741	1,106	0.670
	18	42.4	193	102	295	400	322	707	1,040	0.630
	21	45.2	209	110	303	368	348	788	957	0.580
65	8	43.4	168	82	321	419	258	835	1,089	0.660
	12	41.6	175	85	311	419	269	809	1,089	0.660
	15	41.7	182	89	300	419	280	780	1,089	0.660
	18	44.2	192	94	311	393	295	809	1,023	0.620
	21	46.8	208	102	318	362	320	827	941	0.570
70	12	43.9	175	79	323	413	250	840	1,073	0.650
	15	43.0	182	83	312	413	260	811	1,073	0.650
	18	45.6	192	87	324	387	274	842	1,007	0.610
	21	48.4	208	94	333	355	297	866	924	0.560

보통 포틀랜드 시멘트를 사용한 모래, 자갈, 콘크리트의 참고 배합표(6)
모래의 조립율 2.2 (1.2㎜), 자갈의 최대치수 20㎜

물시멘트비 (%)	슬럼프 (㎝)	잔골재율 (%)	단위수량 (kg/m³)	절대용적(ℓ/m³)			중량(kg/m³)			단위굵은골재 겉보기 중량4) (m³/m³)
				시멘트	모래	자갈	시멘트[1]	모래[2]	자갈[3]	
40	8	31.5	180	143	210	457	450	546	1,188	0.720
	12	39.6	190	151	192	457	475	499	1,188	0.720
	15	27.2	202	160	171	457	505	445	1,188	0.720
	18	29.2	212	168	278	432	530	463	1,122	0.680
	21	31.4	227	180	183	400	568	476	1,040	0.630
45	8	33.8	176	124	233	457	391	606	1,188	0.720
	12	32.1	186	131	216	457	413	562	1,188	0.720
	15	30.5	195	137	201	457	433	523	1,188	0.720
	18	32.5	205	145	208	432	456	541	1,122	0.680
	21	34.7	222	156	213	400	491	554	1,040	0.630
50	8	35.5	174	110	249	457	348	647	1,188	0.720
	12	34.0	182	116	235	457	364	611	1,188	0.720
	15	32.7	190	121	222	457	380	577	1,188	0.720
	18	34.8	200	127	231	432	400	601	1,122	0.680
	21	37.2	216	137	237	400	432	616	1,040	0.630
55	8	36.8	173	100	260	457	315	676	1,188	0.720
	12	35.3	180	104	249	457	327	647	1,188	0.720
	15	34.1	188	109	236	457	342	614	1,188	0.720
	18	36.2	198	114	246	432	360	640	1,122	0.680
	21	38.8	213	123	254	400	387	660	1,040	0.630
60	8	37.1	172	91	270	457	287	702	1,188	0.720
	12	36.2	179	95	259	457	298	673	1,188	0.720
	15	35.3	186	98	249	457	310	647	1,188	0.720
	18	37.4	1996	104	258	432	327	671	1,122	0.680
	21	40.0	211	112	267	400	352	694	1,040	0.630
65	8	38.6	172	84	238	451	265	736	1,172	0.710
	12	37.7	179	87	273	451	275	710	1,172	0.710
	15	36.7	186	91	262	451	286	681	1,172	0.710
	18	39.1	196	96	273	425	302	710	1,106	0.670
	21	41.9	211	103	283	393	325	736	1,023	0.620
70	12	39.2	179	89	286	444	265	744	1,155	0.700
	15	38.4	186	84	277	444	264	720	1,155	0.700
	18	40.6	196	89	286	419	280	744	1,089	0.660
	21	43.3	211	96	296	387	301	770	1,007	0.610

보통 포틀랜드 시멘트를 사용한 모래, 깬자갈, AE콘크리트의 참고 배합표(1)
모래의 조립율 3.3 (5㎜), 자갈의 최대치수 20㎜

물시멘트비 (%)	슬럼프 (㎝)	잔골재율 (%)	단위수량 (kg/m³)	절대용적(ℓ/m³)			중량(kg/m³)			단위굵은골재 겉보기 중량4) (m³/m³)
				시멘트	모래	자갈	시멘트[1]	모래[2]	자갈[3]	
40	8	45.6	172	137	297	354	430	772	920	0.620
	12	44.0	183	145	278	354	458	723	920	0.620
	15	42.2	194	154	158	354	485	671	920	0.620
	18	44.1	205	163	261	331	513	679	861	0.580
	21	46.1	222	176	259	303	555	673	788	0.530
45	8	47.5	168	118	320	354	373	832	920	0.620
	12	46.0	179	126	301	354	398	783	920	0.620
	15	44.5	189	133	284	354	420	738	920	0.620
	18	46.5	200	141	288	331	444	749	861	0.580
	21	48.8	216	152	289	303	480	751	788	0.530
50	8	48.7	165	105	336	354	330	874	920	0.620
	12	47.5	175	111	320	354	350	832	920	0.620
	15	46.3	184	117	305	354	368	793	920	0.620
	18	48.4	195	124	310	331	390	806	861	0.580
	21	50.9	210	133	314	303	420	816	788	0.530
55	8	49.5	164	95	347	354	298	902	920	0.620
	12	48.3	173	100	333	354	315	866	920	0.620
	15	47.6	181	104	321	354	329	835	920	0.620
	18	49.6	192	111	326	331	349	848	861	0.580
	21	52.2	207	119	331	303	376	861	788	0.530
60	8	50.1	164	87	355	354	273	923	920	0.620
	12	49.2	172	91	343	354	287	892	920	0.620
	15	48.3	180	95	331	354	300	861	920	0.620
	18	50.5	190	101	338	331	317	879	861	0.580
	21	53.1	205	109	343	303	342	892	788	0.530
65	8	51.1	163	80	364	348	251	964	905	0.610
	12	50.7	171	83	358	348	263	931	905	0.610
	15	49.9	179	87	346	348	275	900	905	0.610
	18	51.8	190	93	351	326	292	913	848	0.570
	21	54.7	205	100	358	297	315	931	772	0.520
70	15	51.0	179	81	357	343	256	928	892	0.600
	18	53.2	190	86	364	320	271	946	832	0.560
	21	55.9	205	93	370	291	293	962	759	0.510

주의 : 1)~4)의 가정값은 다음과 같다.

1) 시멘트 : 3.15

2) 모래 : 2.60(절건상태)

3) 자갈 : 2.60(절건상태)

4) 자갈의 단위용적중량 :1.49kg/ℓ, 자갈의 실적율 : 57.1%

보통 포틀랜드 시멘트를 사용한 모래, 깬자갈, AE콘크리트의 참고 배합표(2)
모래의 조립율 2.8 (5㎜), 자갈의 최대치수 20㎜

물시멘트 비 (%)	슬럼프 (㎝)	잔 골재 율 (%)	단 위 수 량 (kg/㎥)	절대용적(ℓ/㎥)			중량(kg/㎥)			단위굵은골재 걸보기 중량4) (㎥/㎥)
				시멘트	모래	자갈	시멘트1)	모래2)	자갈3)	
40	8	41.1	173	137	267	383	433	694	996	0.670
	12	38.3	189	150	238	383	473	619	996	0.670
	15	36.9	197	156	224	383	493	582	996	0.670
	18	38.5	209	166	225	360	523	585	936	0.630
	21	40.5	225	179	225	331	563	585	861	0.580
45	8	42.7	171	121	285	383	380	741	996	0.670
	12	40.9	183	129	265	383	407	689	996	0.670
	15	39.4	192	136	249	383	427	647	996	0.670
	18	40.5	203	143	254	360	451	660	936	0.630
	21	43.5	219	155	255	331	487	663	861	0.580
50	8	43.8	170	108	299	383	340	777	996	0.670
	12	42.8	178	113	286	383	356	744	996	0.670
	15	41.4	187	119	271	383	374	705	996	0.670
	18	43.6	197	125	278	360	394	723	936	0.630
	21	45.9	213	135	281	331	426	731	861	0.580
55	8	44.8	169	97	311	383	307	809	996	0.670
	12	43.8	177	102	298	383	322	775	996	0.670
	15	42.8	184	106	287	383	335	746	996	0.670
	18	43.8	195	113	292	360	355	759	936	0.630
	21	47.4	210	121	298	331	382	775	861	0.580
60	8	45.5	168	89	320	383	280	832	996	0.670
	12	44.6	176	96	308	383	293	801	996	0.670
	15	43.7	183	97	297	383	305	772	996	0.670
	18	45.9	193	102	305	360	322	793	936	0.630
	21	48.4	209	110	310	331	348	806	861	0.580
65	8	46.9	168	82	333	377	258	866	980	0.660
	12	46.1	175	85	323	377	269	840	980	0.660
	15	45.3	182	89	312	377	280	811	980	0.660
	18	48.9	192	94	320	354	295	832	920	0.620
	21	49.8	208	102	324	326	320	842	848	0.570
70	12	47.3	175	79	334	372	250	868	967	0.650
	15	46.5	182	83	323	372	260	840	967	0.650
	18	48.9	192	87	333	348	274	866	905	0.610
	21	51.4	208	94	338	320	297	879	832	0.560

보통 포틀랜드 시멘트를 사용한 모래, 깬자갈, AE콘크리트의 참고 배합표(3)
모래의 조립율 2.8 (5㎜), 자갈의 최대치수 20㎜

물시멘트비 (%)	슬럼프 (cm)	잔골재율 (%)	단위수량 (kg/m³)	절대용적(ℓ/m³)			중량(kg/m³)			단위굵은골재 겉보기 중량4) (m³/m³)
				시멘트	모래	자갈	시멘트[1]	모래[2]	자갈[3]	
40	8	35.5	180	143	226	411	450	588	1,069	0.720
	12	33.6	190	151	208	411	475	541	1,069	0.720
	15	31.3	202	160	187	411	505	486	1,069	0.720
	18	32.9	212	168	191	389	530	497	1,011	0.680
	21	34.9	227	180	193	360	568	502	936	0.630
45	8	37.7	176	124	249	411	391	647	1,069	0.720
	12	36.0	186	131	232	411	413	603	1,069	0.720
	15	34.6	195	137	217	411	433	564	1,069	0.720
	18	36.2	205	145	221	389	456	575	1,011	0.680
	21	38.3	221	156	223	360	491	580	936	0.630
50	8	39.2	174	110	265	411	348	689	1,069	0.720
	12	37.5	182	116	251	411	374	653	1,069	0.720
	15	36.7	190	121	238	411	380	619	1,069	0.720
	18	38.5	200	127	244	389	400	634	1,011	0.680
	21	40.7	216	137	247	360	432	642	936	0.630
55	8	40.2	173	100	276	411	315	718	1,069	0.720
	12	39.2	180	104	265	411	327	689	1,069	0.720
	15	38.0	188	109	252	411	342	655	1,069	0.720
	18	40.0	198	114	259	389	360	673	1,011	0.680
	21	42.3	213	123	264	360	387	686	936	0.630
60	8	41.0	172	91	286	411	287	744	1,069	0.720
	12	40.1	179	95	275	411	298	715	1,069	0.720
	15	39.2	186	98	265	411	310	689	1,069	0.720
	18	41.1	196	104	271	389	327	705	1,011	0.680
	21	43.5	211	112	277	360	352	720	936	0.630
65	8	42.3	172	84	298	406	265	775	1,056	0.710
	12	41.5	179	87	288	406	275	749	1,056	0.710
	15	40.6	186	91	277	406	286	720	1,056	0.710
	18	42.7	196	96	285	383	302	741	996	0.670
	21	44.2	211	103	292	354	325	759	920	0.620
70	12	42.9	179	81	300	400	256	780	1,040	0.700
	15	42.1	185	84	291	400	264	757	1,040	0.700
	18	44.1	196	89	298	377	280	775	980	0.660
	21	46.7	211	96	305	348	301	793	905	0.610

보통 포틀랜드 시멘트를 사용한 경량 AE콘크리트(1종)의 참고 배합표
모래의 조립율 2.8 (2.5㎜), 인공경량 굵은골재의 최대치수 15㎜

물시멘트비 (%)	슬럼프 (㎝)	잔골재율 (%)	단위수량 (kg/㎥)	단위시멘트량[1] (kg/㎥)	절대용적(ℓ/㎥)			단위굵은골재 겉보기 중량[2] (㎥/㎥)
					시멘트	모래	자갈	
40	8	39.9	166	415	132	260	392	0.622
	12	40.6	171	428	136	231	382	0.606
	15	41.5	175	437	139	264	372	0.590
	18	43.4	181	452	143	274	354	0.562
	21	45.2	192	475	151	275	334	0.530
45	8	41.8	164	364	116	280	390	0.619
	12	42.8	168	373	118	284	380	0.603
	15	43.7	172	382	121	287	370	0.587
	18	45.1	178	396	126	294	352	0.559
	21	47.4	187	416	132	299	332	0.527
50	8	43.4	163	326	103	297	387	0.694
	12	44.5	166	332	105	302	377	0.598
	15	45.4	170	340	108	305	367	0.580
	18	47.3	176	352	112	313	349	0.554
	21	49.2	185	370	117	319	329	0.522
55	8	44.7	162	295	94	310	384	0.609
	12	45.8	165	300	95	316	374	0.593
	15	46.8	169	307	97	320	364	0.577
	18	48.7	175	318	101	328	346	0.549
	21	50.7	183	333	106	335	326	0.517
60	8	45.9	162	270	86	322	380	0.603
	12	47.0	165	275	87	328	370	0.587
	15	47.9	169	282	90	331	360	0.571
	18	49.9	175	292	93	340	342	0.543
	21	51.9	183	305	97	348	322	0.511
65	8	47.0	163	249	79	333	376	0.597
	12	48.0	171	254	84	338	366	0.581
	15	49.1	179	260	83	342	356	0.565
	18	51.0	190	269	85	352	338	0.537
	21	53.0	205	282	90	359	318	0.505

주의 : 1)~2)의 가정값은 다음과 같다.

1) 시멘트 : 3.15

2) 인공 경량 굵은골재의 실적율 : 63.0 %

보통 포틀랜드 시멘트를 사용한 경량 AE콘크리트(2종)의 참고배합표
인공경량 잔골재, 인공경량 굵은골재의 최대치수 15㎜

물시멘트비 (%)	슬럼프 (㎝)	잔골재율 (%)	단위수량 (kg/m^3)	단위시멘트량[1] (kg/m^3)	절대용적(ℓ/m^3)			단위굵은골재 걸보기 중량[2] (m^3/m^3)
					시멘트	모래	자갈	
	8	38.8	168	420	134	251	397	0.630
	12	39.4	175	437	138	251	386	0.612
40	15	40.2	181	7452	143	252	374	0.593
	18	41.9	189	473	150	256	355	0.564
	21	43.5	200	500	159	257	334	0.530
	8	40.8	166	369	117	272	395	0.627
	12	41.6	172	382	121	273	384	0.609
45	15	42.4	178	396	126	274	372	0.590
	18	44.2	186	413	131	280	353	0.561
	21	45.9	197	438	139	282	332	0.527
	8	42.4	165	330	105	288	392	0.622
	12	43.3	170	340	108	291	381	0.604
50	15	44.3	176	352	112	293	369	0.585
	18	46.1	184	368	117	299	350	0.556
	21	47.9	195	390	124	302	329	0.522
	8	43.7	164	398	95	302	389	0.617
	12	44.9	169	307	97	307	377	0.599
55	15	45.8	175	318	101	309	365	0.580
	18	47.5	183	333	106	314	347	0.551
	21	49.5	193	351	111	320	326	0.517
	8	44.9	164	273	87	314	385	0.611
	12	45.9	169	282	90	317	374	0.593
60	15	46.9	175	292	93	320	362	0.574
	18	48.8	183	305	97	327	343	0.545
	21	50.8	193	322	102	333	322	0.511
	8	46.0	164	252	80	325	381	0.605
	12	47.0	169	260	83	328	370	0.587
65	15	48.1	175	269	85	332	358	0.558
	18	49.8	183	282	90	337	340	0.539
	21	52.0	193	297	94	345	318	0.505

보통 포틀랜드 시멘트를 사용한 경량 AE콘크리트(3종)의 참고배합표
모래 조립율 2.8(2.5㎜), 경량 굵은골재의 최대치수 15㎜

물시멘트비 (%)	슬럼프 (㎝)	잔 골 재 율 (%)	단 위 수 량 (kg/㎥)	단위 시멘트량[1] (kg/㎥)	절대용적(ℓ/㎥)			단위굵은골재 겉보기 중량[2] (㎥/㎥)
					시멘트	모래	자갈	
40	15	41.5	207	518	165	240	338	0.650
	18	43.1	219	548	174	240	317	0.610
	21	44.7	236	590	187	240	291	0.560
45	15	44.3	201	447	142	269	338	0.650
	18	46.0	213	473	150	270	317	0.610
	21	47.8	230	512	163	266	291	0.560
50	15	46.4	196	392	124	292	338	0.650
	18	48.1	207	414	132	294	317	0.610
	21	50.3	224	448	142	293	291	0.560
55	15	47.6	193	351	112	307	338	0.650
	18	49.4	205	373	118	310	317	0.610
	21	51.6	221	402	128	310	291	0.560
60	15	48.5	192	320	102	318	338	0.650
	18	50.5	203	339	108	322	317	0.610
	21	52.7	219	365	116	324	291	0.560
65	15	50.0	191	394	93	333	333	0.640
	18	52.1	201	309	98	339	312	0.600
	21	54.3	218	335	106	340	286	0.550

주의 : 1)~2)가정값은 다음과 같다.

1) 시멘트 : 3.15

2) 경량 굵은 골재의 실적율 : 52.0%

보통 포틀랜드 시멘트를 사용한 경량 AE콘크리트(4종)의 참고배합표
모래 조립율 2.8(2.5㎜), 경량 굵은골재의 최대치수 20㎜

물시멘트 비 (%)	슬럼프 (㎝)	잔 골 재 율 (%)	단 위 수 량 (kg/㎥)	단위 시멘트량[1] (kg/㎥)	절대용적(ℓ/㎥)			단위굵은골재 겉보기 중량[2] (㎥/㎥)
					시멘트	모래	자갈	
40	15	37.9	197	492	156	226	371	0.650
	18	39.3	209	522	166	226	349	0.610
	21	41.6	225	563	179	227	319	0.560
45	15	40.4	192	427	136	251	371	0.650
	18	42.4	203	451	143	256	349	0.610
	21	44.6	219	487	155	257	319	0.560
50	15	42.4	187	374	119	273	371	0.650
	18	44.6	197	394	125	280	349	0.610
	21	47.0	213	426	135	283	319	0.560
55	15	43.8	184	335	106	289	371	0.650
	18	45.8	195	355	113	294	349	0.610
	21	48.5	210	382	121	300	319	0.560
60	15	44.6	183	305	97	299	371	0.650
	18	46.9	193	322	102	307	349	0.610
	21	49.1	209	348	110	312	319	0.560
65	15	46.2	182	380	89	314	365	0.640
	18	48.5	195	395	94	322	342	0.600
	21	51.1	208	320	102	327	313	0.550

주의 : 1)~2)의 가정값은 다음과 같다.

1) 시멘트 : 3.15

2) 경량 굵은 골재의 실적율 : 57.0%

		시멘트(포틀랜드 시멘트)				골재
비중		3.15				2.60(절건비중)
		자갈		모래		
		25㎜ 이하	20㎜이하	5㎜이하	2.5㎜이하	1.2㎜이하
표준계량	단위용적 중량	1.70	1.65	1.75	1.70	1.60
	실적률	65.4	63.5	67.3	65.4	61.5
통상의 현 장 계 량	단위용적 중양	1.7×0.95(1) =1.62	1.65×0.9591)=1.57	1.75×0.891) =1.40	1.70×0.78(1) =1.33	1.60×0.76(1) =1.22
	실적률	62.3	60.4	54.8	51.2	46.9

주의 : (1) 표준계량에 대한 각각의 골재의 현장계량계수

7.3. 콘크리트 배합의 결정방법

콘크리트의 배합설계는 콘크리트의 배합강도와 시멘트 강도로부터 물시멘트비를 구하며 이것을 내구성 등 기타의 조건과 비교하여 소요의 물시멘트비를 결정한다. 이 소요의 물시멘트비와 슬럼프로 표시된 워커빌리티 및 잔골재, 굵은 골재의 조건에 따른 참고 배합표를 사용하여 시험비빔으로 배합을 결정한다. 표면 활성제나 깬자갈 및 입도가 큰 굵은골재를 사용하는 경우에는 배합을 보정하여 각각의 배합을 결정한다. 그림 1은 배합결정방법의 흐름도를 나타낸 것이다.

(1) 설계기준강도의 산정

설계기준강도 F_c 는 다음 식을 사용하여 산출한다. 보통의 경우 콘크리트의 설계기준강도는 180, 210, 240 kgf/㎠의 것이 많이 사용된다.

① 축방향 압축

F_c=3.33×장기허용응력도(f_c)

② 휨 또는 편심압축

F_c=2.50×장기허용응력도 (f_c)

(2) 배합강도의 결정

배합강도는 표준양생, 재령 28일 공시체의 압축강도로 표시하는 것을 원

칙으로 하고, 구조체 콘크리트의 강도관리 재령에 따라서 다음의 식을 만족하도록 정한다.

(가) 구조체 콘크리트의 강도관리 재령이 28일인 경우

$F \geq F_c + T + 1.73\sigma$(kgf/㎠)

$F \geq 0.8(F_c + T) + 3\sigma$(kgf/㎠)

(나) 구조체 콘크리트의 강도관리 재령이 28일을 넘고 91일 이내인 경우

$F \geq 0.7F_c + T_{28} + 1.73\sigma$(kgf/㎠)

$F \geq F_c + T_n + 1.73\sigma$(kgf/㎠)

$F \geq 0.8(F_c + T_n) + 3\sigma$(kgf/㎠)

여기서 F : 콘크리트의 배합강도

F_c : 콘크리트의 설계기준강도

$F_c + T$: 콘크리트의 기온보정강도

$F_c + T_n$: 콘크리트의 기온보정강도

T : 구조체 콘크리트의 강도관리를 위해 공시체의 양생방법을 현장 수중양생으로 한 경우, 콘크리트를 부어 넣은 날로부터 28일간 예상평균기온에 따른 콘크리트 강도 보정값 (kgf/㎠)

T_{28} : 구조체 콘크리트의 강도 관리를 위해 공시체의 양생방법을 현장 봉함양생으로 한 경우, 콘크리트를 부어 넣은 날로부터 28일간의 예상 평균기온에 따른 콘크리트 강도보정값 (kgf/㎠)

T_n : 구조체 콘크리트의 강도 관리를 위해 공시체의 양생방법을 현장 봉함양생으로 한 경우, 콘크리트를 부어 넣은 날로부터 n 일간의 예상 평균기온에 따른 콘크리트 강도 보정값 (kgf/㎠) 단 $28 \leq n \leq 91$로 한다. 로 한다.

σ : 콘크리트 강도의 표준편차

표12. 콘크리트의 기온에 따른 보정값 T (현장 수중양생의 경우)의 표준값

시멘트의 종류	콘크리트를 부어넣은날로부터 28일간의 예상평균기온의 범위				
조강포틀랜드 시멘트	18이상	15이상 18미만	7이상 15미만	4이상 7미만	2이상 4미만
보통 포틀랜드시멘트 플라이애시시멘트 A종 고로슬래그 시멘트 특급	18이상	15이상 18미만	9이상 15미만	5이상 9미만	3이상 5미만
플라이애쉬시멘트 B종	18이상	16이상 18미만	10이상 15미만	7이상 10미만	5이상 7미만
고로슬래그 시멘트 1급 1)	18이상	16이상 18미만	14이상 16미만	12이상 14미만	10이상 12미만
콘크리트 강도의 기온에 따른 보정값 T (kgf/㎠)	0	15	30	45	60

주: 고로슬래그의 분량이 45% 이하인 경우는 플라이애시시멘트 B종과 같은 보정값으로 해도 된다.

표13. 콘크리트 강도의 기온에 따른 보정값 T_{28}(현장 봉함양생의 경우)의 표준값

시멘트종류	콘크리트 부어넣은 날로부터 28일간의 예상평균 기온의 범위 (℃)								
보통포틀랜드 시멘트 플라이애시시멘트 A종 고로슬래그시멘트 특급	18이상	15이상 18미만	9이상 15미만	5이상 9미만	3이상 5미만				
플라이애시시멘트 B종	18이상	15이상 18미만	10이상 15미만	7이상 10미만	5이상 7미만	3이상 5미만			
고로슬래그시멘트 1급	18이상	16이상 18미만	14이상 16미만	12이상 14미만	10이상 12미만	8이상 10미만	6이상 8미만	4이상 6미만	2이상 4미만
콘크리트 강도의 기온에 따른 보정값 T(kgf/㎠)	0	15	30	45	60	75	90	105	120

주: 고로슬래그의 분량이 45% 이하인 경우는 플라이애시시멘트 B종과 같은 보정값으로 해도 된다.

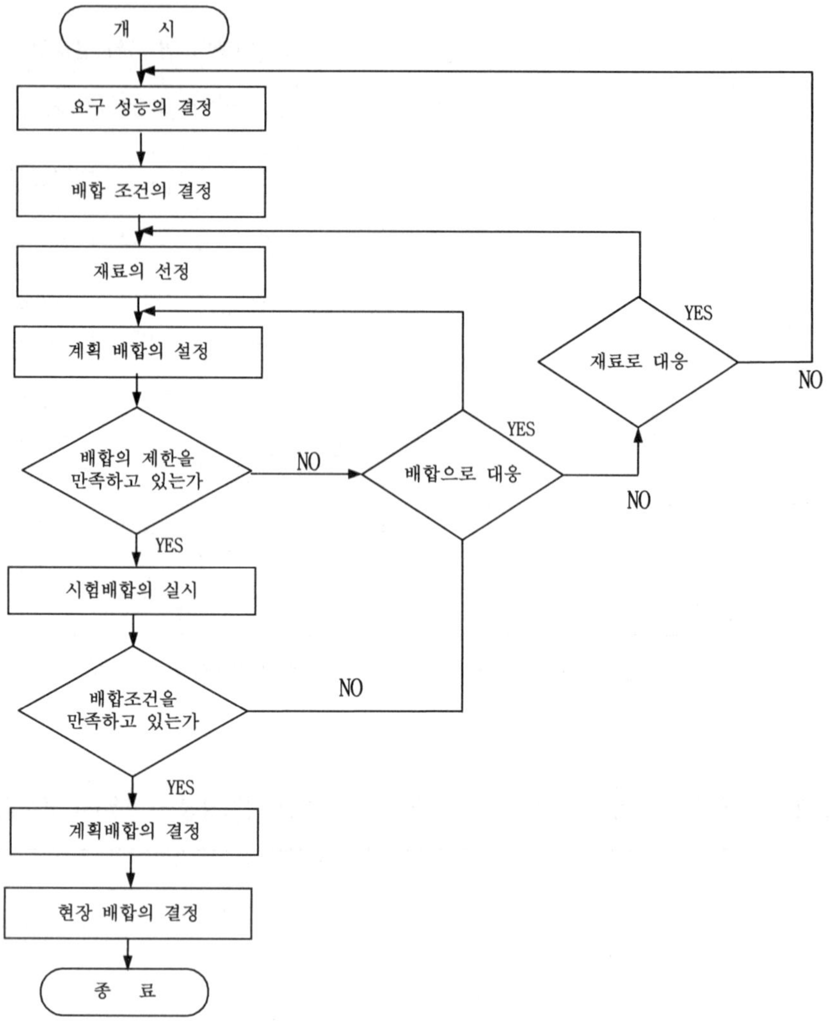

그림 1. 배합결정방법의 흐름도

표14. 콘크리트 강도의 기온에 따른 보정값 T_n(현장 봉함양생의 경우)의 표준값

시멘트의 종류	재령	콘크리트를 부어넣은 날로부터 28일간의 예상평균기온의 범위 (℃)				
보통포틀랜드 시멘트 플라이애시 시멘트 A종 고로슬래그 시멘트 특급	91	3이상				
	56	12이상	5이상 12이상	3이상 5미만		
	42	15이상	12이상 15미만	5이상 12미만	3이상 5미만	
플라이애시 시멘트 B종	91	3이상				
	56	12이상	6이상 12미만	3이상 6미만		
	42	15이상	12이상 15미만	6이상 12미만	3이상 6미만	
고로슬래그 시멘트 1급	91	3이상	3이상 6미만			
	56	12이상	9이상 12미만	6이상 9미만	3이상 6미만	
	42	17이상	14이상 17미만	9이상 11미만	9이상 11미만	6이상 9미만
콘크리트강도의 기온에 따른 보정값 T (kgf/㎠)		0	15	30	45	60

주: 고로슬래그의 분량이 45% 이하인 경우는 플라이애시시멘트 B종과 같은 보정값으로 해도 된다.

예로 콘크리트의 강도 표준편차가 25kgf/㎠이고, 보통 포틀랜드 시멘트를 사용하며, 관리 재령이 28일을 경우 예상 평균기온이 10℃인 조건에서 설계기준강도 210kgf/㎠ 콘크리트의 배합강도를 정할 경우로 가정하면 배합 강도는 다음과 같다.

$$210+30+1.73\times 25=283\text{kgf/㎠}$$

$$0.85\times(210+30)+3\times 25=279\text{kgf/㎠}$$

따라서 배합강도는 이 값 중에서 큰 값으로 283kgf/㎠가 된다.

콘크리트 강도의 표준편차 σ 값은 아래의 식에 따라 1kgf/㎠ 가지 계산한 것으로 하고 콘크리트에 알맞게 다음 (1) 및 (2)에 따라 정한다.

$$\sigma=\sqrt{\frac{\sum_{i=1}^{n}\sum_{j=1}^{3}(F_{ij}-F)}{3N-1}}=\sqrt{\frac{(F_{11}-F)^2+\ldots+(F_{N23}-F)^2}{3N-1}}\ \text{kgf/cm}^2$$

$$\text{단}\quad F=\frac{\sum_{i=1}^{N}\sum_{j=1}^{3}F_{ij}}{3N}\ \text{kgf/cm}^2$$

여기서 F_{ij} : i 회째 압축강도시험의 j번째 압축강도 시험값

N : 압축강도 시험의 횟수, 7이상을 표준으로 한다.

① 레디믹스트 콘크리트를 사용하는 경우
실제로 사용할 콘크리트에 가까운 조건의 콘크리트에 대하여 그 공장의 실적을 근거로 표준편차를 구한다.

② 공사현장 비빔 콘크리트를 사용하는 경우
공사 초기에 그 공사 현장의 σ 값을 구하지 못한 경우는 35kgf/㎠로 한다. 다만 그 공사 현장의 σ 추정값이 얻어진 경우는 그 값에 따른다.

(3) 물시멘트비의 결정

배합강도를 얻기 위한 물시멘트비의 선정에 대한 건축공사 표준시방서의 규정은 다음과 같다.

① 실제로 사용할 콘크리트와 거의 동일한 재료를 사용하여 소정의 슬럼프, 공기량이 얻어질 수 있는 콘크리트에 대하여 물시멘트비와 콘크리트 강도의 관계를 시험비빔에 의하여 구하고 배합강도에 알맞은 물시멘트비를 정한다.

② 레디믹스트 콘크리트의 경우는 위의 ① 에 의하거나 또는 공사에 사용할 콘크리트와 가까운 조건의 콘크리트에 대하여 공장에서 미리 구해진 물시멘트비와 콘크리트강도의 관계를 사용하여 배합강도에 알맞게 물시멘트비를 구한다.

③ 공사 현장 비빔 콘크리트의 경우는 위의 ①에 의하거나 또는 신뢰할 수 있는 자료에 의거 물시멘트비와 콘크리트 강도와 의 관

계로부터 배합강도에 알맞게 물시멘트비를 구하여 시험비빔에 따라 확인하여 정한다.

이중에서 ①의 방법에 대하여 상술하면 다음과 같다. 시험비빔으로부터 얻은 물시멘트비와 압축강도 데이터는 $F = ax + b$(여기서 x는 시멘트물비로서 물시멘트비를 역수로 한 것 이고 a, b 는 최소 제곱법에 의하여 정해지는 상수)로부터 물시멘트비를 구하게 되는데 단위수량이나 잔골재율의 변화로 인한 영향은 고려하지 않는 것이 일반적이다.

최소 제곱법에 의하여 상수 a, b를 구하는 요령으로는, 시멘트물비가 $x_1, x_2, x_3, \ldots, x_{ij}$이고 이에 대응하는 압축강도가 $M_1, M_2, M_3, \ldots M_n$이면

여기서 $(xx) = x_1^2 + x_2^2 + x_3^2 + \ldots + x_n^2$

$(xM) = x_1 M_1 + x_2 M_2 + x_3 M_3 + \ldots + x_n M_n$,

$(x) = x_1 + x_2 + x_3 + \ldots + x_n$

$(M) = M_1 + M_2 + M_3 + \ldots + M_n$ 으로 표현할 때 다음 식 9, 10과 같다.

$$a = \frac{n(xM) - (x)(M)}{n(xx) - (x)^2}$$

$$b = \frac{(xx)(M) - (x)(xM)}{n(xx) - (x)^2}$$

참고적으로 일본토목학회 , 일본 시멘트 기술협회, ACI의 시멘트 물비(C/W)와 28일 압축강도의 관계식을 보면 다음과 같다.

일본 토목학회

$$\sigma_{28} = -210 + 215\ C/W$$

일본 시멘트 기술협회

$$\sigma_{28} = -140 + 260\ C/W$$

ACI : 미국 콘크리트 협회

$$\sigma_{28} = -94 + 196\ C/W$$

(4) 단위수량의 결정

단위 수량의 최대 영향 요인은 내수성 수밀성 외에 슬럼프 등 유동성에 지배적인 영향을 미친다. 단위 수량에 관한 건축공사 표준 시방서의 규정은 요구하는 콘크리트의 품질을 얻어질 수 있는 범위 내에서 가능한 한 작게 시험비빔에 의하여 정하는 것으로 되어 있다. 단 각 콘크리트 종류별 최대값 규정에 따라 그 이하로 하는 것은 물론이다. 배합비별 단위수량의 변화는 슬럼프가 동일한 경우 일반적으로 사용되는 물시멘트비 범위에서 물시멘트비가 변화하여도 단위 수량은 거의 변화하지 않는다. 이를 단위 수량 일정의 법칙 이라하는데 물시멘트비를 소폭변화 시키면서 시험비빔을 정할 경우에 이를 이용하면 편리하다.

물시멘트비와 단위수량이 결정되면 단위시멘트량은 쉽게 계산된다. 물론 이 경우 각종 특수 콘크리트의 단위시멘트량 최소값 및 최대값은 만족하여야 하고 만약 만족시키지 못한 경우에는 단위수량 또는 물시멘트비를 수정하여야 한다.

(5) 잔골재율의 결정

잔골재율은 모든 골재의 절대용적에 대한 잔골재 절대용적의 백분율로 표시하여 결국 모래와 자갈의 혼합비율을 말하는 것이다. 잔골재율의 최대 영향인자는 재료 분리에 따른 점성문제와 경제성 배합에 관계한다. 일반적으로 잔골재율이 증가시키면 점성의 증가로 슬럼프가 저하하여 단위 수량을 증가시켜야만 되는데, 그렇게 되면 단위시멘트량도 따라서 증가되어 결국 비경제적인 배합이 된다. 그러므로 건축공사 표준 시방서의 규정은 요구하는 품질이 얻어질 수 있는 범위내에서 시험 비빔으로 가능한 한 작게 정하는 것을 규정하고 있다. 시험 비빔시 잔골재율을 낮추는 한도는 여러 가지 방법이 있지만 일반적으로는 슬럼프 시험히 콘크리트의 흘러내린 모양, 점성, 굵은 골재 노출상태 및 된비빔 콘크리트의 경우는 옆면을 두들김에 의한 변형 상황을 관찰하고 마지막 단계에서 쇠흙손으로 문질어 보아 마감성까지 검토하는데 최종 결정은 경험적인 감각에 따른다.

(6) 혼화제량의 결정

내동해성 향성 목적의 AE 공기량 확보를 위해서는 AE제의 사용이 불가피하고 단위수량 감소, 유동성 증진 및 경제성 목적상 감수제 및 유동화제 사용도 검토 되는데 복합적인 효과로는 AE감수제, 고성능 감수제, 고유동화제 등이 있다.

계획배합 설정단계에서 혼화제의 종류 및 양의 결정은 제조회사의 카탈로그도 참조하게 되지만 이보다는 시멘트 및 골재의 종류, 콘크리트의 배합조건, 온도, 운반시간 등에 따라서 다르므로 이 모두를 고려하고, 특히 과잉 사용은 콘크리트의 응결지연, 강도 저하등 부작용을 일으킴에도 주의하며, 경제성면으로도 신중히 검토하여 실제 비빔시험에서 적정 혼합 비율을 결정한다.

(7) 계획배합의 산정

콘크리트의 배합 설계는 콘크리트에 요구되는 각종 성능뿐만 아니라 구조물에 요구되는 성능도 만족해야 한다. 표 29는 콘크리트 종류별 계획 배합을 정할 때 규정된 값을 나타낸 것이다.

일반적으로 물시멘트비와 슬럼프 및 잔골재, 굵은골재의 입도로부터 참고 배합표(12~24)를 이용하여 참고 배합을 선택하여 콘크리트의 목표 성능 값 및 특성 규정값을 만족시키도록 시험비빔을 실시하여 계획배합을 결정한다.

① 물시멘트비의 결정방법 : 강도상 필요한 물시멘트비는 실제로 시공되는 콘크리트에 가능한한 가까운 조건의 콘크리트에 관하여 구한 물시멘트비와 강도 관계의 시험 값 또는 신뢰 할 수 있는 자료에 의해서 결정된다.

② 단위수량의 결정방법 : 단위 수량은 소요의 워커빌리티가 얻어질 수 있는 범위내에서 되도록 작게 결정한다.

③ 단위 시멘트량의 결정방법 : 단위 시멘트량은 단위수량과 물 시멘트 비로부터 다음식에 의하여 산출된다

$$C = W \times \frac{100}{x} \ (\mathrm{kg/m^3})$$

산출한 단위시멘트량은 표 15의 최소값의 범위에 들어가는지를 확인 하고 필요한 수정을 행한 후 단위시멘트량을 결정한다.

④ 공기량의 결정방법 : 소요 공기량에 비빔시부터 타설시까지 공기량

표15. 건축공사 표준시방서의 계획배합을 정할 때의 각종 규제값

콘크리트 종류	슬럼프 최대값(cm)	공기량 표준값 (%)	물시멘트비 최대값 (%)	단위수량 최대값 (kg/m³)	단위수량 최소값 (kg/m³)	염화물 이온량 최대값 (kg/m³)	콘크리트 온도(℃)
보통 콘크리트	18	3~5	N[1)] 65 N[2)] 60	185	270	0.30	
한중 콘크리트			60				10~20
서중 콘크리트	18						35이하
경량 콘크리트	18		60		300		
무근 콘크리트	18						
유동화 콘크리트	보통 베이스 15 경량 유동화 21	4 5	N[1)] 65 N[2)] 60	185	270		
고내구성 콘크리트	보통 12 유동화 베이스 12, 유동화 18		보통 60 55 경량 55 55	175	보통 270 경량 320	0.20	3~30
고강도 콘크리트	보통 15 유동화 21		55	185		0.30	
프리스트레스트 콘크리트	18					프리텐션 0.2 포스트텐션 0.3	
매스 콘크리트	15						35이하
수밀 콘크리트	18		55				
해수작용을 받는 콘크리트			A[3)] 45 B[4)] 50 C[5)] 55		320		
수중 콘크리트	21		말뚝 60 지중벽 55	200	말뚝 300 지중벽 350		
동결융해작용을 받는 콘크리트		40[6)] 4.5 25, 20c 5.0	55				
차폐 콘크리트	15		60				

주 : 1) 보통 포틀랜드 시멘트, 고로슬래그 시멘트 특급, 포틀랜드 포졸란 시멘트A종, 플라이애쉬 시멘트A종
2) 고로슬래그 시멘트 1급, 포트랜드포졸란 시멘트 B종, 플라이 애쉬 시멘트 B종
3) 조수간만의 영향 및 해수의 물거품을 받는 부분
4) 항상 바닷물 속에 잠겨 있는 부분
5) 가끔 해수의 물거품을 받는 부분
6) 굵은골재의 최대 치수 (mm)

의 감소량을 더하여 공기량을 결정한다. 이 공기량의 감소량은 레디 믹스트 콘크리트에 있어서 비빔에서부터 토출시까지 또한 펌프 압송의 경우에는 토출지점까지 타설 장소에 운반할 때 까지 각각 0.5~1% 정도이다.

⑤ 잔골재, 굵은골재의 결정방법 : 잔골재와 굵은 골재의 합계량 (절대용적) V_{s+g}(ℓ /㎥)은 다음식에 의해 구한다.

$$V_{s+g} = 100 - (V_c + V_g + V_a)(\ell\ /\mathrm{m^3})$$

여기서 V_c : 시멘트의 절대용적 (ℓ /㎥)

V_w : 물의 절대용적 (단위수량) (ℓ /㎥)

V_a : 공기의 절대용적 (ℓ /㎥) ,

V_a=공기량(%)×1000/100

또는 표면활성제를 사용하지 않은 콘크리트에서는 공기량을 1%로 가정한다. 다음에 적당한 잔골재율(S/a)을 결정하여 잔골재 및 굵은골재의 양을 결정한다.

$$V_s = V_{s+g} \times \frac{S}{A} \times \frac{1}{1000}\ (\ell\ /\mathrm{m^3})$$

$$V_g = V_{s+g} - V_s(\ell\ /\mathrm{m^3})$$

배합지침에서는 절대용적을 구하는 방법을 표준으로 하고 있다. 이와 같이 V_s, V_g가 구해지면 각각 잔골재, 굵은골재의 비중을 곱하여 잔골재 및 굵은 골재의 중량을 산정하여 계획배합을 결정한다.

⑥ 시험비빔에 의한 계획배합 결정 : 시험 비빔은 실제의 공사와 되도록 동일한 조건으로 실시한다. 비벼낸 콘크리트가 소요의 성능을 만족시키지 않으면 배합을 수정하여 다시 비빈다. 워커빌리티가 양호하고, 소정의 성능값에 대하여 슬럼프 ±1㎝이하, 공기량 ±1% 이하, 압축강도는 소정값의 -0.5%이하, 경량 콘크리트의

경우 단위 용적 중량은 소정값의 ±2% 이하의 범위에 있으며 보통으로 계획한 콘크리트가 얻어졌다고 본다. 이외에 건조 수축 등의 규정이 있으며 이의 체크도 반드시 해야 한다.

7.4 AE 콘크리트의 배합방법

AE 콘크리트란 보통 콘크리트에 AE제를 첨가하여 수많은 미세한 독립 기포를 연행한 콘크리트를 말한다. AE 콘크리트는 그림 2와 같이 워커빌리티가 양호하고 동결융해 및 중성화에 대한 내구성이 높아지나 공기량의 증가에 따라 압축강도는 감소한다. 그림 2에 의하면 내구성은 공기량의 증가와 더불어 급격히 최대값이 된 후 감소한다. 공기량의 증가에 따라 압축강도와 단위수량은 감소한다. 보통 연행 공기량은 4%를 표준으로 하고 있다. AE 콘크리트의 배합설계는 우선 AE제를 혼합하지 않은 콘크리트로서 3에 의해 배합설계를 실시하고 표 31에 의해 AE제를 혼합한 경우의 배합을 보정하여 구한다. 굵은 골재의 크기는 30㎜이하, 40㎜이하의 것을 사용할 경우에는 굵은 골재의 크기는 25㎜이하의 참고 배합표에 의해서 배합을 구한 후 아래와 같은 보정을 행하는 것을 표준으로 한다.

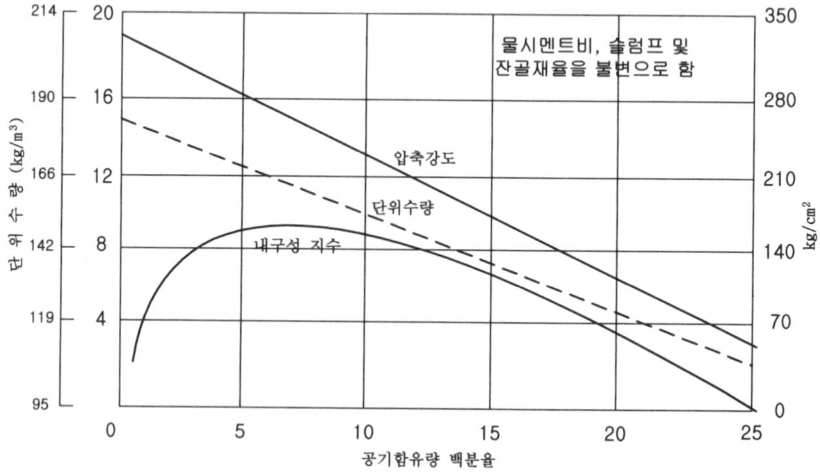

그림2. 콘크리트 내구성, 압축강도 및 단위수량에 미치는 공기량의 영향

표16. 굵은골재로서 깬자갈을 사용하는 경우 또는 AE제를 사용하는 경우의 참고배합의 보정량 (1㎥ 당)

콘크리트의 종류	시멘트량	모래량 (절대용적)	굵은골재량 (절대용적)	수량
모래 자갈 AE 콘크리트	보정하지 않음	15ℓ 감소	보정하지 않음	8% 감소
모래 깬자갈콘크리트	보정하지 않음	25ℓ 증가	10% 감소	8% 증가
모래, 깬자갈 AE콘크리트	보정하지 않음	10ℓ 증가	10% 감소	보정하지 않음

① 보통 자갈을 사용하는 경우의 보정은 표 32에 의한다.

② 깬자갈 또는 AE제를 사용하는 경우에는 표 32에 의한 보정을 한 다음 다시 표 31에 의하여 보정을 실시한다.

표17. 굵은골재의 크기가 30㎜ 이하 또는 40㎜ 이하의 것을 사용할 경우의 참고 배합 보정량

골재의 크기	시멘트량	모래량(절대용적)	굵은골재량(절대용적)	수량
30㎜ 이하	3% 감소	15ℓ 감소	5% 증가	3% 감소
40㎜ 이하	6% 감소	25ℓ 감소	10% 증가	6% 감소

7.5 깬자갈 콘크리트의 배합방법

깬자갈 콘크리트는 워커빌리티가 좋지 않아 보통 콘크리트와 동일 워커빌리티를 얻기 위해서는 단위시멘트량을 증가시켜야 하므로 경제적으로 AE제를 사용, 입형의 조절 등에 의해 워커빌리티가 상당히 개선되고 또한 모르터의 부착이 좋으므로 동일 물시멘트비로 보통 콘크리트 강도 보다 10~20% 크고, 입도의 관리를 용이하게 할수 있고 경제적으로도 유리한 면이 있다.

깬자갈 콘크리트의 배합설계는 이상의 점을 고려하여 AE 콘크리트와 같이 우선 보통 콘크리트로서 배합표를 만들고 다음에 표 31에 의해 강모래 깬자갈 콘크리트 강모래 깬자갈 AE 콘크리트의 배합표를 구한다.

7.6 경량 콘크리트의 배합방법

경량 콘크리트는 기건비중 2.0 이하의 콘크리트로서 보통 표 33과 같이 2종으로 분류하고 종별에 따라 기건비중 및 설계기준강도의 최대값을 규정하고 있다. 경량 콘크리트의 배합은 소요강도, 워커빌리티, 비중, 균일성 및 내구성이 얻어지도록 정하지 않으면 안된다. 경량 콘크리트에는 표면 활성제를 사용하며 공기량은 3~6%를 표준으로 하고 있다. 구조용 경량 콘크리트에 사용되는 경량 골재의 품질에 관해서는 3-2(3) 을 참조하기 바란다. 경량 콘크리트 배합설계는 건축공사 표준 시방서의 경량 콘크리트에 따라 실시한다.

표18.경량 콘크리트의 설계기준강도 및 기건 단위용적 중량의 범위

사용골재에 의한 콘크리트 종류	사용골재		설계기준강도 (kgf/㎠)	기건용적 중량 (t/㎥)
	굵은골재	잔골재		
경량 콘크리트 1종	인공경량골재	모래, 깬모래, 고로슬래그 잔골재	180 210 240	1.7~2.0
경량 콘크리트 2종	인공경량골재	인공경량골재나 인공경량골재의일부를 모래, 깬모래, 고로슬래그 잔골재로 대치한것	150 180 210	1.4~1.7

7.7 시험비빔방법 및 과정

시험 비빔은 원칙적으로 실험실에서 제작방법에 의해서 행해야 하며, 시험 비빔시 하기항목에 관해서 면밀히 검토 하면서 시험한다. 단, 워커빌리티의 양부는 슬럼프 시험에 있어서 콘크리트의 상태를 잘 관찰하고 면밀히 검토한 후 판정한다.

① 워커빌리티 (Workability)

② 슬럼프 (Slump)

③ 공기량 (Air content)

④ 단위용적 중량 (Unit weight : 특히 경량 콘크리트의 경우)

⑤ 압축강도 (Compressive strength)

⑥ 비빔온도 (Mixing temperature)

시험 비빔량을 많이 취하면 일반적으로 정확한 값을 얻을 수 있으나 실험 편의상 시험 비빔량을 15~20ℓ 로 하는 것이 보통이다. 표 34의 참고 배합표를 가지고 시험방법 및 과정을 설명하고자 한다.

표19. 참고 배합표

물시멘트비	슬럼프 cm	잔골재율	단위수량 (kg/㎥)	절대용적 (ℓ/㎥)			중 량 (kg/㎥)		
				시멘트	모래	자갈	시멘트	모래	자갈
62	18	35.9	192	99	251	448	312	640	1165

표 34의 참고 배합표를 보면 콘크리트 비빔량 20ℓ 의 시험 비빔배합을 할 경우 각 서요재료량 산출은 다음과 같다. 단 시멘트의 비중 3.15, 모래의 절건비중 2.55 자갈의 절건 비중 2.60이다.

단위수량 : 192×0.02×1= 3.840kg

시멘트 : 99×0.02×3.15=6.237kg

모래 : 251×0.02×2.55=12.801kg

자갈 : 448×0.02×2.60=23.296kg

상기재료를 시험 비빔용 믹서에 넣고 비빔시간 3분으로 하여 콘크리트를 비벼본 결과 슬럼프를 측정하여 보니 표-35와 같이 15㎝로 소요의 슬럼프가 나오지 않아 물 500g과 물시멘트비를 일정하게 해주기 위해서 시멘트 806g을 천평칭으로 정확히 계량하여 넣고 다시 비벼본 결과 슬럼프 18㎝가 얻어 졌다고 가정한다. 여기서는 소정의 콘크리트 물성 중 과정의 설명을 간단히 하기 위하여 슬럼프만을 취하였으나 시험 비빔시에 워커빌리티, 슬럼프, 공기량, 단위용적 중량, 압축강도, 비빔온도 등 소정의 콘크리트 물성을 얻을 수 있도록 정확하고 신속한 방법으로 시험 비빔을 실시하여야 한다.

표-35에서 알 수 있는 바와 같이 물 500g에 대한 부피의 증가는 물의 비중이 1이므로 $\rho = \omega / \upsilon$에서 υ=500÷1=500cc, 시멘트 806g 추가분에 대한 부피의 증가는 시멘트의 비중이 3.15이므로 $\rho = \omega / \upsilon$에서 υ=806÷3.15=255.9cc이므로 물과 시멘트의 부피의 증가를 계산하면 500+255.9=755.9cc=0.7559ℓ 가 된다.

결과적으로 2차 시험비빔의 총비빔량은 20ℓ +0.7559ℓ =20.7559ℓ 가 된다. 이때 총 비빔량을 정밀하게 구할수록 정확한 계획 배합을 얻을 수 있다.

물시멘트비	슬럼프 (cm)	잔골재율	단위수량 (kg/m³)	절대용적(ℓ/m³)			중량(kg/m³)			비고
				시멘트	모래	자갈	시멘트	모래	자갈	
62	15	35.9	3.840 +500g	1.98+ 0.2559	5.02	8.96	6.237 +800g	12.801	23.296	1차 비빔량 20ℓ
62	18	35.9	4.430	2.2359	5.02	8.96	7.043	12.801	23.296	2차 비빔량 20.7559ℓ

그리하여 2차 시험비빔에 의한 시험비빔 배합표의 결과를 사용하여 계획 배합표를 작성하기 위하여 계획 배합표의 각 재료량을 산출하여 보면 다음과 같다.

단위수량 (W)은

W×1×0.0207559=4.340에서

W=209 (kg/m³)

절대용적 시멘트량 (C)은

C×3.15×0.0207559=7.043

(또는 C×0.0207559=2.2359)에서

C×0.0653818=7.043

C=107(ℓ /m³)

절대용적 모래량(S)은

S×2.55×0.0207559=12.801

(또는 S×0.0207559=5.02)에서

S×0.0529275=12.801

S=242(ℓ /㎥)

절대용적 자갈량(G)은

G×2.60×0.0207559=23.296

(또는 G×0.0207559=8.96)에서

G×0.0539653=23.296

G=432(ℓ /㎥)

종합배합 시멘트량(C)은

107×3.15=337 (kg/㎥)

종합배합 모래량(S)은

242×2.55=617(kg/㎥)

종합 배합 자갈량(G)은

432×2.60=1123(kg/㎥) 가 된다.

표19의 참고 배합표를 참고로 하여 이상과 같이 1차 시험 비빔배합, 2차 시험비빔배합의 결과 계획 배합표를 작성하여 보면 표20과 같다.

표20. 계획 배합표

물시멘트비	슬럼프(㎝)	잔골재율	단위수량(kg/㎥)	절대용적(ℓ/㎥)			중량(kg/㎥)			비고
				시멘트	모래	자갈	시멘트	모래	자갈	
62	18	35.9	209	107	242	432	337	617	1123	계획배합표
62	18	35.9	192	99	251	448	312	640	1165	참고배합표

최종적으로 배합표의 구성 원리상 절대용적 즉 단위수량+시멘트+모래+자갈=209+107+242+432=990(ℓ /㎥)가 됨을 반드시 확인하여야 한다. 왜냐하면 참고배합표 자체가 콘크리트 절대용적 1000(ℓ /㎥) 중 1%의 공기량을 포함하고 있는 것으로 가정하고 있기 때문이다. 이 예

로서 물과 시멘트 즉 단위수량과 단위 시멘트량을 증가시켜 소정의 콘크리트 물성을 얻는 것으로 편의상 설명하였으나 실제에 있어서는 이러한 경우 단위 수량과 단위 시멘트량을 고정시키고 잔골재 및 굵은골재의 양을 가감시킴으로써 소정의 콘크리트 물성을 얻을 수 있도록 기술적으로 충분히 익숙해져야 한다. 문제는 좋은 품질의 콘크리트를 어떻게 경제적으로 제조할 수 있는 가의 기술을 개발시켜 나가는 데 있다. 국내에서도 앞으로 콘크리트 혼화제등을 사용하여 콘크리트 고유동화 및 고강도화를 향하여 꾸준히 콘크리트 제조 기술을 개발하고 발전시켜 콘크리트의 품질 향상을 도모함으로써 건축 및 토목 구조물의 건설에 있어서 경제성을 고조 시켜야 할 것이다.

8. 콘크리트 비비기

(1) 재료의 계량

각 재료의 계량은 보통 실험실 등에서는 정확하게 중량을 계량하여야 한다. 단지 물 및 혼화제 용액등은 용적 계량으로 하여도 좋다. 계량은 1회 계량분의 0.5%의 정밀도로 정확히 실시한다. 재료를 몇 개의 용기에 넣을 때에는 각 배치의 재료가 불균일하게 되지 않도록 주의하고 또한 함수 상태가 계량한 후 비빌 때 까지 변화하지 않도록 각별한 주의를 해야 한다.

(2) 재료의 투입

재료의 투입을 하기 전에 동일한 배합의 콘크리트를 소량으로 믹서에서 미리 버림 비빔을 하여, 믹서 내면에 모르터 페이스트 를 부착시켜 두는 것이 필요하다. 특히 페이스트분이 적은 콘크리트에 대해서는 이 조작의 유무가 콘크리트의 성질에 큰 영향을 미친다. 재료의 투입순서는 콘크리트의 종류나 배합 등에 의해서 상이하므로 한마디로 말하기는 곤란하나 신속하고 균일하게 되도록 하는 순서로 한다. 특히 시멘트 물의 순서로 투입하는 경우에는 시멘트 페이스트의 덩어리가 믹서내면에 비빔날개의 주의 등에 부착하여 최후까지 혼합되지 않도록 남게 되므로 주의해야 한다.

(3) 비빔시간

비빔시간, 즉 전재료를 투입완료시부터 배출개시 직전까지 비빔시간은 1~5분 정도 가지는 콘크리트 강도의 향상에 대단히 영향을 주므로 적어도 3분 이상 비비는 것이 바람직하다.

9. 배합의 수정

콘크리트를 실제 비벼본 결과 소요의 콘크리트가 얻어지지 않았을 경우 배합의 수정방법을 요약하면 다음과 같다.

(1) 슬럼프의 조정

소요 슬럼프와 실제 슬럼프의 차 1㎝에 대해서 단위 수량을 다음의 비율로 증감시킨다.

① 슬럼프 약 18㎝ 이하일 때 약 1.2%

② 슬럼프 약 18㎝ 이상일 때 약 1.5%

단 이 조작에 의해서 콘크리트 강도가 변화 하므로 물시멘트비가 변화하지 않도록 물과 시멘트량을 증감 시키고 또한 이에 따라서 골재량을 가감한다. 워커빌리티를 좋게 하는 목적으로 표면 활성제를 이용할 경우에는 그 양을 증감하여 슬럼프를 조정해도 좋다.

(2) 골재 분리와 유동성의 조정

콘크리트가 골재 분리 현상을 일으킬 경우에는

① 잔골재를 증가시키든가, 세립이 많은 모래를 사용한다.

② 표면 활성제를 사용하여 단위 수량을 감소시킨다.

콘크리트가 유동성이 결여되고 점성이 클 경우에는

① 잔골재율을 감소시키거나 굵은 모래를 사용한다.

② 표면 활성제를 사용하여 유동성을 증가 시킨다.

그리고 이 조정은 물시멘트비가 변화하지 않도록 행하고 표면 활성제를 사용할 경우에는 혼합율을 메이커의 지시에 따라 정확한 비율로 하도록 주의하여야 한다.

(3) 공기량의 조정

AE 콘크리트의 공기량은 보통 4%를 표준으로 하고 있다. 공기량이 5%이상일 경우에는 표면 활성제량을 감소시켜 조정해야 한다. 공기량 1%의 증가는 강도 약 4~6%의 저하와 슬럼프 약 2㎝의 증가를 가져온다. 표면활성제량과 공기량은 대략 직선 관계가 있으므로 예를 들면 6%의 공기량의 경우에는 보통 콘크리트의 공기량이 1% 이므로 (4-1)/(6-1)=3/5배의 사용량으로 수정하면 된다.

(4) 강도에 대한 조정

콘2 계산 값보다 안전값으로 하여 작게 정하든가 2~3종의 물시멘트비에 의한 배합을 선정하여 각각 공시체를 만들어 그 강도시험 결과부터 적정한 물시멘트비를 선정하여 이에 따라 배합을 결정하면 좋다.

10. 배합의 관리

10.1 배합의 변경과 조정

콘크리트는 항상 소요의 워커빌리티, 배합강고가 얻어질 수 있도록 그 배합을 관리해야 한다. 다음의 경우에는 배합을 변경하여 조정한다.

(1) 사용하는 각 재료에 변동이 있다고 인정되었을 경우

사용하는 각 재료의 품질에 변동이 있을 경우에는 배합 설계의 조건이 변동한 것이 므로 새로 배합설계를 다시한다.

(2) 소요의 워커빌리티가 얻어지지 않았을 경우

비벼낸 콘크리트의 슬럼프와 소요슬럼프의 차가 표 37의 값보다 큰 경우와 분리현상을 일으키거나 또는 유동성의 결핍으로 치어붓기가 곤란한 경우에는 물시멘트비를 변동시키지 않고 골재량 및 혼화제의 증감에 의해서 조정한다.

표21. 슬럼프의 허용차

소요슬럼프	슬럼프의 허용차	
	공사현장 비빔 콘크리트의 경우	레디 믹스트 콘크리트의 경우
8미만	±2	±1.5
8이상 18미만	±3	±2.5
18이상	±2	±1.5

(3) 소요의 공기량이 얻어지지 않았을 경우

AE 콘크리트의 표준 공기량은 전술한 바와 같이 4% 이므로 공기량이 5%를 넘는 경우에는 소요의 공기량이 얻어질 수 있도록 표면활성제의 사용량을 감한다. 그리고 공기량이 5%이하가 된 것을 확인하기 위해서는 소요의 공기량이 연속해서 3배치 얻어질 수 있을 때까지 실시할 필요가 있다.

(4) 배합강도의 관리

소요의 배합강도가 얻어졌는지의 여부의 판정은 시험횟수에 따라 다음식에 의해서 실시한다.

① 시험결과가 6회 이하의 경우

$$\overline{x} \geq 0.90F_o (\text{kgf/cm}^2)$$

여기서 $\overline{x}$: 시료의 평균값 $= \dfrac{x_1 + x_2 + x_3}{3}$ (kgf/cm^2)

F_o : 배합강도 (kgf/cm^2)

② 7회의 시험결과가 얻어졌을 경우

$$\overline{x} - 0.65S \geq F_o (\text{kgf/cm}^2)$$

여기서,

$\overline{x}$: 시료의 총 평균값

$$= \frac{x_{11} + x_{12} + x_{13} + x_{21} + \ldots + x_{ij} + \ldots + x_{N3}}{3N} (\text{kgf/cm}^2)$$

S : 콘크리트 강도의 표준편차의 추정값 (kgf/㎠)

$$= \sqrt{\frac{(x_{11}-\overline{x})^2+(x_{12}-\overline{x})^2+\ldots+(x_{ij}-\overline{x})^2+\ldots+(x_{N3}-\overline{x})^2}{3N-1}}$$

N : 시험횟수

F_0 : 배합강도 (kgf/㎠)

(5) 소요의 시공급별이 얻어지지 않았을 경우

소요의 시공급별이 얻어지지 않았을 경우에는 다시 배합설계를 실시한다. 소요의 시공급별(σ)이 얻어졌는지의 여부의 판정은 다음식을 이용한다.

$$1.5\sigma \geq S$$

여기서 σ : 시공급별 표시하는 표준편차 (kgf/㎠)

또한 7~10회의 시험결과가 얻어졌을 경우에는 다음 식을 이용하여 그 현장의 표준편차의 추정값 (σ_e)을 구하여 σ의 대신에 σ_e를 사용한다.

$$\sigma_e = 1.35\overline{s}$$

$$\overline{S} = \frac{S_1+S_2+\ldots+S_n}{N}$$

여기서 S : 각각 1회의 시험시료의 표준편차

N : 시험 횟수

11. 섬유 보강 콘크리트

11.1 개요

시멘트 페이스트, 몰탈 또는 콘크리트를 메트릭스(基材)로 하고 그

중에 짧은 섬유질 재료를 일제히 분산시킴으로서 메트릭스가 갖는 脆性(취성) 재료로서의 약점을 극복하여 휨강도 , 전단강도, 인장강도, 신축능력 등을 늘리는 한편 인성을 현저히 높인 복합재료를 총칭하여 "섬유보강 콘크리트" 라 하고 있다.

11.2 섬유 보강 콘크리트의 분류

섬유 보강 콘크리트는 상술한 바와 같이 총칭하여 쓰고 있으나 때로는 섬유 보강 시멘트와 대비하여 쓰여지고 있다. 이 경우 섬유 보강 콘크리트는 "콘크리트 또는 몰탈 중에 직경 0.1㎜ 이상의 단섬유를 분산 시키는 것" 을 말하고 그 대표적인 예로서는 강섬유보강 콘크리트(Steel Fiber Reinforced Concrete 이하 SFRC라 함) 가 있다. 이에 대해 섬유보강 시멘트 " 시멘트페이스트 또는 몰탈에 직경 5~15 ㎛ 정도의 섬유(또는 그것을 몇 本씩 묶은 것)를 분산 한 것 "을 가리키고 그 대표적인 예로서 유리섬유보강시멘트 (Glass Fiber Reinforcde Cement 이하 GRC라함)가 있다. 보강용 섬유로서는 상기 외에 폴리프로필렌과 탄소섬유 등도 고려되고 있다.

11.3 역사적 발생 및 배경

취성재료에 섬유를 섞어 그 성질을 개선시키려는 시도는 오래전 고대 이집트의 맥고를 넣은 日干(일간) 벽돌로 시작되었다고 한다. 그러나 그 이후 학문으로서 검토가 될 때 까지는 많은 세월을 요했다. SFRC의 역사는 금세기 들면서 행하여진 구미에 있어서 몇가지 연구로 시작되며 그 본격적인 실용화의 길은 1963년 미국의 Romualdi 가

발표한 일련의 강섬유 보강 콘크리트에 관한 연구에 의해 알려졌다. 이러한 연구 성과는 1969년 에 미국 특허가 됨으로서 SFRC의 연구 개발의 기초가 된 것이다. 한편 GRC에 대해선 1960년대 전반부터 소련의 Biryukovich에 의해 시멘트 콘크리트용의 보강재로서 유리섬유에 관한 조직적인 연구가 시작되었으나 이러한 연구에는 시멘트에서 遊離(유리)하는 강한 알칼리중에 유리가 열화하는 문제를 극복하지 못하고 실요화에 이르지 못했었다. 그러나 1960년대 후반이 되어 영국 건축연구소의 Majumdar 가 영국 유리 제조업자인 빌킨톤사와 공동으로 공업적으로 제조 가능한 내알칼리성 유리섬유를 개발함에 따라 GRC의 실용화가 열렸다.

11.4 현황 및 유의 점

(1)SFRC

① SFRC의 제조 시공

몰탈 또는 콘크리트에 길이 10~50㎜, 두께 0.1~0.5㎜ 정도의 강섬유를 분산한 것을 SFRC라 하고 있다. 강섬유로는 냉각박강판(冷延薄鋼板)을 전단한 전단 섬유가 많이 쓰여지고 실용적인 섬유 혼입율은 메트릭스에 대한 용적비로 1~2%이다.

SFRC의 제조 시공은 종래의 콘크리트 제조용 설비를 써서 메트릭스 중에 강섬유를 혼입하고 섞은 걸 거푸집 소에서 타설한다는 방법이 일반적이다. 이 과정에서 제일주의를 요하는 것은 강섬유를 혼입함으로써 생기는 대폭적인 콘시스턴스 저하와 분리를 막고 섬유의 균일한 분산을 확보하는 것이다. 그러므로 배합면에는 종래 콘크리트와는 다른 잔골재율은 50~70%, 단위 시멘트량은 400kg/㎥ 이상으로하고 굵은 골재는 최대치수 15㎜ 이하의 것을 쓰는 일이 많다. 비빔시에는 섬유 군힘이 만들어지지 않기 때문에 섬유 분류 장치를 섬유를 섞으면서 믹서에 투입하고 있다. 또 다짐에 내부 진동기를 쓰면 섬유의 균일한 분산을 막으므로 일반적으로는 외부 진동기를 쓰고 있다.

② SFRC의 물성

SFRC은 일반 콘크리트에 비해 초기 균열 하중과 종국하중이 크게 됨은 물론 Toughness가 비약적으로 향상된다. 섬유판을 혼입함에 따라 얻어지는 물성의 향상은 휨 강도 뿐만 아닌 인장강도와 전단강도 기타 물성에 대해서 확실하며 이러한 SFRC의 물성을 좌우 하는 요인으로서 메트릭스 자체의 물성외에 섬유의 혼입율과 그 형상(특히 길이와 직경의 비인 세장비) 및 섬유의 분산, 배향의 상태 등이다. 섬유 혼입율이 영향에 대해서는 다른 조건을 일정하게 한 경우 SFRC의 물성이 혼입율에 거의 비례하여 향상된다. 섬유 혼입율은 2%의 SFRC는 콘크리트에 비해 인장강도는 1.3~1.8배, 휨강도, 전단강도는 1.5~2.0배, 압축강도는 1.0~1.3배 정도가 된다. 또한 Toughness는 그 개선의 효과가 제일 현저하고 2% 혼입으로 30~200배가 된다. 이외 초기 균열 강도는 1.5배, 신축능력(초기 균열 발생시의 인장왜곡)은 1.8배 정도가 된다. 또한 충격력에 대한 에너지 흡수율도 10배 가까이 됨은 물론 내피로성과 동결융해저항성, 내마모성도 향상된다고 한다. 다음에 섬유의 형상, 특히 세장비에 대해서는 이 값이 큰 섬유를 쓰는 만큼 메트릭스와 섬유와의 평균 부착력이 크게 되므로 SFRC의 제물성은 향상한다. 그러나 실제 제소시에는 세장비가 매우 큰 섬유를 쓰면 섬유의 균일한 분산이 어렵게 되므로 일본에서는 일반적으로 세장비 50~70으로 길이 20~30㎜ 정도의 섬유를 쓰고 있다. 섬유를 모든 응력의 방향으로 배향 시키면 3차원 랜덤(Random)하게 배향하고 있는 경우에 비해 휨 강도는 2배 정도라는 보고가 있다. 섬유의 배향을 특정방향으로 정돈하면 SFRC 물성을 한층 향상 시키므로 흄관의 제조 등의 방면에서 검토가 진행되고 있다.

섬유의 균일한 분산은 복합재료로서 제일 중요한 물제의 하나이고 SFRC의 제물성에 커다란 영향을 준다.

③ SFRC의 응용

도로와 활주로의 포장, 칸막이벽과 콘크리트 판넬등의 콘크리트 제품, 爐材(노재) 등 최근에는 턴넬라이닝(Tunnel lining)과 건축구조제 등 폭 넓은 분야에서 응용 개발이 적극적으로 이루어짐으로써 향후 점차 그 적응분야가 넓어간다고 생각된다.

4 석 재

1.개 요

석재를 분류하면 화성암·수성암·변성암 등으로 분류되며 그 용도에 따라 각종 건축재료로 사용되고 있다.
석재는 옛날에는 구조재로 많이 사용되었으나 최근에는 철근과 콘크리트의 복합재료인 철근콘크리트나 철골구조 등의 신재료의 개발에 의해 구조재로서의 용도는 감소되고 주로 장식재 특히 종교건축이나 관공서·학교·기념관·금융기관 등에 많이 이용되고 있다. 석재는 지중에 무진장 매장되어 있는 암석을 체취, 가공하면 강도가 높고 외관이 좋으며 내구성이 큰 건축재료로 사용할 수 있으며 이들의 장단점은 다음과 같다.

1.1 장점

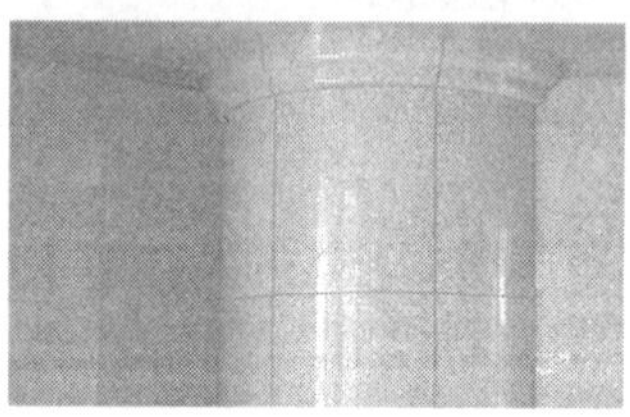

① 외관은 장중하고 있고 치밀하며 갈면 광택이 나서 아름답다.
② 불연성이고 내구성·압축강도가 크고·내수성·내화학성이 풍부하며 마모성이 적 은 것이 많다.
③ 다종다양한 종류의 석재가 많으며 같은 종류의 석재라도 산지나 조직에 따라 각각 다른 외관·색조를 나타내고 있다.

1.2 단점

① 지나치게 굳어서 세밀한 가공이 불편하다.
② 비중이 커서 운반시공이 불편하다.
③ 열에 대하여 약하다 (화강석은 균열

발생하고, 석회석이나 대리석은 열분해 되므로 강도가 저하된다).

④ 압축강도는 크나 인장강도는 압축강도의 1/20~1/40 내외로 장대석을 얻기 어려우며 구조재로 휨재로는 부적당하다.

일반적으로 석재가 풍부하지만 상대적으로 건축용 석재로서 요구조건을 만족시키는 석재는 그리 많지 않으며 건축용 석재로서 요구조건은 강도・경도・내구성・시공성・질감・색감・채석의 용이도・운반성 등을 들 수 있다.

2. 석재의 분류

석재는 천연산재료로 그 성인에 의한 암질과 산지에 따른 성상 등으로 분류해서 그 용도에 알맞은 것을 선택할 필요가 있다.

2.1 성인에 의한 분류

(1) 화성암

암장이 지구표면에서 냉각 응고하여 큰 괴상으로 된 석재이다(냉각할 때 응결상태가 큰 결정으로 된 현정질의 화강암, 미정질의 안산암, 화산에서 분출된 결정이 없는 파리질의 화산암 등이 있다.

(가) 생성위치에 따른 종류

① 심성암 : 서냉으로 결정이 크다.

② 분출암 : 급냉으로 결정이 없다.

③ 중간층암 : 그 중간으로 결정이 적은 암석이다.

(나) 화학성분에 따른 종류

① 산성암 : SiO_2가 65% 이상인 것으로 담색광물이다.

② 중성암 : SiO_2가 51~64%인 것으로 녹색·회색의 암석이다.

③ 염기성암 : SiO_2가 50%이하 포함된 것으로 암색의 광물이다.

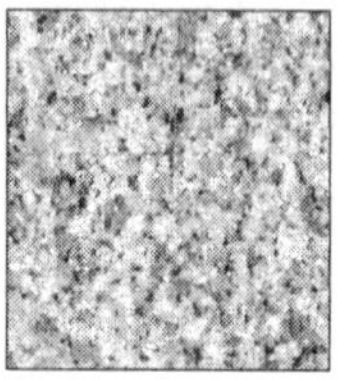
황등석

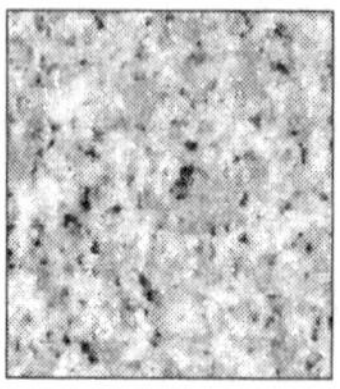
거창석

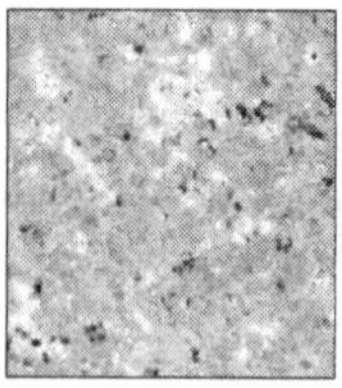
문경석

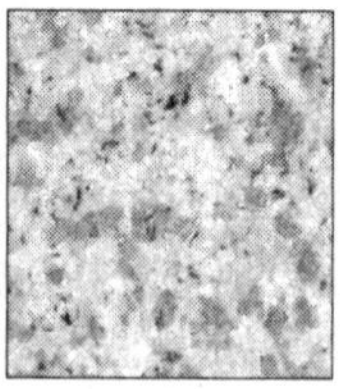
포천석

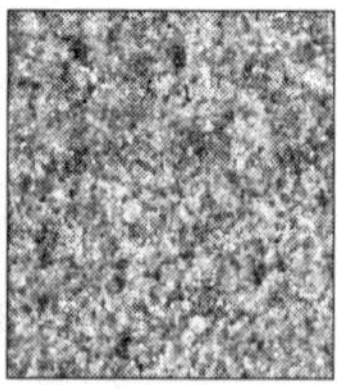
고흥석

(2) 수성암

화성암의 분쇄물·유기물·기타광물질이 지중에 퇴적되어 지열과 지압에 의해 재응고된 석재를 말한다. 종류는 다음과 같다.

① 쇄설암 : 화성암의 풍화물이 재 응고된 것으로 이판암·점판암·응회암등과 같이 층상으로 된 석재를 말한다.

② 유기암 : 동·식물의 유골 등이 해저에 퇴적·응고된 것으로 산호호석·규조석 등이 여기에 속한다.

③ 침전암 : 암석에 포함된 광물질 녹아 침전되어 퇴적·응고된 석재를 말하며 석회석이 여기에 속한다.

(3) 변성암

화성암·수성암 등이 지중에 오래 매장되어 지열과 지압에 의해 변질되어 결정화한 석재로 석회석이 변질된 대리석·트레버어틴과 감람석이 변질된 사문암 등이 있다. 성인에 의한 분류를 표로 나타내면 다음과 같다.

(4) 모조석

인조석·모조 대리석과 같이 시멘트와 종석 등을 이용해 만든 인조제품이다.

Cream mono

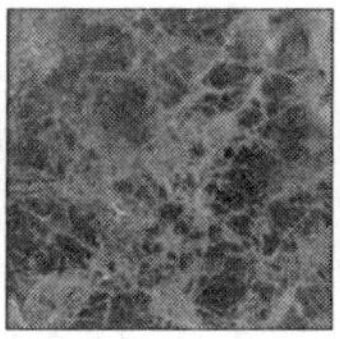
Emperador dark

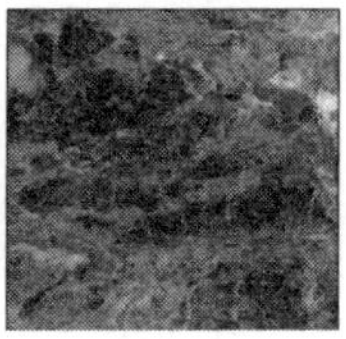
Empress dark green

French vanilla

Dolomite

Bayonne Gris

St Baudille Honed

Amber Honed

Solomon's Beige

Jerusalem Yellow

표1. 성인에 의한 분류

분류	성인	암석의 종류	비중	흡수율	압축강도
화성암	용융상태에 있던 물질이 냉각 고열이 되어 결정체를 생성한 석재	화강암・반려암 감람석 안산암 현무암	2.65 2.60~2.70 2.55	0.35~0.43 0.60~0.90 1.80~3.00	1,500~1,600 1,200~1,500 1,000
수성암	기존암석(지구면에 나타나게 된 화성암・퇴적암・변성암)이 풍화 작용과 침식작용을 받고 다른 곳으로 운반 퇴적되어 생성된 석재	사 암 점판암 응회암	2.0~2.5 2.8 2.0~2.4	6.6.~13.0 0.20 7.0~18.0	360~700 90~150
변성암	화성암 또는 수성암이 지하에서 열과 압력을 받아 원래의 성질을 잃어버리고 새로운 성질을 가진 암석으로 변하여 생성된 석재	석회암 대리석 편마암	2.50 2.70	1.20 0.04~0.18	 1,200~1,400

2.2 경도에 의한 분류

① 연석 : 석재의 압축강도가 200kg/㎠ 이하인 석재로 예를 들면

연 질사암·응회암·황화석 등이 있다.

② 준경석 : 압축강도가 200~600kg/㎠ 정도의 석재로 예를 들면 경질 사암 · 연질 안산암 등이 있다.

③ 경석 : 600kg/㎠ 이상인 석재로 예를 들면 화강암 · 경질안산암· 대리석 등이 있다.

2.3 용도에 의한 분류

(1) 구조용

① 조적용 : 견치돌쌓기 · 벽 · 기둥 등 외력을 받는 구조부에 쓰인다.

② 기초용 : 잡석 · 사춤자갈 등의 경질석재를 사용한다.

③ 바닥용 : 화강석과 같이 마모성이 강하고 흡수율이 적은 석재를 사용한다.

(2) 장식용

① 내장용 : 장식용 석재로 빗물에 대해 약한 석재는 외장재로 사용하기 어렵다. 예를 들면 대리석 · 사문암 · 트래버틴 등이 있다.

② 외장용 : 산이나, 빗물에 강한 장식재는 외장재로 사용할 수 있다.

예를 들면 화강암 · 안산암등이 있다.

(3) 골재

① 경량 골재 : 화산모래 · 화산자갈 등의 천연경량골재나 질석 · 퍼라이트 등과 같은 인공경량골재 등이 있다. 골재의 비중은 1.2~1.6 정도로 경량콘크리트나 시멘트제품에 많이 이용되며 경량 · 단열 · 흡음 등의 효과가 크다.

② 보통 골재 : 보통 강모래 · 강자갈 등의 골재로 비중이 2.6~2.8 정도이며 주로 철근콘크리트 공사에 사용되는 골재이다.

③ 중량 골재 : 중정석 · 철평석 · 철광석 등의 골재로 비중이 3.0 이상이며 큰 단면을 가진 구조체나 방사선 차폐용 구조물에 사

용 된다.

2.4 형상 및 크기에 의한 분류

석재의 형상에 의하여 각석·편석·간지석으로 분류하고 또는 크기에 의하여 각석과 편석은 폭×길이×두께로 간지석과 활석은 길이×표면적으로 분류한다.

시장품으로 석재는 ① 지름 20㎝ 정도의 부정형 막생긴 돌로 호박돌, ② 20~30㎝ 정도의 네모진 막생긴 돌을 간지석, 그리고 ③ 30㎝ 정도의 4각추형의 네모뿔형의 돌인 견치석, ④ 400㎜ 각의 길이 200㎝ 정도인 단면이 각형인 각석, ⑤ 각변이 15~20㎝ 정도인 사괴석인 돌, ⑥ 나비 600㎜· 길이 100㎜ 정도의 판석이 있다.

3. 석재의 조직

석재는 치밀하고 견고한 결정체의 집합체이다. 이와 같은 결정체의 종류는 조암광물의 성분에 따라 다르다. 대략의 조암광물을 보면 다음과 같다.

표2. 조암광물표

광물명	화학 성질	석재	비중	경도	성질
석영	SiO_2	무색 투명	2.65	7	화학적 안정, 융점 1600° C
정장석	$K_2OAl_2O_{36}SiO_2$	회색	2.60	6	화학적 안정도 부족함
사장석	$m(Na_2OAl_2SO_{36}SiO_2)+$ $n(CaOAl_2O_3SiO_2)$	백색, 홍색	2.70	6	조암광물 중 가장 많이 포함됨
백운모	$(HK)_2OAl_2O_3SiO_2$	백색	2.80	2.5	벽개 안전함, 화학적 불안정
흑운모	$m(HK)_2OAl_2O_3SiO_2)+n(2$ $(Fe, Mg)OSiO_2)$	흑색	2.90	2.5	벽개 안전함, 화학적 불안정
각섬석, 휘석	Fe · Mg · Al · Ca 등의 규산화합물	흑색	3.60	5	화학성분은 종류가 많으나 결정형이 같으므로 동일 종류로 함
감람석	$2(Mg \cdot Fe)O\ SiO_2$	암록색	3.50	7	화학적 안전도는 약함
방해석	$CaCO_3$	백색	2.70	3	산에 용해됨

① 석영 : SiO_2가 석재의 주성분이고 백색이고 견고하다.
② 장석 : 회색 · 홍색 · 청색 등의 담색광물이다.
③ 흑 · 백운모 : 박편으로 분리된다.
④ 각섬석 · 휘석 : 흑색광물이다.
⑤ 감람석 : 암록색 광물이다.
⑥ 방해석 : 백색광물이다.

4. 석재의 특성

4.1 강도

석재의 강도는 주로 압축강도(인장 · 휨강도는 고려하지 않는다. 이유는 수성암은 층상이, 화강암은 결이 있기 때문이다)가 크므로 압축응력을 받는 부재에 이용한다. 석층에 대해 직각방향과 평행방향의 강도비는 점판암 1.7배, 사암 1.2배이다. 일반적으로 석재의 기계적 성질을 비교함에 있어서 압축강도를 기준으로 하는 경우가 많다. 석재의 강도 중에서 압축강도가 가장 크며 인장강도는 압축강도의 1/10~1/30 정도이고 휨 및 전단강도는 압축강도에 비하여 매우 작다. 그러므로 석재의 강도라 하면 압축강도를 말한다 해도 과언이 아니며 인장강도는 거의 무시해도 좋을 정도밖에 안 된다. 따라서 석재를 구조용으로 사용할 경우 압축력을 받는 부분에 많이 사용한다.

석재의 압축강도는 단위용적 중량이 클수록 일반적으로 크며, 공극률이 작을수록 또는 구성입자가 작을수록 크고, 결정도와 그 결합상태가 좋을수록 크다. 또한 함수율에 의한 영향을 받으며 함수율이 높을수록 강도가 저하된다. 석재의 압축 · 인장 및 휨강도는 표3과 같으며, 압축강도 시험방법은 한국산업규격(KS F 2519)에 규정되어 있다.

표3. 석재의 압축·인장 및 휨강도 (kg/㎠)

종 류	압축강도	인장강도	휨강도
화 강 암	500~1,940	37~50	104~132
안 산 암	1,035~1,680	36~82	78~177
응 회 암	86~372	8~35	23~60
사 암	266~674	25~29	54~94
대 리 석	1,180~2,140	39~87	34~90
사 문 암	740~1,200	28~74	—
점 판 암	1,410~1,640	—	—

표4 석재의 물리적 성질

암석	진비중	강도(kg/㎠)			영계수 t/㎠	포아송비	흡수율 (° /wt)	내열도 (℃)	열전도율 (kcal/mh℃)	열팽창율 (10−6/℃)
		압축	휨	인장						
화성암	2.65	1,500	140	55		0.20	0.35	570	1.8	7.0
안산암	2.50	1,000	85	45	520	-	2.5	1,000	1.5	8.0
응회암(연)	1.50	90	35	8	170	-	17.5	1,000	0.7	8.0
점사암(연)	2.00	450	70	25	680	0.19	11.0	1,000	0.7	8.0
점판암	2.70	700	700	-	770	-	-	1,000	-	-
대리석	2.70	1,200	110	55	310	0.27	0.30	600	2.0	7.0
석회암	2.70	500	-	-	70	0.25	0.5-5.0	600	1.8	5.0
경석(연)	0.7	30	-	-		-	-	-	0.8	-

비고 ① 비중이 큰 것이 강도가 크고 내구성이 크다.
② 비중이 적으면 열에 대해 강하나 흡수율이 크다.
③ 흡수율이 적은 것이 내구성이 크다.
④ 석재의 인장강도는 압축강도의 1/20~1/40정도이다.

(1) 보통 시험체의 칫수

10㎝×10㎝×20㎝로 규정한다.

(2) 비중과 흡수율

비중은 진비중과 겉보기 비중이 있으며 겉보기 비중은 시험체의 크기에 따라 다르며 흡수율은 클수록 동해·풍화를 받기가 쉽다.

① 비 중

석재의 비중은 조암광물의 성질 · 비율 · 공극의 정도 등에 따라 달라진다. 석재의 강도는 비중에 비례하므로 비중의 대소로 어느 석재의 강도나 내구성도 추정할 수 있다. 일반적으로 석재의 비중이라 하면 겉보기비중을 말하며, 보통 2.5~3.0으로 평균 2.65정도지만 암석의 종류에 따라 표5와 같이 약간 다르다.

표5. 석재의 비중

종 류	비 중	종 류	비 중
화강암	2.61~2.72	대리석	2.68~2.75
안산암	2.36~2.88	사문암	2.75~2.90
응회암	2.0~2.5	점판암	2.71

석재의 비중 시험방법은 한국산업규격(KS F 2518)에 규정되어 있으며, 겉보기 비중은 다음 식으로 구하고 시험체의 크기에 따라 변하므로 주의를 하여야 하며, 보통 시험체의 치수는 5~8㎝의 입방체 · 프리즘(prism) 또는 원주로서 표면적에 대한 체적의 비율이 0.8~1.4인 것으로 규정하고 있다.

② 흡수율

석재의 흡수율은 풍화 · 파괴 · 내구성에 큰 관계가 있다. 또 흡수된 양은 석재 분자간의 공극에 침입하므로 그 공극률을 알 수 있다. 흡수율이 크다는 것은 다공성이라는 것을 나타내며, 대체로 동해나 풍화를 받기 쉽다는 것을 의미한다. 흡수량 시험방법은 한국산업규격(KS F 2581)에 규정되어 있고 흡수율 시험에서 사용되는 시험체는 비중시험시의 시험체와 같은 크기의 것을 쓰며, 다음 식으로 흡수율을 계산한다.

석재의 흡수율은 암석의 종류에 따라 다르며, 그 값은 표6과 같다.

표6. 석재의 흡수율

종류	흡수율(%)	종류	흡수율(%)
화강암	0.1~0.4	대리석	0.02~0.25
안산암	0.5~6.99	사문암	0.18~0.40
응회암	1.3~2.0	점판암	0.18~0.25

$$\text{겉보기비중} = \frac{W_1}{W_3 - W_2}$$

$$\text{흡수율} = \frac{W_3 - W_1}{W_1} \times 100\%$$

여기서 W_1 : 110° C로 건조하여 냉각시킨 중량

W_2 : 수중에서 충분히 흡수된 대로 수중에서 측정한 것

W_3 : 흡수된 시험편의 외부를 잘 닦아내고 측정한 것

4.2 내화도

석재는 화재에 대해 양질의 불연재료나 화열에 접하면 다음과 같은 여러 가가 요인에 의하여 파괴된다.

(1) 석재의 선팽창계수

석재의 열팽창계수는 화강석의 경우는 0.000006~0.000008/℃, 대리석은 0.000001/℃, 사암은 0.000008~0.000012/℃이다.

(2) 석재가 열에 파괴되는 이유

① 내부의 열 압력 열전도율이 적기 때문에 균열이 발생한다.

② 각 조암광물의 열팽창계수 차이에 의해 균열이 발생한다. (팽창율이 적은 쪽부터 파괴된다.)

③ 각 조암광물의 융점이 낮은쪽이 먼저 파괴가 되므로 균열이 발생한다.

④ 열분해 : 화학작용에 의해 균열이 발생한다.

(3) 석재의 내화도

화강석(700℃), 대리석(800℃), 화산석(1,000℃ 이상)

4.3 공극률

석재의 공극률은 석재가 함유하고 있는 전공극과 겉보기체적의 비이다. 이것을 직접 측정하는 간단한 방법은 없으나 보통 다음 식으로 계산한다.

$$P=(1-\frac{W}{D})\times 100$$

단 $D=\frac{V-U}{V}\times 100$

여기서, P : 공극률(%)

D : 진비중

W : 겉보기 단위중량(kg/ℓ)

V : 겉보기 전체적(ℓ)

U : 실질의 체적(ℓ)

석재의 공극률은 비중과 마찬가지로 석재의 산지와 밀접한 관계가 있으며, 고압 하에서 생산되는 심성암 등은 공극률이 작다. 내화성은 공극률이 클수록 크고 조성결정형이 클수록 작다. 또한 표면이 평활할수록 결로가 일어나기 쉬우므로 화강석이나 대리석을 실내장식에 사용할 때는 주의를 하여야 한다.

4.4 선팽창계수

조암광물의 선팽창계수는 광물성분에 따라 다르며 또 그 결정도 다르기 때문에 암석이 온도의 변화에 의해 신축할 때에는 암석의 내부에 매우 복잡한 응력이 생기며 이것이 암석 붕괴의 한 원인이 된다. 이 계수는 또 온도의 고저에 의하여 상당한 차이가 생긴다. 암석의 선팽창계수에 대한 예는 표7과 같다.

표7. 암석의 선팽창 계수

	300	500	600	750	900	1060
화강암	0.101	0.063	0.137	0.339	0.337	0.264
안산암	0.023	0.051	0.124	0.105	0.086	0.093
응회질안산암	—	0.030	0.023	0.035	0.035	—
응회암	0.027	—	0.035	0.070	0.094	0.211
석회암	0.090	0.170	0.220	—	—	—

4.6 탄성계수

석재 중에서 현무암·경질사암과 같이 일정한 응력까지는 응력-변형률곡선이 거의 후크의 법칙에 따라 영계수가 일정한 것과 화강암·사암 등과 같이 후크의 법칙에 따르지 않고 응력의 증가와 함께 영계수의 값이 증가하는 것이 있다. 석재의 포와송비(Poisson's ratio)는 평균 0.25 정도이며 탄성계수는 표8과 같다.

표8. 석재의 탄성계수와 포와송비

종 류	화강암	사암	점판암	대리석	석회암
탄성계수(t/cm^2)	520	170	680	770	310
프와송비	0.20	0.19	—	0.27	0.25

4.7 내구성

석재의 내구성은 조직 · 조암광물의 종류 및 그 사용장소의 풍토·기후·노출상태 등에 따라 달라진다. 쥴리앙(julien)에 의하면 건축물의 석재가 퇴색 또는 분해에 의하여 최초로 수리를 요하게 될 때까지의 기간은 대략 표과 같다.

표9. 석재의 내구성

석재종류	내구연한	석재종류	내구연한
화강석	75~200	석 회 암	20~40
대리석	60~100	사암조립	5~15
석영암	75~200	사암세립	20~50
백운석	30~500	사암경질	100~200

내구성을 지배하는 요인을 살펴보면 다음과 같다.

내구성을 확인하기 위해여는 퇴색시험, 팽창계수의 측정, 동결시험, 내산 및 내알칼리시험, 내화시험 등을 실시하여 종합적으로 판단한다.

(1) 조직의 차이

조암광물이 미립자·등립자 일수록 내구성이 크고, 흡수율이 큰 다공질일수록 동해를 받기 쉽고 내구성이 약하다.

(2) 조암광물의 종류

조암광물이 풍화되는 정도에 따라 내구성이 달라진다. 유화물 · 철분 함유광물 · 탄산마그네시아 · 탄산칼슘 등은 풍화되기 쉬우며 알루미나 화합물·규산 및 규산염류 등은 풍화되기 어렵다.

(3) 노출상태

동일한 석재라도 사용장소의 풍토 · 기후 및 노출상태의 차이는 조암광물의 풍화 속도에 영향을 미친다.

5. 석재의 각론

5.1 화강암류의 석재

(1) 화강암

① 성분 : 석영(30%) · 장석(65%) · 운모(3%) · 각섬석 · 휘석 등 기

타 광물질(2%)로 되어 있는 석재로 지구상에 가장 많은 석재 이다.

② 색상 : 바탕색(장석) · 반점(백색 또는 흑색운모)이 있다.

③ 석질 : 견고하며 결정이 크며 세밀한 조각에는 부적당하다.

④ 저명한 석재 : 우리나라의 유명한 산지는 황등석·경기석·만성암 등이 있다.

(2) 안산암

① 휘석 안산암 : 회색 · 흑색의 치밀한 암석이다.

② 각섬 안산암 : 약간 담색계통의 돌이다.

③ 석영 안산암 : 백색의 돌이다.

④ 저명한 석재 : 흑안산암 · 철평석

(3) 화산암

① 생성 : 화산에서 분출된 암장이 급냉각하여 응고된 것이다.

② 비중 : 0.7 정도(내부에서 기체가 방출되면서 다공질이 된다)

③ 색상 : 회백색 · 담청색 · 담홍색 등이 있다.

④ 저명한 석재 : 부석

(4) 감람석

① 특징 : 흑록색의 치밀한 화성암이다.

② 철분이나 석회분이 변질되어 사문암 · 사회암이 된다.

③ 저명한 석재 : 사회암 · 사문암

5.2 수성 암류의 석재

(1) 사암

① 생성 : 석영질 모래가 지중에 퇴적되어 규산질 · 탄산석회 · 산화철 · 점토질 등의 교착제에 의해 응고 경화한 것이다.

② 성질 : 규산질사암(담색) · 산화철사암(적갈색) · 탄산석회질사암(회 흑색) · 점토질사암(암색) 등이 있다.

③ 강도 : 규산질사암 〉 산화철사암 〉 탄산석회질사암 〉 점토질사암
④ 특성 : 강도(부족) · 흡수성(대) · 내화성(중)이다.
⑤ 저명한 석재 : 천연 슬레이트 등이 있다.

(2) 이판암

① 생성 : 바다 속에 쌓인 점토분이 지열과 지압에 의해 변질되어 응고 된 것이다.
② 성형 : 층상으로 성형되어 박판으로 채취할 수 있다.
③ 특성 : 석질이 치밀하고 판석으로 만들 수 있다.
④ 저명한 석재 : 천연 슬레이트 등이 있다.

(3) 응회암

① 생성 : 화산에서 분출되는 화산재가 떨어져서 재응고된 것
② 석질 : 다공질이 많고 내화도가 높고 조잡하다.
③ 저명한 석재 : 제주 수암경석

(4) 석회암

① 생성 : 화성암 중 석회분이 물에 녹아 바닥 속에 침전되어 퇴적·응고한 것
② 주성분 : 탄산석회($CaCO_3$)
③ 석질 : 치밀 견고하나 내화성 · 내화학성 부족

5.3 변성암류의 석재

(1) 대리석

① 생성 : 탄산 석회분이 결정화한 변성암
② 석질 : 치밀한 결정체로 열 · 산에 약하며 무늬가 미려하고 고급 장식재로 사용
③ 생산지 : 지중해연안 · 영국 · 북미 등에 유명한 산지가 있다.
④ 저명한 석재 : 한수석

(2) 트래버틴

① 석질 : 성분은 대리석과 동일하나 불균질하며 곳곳에 구멍이 있다.

② 특징 : 적갈색의 반문이 있어 특수 장식재로 사용한다.

(3) 사문암

① 사문암 : 감람석 중에 철분 · 석회분이 변질되어 적갈색 반문을 가진 것이다.

② 사회암 : 흑록색 바탕에 백색반문이 있는 것이다.

(4) 석면

① 생성 : 사문암 또는 각섬암이 열과 압력으로 변질된 것으로 암석이 섬유상으로 되어 있다.

② 종류 : 온석면(사문암이 변질된 양질의 석면 섬유길이 1~5㎝)과 각 섬 암석면(청석면 · 투각섬석면 · 석융)이 있다.

③ 용도 : 장섬유(온석융석면)는 석면포로 단열재, 박킹 등에 사용하고 단섬유(각섬암석면)는 석면시멘트판·석면판·마루마감 재료 충진 재로 사용한다.

5.4 인공 석재

(1) 인조석

① 가공 : 시멘트, 종석(화강석 · 대리석 · 사문암 등의 세립), 안료 등 적당히 배합해서 만든 모조석을 말한다.

② 종석의 종류에 따른 종류

- 테라죠 : 대리석의 쇄석을 시멘트를 사용, 콘크리트판의 한쪽 면에 치어 부은 후가공·연마하여 대리석과 같이 미려한 광택을 갖도록 마감한 것을 총칭한 말이다.
- 의석 : 종석을 대리석 이외의 것을 사용하여 테라죠에 준하여 제 작한 것을 말한다.

(2) 퍼라이트

① 가공 : 진주석 · 흑요석 · 송지석 등 분쇄하여 소성 팽창시킨 경량 골재이다.

② 특성 : 비중이 적고 열전도율이 적으므로 경량 · 단열재로 사용한다.

(3) 질석

① 가공 : 운모계의 광석을 800~1000℃로 가열 팽창(5~6배)시킨 다공질 경량 골재이다.

② 특성 : 비중 0.2~0.4

③ 용도 : 각종 형상 및 공동품의 경량 · 보온 · 방음 · 결로방지를 목적으로 시멘트와 배합하여 제품 등을 만들기도 한다.

(4) 암면

① 가공 : 현무암 · 안산암 · 사문암 · 광재 등을 원료로 하여 고열로 녹여 세공으로 취출, 고압공기로 불어 면상으로 한 것을 냉수나 압축공기 등으로 냉각시킨 것을 말한다.

② 특성 : 단열(열전도율 0.043kcal/mh℃) · 보온 · 흡음 · 내화성이 우수하다. 내열성은 600℃ 정도

③ 용도 : 내화성이 크므로 절연재, 즉 열이나 음의 차단재로서는 유리섬유나 석면에 비하여 약간 떨어지나 값이 싸므로 많이 이용된다. 암면펠트·암면판·암면보온통 등 여러 제품을 만드는 데 사용한다.

6. 석재의 가공

6.1 석재의 채취

채석법은 석질의 경연 또는 절리 · 석목상태에 따라 다르나 화강암 또는 안산암과 같은 경석류는 석목에 따라 작은 구멍을 뚫고 폭약을 채워 폭파하여 채취한다. 건축에 사용되는 석재의 발파에서 가공까지의 순서는 다음과 같다.

① 발파 : 큰 괴상으로 된 석재를 정이나 착암기로 구멍을 뚫어 화약으로 발파한 큰 석재를 채취한다.

② 치석 : 발파된 석재를 소요 치수와 형태로 만든 것으로 톱켜기와 부리 쪼갬을 한 것을 치석이라 한다.

③ 가공 : 일반적으로 원석은 채석장으로부터 장방형절단되어 가공 공장으로 운반 되어 온다. 석재의 가공은 손다듬기와 기계다듬기로 구별되고 그 사용 공구와 다듬기 정도에 따라 그 질감이 다종 다양하다. 공장에서는 기계다듬기에 의할 때는 제1단계 공정으로 이들을 판재로 만드는데 건축용으로 25~100㎜ 두께로 절단되며 마감별·공법별 판재의 두께는 다음과 같다.

표10. 판재의 두께의 예

석재명	마감별				공법별			비 고
	연마 마감	화염 마감	잔다듬	도드락 다듬	습식	GPC	건식	
대리석	25~30	–	30~50	50~100	25~30	25~30	–	공법별 두께는 국내 시공현장의 조사이다.
화강석	25~30	25~40	30~50	50~100	25~30	25~30	30~50	

(1) 손다듬기에 의한 표면 마감

① 혹두기 : 돌의 표면을 망치로 대강 다듬는 것으로 거친 정도에 따라 다르다.

② 정다듬 : 혹두기면을 정으로 평활하게 한 것으로 거친 정도에 따라 다르다.

③ 도두락다듬 : 도드락망치로 석재 표면을 다듬으면 작은 곰보도다 없어지고 고르고 평활한 면이 되어 건축물 정면 등 치장재로 사용 된다.

④ 잔다듬 : 날망치로 도드락 다듬한 위를 곱게 쪼아 표면을 균질하게 다듬는 것으로 날망치다듬이라고도 한다.

⑤ 물갈기 : 화강암·대리석·등의 최종 마감에 물을 뿌리고 연마기로 갈고 광택을 낼 때에는 산화석을 펠트에 발라 연마한다. 등의 순서로 표면가공을 가공한다.

⑥ 화염분사법 : 이 방법은 프로판가스나 버너 등으로 석재면을 달군 다음 찬물을 뿌려 급냉시키면 표면층에 얇은 격지(박리층)가 형성되어 부스러지는 현상을 이용하여 비교적 민듯한 거친 면으로 마무리하는 것이다. 이 방법은 켜 낸 돌 면에도 사용할 수 있고 깨낸 자연석면에도 사용할 수 있다.

⑦ 분사법 : 석재 면에 고압공기압력으로 모래를 분출시켜서 면을 곱게 하거나 때를 벗겨 내는 데 사용하는 방법이다.

(2) 가공기계에 의한 표면 마감

기계톱으로 절단한 후 플레이너 · 서페이서 · 그라인더 등으로 표면을 마감한다.

7. 석재 시공시 유의사항 및 용도

7.1 석재 시공시 유의사항

석재를 선택할 때나 시공할 때는 다음과 같은 사항에 주의하여야 한다.

① 동일 건축물에서는 동일산지 · 동질석재로 전부 시공하여야 한다.

② 지나치게 큰 석재 (용적이 1㎥이상)는 높은 곳에서 쓰지 말아야 한다.

③ 직압력재로만 쓰고 그 외 응력이 작용하는 곳에는 사용하지 말아야 한다.

④ 내화도가 부족한 석재는 고온 가열부에 쓰지 말아야 한다.

⑤ 경질석이나 층상으로 된 석재에 지나친 세밀 가공을 하지 말아야 한다.

⑥ 외관을 지나치게 거칠게 하지 말고 특히 심한 예각부나 구멍이 나 지 않게 해야 한다.

⑦ 판석에 붙이는 몰탈 · 시멘트 등이 연석에 화학작용이 일어나지 않도록 유의해야한다.

7.2 석재의 보존방법

① 우수 침투방지가 되도록 보존한다.
② 성분의 용출 방지와 대기중의 산류와 접근 방지되어야 한다.
③ 함수로 의한 동해 방지가 되도록 보관한다.
④ 균 · 이끼 등의 유기물이 발생하지 않도록 보관한다.

7.3 석재의 용도

건축용 석재는 종류가 많으므로 종류에 따라 적기적소에 맞는 것을 찾아 사용해야 한다.

① 화강암 : 구조재 (견고하고 대형석재가 생산되므로), 내 · 외장재 (바탕색과 반점이 미려하므로), 골재(쇄석과 자갈로 콘크리트의 원료)등으로 사용한다.
② 안산암 : 구조재 · 판석(휘석안산암 : 회색 · 암흑색의 치밀한 암석), 장식재(각섬 안산암 : 약간 담색계통) 등으로 사용한다.
③ 화산암(현무암 · 부석) : 경량골재 · 내화재 · 정원석 등으로 사용한다.
④ 사암 : 외벽재 · 경구조재(경질사암) · 내장재(연질사암) 등으로 사용 한다.
⑤ 이판암 : 지붕 · 외벽 · 마루 · 숫돌 · 비석 등으로 사용한다.
⑥ 응회암(대곡석) : 특수장식재 · 경량골재 · 내화재로 사용한다.
⑦ 석회암 : 시멘트의 원료 · 도로포장용 골재로 사용한다.
⑧ 대리석 : 실내장식용 · 조각용(외장재로는 쓰지 않는다).
⑨ 트래버틴 : 내벽 등의 특수 장식용으로 사용한다.
⑩ 사문암 : 옥내,외 장식재의 석판으로 사용한다.
⑪ 인조석 : 바닥 · 벽 등의 마감용(물로 씻어내기 : Rubbing), 표면 갈기(Grinding), 돌 쪼아내기(Cast Stone)
⑫ 퍼라이트·질석 : 경량골재 · 제품 (블록벽돌·콘크리트판·콘크리트)
⑬ 석면 : 장섬유(석면포)는 단열재 코킹제, 단섬유는 석면스레이트, 석면판, 마루마감재료, 충전재로 사용한다.
⑭ 암면 : 제품(암면펠트 · 암면판 · 보온통 · 암면흡음판 등이 있다)

5 미장재료

1.개 요

건축의 구조체인 벽·바닥·천장 등의 미화·보호·보온·방습·방음·내화·내마모·내식성 등을 높여 건축의 수명연장과 기능증진 효과를 가지게 하기 위하여 표면을 바르는 재료를 미장재료(美裝材料)라고 한다. 미장재료 중에는 벽토·소석회·돌로마이트 플라스틱(Dolomite Plaster)와 같이 재료 자체에 큰 개량이 가해지지 않은 것이 있고, 석고플러스터·풀·혼화재료와 같이 그 성질 자체를 많이 개량하여 사용하는 것이 있다. 미장 바름 재료란 미장재료의 원료를 현장에서 배합하여 만든 것을 말한다.

2. 미장재료의 분류

미장재료는 몇 가지 원료를 배합하여 사용하는데 그 안에서 각 성분의 역할에 따라 고결제, 결합재료 분류하여 생각할 수 있다. 고결제는 그 자신이 물리적 또는 화학적으로 고화하여 미장 바름의 주체가 되는 재료로 소석회 및 돌로마이트 석고·마그네시아 시멘트·점토 등이 있다. 결합재는 고결재의 결점인 수축균열과 점성 및 보수성의 부족을 보완하고 또는 응결경화 시간의 조절을 목적으로 쓰이는 재료로 여물, 풀, 수염들이 있다. 골재는 주로 중량 또는 치장의 목적으로 혼합되며 그 자신은 직접 고화에 관계하지 않는 재료로 모래 등이 있다. 위와 같은 재료 이와에 미장 바름에 쓰이는 여러 가지 착색제가 있고 방수·내화·단열·차음·방재·음향 등의 처리를 위한 재료가 있다. 또한 미장바름에 있어서 응결시간을 단축시켜 신속하게 하거나 반대로 연장시키기 위한 첨가 재료로 촉진제, 급결제, 치환제 등이 있다. 이러한 재료들은 미장바름의 목적, 바탕의 재료 및 형상등에 따라 선택하여 사용되어야 한다. 미장재료를 고결과정별로 구분하여 분류하면 다음 표와 같다.

표1. 미장재료의 분류

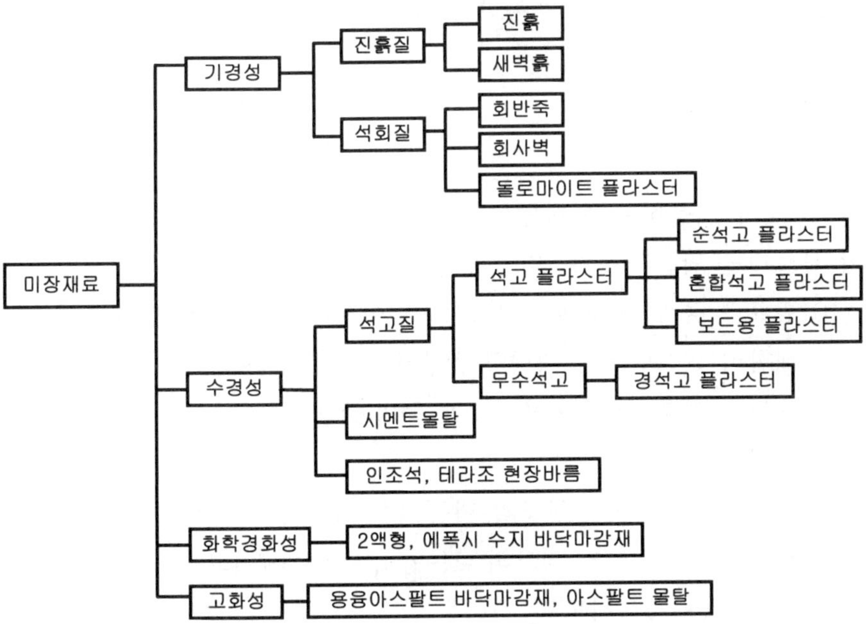

3. 모르터(Mortar)

모르터 벽은 주로 바깥벽에 쓰이지만 안벽의 물을 사용하는 곳에도 사용되고 또한 다음 공정의 바탕바름으로도 사용된다. 몰탈 바름은 표면이 거칠면 부드러운 맛이 없고 잔금이 나기 쉽고 음향효과도 좋지 않다. 그러나 단단하면 내구적이고 시공이 용이하고 값이 싸므로 광범위하게 사용한다.

3.1 마그네샤 시멘트 모르터

(1) 원료 및 제조

마그네사이트를 800~900℃ 구우면 산화마그네슘으로 변한다. MgO에 $MgCl_2$를 넣어 반죽하면 화합물이 되면서 경화한다.

(2) 특성

① 염분이 작용하여 습기를 흡수하며 백색염분을 뿜어 백화현상이

생긴다.

② 철재를 침심하며 수축률이 크다.

3.2 경량 모르터

모르터에 사용하는 모래를 사용하는 대신 가벼운 경량골재를 사용하여 모르터를 만든 것으로 다음과 같다.

① 원료 : 질석 · 화산사 · 탄각분 · 퍼어라이트 등 경사를 사용한다.

② 배합비 : 시멘트와 경량골재의 비를 1 : 1.5~2.5 정도로 한다.

③ 목적 : 경량 · 보온 · 방음효과 등의 효과가 있다.

④ 특성

- 강도는 1 : 2.5 정도의 비는 4주 강도가 80kg/㎠ 정도
- 중량은 1 : 3 정도의 것은 1,500kg/㎠이고, 1 : 5 정도는 1,200kg/㎠ 정도
- 열전도율은 1 : 5의 것이 0.065㎉/mh℃~0.100㎉/mh℃ 정도
- 내화도는 우수한 편이다.

⑤ 용도

- 금고 · 방화문 등에 내화성 미장재로 바른다.
- 냉동 · 제빙창고 등에 단열성 미장재로 바른다.
- 공장 · 병원 등 건물의 방음성 미장재로 바른다.

3.3 내식 모르터

① 특성 : 내식모르터는 내화학성이 부적하여 침해되므로 방식목적으로 자기절 타일을 붙이고 그 줄눈에 내식 모르터를 쓰든지 단독으로 내식모르터 층을 덮어 바르면 효과가 있다.

② 용도 : 보통 모르터는 산에 약하기 때문에 화학실험실 등의 산을 사용하면 침식되나 내식모르터는 내화성이 큰 모르터 이므로 사용할 수 있다.

3.4 시멘트 모르터

시멘트 모르터는 시멘트를 고결재로 하고 모래를 골재로 하여 이를 혼합해서 물반죽하여 쓰는 미장재료로서 다른 미장재료보다 내구성 및 강도가 크고 또한 가장 많이 사용하고 있는 재료이다. 보통 모르터 바름(Cement mortar coating, Cement plastering)이란 시멘트 모르터 바름을 말한다. 시멘트 모르타르에 사용하는 시멘트는 보통포틀랜드시멘트(Portland cement), 고로시멘트, 실리카시멘트(Silica cement) 및 백색포틀랜드시멘트(White portland cement)가 대부분 쓰이고, 모래는 깨끗하고 유기질물이나 기타 유해한 흙·먼지 등이 함유되지 않는 양질의 것을 체로 쳐서 사용한다. 또한 모래는 초벌·재벌용은 굵은 모래(5㎜체에 100% 통과, 0.15㎜체에 10% 이하 통과)를 쓰고 정벌용은 가는 모래(2.5㎜ 체에 100% 통과, 0.15㎜ 체에 10% 이하 통과)를 쓴다.

① 원료 : 시멘트와 모래(2.5㎜ 이하의 것 사용)를 배합하여 사용한다.
② 배합비 : 시멘트 모르터 배합비율은 표2와 같고 모르터 1㎥를 만드는 데 필요한 원료량은 표3과 같다.
③ 용도 : 조적용, 미장용

표2. 시멘트와 모래의 비율

사용장소 / 구분	바 닥			벽		
도 층	하도	중도	상도	하도	중도	상도
시 멘 트	1	1	1	1	1	1
모 래	3	2	2	3	2~2.5	2

표3. 모르터 1㎥를 만드는 데 필요한 시멘트와 모래의 양

재료 / 배합비	시멘트(포)	모래(포)	용 도
1 : 1	22.6	0.625	마감상도 · 화장줄눈
1 : 2	15.0	0.830	중상도용 · 밀도최대
1 : 3	11.3	0.930	하도 · 타일 · 벽도석재

표4. 시멘트 모르타르의 종류

- 시멘트 모르타르
  - 보통모르타르
    - 보통시멘트모르타르(일반용) - 시멘트, 모래
    - 백시멘트모르타르(치장용) - 백시멘트, 색소, 돌가루, 모래
  - 방수모르타르
    - 액체방수모르타르(간이방수용) - 시멘트, 염화칼슘, 물유리계
    - 발수제모르타르(간이방수용) - 시언, 지방산비누, 아스팔트계
    - 규산질모르타르(충정용) - 시멘트, 규산질광물 분말, 모래
  - 특수모르타르
    - 바라이트(barite)모르타르(방사선 차단용) - 시멘트, 바라이트 분말, 모래
    - 질석모르타르(경량용) - 시멘트, 질석 -> 블록제조용
    - 석면모르타르(균열방지용) - 시멘트, 석면, 모래 -> 슬레이트제조용
    - 합성수지혼화모르타르(경도, 치밀성, 특수 치장용) - 시멘트, 각종 합성수지, 모래

시멘트모르타르는 시멘트 · 모래 이외에 각종 혼화재를 사용하기도 하는데 여기에 사용하는 혼화재로서는 돌가루(石粉) · 플라이애시(Flyash) · 규산백토 · 돌로마이트플라스터(Dolomite plaster) · 소석회 등의 무기물계의 혼화재와 각종 합성수지의 합성수기계 혼화재가 있다.

3.5 기성배합 시멘트 모르타르(시멘트모르타르 엷게 바름재)

현장에서 배합작업을 간략화하고 재질을 균일화시키기 위해 시멘트,

세골재, 무기질 혼화재, 수용성수지 등을 공장에서 미리 배합한 분말체로서 공사현장에서 적당량의 물을 가하여 반죽상태로 사용한 재료이다. 접착강도를 개선하기 위해 시멘트혼화용 폴리머 분산제 또는 유화형 분말수지를 혼입하기도 한다. 주로 바름두께 10㎜ 이하인 엷게 바름재로서 바탕면의 평활을 조정하기 위해 사용되며, 한국산업규격(KS F 4716)의 규정에 합격한 것으로 한다.

3.5 회반죽

(1) 석회(Lime)

보통 석회라 하면 소석회(消石灰)를 말하는 것으로 화학적으로는 수산화칼슘[$Ca(OH)_2$]이다. 천연산 탄산석회석인 석회암・굴・조개껍질 등을 하소(煆燒)하여 생석회(CaO)를 만들고, 여기에 물을 가하면 발열하며 팽창 붕괴되어 수산화석회, 즉 소석회가 된다. 이렇게 만든 소석회를 분쇄기로 가늘게 분쇄한 것이 미장용 소석회이다. 생석회에 가하는 물이 소량이면 분말 소석회가 되고 다량일 때에는 가소성의 석회죽(石灰;석회크림)이 되는데 이 작용을 소화(消化)라 하고, 전자를 건식소화법, 후자를 습식소화법 이라고 한다. 석회(소석회)는 한국산업규격(KS L 9007)에 규정되어 있다.

건식소화법은 미장용으로 적당하지 못한 것이 일반적이고, 습식소화법은 소화과정에서 발생하는 열이 물에 흡수되어 저온 소화가 되므로 가소성이 풍부한 소석회가 되고 충분히 소화가 되므로 일반적으로 습식소화법이 좋다. 조개껍질을 원료로 하는 석회를 각기 굴회·조개회라 하는데, 이는 질과 순도가 높은 고급석회로서 일반석회와 혼용되면 균열을 방지하는데 효과가 있다.

(2) 회반죽(Lime plaster)

소석회에 모래・해초풀・여물 등을 혼합하여 바르는 미장재료로서 목조바탕·콘크리트블록 및 벽돌바탕 등에 바른다. 회반죽 바름은 일반적으로 연약하고 비 내수성이며 경화건조에 의한 수축률은 미장바름 중 가장 크나 여물로서 균열을 분산, 경감시킨다. 모래는 바름두께가 클수록 많이 넣되 정벌용에는 넣지 않는다. 회반죽은 일본에서 주로 쓰인 바름벽재이고 우리나라에도 오래전부터 전래되어 쓰여 왔다. 회반죽은 다른 미장재료에 비해 건조에 시일이 걸리고 다소 연질이기는 하나 외관이 온유하고 시공을 잘하면 균열·박락될 우려가 없는 비교적 값이 싼 재료이다.

3.5 회사벽

석회죽에 모래를 넣어 반죽한 것을 회사벽(灰砂壁)이라 하고, 필요에 따라 시멘트 또는 여물을 혼합한다. 또 석회죽과 모래·황토·회백토(풍화토)를 섞어 쓸 때가 있는데 이것을 회사물 또는 회삼물이라고도 한다. 회사벽은 재래부터 흙벽 위의 정벌바름에 쓰이고 회사물은 내부 벽돌 벽면 또는 회반죽 바름의 고름질, 재벌바름 등에 쓰인다.

3.6 돌로마이트플라스틱

돌로마이트(마그네시아석회) 에 모래·여물을 섞어 반죽한 바름벽 재료로서 필요에 따라서 시멘트를 혼입할 때도 있으며 초벌용과 정벌용의 등급이 있다. 돌로마이트플라스틱(Dolomite plaster)는 소석회보다 점성이 커서 풀을 넣을 필요가 없기 때문에 변색·냄새·곰팡이가 없으며 보수성이 크고 응결시간이 길어 바르기도 좋다. 또한 회반죽에 비하여 조기강도 및 최종강도가 크고 착색이 쉽다. 그러나 건조수축이 커서 균열이 생기기 쉽고 수증기나 물에 약한 것이 결점이다. 돌로마이트플라스터의 규격은 한국산업규격(KS F 3508)에 규정되어 있다.

3.7 석고 플라스틱

(1) 석고(Gypsum)

석고는 천연석고와 화학석고의 2종이 있다. 천연석고는 석고원석을 180~190℃로 소성한 후 미세분하여 소석고(Burnt gypsum)를 만든다. 이것을 다시 약 500℃까지 소성하면 무수석고(Anhydrous gypsum; $CaSO_4$)가 된다. 무수석고는 경화력이 약하므로 여기에 명반·붕사·규사·점토를 소량 가하거나 불순석고를 가하여 다시 고온(500~1,000℃)으로 소성하면 경화성이 부활된다. 이것을 경석고라고 한다. 화학석고는 인산 비료공장 등의 화학공장에서 부산물로 생산되는데 일반적으로 불순물의 제거가 곤란하며 순백색의 제품을 얻기 곤란하다. 따라서 정벌용의 플라스터로서는 부적당하다. 석고는 위생도기 테라코타 등의 원형제작에 간접적으로 사용되고 대량으로는 플라스터의 원료가 되며 서구에서는 각종 석고타일의 제조에도 쓰인다.

석고를 사용하여 만든 제품으로서는 석고플라스틱 · 석고판 · 석고타일 · 석고블록 · 석고벽돌 · 석고시멘트 등이 있다. 회반죽에 석고를 약간 혼합하면 수축균열을 방지할 수 있는 효과가 잇고 경화속도 · 강도 등이 증대되기도 한다.

(2) 석고플라스터(Gypsum plaster)

석고를 주원료로 하고 혼화제(돌로마이트플라스터 · 점토 등) · 접착제(풀 등), 응결시간 조절재(아교질재 등) 등을 혼합한 플라스터로서 벽 · 천장 등의 미장재료이다. 석고플라스터에는 소석고플라스터와 경석고플라스터의 2종이 있다. 소석고플라스터에는 혼합석고플라스터, 순석고 플라스터(크림용 석고플라스터), 보드용 석고플라스터가 있는데 실제 사용되고 있는 것은 대부분이 혼합석고플라스터이고 보드용 석고플라스터도 사용이 늘어나고 있다.

석고플라스터의 규격은 한국산업규격(KS F 3507)에 규정되어 있다.

(가) 혼합석고플라스터

혼합석고플라스터에는 정벌용과 초벌용의 2종류가 있는데, 정벌용은 순백색이거나 순백에 가까운 백색으로 물만을 혼합하여 즉시 사용할 수 있고, 초벌용은 물과 모래 등을 혼합하여 즉시 사용할 수 있다. 혼합석고플라스터는 공장에서 적당히 혼합하여 나오므로 현장에서는 물·모래만을 넣고 반죽하여 사용할 수 있도록 한 레디믹스트(Ready mixed)제품으로서, 서구에서는 여물이나 모래까지도 미리 혼합되어

나오는 것도 있다. 혼합석고플라스터의 규격은 한국산업규격(KS F 3507)에 규정되어 있다.

(나) 보드용 석고플라스터

혼합석고플라스터와 같이 레디믹스트 제품으로서 물 및 골재를 혼합하여 즉시 사용할 수 있다. 보통 원료는 화학석고를 사용하므로 순백색의 것은 없다. 부착성이 좋아 석고보드 붙임면이나 기타 모르타르·콘크리트면 등에 초벌바름용으로 쓰인다.

보드용 석고플라스터의 규격은 한국산업규격(KS F 3507)에 규정되어 있다.

(다) 순석고플라스터(크림용 석고플라스터)

순석고에 석회크림(석회죽) 또는 돌로마이트석회를 혼합한 플라스터로서 정벌용과 초벌용이 있다. 초벌용은 현장에서 용적으로 1~2배, 정벌용에는 2.5배 정도의 생석회크림이 혼합된 것이다. 석회크림을 만드는 데는 큰 소화조 또는 상당한 기간이 필요하며, 현장에서의 배합관리가 어려워 특수한 경우 외에는 사용되지 않는다.

(라) 경석고플라스터(킨스시멘트)

경석고는 응결이 대단히 느리므로 명반등을 촉진제로 배합한 것으로 약간 붉은 빛을 띤 백색을 나타내는 플라스터이다. 이는 산성재료로서 철류와 접촉하면 녹슬게 한다. 또한 석회계나 다른 소석고계의 플라스터와 혼합하는 것을 피하여야 하며 또 여물도 혼용할 수 없는 등 시공이 까다롭고 고가이므로 특별한 경우 이외에는 사용되지 않는다. 경석고를 주성분으로 한 것을 일괄하여 킨스시멘트(Keene´s cement, Flooring cement, Gypsum cement, Hard-burnt plaster, Tiling plaster)로 총칭한다. 킨스시멘트는 석고계 플라스틱 중 가장 경칭이며 벽마름재료 뿐만 아니라 바닥바름 재료로도 쓰인다. 특징은 점도가 있어서 바르기 쉬우며 경화한 것은 현저히 강도가 크고 표면의 경도가 커서 광택성을 갖고 있으며 방습적인 미끈한 면을 갖는다.

3.8 미장용 혼화재료

미장용 혼화재료는 콘크리트용 혼화재료와도 같은 것이나 미장공사의 현장시공용 반죽에 혼화재료를 사용하면 작업성의 증대, 방수・방동 등의 저항성을 주며 착색 또는 응결시간 조절이나 강도 증진의 역할을 하게 된다. 작업성을 좋게 하고 증량되며 재료의 경제성을 높여주기 위한 환화재로서 종래에는 화산회(火山灰)・규조토가 쓰여졌으나, 근래에는 규산백토・가용성 백토 등이 쓰이고 최근에는 플라이애쉬(Fly-ash), 포졸란(Pozolan)이 사용되고 있다.

(1) 방수제

방수효과를 내기 위하여 사용되는 방수제로는 공극 충진에 의한 것으로 소석회・점토・석분 등이 이쏘 화학반응에 의한 것은 물유리・지방산염・명반등이 있으며, 바름 방수제로서 방수성질을 가진 화학적 화합물을 용제에 녹인 것과 산알미늄·실리콘수지용제 용액·염화비닐용액・초산비닐유제 등이 쓰인다.

(2) 방동제

방동을 목적으로 사용되는 방동제로서 염화석회 또는 식염이 주로 쓰인다. 또 미장바름 속에 기포를 만들어 동결에 의한 팽창력을 완충시킴으로써 파괴를 피하고자 하는 생각에서 AE제를 방동제로 사용하는 수도 있다.

(3) 착색제

미장용 착색제로서는 무기질의 금속산화물이 쓰이는데, 인공적인 것보다는 천연적인 것이 많다. 천연산으로 얻을 수 없는 색에는 인공의 무기질안료나 유기질안료가 쓰인다. 이들 안료는 단독으로나 적당 비율로 혼합하여 각종 색깔을 만들어 쓴다. 착색제에는 합성산화철, 카본블랙(Carbon-black), 이산화망간, 산화크롬 등이 있다.

(4) 촉진제(Accelerator admixtures)

응결시간조절을 위해 미장바름에 첨가되는 재료을 응결 조정제라고 하는데 응결조정제 중 응결시간을 단축시키는 것을 촉진제, 특히 응결시간을 신속히 단축시키는 것을 급결제(Quick setting admixtures), 반대로 응결시간을 연장시키는 것은 지연제(Retarder)라고 한다.

촉진제 또는 급결제의 대상이 되는 것은 주로 포틀랜드시멘트의 경우로서 누수 구멍막음, 물체고정 등 급속한 응결을 요할 때 사용한다. 촉진제로서는 염화석회, 물유리 등이 있고 급결제로서는 염화칼슘, 규산소다 등이 있다. 치환제의 대상이 되는 것은 석고플라스터(소석고)이다. 석고플라스터에 사용하는 치환제로서는 아라비아고무 · 해초풀 · 젤라틴(Gelatine;아교) · 전분(澱粉)등이 있다.

6 유 리

1. 개요
2. 유리의 주성분
3. 유리의 종류
4. 유리 성질
5. 유리의 종류(가공판 유리)
6. 유리제품
7. 유리 사용시 유의사항 및 용도

1. 개 요

유리(琉璃, 硝子 : Glass)는 철·시멘트와 함께 3대 건축재료로서 현대건축에서 빼놓을 수 없는 중요한 재료이다. 유리는 광선을 투과시키는 반영구적이고 내구성이 있는 불연재료로서 품질이 균일하며 대량생산이 가능한 재료이나 충격강도가 약하여 파손되기 쉽고, 파손된 파편이 날카로와 위험하며 연소에 약하고 두께가 얇아 단열, 차음효과가 작은 결점을 가지고 있다. 이러한 판유리의 종류는 보통 유리와 철망이 든 유리(망입유리), 형판유리, 색유리 등이 있다. 판유리의 두께는 보통 2㎜, 3㎜, 5㎜, 6㎜, 4가지 종류가 흔히 사용되고 1상자에 약 9.182㎡들이로 판매되고 있다. 근대적인 유리는 18세기 말에 소다석회유리(Soda Glass)가 발명되면서 제조방법이 개량되고 대량생산하게 되었다. 유리는 광학적으로 투명하고 역학적으로 이상적인 탄성체이며 이 2가지의 성질은 다른 재료와 비교하여 현저한 특징을 가지는 요인이 되고 있다.

또 유리는 가시광선을 중심으로 근자외선으로부터 원적외선에 걸쳐 투명하고 그 파장 범위는 지상에서 태양복사 파장범위 0.3∼2.0 에 대략 일치한다. 즉 가시광에 대해서 투명할 뿐만 아니라 태양광 전체에 대하여 투명하다. 유리면에 입사한 광에너지는 일부는 반사하며 반사율은 클러스의 굴절율이 높을수록 크다. 투과율이란 100%로부터 반사율과 흡수율을 뺀 잔여를 말한다. 투과율을 억제한 유리는 공조부하를 경감시키므로 건축에너지 절약에 유용하다. 또 유리는 건물 내외를 넓게 통하도록 하는 개방성이 있고 벽면이 단순 명쾌하여 아름다운 평활감을 주므로 건축에서 많이 사용한다. 그러나 창유리는 화재시 불에 닿으면 판손되고 연소에 약점이 있으므로 판 유리중에 강재의 망을 봉입한 망입유리는 고온에서도 파편이 탈락하지 않고 연소 방지효과가 있다.

한 장의 크기는 60×90㎠를 소판, 90×120㎠ 이하를 중판, 그 이상을 대판이라고 하고 그 순서가 두꺼워지면 값이 비싸진다.

2. 유리의 주성분

유리의 주성분으로 규산(SiO_2)이 71∼73%, 소다(Na_2O)가 14∼16%, 석회(CaO)가 8∼15% 정도 함유되어 있고, 기타성분으로서 붕산·인산·산화마그네슘·알루미나·산화아연 등을 소량 함유하고 있다. 유리에 특수성을 부여하기 위하여 주성분에 부원료를 소량 첨가하기도 하는데 이에는 다음과 같은 것들이 있다.

① 산화제 : 질산가리(KNO_3), 질산소다($NaNO_3$), 과산화바륨 등

② 환원제 : 산화제일석, 로설(Rochelle)염

③ 청등제 : 황산나트륨(Na_2SO_3), 질산소다($NaNO_3$), 질산가리(KNO3), 황산암모늄, 형석(螢石), 산화암모니아

④ 착색재료

적색 : 셀렌, 염화금, 산화제일동 등

청색 : 산화코발트, 황산동, 산화제이동 등

녹색 : 산화크롬, 산화제일동 등

황색 : 질산은, 우라늄 및 세륨 또는 그의 산화물 등

호박색 : 규산망간, 규산철, 유황탄소 등

회색 : 망간, 철, 동과 규산염의 혼합, 동과 니켈 등

유백색 : 수정석, 형석 등의 불소화합물, 산화티타늄 등의 화합물, 인산소다

⑤ 탈색재료 : 질산나트륨, 질산가리, 산화망간, 산화코발트, 산화니켈 등

3. 유리의 종류

건축공사에 쓰이는 유리는 대게 소다석회유리(Sodium lime glass)이고, 판유리와 유리블록으로 구분된다. 판유리는 보통 투명판유리와 그 가공품이 있고 또 특수한 화학적·물리적 성질을 가진 특수유리의 종류도 많다. 일반창호에 쓰이는 두께 2∼3㎜의 판유리를 얇은 판유리(薄板琉璃, 薄板硝子 : Sheet glass)라 하고, 6㎜ 이상의 것을 두꺼운

판유리(厚板琉璃, 厚板硝子, Plateglass, Think sheet glass)라 한다. 두께 2㎜의 판유리를 보통유리라 하고, 두께 3㎜의 판유리를 정일푼(正一分)유리라고 할 때도 있다. 유리를 분류하는 방법으로는 화학적 성분에 의한 화학적 분류와 용도상분류가 있다.

표1. 성분에 의한 분류

종 별	성 분	원 료	일반성질	용 도
1. 소다석회유리 소다유리 보통유리 크라운유리	Na_2O	탄산나트륨(소다회) 또는 황산나트륨(망초) 및 목탄.코크스 등	용융하기 쉽고, 산에는 강하나 알카리에 약함. 풍화되기 쉽고 비교적 팽창률이 크고 강도도 큼	건축 일반 창유리, 기타 병류
	CaO	탄산칼슘(석회석) 소석회		
	SiO_2	무수규산(규사, 규석)		
2. 칼륨석회유리 칼륨유리 경질유리 보헤미아유리	K_2O	탄산칼슘 또는 초산칼륨(초석)	용융하기 어렵고 약품에 침식되지 않음. 일반적으로 투명도가 큼	고급용품 이화학가구 기타장식품,공예품, 식기 등
	CaO	탄산칼슘(석회석) 소석회		
	SiO_2	무수규산(규사, 규산)		
3. 칼륨연유리 납유리 플린트유리 크리스탈유리	PbO	산화연	소다유리 및 칼륨유리보다 용융하기 쉽고, 산 및 열에 약하고 가공하기 쉬움. 비중이 크고, 광산선굴절률·분산율이 큼	고급식기 광학용 렌즈류 모조보석 진공관용
	K_2O 또는 BaO	탄산칼륨 탄산바륨		
	SiO_2	무수규산(규사,규석,석영)		
4. 붕규산유리	B_2O_3	붕산, 붕사	가장 용융하기 어려움(경글라스), 내산성 큼. 내열성·팽창성작음, 전기절연성 큼.	내열용, 이화학용 내열기구 내열시기, 고주파용 및 전기절연용,(글라스울 연료)
	CaO_2	탄산칼슘(석회석)		
	SiO	규사, 규석, 석영		
5. 고규산유리 (석영유리)	SiO_2	규사,규석,석영 또는 수정	내열성·내식성 큼 자외선투과성 큼	전구,살균 등용 (글라스울 원료)
6. 물유리	Na_2SiO_2	탄산소다 무수규산(규사, 규석)	물에 용해됨	방화도료 내산도료

(1) 화학성분에 의한분류

유리는 일종의 화합물로서, 화합하고 있는 주요 원소의 명칭을 붙여서 조성을 정하는 방법을 취하고 있다. 현재 실용되고 있는 유리는 표 1과 같다.

(2) 용도에 의한 분류

유리를 용도상 건축용·광학용·이화학용·식기용·병용 등으로 분류할 수 있다. 여기서는 건축용 유리에 대해서 분류하면 다음 표와 같다.

일반적 용도	특 수 용 도	가 공 품
보통관유리 마판유리 형판유리 망입유리	자외선투과유리 자외선흡수유리 적외선차단유리 투명착색유리 불투명착색유리 유백유리	거울 안전유리 합판유리 강화유리 방탄유리

4. 유리 성질

유리의 성질은 성분의 상위에 따라 차이가 크다. 일반적으로 건축에 사용되는 유리의 대부분은 보통 판유리를 포함하여 소다석회유리이다.

유리의 역학적 성질·광학적 성질·기계적 성질·열에 대한 성질·화학적 성질은 다음과 같다.

(1) 역학적 성질

① 비중 : 창유리(2.54)·크라운 유리(2.49)·칼리유리(2.39)·연유리(3.77) 와 같이 유리의 종류에 따라 비중이 다르다.

② 경도 : 경도의 범위(4.5~5.5), 경도(영계수), 크기순(연유리→소다 석회유리→칼리유리), 영계수 48,000~790,000 kg/㎠ 정도이

다.

③ 강도 : 휨강도(430∽630kg/㎠)와 인장강도(450∽700kg/㎠)를 말한다.

④ 팽창율 : 온도 20∽400℃에서 8~11×10-6 정도 팽창한다.

(2) 광학적 성질

① 투명창유리 : 일광을 받으면 대부분은 투과하고 약간은 흡수 또는 반사한다.

② 파장 : 적외선은 7700Å 이상, 가시선은 7700~4000Å이고, 자외선은 4000Å이하이다.

③ 유리의 투광율 : 파장이 작은 광선일수록 투과율이 적어진다.

④ 보통 창유리 : 적외선·가시광선 전부 통과하나 파장이 3000Å 이하의 자외선은 통과하지 못한다.

⑤ 자외선투과 방해하는 성분 : Fe_2O_3 · TiO_2 · V_2O_5 · PbO 등이 있다. (FeO로 만든 유리 자외선 투과에 도움된다.

⑥ 적외선 투과 방해하는 성분 : FeO이 있다.

⑦ FeO의 포함율이 2~3% 정도인 유리 : 적외선 흡수 · 자외선 다량 투과한다.

⑧ 보통 유리의 굴절율 : 1.52 정도이다.

(3) 기계적 성질

① 제품의 형상 · 성분 · 성형법 · 가력방향 등에 따라 강도차가 생긴다.

② 성분 중 CaO · B_2O_3 · Al_2O_3등은 항장력이 증가되고 SiO_2 · MgO 등은 압축력이 증가된다.

③ CaO · SiO_2 · Al_2O_3 성분이 많은 유리는 강도가 크다.

④ 망입유리, 강화유리는 강도가 크다.

(4) 열에 대한 성질

① 온도와 강도의 관계 : 온도 20℃일 때 압축강도 8,800kg/㎠쯤 되면 1,580kg/㎠로 감소한다.

② 열전도율 : 0.0028㎈/seccm℃, 성분 중 SiO_2 · MgO · Al_2O_3 · Fe_2O_3, 열전도율이 증가하고 Pb · K_2O는 감소한다.→온도가 높을수록 열전도율은 증가한다.

③ 열팽창 계수 : 0.000006~0.000008℃이고 연화온도는 730~740℃이다.

④ 내열성 : 내열성을 지배하는 요인은 열팽창계수이다 (열팽창계수가적을수록 내열성은 증대한다.)

(5) 화학적 성질

① 산 · 알칼리에 대한 성질 : 약한산에는 침식되지 않으나 염산 · 황산 · 질산 등에는 서서히 침식된다. 또 농알칼리 등에는 성분 중의 규산분을 잃고 가장 강열하게 작용하는 것은 불화수소인데 이 성질을 이용하여 유리기구의 눈금이나 마크 등을 만든다.

② 풍화작용 : 풍화작용은 화학적 작용만은 아니지만 풍우 등이 반복되어 충격작용과 공기중의 탄산가스나 암모니아 · 황화수소 · 아황산가스 등에 의해 장기간 서서히 작용하면 표면이 변색, 감모해서 내구성이 저하된다.

③ 광선에 의한 화학작용 : 자외선 · 라듐선 · X-선 등은 유리를 침식해서 분해 · 착색 · 반점 등을 생기게 한다. 라듐이나 X-선은 대체로 심하며 그 복사선에 의해 함유금속을 변화시켜 갈색 · 홍색 · 담황색으로 변화시킨다.

5. 유리의 종류(가공판 유리)

건축용 유리의 종류는 판상유리 · 유리섬유 등 3종류로 구분되며 이중 판상유리는 일반유리 · 이형유리 · 반사 · 흡열유리 · 적층유리 · 안전유리 등으로 세분할 수 있으며 이들의 제조과정 특성 등은 다음과 같다.

(1) 뽀얀 유리

① 제조 : 투명유리 1면을 금강사, 규사 등으로 물갈기 하든가, 모

래를 압축공기로 뿌리서 표면이 거칠게 된 유리이다.

② 특성 : 조면에 광선이 난반사로 투시를 방지한다. (조면을 실내 방향으로).

(2) 광낸 유리

① 제조 : 보통판 유리한 면을 금강사·규사 등으로 갈아 내고 산화제이철로 표면을 광낸 유리이다.

② 용도 : 투면도와 정시도가 좋아서 진열장·가구·거울·차량용 창유리 등에 사용한다.

(3) 무늬 유리

① 제조 : 투명유리 한 면에 줄·주름·눈·국화·모양의 무늬를 만들어 장식효과로 만든 유리를 말한다.

② 용도 : 실내 의장겸 투시방지용으로 사용한다.

(4) 샌드블레스트 유리 및 에칭 글래스

① 제조 : 뽀얀 유리에 각종 투명 모형을 넣어 장식용으로 사용하는 유리이다.

② 특성 : 금속막 부분은 투명부가 남게 되어 모양이 난다.

(5) 합 유리

① 제조 : 두 장의 판유리를 합성수지(초산 섬유소·삭산 섬유소·비닐수지·부틸셀룰로이드) 접착제로 붙여 만든다.

② 특성 : 파손되어도 파편이 띄지 않으며 프리스트레스판은 강도가 크며 처짐도 현저하게 커서 탄성 유리로 된다.

③ 용도 : 단열·방음·결로 등의 용도에 사용된다.

(6) 망입 유리

① 제조 : 유리액을 로울러로 제판하여 그 내부에 금속망(철·놋·알루미늄망)을 삽입하고 압착하여 성형한 유리이다.

② 용도 : 유리파손 방지·파편비산·도난·화재방지용으로 사용된

다.

(7) 색 유리

① 제조 : 제조시에 착색제를 혼입하여 각종 단색품이나 혼합색품을 만든 유리를 말한다.

② 두께 : 2∼3㎜가 보통품이고 미제의 Carrara Glass · Vitrolite 등은 32㎜ 정도의 것도 있다.

③ 용도 : 얇은 것은 스테인레스 글래스창에 사용하고 두꺼운 것(6㎜ 이상 의 것)은 벽 · 천정 등의 Pannel로 사용하기도 한다.

(8) 강화 유리(열처리 유리)

① 제조 : 판유리를 600℃ 정도로 가열했다가 급냉시키면 표면수축으로 내응력이 생겨 기계적 성질이 증가된 유리이다.

② 두께 : 5 · 6 · 8 · 12 · 15㎜인 것이 있고 5.6㎜는 보통판 및 광낸판 · 강화유리가 있고 8㎜ 이상은 광낸판 강화유리만 있다.

③ 특성 : 소입처리에 의해 강도는 5배 정도 증가하며 파괴시 소입에 의한 변형 때문에 콩알만한 파편이 되어 분쇄되고 절단이 불가능하고 경도는 7, 인장강도 2000kg/㎠ 정도이다.

④ 용도 : 형틀이 없는 문, 자동차 앞유리 등에 사용한다.

(9) 파형 유리

① 제조 : 각종 판유리를 파형 로울러에 의해 파형판으로 만든 유리를 말한다.

② 용도 : 지붕 · 천장 · 벽면에 사용한다.

(10) X선 차단 유리

① 원료 : 산화연 약 60% 내외 포함한 유리로 방호능력은 산화연 함량에 따라 두께에 따라 다르다. 비중은 보통유리의 2배 정도이다.

② 용도 : 의료용 X-선이나 원자력 관계의 방사선을 차단하기 위해 방사선실이 적은 창에 사용한다.

(11) 내열 유리

① 원료 : 규산질이 다량으로 포함된 유리를 말한다.

② 특성 : 열팽창계수는 적고 연화온도는 높다(내열성 우수).

(12) 복층 유리(Pair Glass)

① 제조 : 2장 또는 3장의 판유리를 일정한 간격을 두고 겹치고 그 주변을 대상의 금속으로 접합해서 내부의 공기를 빼고 청정한 완전 건조공기를 봉입한 유리를 말한다.

② 특성 : 단열성·차음성 좋고, 결로현상 일어나지 않는다.

(13) 거울 유리

① 제조 : 거울유리는 표면으로부터 열과 빛을 반사하도록 유리면에 은 또는 알루미늄의 염류를 환원 부착시킨 유리를 말하고 이것을 반사유리라고도 한다.

② 특성 : 이것은 실제적으로 일방향 거울이다. 거울유리는 코팅된 면을 내부 또는 외부에 설치한다. 코팅이 열과 광선을 반사하므로 열흡수 유리보다 열전도가 적다. 이러한 성질은 공기조화 및 열적 요구를 격감시키는 데 유효하다.

6. 유리제품

창용으로 평편상의 유리가 사용되지만 그 종류 및 두께는 차의 규모·구조·용도에 따라 선정된다. 장식창일 경우에는 특수한 곡면의 것을 사용하기도 하고 벽용으로 유리블록, 단열재로 유리섬유 등을 사용한다. 유리제품의 종류는 다음과 같다.

(1) 유리 블록(Glass Block)

사각형이나 원형의 상자형 2개를 각각 둘레를 잘 맞추어 합쳐서 고열로 융착시켜 일체로 하고 내부에는 0.3기압 정도의 건조공기가 봉입되어 있다. 양측표면 이외에 네 측면은 조적용 모르터와의 접착이 좋게 되도록 염화비닐계 도료를 발라 강모래나 돌가루 등을 부착시킨다.

모양은 정방형 · 장방형 · 환형 · 곡면벽에 사용하는 이형 등이 있다.

① 형상 : 벽돌 · 블록모양으로 된 중공 유리블록이다.

② 칫수 : 213㎜×213㎜×100㎜ · 200㎜×200㎜×95㎜ · 193㎜×193㎜×95㎜ · 145㎜×145㎜×95㎜ 등이 있다.

③ 강도 : 압축강도는 상하면에 순시멘트를 캡핑(Capping)한 전단면에 대해 220∼270kg/㎠ 이다.

④ 특성 : 단열성 · 방음성 · 방습성이 좋으며 방화성은 을종 방화문으로 인정한다.

⑤ 용도 : 벽에 붙여 부드러운 광선(장식효과) · 실내 냉난방효과 · 벽면 간접채광 · 의장벽면 · 방음 · 단열층 · 결로방지 목적으로 사용한다.

⑥ 시공 : 벽쌓기할 때는 줄눈 폭은 10㎜ 내외로 하고 보강용으로 철근 · 철선 · 유공철판 · 래티스상 철근을 종횡으로 줄눈에 적당한 간격으로 넣고 1 : 3 백시멘트 모르터를 사용하여 쌓는다.

(2) 포옴 글래스(Foam Glass)

① 제조 : 유리원료에 발포질 물질을 혼입하여 약 850℃ 정도 가열, 미세기포를 발생시켜서 만든 판(50㎜)이다.

② 특성 : 흑갈색 불투명 다포질 판으로 비중 0.16, 압축강도 10∼15kg/㎠, 열팽창계수 0.000025/℃ 이다.

③ 용도 : 단열재 · 보온재 · 방음재로 벽면 · 천장 등에 사용한다.

(3) 프리즘 유리(Prism Glass)

① 형상 : 단면이 3각형으로 된 유리블록으로, 표면은 4각형 유리·원형 등의 모양으로 한 유리이다.

② 특성 : 단면이 3각형이므로 입사광이 굴절 분산되어 프리즘의 역할을 한다.

③ 칫수 : 4각형(100㎜×100㎜×50㎜∼120㎜×120㎜×60㎜)

④ 용도 : 철형에 쓰는 프리즘 유리판(두께 40㎜)은 천정창 · 지하실창 등에 사용한다 (확산광).

(4) 글래스 울(Glass Wool)

녹인 유리를 압축공기로 비산시켜 가는 섬유모양으로 만든 것으로 건축용으로는 직모상의 그대로 또는 판상으로 하여 음·열차단재·보온재로 사용도고 회·칼슘분이나 규조토와 혼합하여 판상으로 성형하여 벽 또는 천정재로도 사용하기도 한다.

① 제조 : 용융한 유리액을 작은 구멍이 있는 용기에서 흘러 내리게 하여 섬유상으로 된 것을 냉각한 것이다.
② 형상 : 판형·통형으로 만들어 보온재로 사용한다.
③ 용도 : 흡음보온재(단열재)·강화폴리에스테르 성형(FRP)재의 보강, 화학공장에서 산 여과용, 먼지흡수재 등에 이용된다.

(5) 기타 제품

창호의 장식제품 : 문손잡이 밀판·문표식판·명찰판·장식판 등을 주조·조각으로 만들어 사용한다.

7. 유리 사용시 유의사항 및 용도

(1) 사용상의 유의사항

① 창호 치수에 맞춰 자투리가 생기지 않은 치수의 유리를 선정해야 한다.
② 유리의 절단은 유리홈의 안목 치수에서 상부 및 양측은 1.5~2㎜ 내외로 짧게 한다.
③ 복층유리(Pair Glass)는 창틀에 3㎜ 정도의 홈을 파서 그 홈에 비경화성 퍼티로 메운다.
④ 유리 두께가 2㎜ 이상인 경우에는 연이나 방부처리한 목재의 쿠숀을 넣고 누름대로 맞춘다.
⑤ 흐린 유리판, 형판유리류는 먼지가 끼지 않도록 가공면, 형면 등을 안쪽으로한다.
⑥ 창틀에 끼는 방법은 퍼티, 누름대 또는 내려끼우기 등의 방법이 있으나 방수차음효과를 얻기 위해서는 깔퍼티를 쓰는 것이 좋다.

(2) 성분 및 용도

① 소다 석회유리(SiO_2 · Na_2O · CaO가 주성분) : 투광율이 커서 일반건축자재 창유리에 이 용한다.

② 소다석회 알루미나 유리(SiO_2 · Na_2O · CaO · Al_2O_3가 주성분) : 강도가 커서 유리병 · 유리기구 등의 용기 원료로 사용한다.

③ 가리석회유리(SiO_2 · K_2O · CaO · Al_2O_3가 주성분) : 프리즘、화학기구、공예품의 원료로 사용한다.

④ 카리연유리(SiO_2 · K_2O · PbO가 주성분) : 광학기구、모조보 석등 굴절을 이용한 프리즘 · 인조보석렌즈 등의 원료로 사용한다.

⑤ 알루미나 봉사유리(SiO_2 · B_2O_3 · Na_2O · MgO · ZnO · Al_2O_3가 주성분) : 이화학기구 · 온도계 등의 원료로 쓴다.

⑥ 물유리(Na_2O · SiO_2가 주성분) : 접착제 · 방화제 · 방수제 · 보색도료 등으로 쓰인다.

⑦ 석영유(SiO_2만이 주성분) : 이화학기구의 원료로 많이 사용한다.

7 점 토

1. 개 요

암석이 오랜 기간에 걸쳐 풍화 또는 분해되어 생긴 세립(0.01mm 이하) 또는 분상의 알루미늄규산염을 주성분으로 한 토상 혼합체로 습윤상태에서 가소성을 나타내고 건조하면 강성을 나타내며 고온에서 구우면 경화되는 것을 점토라 한다. 점토소성 제품은 점토를 주원료로 하여 소요의 용도에 맞는 형상으로 물로 비벼 성형시킨 후 소성한 제품을 말하는데 시유하는 것과 시유하지 않는 것이 있다. 이 점토제품은 이 점토에 가수하여 반죽으로 만들면 점성이 생기고 세사들의 제점제를 혼합하면 가소물이 되므로 각종제품으로 성형하여 건조하면 굳어가고 건조된 제품을 소성하면 그 성분이 용융 변질되었다가 냉각하면 금속성 강성을 나타내는 재료이다. 제품으로는 벽돌·기와·각종타일·위생도기 · 도토관 등이 있다. 점토제품의 양부판정은 음 · 색상 · 형상 · 흡수율·내구성 등으로 양부를 판정한다.

제품의 주원료는 점토이고 용융성 조절용으로 알칼리성 물질·장석·석회 등이 있다. 가소성 조절용으로는 규석 · 규사 · 샤모트를 사용한다.
표면시유제로는 연단 · 식염 · 석회석 · 아연화 · 고토 · 붕산 · 부아 등이 있으며 제품 소성시에 연료는 석유 · 석탄 · 장작 · 가스 · 전열기 등을 사용한다.

점성 조절제로는 샤모트를 사용하는데 샤모트(Chamotte)는 점토의 수분은 흡수된 것과 화합수로 된 것이 있으며 소성하면 수분이 증발되고 화합수는 일단 탈수 하면 복원되지 않고 체적의 변화나 점성이 없어진 것을 한 번 구워 분쇄한 것이다.

2. 점토의 종류

점토는 잔류점토와 침적점토로 분류된다. 잔류점토는 1차점토로서 암석이 풍화한 위치에 그대로 잔류되어 있는 점토를 말한다.

침적점토는 암석이 분해된 미립자들이 바람 또는 물의 힘으로 이동하여 침적된 것인데 비교적 양질의 점토이지만 유기물이 포함되어 있는 2차점토이다. 점토의 종류는 소성품의 성질 및 용도 상 표1과 같이 구분한다.

표1. 점토의 종류

종 류	성 질	용 도
자 토	순백색이며 내화성이 있고 가소성은 부족함.	도자기의 원료
내화점토	회백색 · 담색이며 내화도 1580℃ 이상이고 가소성이 있음.	내화벽돌 및 도자기의 원료
석기점토	내화도가 높고 가소성이 있으며, 유색·견고·치밀함	유색도기의 원료
석회질점토	백색이며 용해되기 쉽고, 백회질의 포함량이 많음	연질도기의 원료
사질점토	적갈색이며 내화성이 부족하고 세사 및 불순물이 포함.	보통벽돌·기와토관 등의 원료

(1) 산출상태에 의한 종류

잔류점토 또는 1차 점토 (모암 : 이 풍화된 위치에 그대로 잔류되어 있는 점토)·침적점토 또는 2차 점토 (모암이 분해된 미립자를 바람 도는 물의 힘으로 이동하여 침적된 점토)등이 있다.

(2) 화학성분에 의한 종류

자토(화학적으로 순수한 점토인 카오린) · 고규산질 점토(규산을 많이 포함한 점토) · 고알루미나질 점토(알루미나를 많이 포함한 점토) 등이 있다.

(3) 품질 및 용도에 의한 종류

자기용 점토 · 도기용 점토 · 내화재료용 점토 · 벽돌용 점토 · 기와용 점토 · 사질점토 등이 있다.

3. 점토의 성분 및 성질

점토의 주성분은 규산(SiO_2 : 50～70%)·알루미나(Al_2O_3 : 36～15%)이며, 그밖에 Fe_2O_3 · CaO · MgO · K_2O · Na_2O_3 등이 포함되어 있다.

규산이 많은 점토는 가고성이 좋지만 주성분 외의 성분이 많아지면 연화 온도가 낮아지고 소성변형이 커져서 좋은 제품을 만들 수가 없다. 화학적으로 순수한 점토를 카올린(Kaolin)이라고 하며, 구어진 점토분말을 샤모테(Schamotte)라고 한다.

점토의 비중은 2.5~2.6 정도이고 입자의 크기는 보통 2u 이하의 미립자이지만 모래알 정도의 것도 약간 포함되어 있다. 가소성은 점토 성형에 있어서 중요한 성질로서 양질의 점토일수록 가소성이 좋고 가소성이 너무 클 때에는 모래 또는 샤모테 등의 제점제를 섞어서 조절한다.

공극률은 점토 전 용적의 백분율로 표시하여 30~90%인데 평균적으로 50% 내외이고, 함수율은 기건시 작은 것을 7~10%, 큰 것은 40~50% 이다. 인장강도는 점토의 종류, 입자크기 등에 의해서 크게 영향을 받는다. 미립점토의 인장강도는 3~10kg/㎠, 모래 석인 점토는 1~2kg/㎠ 이고 압축강도는 인장강도의 약 5배 정도이다.

점토는 성형 건조시키면 함수된 수분의 일부를 방출하여 수축이 일어난다. 건조에 따른 길이의 수축률은 5~6% 정도에서부터 10~15% 정도까지이며 용적으로는 그 3배가 가까운 것까지 있다. 또한 소성시에도 수축이 일어난다. 소성수축은 점토중에 포함되어 있는 휘발분(결합수 · 유기물 · 탄산가스 등)의 양과 점토의 조직 및 용융도 등과 관계가 있다.

점토를 소성하면 함유된 성분의 일부 또는 대부분이 용해되어 용적·비중·색조 등의 변화가 일어나며 냉각과 더불어 상호 밀착하여 강도가 현저히 증대된다. 소성온도는 점토의 성분이나 제품의 종류에 따라 다르다. 소성온도의 측정에는 세게르콘(Seger cone) · 복사고온계 · 파이로미터(Pyrometer) · 광학고온기 등이 쓰이는데, 세게르콘은 1886년 세게르(Seger)가 고안하고 1908년 시모니스(Simonis)가 개량한 방법이다. 세게르-케게르(Seger-Keger)의 소성온도표는 표2와 같다.

(1) 점토의 성분

① 주성분 : SiO_2(50~70%) · Al_2O_3(36~15%)이다.

② 부성분 : Fe_2O_3 · CaO · MgO · K_2O_3 · Na_2O_3으로 포함된다.

(2) 구성성분의 효과

① Al_2O_3가 많은 점토 : 가소성이 좋다

② Fe_2O_3 · Al_2O_3가 많은 점토 : 건조수축·소성변형이 크다 (고급도자기류 원료로 부적합하다).

③ 점토의 함수량 : 100~200도 흡수량 방출, 400~600도 화합수 방출(결함수가 없다.), 500도 이상 소성된 점토는 가수해도 점토의 원래성질로 회복되지 않는다.

(3) 점토의 물리적 성질

① 비중 : 2.5~2.6정도이고 Al_2O_3성분이 많은 점토의 비중은 3.0내외 이다.

② 입자의 크기 : 0.1~2.5μ 정도의 미립자이지만 모래알 정도의 것도 약간 포함되어 있다.

③ 공극율 : 30~90%인데 평균적으로 50%내외이다.

④ 가소성 : 점토 성형에 중요한 성질로서 점토 종류에 따라 차이가 있고 양질 점토일수록 가소성이 적고 가소성이 지나치게 큰 것은 재점제를 가해서 조절한다.

⑤ 건조 수축 : 점토는 성형건조하면 함수된 수분의 일부를 방출해 수축이 일어난다. 이것은 길이 방향으로 5~15%정도 수축율이 된다.

⑥ 소성과 연화온도 : 소성이랑 고온도로 가열된 점토의 함유성분 중에서 비교적 용해되기 쉬운 물질이 녹아서 용적 ·비중·색조 등의 변화가 생겼다가 냉각 응고되어 강도를 낮게 하는 작용이다.

(4) 제품의 성질

① 비　중 : 토기류인 벽돌·기와·토관 등의 겉보기 비중은 1.5~2.2이고 자기 · 석기 · 도기류의 겉비중은 2.0~2.6이다.

② 강　도 : 소성온도 · 순도 높은 점토 · 소성균일 융착정도에 따라 다르다.

③ 마　모 : 비중이 큰 자기, 석기류가 마모에 강하고 도기, 토기 순서로 마모성이 낮다.

④ 경　도 : 용융면과 시유면이 경도가 높다.
⑤ 투수성 : 소지의 밀도가 낮은 것이 투수성이 크다.
⑥ 흡수성 : 시유한 것은 흡수성이 저하한다(토기류는 흡수성이 크다.)

4. 점토소성 제품의 분류

건축물의 벽·바닥에 쓰이는 재료로는 벽돌 · 타일 · 테라코타 등이 있고 지붕재료는 기와가 있으며 천장재료로는 타일이 있다. 또한 설비재료로는 위생도기 · 토관 · 도관 등이 있으나 주로 벽재료에 점토소성제품이 많이 쓰인다. 토기류에는 벽돌 · 기와 · 토관 등이 있으며 도기류에는 타일 · 테라코타 · 기와 · 위생도기 등이 있고 석기류에는 벽돌·타일·도관·테라코타 등이 있으며 자기류에는 타일 · 위생도기 · 그릇 등이 있다. 점토소성제품은 소지의 흡수성 · 투명정도에 따라 일반적으로 표3과 같이 분류한다. 점토소성제품은 원료조합 ->반죽->숙성->성형->소성->시유의 공정을 거쳐 제조된다.

표2. 세게르 케게르(SK)온도표

S.K	온도	S.K	온도	S.K	온도
0.22	600	0.2	1060	19	1520
0.21	650	0.1	1080	20	1530
0.20	670	1	1100	26	1580
0.19	690	2	1120	27	1610
0.18	710	3	1140	28	1630
0.17	730	4	1160	29	1650
0.16	750	5	1180	30	1670
0.15	790	6	1200	31	1690
0.14	815	7	1230	32	1710
0.13	935	8	1250	33	1730
0.12	955	9	1280	34	1750
0.11	880	10	1300	35	1770
0.10	900	11	1320	36	1790
0.9	920	12	1350	37	1825
0.8	940	13	1380	38	1850
0.7	960	14	1410	39	1880
0.6	980	15	1435	40	1920
0.5	1000	16	1460	41	1960
0.4	1020	17	1480	42	2000
0.3	1040	18	1500		

표3. 점토소성제품의 분류

종류	소지				원 료	소성온도	시유여부	제품
	흡수성	색	투명정도	강도				
토 기	크다	유색	불투명	취약	보통 점토	S.K.0.15(790도) S.K.0.5(1000도)	시유(무유 한것도 있음)	벽돌,기와, 토관
도 기	약간 크다	백색,유색	불투명	견고	도토	S.K.1(1100도) S.K.7(1230도)	시유(무유 한것도 있음)	타일, 테라코타, 위생도기
석 기	작다	유색	불투명	치밀 견고	양질 점토	S.K.4(1160도) S.K.12(1350도)	시유,무유	벽돌,타일, 토관, 테라코타
자 기	아주 작도	백색	반투명	치밀 견고	양질 점토	S.K.7(1230도) S.K.16(1460도)	시유	타일, 위생도기

5. 점토소성 제품

5.1 보통벽돌(Commom brick, Building brick)

(1) 개 요

보통벽돌은 진흙은 빚어 소성하여 만든 벽돌(Brick)로서 불완전 연소로 구운 벽돌인 검정벽돌과 완전 연소로 구운 벽돌인 붉은벽돌이 있다.

벽돌제조의 기원은 매우 오랜 것으로 이집트의 피라미드(Pyramid)와 바빌로니아의 탑 중에 소성하지 않은 천일건조 벽돌로 축조한 것이 있으며, 가마에서 구운 벽돌은 후기 바빌로니아 왕조시대에 출연하였고, 그 후 희랍·로마시대에 이르러서는 건축에 소성벽돌이 많이 쓰였으며, 로마시대에 이르러 아치(Arch)·볼트(Vault)·돔(Dome) 등의 벽돌구조법이 발달하였다.

그 후 벽돌은 석재와 함께 철근콘크리트구조가 출현하기 전까지는 유럽에서 주요 건축물에 가장 빈번히 이용되었다.

우리나라 및 중국에서는 전이라 칭하는 흑색 소성벽돌을 제조하여 궁전·불각·탑비·담등에 쓴 것이 현재까지 남아 있는 것이 있고, 특히 진나라 진시황때 축조한 만리장성에 전이 사용되었다. 그 후 서양

건축이 발흥함에 따라서 오늘날과 같은 벽돌이 쓰이게 되었다.

(2) 원료 및 제조

저급 정도의 점토를 사용하여 필요에 따라 탈점제로서 강모래, 샤모테를 가하거나 색조의 조절로 가하여 점토를 조절한다.

제조공정은 점토조절-혼합-원료배합-성형-건조-소성-제품의 순서이며, 천연 또는 인공 건조 후 등요나 호프만요(Hoffmann kiln) 또는 터널가마솥에서 소성하며 소성온도는 900~1,100℃이다.

성형은 압출 성현한다. 적색 또는 적갈색을 띠로 있는 것은 점토중에 포함되어 있는 산화철분에 기인한다.

(3) 품 질

보통벽돌은 강도가 크고 흡수율이 적고, 모양이 바르고, 갈라지는 등의 결함이 없어야 한다. 보통벽도은 표4에 표시한 바와 같이 1급·2급으로 구별하고, 이것을 각각 1호・2호로 선별하여 모두 4종으로 정하고 있다.

표4 보통벽돌의 품질(등급)

<table>
<tr><th colspan="2">등 급</th><th>압충강도</th><th>흡수율</th><th>구워진 정도</th><th>두드렸을 때</th><th>형 상</th><th>비 고</th></tr>
<tr><td rowspan="2">1급</td><td>1호</td><td rowspan="2">150이상</td><td rowspan="2">20이하</td><td rowspan="2">양 호</td><td rowspan="2">금속성 청음</td><td rowspan="2">형상이 양호하고 갈라짐・흠이 극히 적은것.</td><td rowspan="4">벽돌의 비중은 1.5~2.0
1장의중량은 1.9~3.0kg</td></tr>
<tr><td>2호</td></tr>
<tr><td rowspan="2">2급</td><td>1호</td><td rowspan="2">100이상</td><td rowspan="2">23이하</td><td rowspan="2">보 통</td><td rowspan="2">탁 음</td><td rowspan="2">1호는 형상이 양호하고 갈라짐・흠이 극히 적은 것
2호는 형상이 보통이고 심한 갈라짐·흠이 없는것</td></tr>
<tr><td>2호</td></tr>
</table>

벽돌의 등급을 속칭 과소벽돌, 소벽돌, 보통벽돌, 변색벽돌, 등외벽돌 등으로 구별하기도 한다.

과소벽돌(Clinker brick)은 소성온도가 지나치게 높아서, 질이 견고하고 두드리면 금속성 청음이 나며 흡수율이 낮으나 형상이 일그러져 부정형이며, 치수차가 많고 자색 또는 기초 조적재 등으로 쓰인다. 과소벽돌을 괄벽돌, 과벽돌, 과소품벽돌, 과열벽돌이라고도 부른다.

소벽돌은 1급 벽돌로서 소도(燒度)가 양호하며 두드리면 청음이 나고 빛깔은 검붉은 색이며 일반구조용·치장용으로 많이 쓰인다. 보통소벽돌은 2급 벽돌로서 소도가 보통이고 두드리면 탁음이 나며 빛깔은 붉은 주홍색으로 강도가 적고 흡수율이 다소 높다. 따라서 이것은 우로에 맞지 않는 내부 간벽용으로 쓰인다.

변색벽돌은 과열되어 모양이 일그러지고 빛깔로 검붉은 벽돌로서 특수치장용으로 쓰인다.

일반적으로 벽돌은 잘 구어진 것일수록 치수가 작아지고 색이 짙어지며 두드리면 청음이 난다. 현재 시판되고 있는 보통벽돌은 규격별로 선별하여 판매되고 있지 않기 때문에 불합격품이 혼합되어 반입될 때가 많다. 더욱이 1호 . 2호의 선별은 특별 주문하지 않고서는 사실상 구득하기가 어렵다.

(4) 형상 및 치수

보통벽돌의 규격은 한국산업규격(KS L 4201)에 규정되어 있다. 여기서 정하고 있는 표준형의 크기는 길이 1900㎜, 나비 90㎜, 두께 57㎜이고 줄눈은 세로 . 가로 10㎜를 표준으로 하고 있다.

기존형 벽돌의 크기는 길이 210㎜, 나비 100㎜, 두께 60㎜이다. 재래벽돌의 크기는 길이 227㎜(7.5치), 나비 109㎜(3.6치), 두께 60㎜(2.0치) 이다. 벽돌은 온장을 쓰는 것이 원칙이나 경우에 따라서는 온장을 깨뜨려 반토막 · 이오토막 · 칠오토막 · 반절 · 반반절 등으로 쓰기도 한다. 이렇게 하는 것을 벽돌 마름질이라 한다.

(5) 종별 사용개소

보통벽돌의 종별에 따른 사용개소는 특기시방서 등에 특별히 정하고 있지 않을 때에는 표5에 따른다. 보통벽돌을 물에 젖는 곳이나 습기차는 곳에 사용하면 흡수 또는 동결로 인해 벽돌 자체가 분해되어 벽돌조가 파괴된다. 또한 강도가 부족한 보통벽돌을 사용하면 벽돌벽의 균열을 발생시키기 쉬우며, 흡수율이 높고 질이 좋지 않은 보통벽돌을 사용하면 벽돌벽의 외부에 공사완료 후 흰가루가 돋는 현상, 즉 백화현상을 발생시키게 된다.

표5. 보통벽돌의 종별에 따른 사용개소

	종별		사 용 개 소
보통벽돌	1 급	1 호	바깥벽 및 내력벽으로서 치장이 되는 부분
		2 호	바깥벽 및 내력벽으로서 치장이 안되는 부분
	2 급	1 호	내력벽이 아닌 안벽 또는 간막이벽으로서 치장이 되는 부분
		2 호	내력벽이 아닌 안벽 또는 간막이벽으로서 치장이 안되는 부분

5.2 경량벽돌(Light weight brick)

경량벽돌은 저급점토・목탄가루・톱밥 등으로 혼합・성형한 후 소성해 만든 것으로서 보통벽돌보다 가벼운 벽돌을 말한다. 또한 벽돌의 무게를 감소시킬 목적으로 내부에 구멍을 내기도 한다. 무게가 가볍고 단열·방음성이 있어 특수한 목적에 쓰여지는 것으로 구멍벽돌과 다공벽돌이 있다.

(1) 구멍벽돌(Hollow brick)

구멍벽돌은 점토를 원료로 속이 비게 성형한 후 소산해 만든 벽돌로서 중공벽돌・속빈벽돌・공동벽돌이라고도 한다. 구멍의 수로 1공형・2공형・3공형・4공형 등으로 구분할 수 있고 그 치수도 구멍수에 따라 각기 다른바 그 형태・치수는 그림3과 같다. 이 벽돌은 보온・방음을 위해 방음벽・단열벽 등에 주로 쓰이며 건물의 경량화를 도모하기 위해 간막이벽 등에 쓰인다.

(2) 다공질 벽돌

다공질벽돌은 점토에 유기질 분말인 분탄・톱밥・겨 등을 30～50% 정도 혼합해 성형한 후 소성한 것으로 내부에 무수한 작은 구멍이 생기므로 비중이 1.2～1.5정도로 되어 절단・못치기등의 가공이 유리한 벽돌이다. 이 벽돌을 다공벽돌 이라고도 한다.

이 벽돌은 강도 부족으로 구조재용으로는 불가하나 보온・흡음성이 있어 방열・방음 또는 경미한 간막이벽 및 단순한 치장재로 쓰인다.

5.3 내화벽돌(Fire brick)

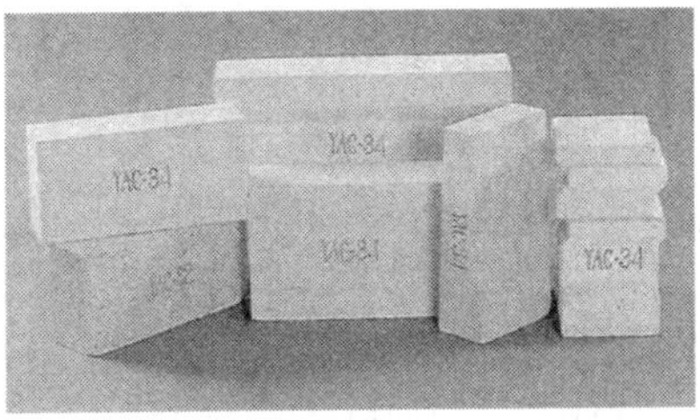

내화벽돌은 내화성이 높은 원료인 내화점토로 만든 벽돌로서 내화도가 1,500～2,000℃ 정도인 황백색벽돌이다. 내화벽돌은 형상·내화도·품질에 따라 종류가 많다. 그 중 내화도로써 저급품·보통급품·고급품으로 나누는데 내화벽돌의 내화도가

S·K 26～29(1,580～1,650℃)에 해당되는 것을 저급품, S·K 30～33(1,670～1,730℃)에 해당되는 것을 보통급품, S·K 34～42(1,750～2,000℃)에 해당되는 것을 고급품이라 한다.

또한 고온에서의 화학작용에 의해 산성 내화벽돌·염기성 내화벽돌·중성 내화벽돌의 3종으로 분류되고 화학성분에 따라 점토질내화벽돌·규석질 내화벽돌·특수질 내화벽돌로 분류되기도 한다. 산성내화벽돌은 규산이 많은 원료를 사용한 것으로 고온에서 염기성 물질과 화합한다. 그 종류에는 내화점토질벽돌·규석질벽돌·샤모테질벽돌 등이 있다. 염기성 내화벽돌은 고온에서 염기성에 강하나 산에 약한 내화벽돌로서 그 종류로 마그네시아벽돌이 있다. 중성 내화벽돌은 산성·염기성이 분명치 않은 내화벽돌로서 그 종류에는 크롬내화벽돌·알루미나질 내화벽돌이 있다.

위와같은 내화벽돌은 원료에 따라 화학적 성질 및 내화도가 각각 다르다. 내화벽돌은 세게르콘(Seger - Keger cone;S·K)[세게르콘은 세모뿔형으로 된 기구로, 노중의 고온도(600～2,000℃)를 측정하는 온도계이다. 세모뿔의 경화 정도로써 온도를 알 수 있다] 26(연화온도 1,580℃)이상의 내화도를 가진 것이고, 굴뚝·난로 등의 내부 쌓기용으로서는 S·K26～29정도의 것이 사용된다. 보일러내에는 S·K 32 이상의 것이 보통 쓰인다. 난로·굴뚝 등의 안쌓기에는 석탄 연소에 의한 황산분에 대해 안전한 산성 또는 중성의 것이 사용된다.

내화벽돌은 용도상 내화도가 어느 정도인가가 가장 중요하고 형상이

바르고 사용상 해로운 흠 또는 균열 등이 있어서는 안되며, 각종 시험 결과 각 종류별로 요구되는 품질기준에 합격한 것을 사용한다.

내화벽돌의 치수 · 특성 · 화학성분의 측정 및 분석방법은 한국산업규격(KS L 3111, KS L 3113, KS L 3114, KS L 3114, KS L 3119, KS L 3120)에 규정되어 있다.

내화벽돌은 저장할 때 빗물에 젖지 않도록 특히 주의하고 형상·품질 및 용도별로 구분하여 일정한 무더기로 쌓아 둔다. 내화벽돌의 운반 및 취급에 있어서는 깨어지거나 모서리가 떨어지지 않도록 던지거나 쏟아내리는 일이 없게 한다.

내화벽돌은 한국산업규격(KS L 3101, KS L 3102, KS L 3105, KS L 3201, KS L 3204, KS L 3205, KS L 3301)의 규정에 합격한 것을 사용한다. 내화벽돌의 품질은 표6과 같다.

표6. 내화벽돌의 품질

종 류	비 중	S.K	압축강도(kg/㎠)		급열급냉저항
			20도	1300도	
샤모테벽돌	2.7	27～35	120～320	70～260	아주 강하다
규석벽돌	2.8	33～36	150～350	60～160	적열이하는 약하고, 이상은 아주강함
고토벽돌	3.6	35～42	260～450	70～120	약함
크롬벽돌	4.0	31～42	260～800	6～220	약함
보크사이트벽돌	4.0	36～39	70～1100	60～740	약함
탄소벽돌	3.0	42	110～330	1000	아주강함

내화벽돌을 쌓는 데는 줄눈에 내화모르타르를 사용하여야 한다. 내화모르타르(Refractory mortar)는 내화벽돌쌓기용 모르타르로서 한국산업규격(KS L 3202)의 규정에 합격한 것을 사용한다.

내화모르타르의 종별 · 등급 및 품질은 표7과 같고 특별한 규정이 없을 때에는 점토질내화모르타르 3종 이상으로 하되 사용하는 벽돌과 같은 정도의 내화도가 있는 것으로서 그 입도는 표준체 2.5㎜ 정도의 것을 사용한다.

내화모르타르는 가마니 또는 지대에 넣어 40kg, 50kg단위로(1l는 약 1kg 임) 판매하고 있으며, 저장할 때는 습기가 차지 않게 또는 흙·먼지·기타 분순물이 혼입되지 않도록 한다.

(1) 내화점토질벽돌

내화점토질벽돌은 규조토·목절점토[탄층의 하반에서 산출] 등의 내화점토를 사용하여 만든 내화성 있는 벽돌로서 산성 내화벽돌의 일종이다. 종류는 내화도·압축강도 및 겉보기 기공률에 따라 12종류로 구분하고, 형상에 따라 보통형·가로형·세로형·쐐기형으로 구분한다. 형상에 따른 내화점토질벽돌의 품질은 표7과 같고, 형상과 치수는 표준형 내화벽돌과 같으며 개개의 형상이 바르고 심하게 갈라지거나 기타 흠이 없는 것을 사용한다.

표7. 내화점토질벽돌의 품질

종 별	1종	2종	3종	4종
내화도	34이상	32이상	30이상	26이상
부피비중	1.9이상	1.9이상	1.9이상	1.8이상
압충강도(kg/㎠)	200이상	200이상	180이상	150이상

(2) 고알루미나질내화벽돌

고알루미나질 내화벽돌은 알루미나(Al_2O_3)가 45～80% 이상 함유된 내화벽돌로서 중성 내화벽돌의 일종이다. 종류는 1종, 2종이 있고, 1종은 전주품이고 2종은 소성품으로서 특급, 1급(S.K. 38이상), 2급(S.K 37이상), 3급(S.K 36이상), 4급(S.K 35 이상)으로 구분한다. 모양 및 치수는 내화점토질벽돌과 같다.

(3) 규석벽돌(Silica brick)

규석벽돌은 규산질(SiO_2)을 주원료(93%이상)로 약간의 석회유을 썩어서 만든 내화벽돌로서 내화도(S.K 33~36)가 높아 약간 팽창성이 있다. 산성 내화벽돌의 일종이며, 보통 온도변화가 적은 곳에 쓰인다. 종류는 겉보기 기공률, 연화점, 화학성분에 따라 1종·2종·3종으로 모양 및 치수는 내화점토질벽돌과 같다.

(4) 내화단열벽돌

내화단열벽돌은 부피비중·압축강도·열전도율에 따라 A류 7종, B류 7종, C류 3종으로 구분하고 형상 및 치수는 내화점토질벽돌과 같다. 내화단열벽돌의 규격은 한국산업규격(KS L 3301)에 규정되어 있다.

5.4 특수벽돌(Special brick)

특수벽돌은 특수한 용도를 가진 벽돌의 총칭으로서 일반적인 용도를 가진 보통벽돌보다 형상·치수·빛깔이 다르거나 원료가 약간 다르다. 특수벽돌에는 검정벽돌·이형벽독·오지벽돌·포도벽돌·광재벽돌·날벽돌 등이 있다.

(1) 검정벽돌 (Black brick)

검정벽돌은 진흙을 반죽해 빚어 불완전 연소로 소성해 빛깔이 검게 된 벽돌을 말하며 흙벽돌이라고도 한다. 검정벽돌은 주로 치장용으로 쓰인다.

(2) 이형벽돌 (Special brick, Moulded brick, Purpose-mold brick)

이형벽돌은 보통벽돌보다 형상, 치수가 규격에 정한 바에 다른 특이한 벽돌로서 특수한 형태의 구조체에 쓸 목적으로 만든 것이다. 아치 쌓는 데 쓰이는 홍예벽돌과 원형창 주위 원형벽체를 쌓는 데 쓰이는 원형벽돌이 있으며, 그밖에도 형상에 따라 둥근모벽돌·팔모벽돌 등이 있다.

(3) 오지벽돌(Salt glazed brick)

오지벽돌은 벽돌의 길이나 마구리면에 오지물을 칠해 구운 치장벽돌이다. 주로 전물의 외벽에 치장을 하거나 건물 내부 또는 장식물의 치장을 할 목적으로 사용한다.

(4) 포도벽돌(Pavement brick)

포도벽돌은 도로나 마루바닥에 까는 두꺼운 벽돌로서 원료로 연와토(煉瓦土)·도토(陶土)등을 쓰고 식염유로 시유 소성한 것이다. 크기는 210×90×74㎜이고 비중은 2.2~2.4 정도이다. 포도벽돌은 경질이며 흡습성이 적고 두꺼워서 도로·복도·창고·공장 등의 바닥면에 깔아 쓴다.

(5) 광재벽돌(Slag brick)

광재벽돌은 슬래그를 분쇄한 것에 소석회(8~12%)를 혼합하고 물반죽 한 후에 대기중에서 2~3개월 경화시키거나 고압증기 가마에 경화시켜 만든 것으로서 고로벽돌 또는 슬래그벽돌이라고 한다. 광재벽돌은 흡수율~열전도율이 낮아 단열 및 보온의 목적으로 사용하고 무게가 가벼워서 경량재료로 사용한다.

(6) 날벽돌(Adobe)

날벽돌은 굽지 않은 날흙 벽돌이다. 강도가 낮고 흡수율 등이 높기 때문에 사용도가 낮지만 열전도율이 낮아 강도를 높여 주고 흡수율을 낮게 하는 재료를 첨가하여 제조하는 등 날벽돌의 단점을 개선하면 좋은 단열 및 보온재료가 될 수 있다.

5.6 점토기와(Ceramic roofing tile)

점토기와는 점토(진흙·찰흙)에 약간의 모래를 섞고 물로 이겨 900~1,000℃로 구워 만든 기와로 토기와·진흙기와·흙기와라고도 한다. 기와는 모양에 따라 우리나라에서는 한식기와·일식기와·양식기와로 구별하며 한식기와 잇기(조선기와 잇기)에는 점토기와, 즉 구운

흙기와가 많이 쓰이고 그 외에 암기와 · 숫기와 · 내림새 · 막새 등의 종류가 있다. 빛깔은 보통 검정색이고 때에 따라서는 시유한 오지기와 · 청기와 등을 사용한다.

기와는 흡수율이 낮고, 두드리면 금속성 청음이 나며, 형상 · 색깔 · 광택등이 아름답고 방수 · 보온 · 내구성 · 강도 등이 충분하며, 이지러짐 · 갈라진 얼룩등이 없는 상등품을 사용하는 것이 좋다. 한식기와의 치수는 표8과 같고 고대의 것일수록 크다. 점토기와의 제조방법과 질에 따라 소소와·훈소와·시유와로 분류한다.

표8. 한식기와 치수

종 별	암 기 와		숫 기 와	
	길 이	나 비	길 이	나 비
보통 기와	300	270	270	120
고급 기와	330	300	300	135
고건축큰기와	330	315	315	150

표9. 토기와의 치수

번호	기 와 치 수(mm)			실용치수(mm)		지붕m²당 소요장수	지붕평당 소요장수
	두께	길이	나비	길 이	나 비		
1	16~21	295	295	225	255	16.94	56
2		290	285	220	250	18.15	60
3		280	275	210	240	19.36	64
4		290	290	185	245	21.78	72

(1) 소소와

소소와는 저급점토를 원료로 900~1,00도로 소소해 만든 기와인데 흡수율이 크므로 실용적이 못되는 적와이다.

(2) 훈소와

훈소와는 건조제품을 가마에 넣고 원료로 장작이나 솔잎 등을 써서 검은 연기로 그을려 만든 기와이다. 이 기와의 표면은 회흑색이고 방수성이 있으며 강도가 높다.

(3) 시유와

소소와에 오지물을 칠해 재소성하면 표면이 각종 색(청·녹·황·적색)으로 착색되고 경질면이 되어 광택이 나고 방수성이 커지며 외관이 아름다우므로 장식재료로 쓰인다. 오지기와는 기와소성이 끝날 무렵에 연소실로 식염을 투입하여 증발시켜, 기와 가마속에 식염증기를 충만시키면 가마내의 온도저하에 따라 기와표면에 식염증기가 응축되면서 유약피막이 형성되어 광택이 나고 표면이 매끈하며 견고한 기와가 된다. 이 기와의 색깔은 보통 다갈색(적갈색)인데, 특히 광택이 나는 기와를 처기와라고 한다.

여와

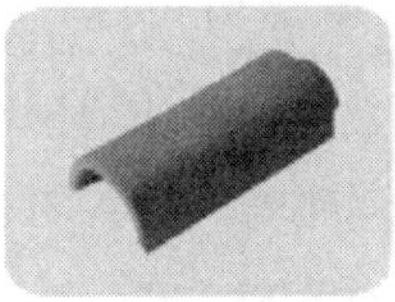
부와

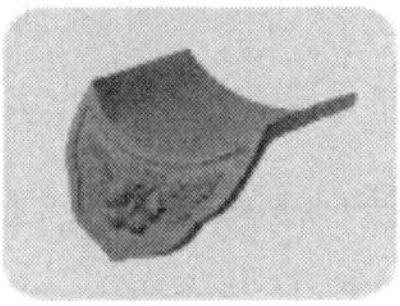
여막새

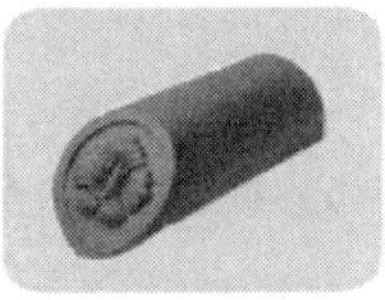
부막새

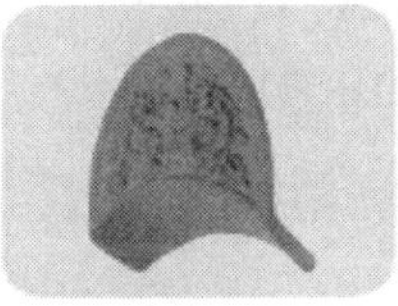
망와

착고

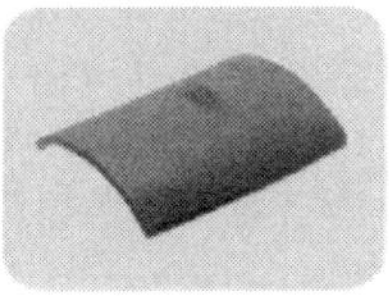
도둠

초장

5.6 타일(tile)

(1) 타일의 정의

타일은 점토 또는 암석의 분말을 성형·소성해 만든 박판제품(두께 약 5㎜정도)을 총칭한 것이다. 미국재료시험 협회에 의하면 "타일은 요업제품으로서 보통은 표면적에 비해 상당히 얇고 점토 또는 점토와 다른 원료와의

혼합물로 만든다. 시유 또는 무유로써 제조공정중에서 적열이상의 온도로 소성해 특별한 물리적 성질 및 특징을 갖게 한 것을 말한다" 라고 되어 있다.

보통 타일은 도기질 타일을 말하며 도기질타일은 함수규산반토를 주성분으로 하는 점토에 규석·소성한 것이다

(2)타일의 역사

타일이란 어원은 프랑스어 "Tuile"에서 유래되었다고 전하고 있다. 요업제품과 건축의 관계는 매우 오래전부터였으며 타일은 바빌로니아·앗시리아·페르시아의 건축에서부터 사용되기 시작하였고 터키건축에서 시유한 타일이 사용되었다고 한다. 그러나 이것을 얇은 벽돌모양의 것에 지나지 않는 것이었다.

벽돌조의 표면 마무리재로서 규격화된 타일이 공장 생산화된 것은 19세기 중엽부터이다. 우리나라에서 타일이 처음 사용된 건물은 1900년대에 덕수궁 석조전·운현궁 본관등이고 1920년대에는 한국은행 본관등에 외국산 타일을 사용했으나 1930대에 와서 처음 타일을 국내에서 생산하게 되었다. 국산타일이 처음 사용된 건물은 서울대 의대 본관이라고 하며 1854년경부터 외장타일과 모자이크타일이 생산되었고 1964년부터 자기질 무유 모자이크타일이 생산되었으며 1966년부터 시유 모자이크타일이 터널가마솥에 의해 대량생산되기 시작하였다.

(3) 타일의 원료

(가)소지원료

타일의 소지는 가소성부분, 결정부분, 유리상부분을 구성하는 장석·도석·납석·고령토·점토·규석등으로 되어있다. 장석은 규산·알루니뮨·나트륨·칼슘·알칼리 등으로 되어 있어, 용융점이 다른 원료보다 낮고 기계적 결합에 영향을 받으며 결정수를 빼앗긴 점토 또는 규석을 용해하여 자기의 조성을 구성하는 중요한 원료이다.

도석은 운모와 규석이 혼합되어 혼합물로서 그 자체만으로도 도자기를 만들어 낼 수 있다. 도석이 토상으로 되어 있으면 도토 또는 백토라고 하고 암석상이면 도석이라고 한다.

납석은 석납같은 촉감이 있는 암석으로서 주성분은 산화알루미늄이며, 탈수감량이 적고 소성온도에 의한 수축의 차가 적다. 고령토는 알루미나와 무수규산의 함수 화합물로서 바위속의 장석의 풍화에 의해서 생기는데, 미세한 박판상 또는 인편상으로 산출되며 내화성이 강하고 소성색상이 거의 순백색으로서 고량토 또는 고령토라고도 한다. 우리나라에서는 하동 · 산청 · 상주 등에서 산출되는데, 그 품질은 세계적으로 인정받고 있다.

점토는 천연산의 미세한 입자의 집합체로 유기물질을 많이 포함하고 있다. 따라서 가소성이 크고 건조강도가 크며 유리화의 범위가 넓어 필수적인 원료이나 국내에서는 양질의 것이 발견되고 있지 않다. 규석은 규산을 화학성분으로 한 석영 · 수정 등의 광물로서 도자기 속에 넣으면 점성을 제거하는 효과가 있으며,

소지 속에서 미분화 한다. 또한 다른 성분과 혼합되어 잘 녹으며 유리질이 빨리 생긴다. 투광성도 좋아지고 기계적 강도와 백색도를 증가시킨다.

(나) 유약원료

장석 · 석회석 · 규회석 · 고령토 · 규석 등 원료광물과 안료나 화공약품을 적당량 배합해 착색한다.

착색제는 거의가 금속성 산화물이며 소성중 안정화를 위해 백옥화 및 색소화 시켜서 사용하며 특수한 경우 금속산화물 자체를 사용하기도 한다.

유약의 종류는 일반적으로 생유 · 프리트유 · 증발유 · 택유 · 결정유로 구분한다. 또한 유약층 냅의 특성에 따라서는 반투명유 · 마졸리카유· 사금석유 · 결정유로 구분하기도 한다.

(4) 타일의 제조

타일의 일반적 제조공정은 다음과 같다.

원료의 건조분쇄, 기타처리→원료의 조합→미분쇄→물비빔

압려→건조→분쇄→함수→가압성형 (건식제법)

압출성형→건조 (습식제법)

→소성→검사→시유→소성→선별검사

타일의 성형에는 건식과 습식의 2가지 방법이 있다. 건식은 소지재를 건조 분말로 하여 여기에 약간의 습기를 주어 형틀에 넣고 가압성형한 방식이고 습식은 소지재를 균일한 플라스틱상태로 반죽해 찍어내는 방식 또는 형틀에 넣어 성형하는 방식이다. 건식은 조시가 치밀해 표면이 평활하고, 모서리가 정확하게 되며 얇아도 비교적 강하다

표10. 건식과 습식타일의 특징

명 칭	성형 방법	제조 가능한 형태	정 밀 도	용 도
건식타일	트레스 성형	보통타일 (간단한 형태)	치수·정밀도가 높고, 고능률이다.	내장타일 바닥타일 모자이크타일
습식타일	압출 성형	보통타일 (복잡한 형태도 가능)	프레스형에 비해 정밀도가 낮다.	외장타일 바닥타일

(5) 타일의 종류

(가) 호칭에 의한 구분

호칭에 의한 구분	주 용 도
내 장 타 일	내장벽재외장바닥재
외 장 타 일	외장바닥재
바 닥 타 일	내 · 외장벽재
모자이크타일	내 · 외장벽 및 바닥재
클렁커타일	외장바닥재

(나) 소지의 질에 의한 구분

소지의 질에 의한 구분	내 용	
	소 지 의 생 태	흡 수 율(%)
자기질 타일	불침투성	0
	용화성	1.0미만
석기질 타일	대부분 용화성	1.0이상 3.0미만
	반용화성	3.0이상 10.0미만
도기질 타일	비용화성	10.0이상

(다) 호칭 및 소지의 질에 의한 구분

호 칭 명	소 지 의 질
내 장 타 일	자기질 · 석기질 · 도기질
외 장 타 일	자기질 · 석기질
바 닥 타 일	자기질 · 석기질
모자이크타일	자기질
클링커타일	석기질

(라) 유약의 유무에 의한 구분

시유타일

무유타일

(참고)타일의 호칭 방법 순서

소지의 질 - 유약의 유무 - 호칭명

(보기)

도기질 - 시유 - 내장타일

석기질 - 무유 - 바닥타일

자기질 - 시유 - 모자이크타일

※ 1. 단, 호칭 방법에서 필요없는 부분은 제외해도 된다.

2. 내장타일 · 외장타일 · 바닥타일 및 모자이크타일을 구성타일로한 경우는 각각 내장구성 타일 · 외장구성타일 · 바닥구성타일 및 모자이크 구성타일이라 부른다.

(마) 등급별 분류

등 급	기 준
1 급 품	(1)색조가 특히 양호한 것 (2)외관 결점이 없는 것 (3)색조가 정확하고 고른 것
2 급 품	(1)색조가 좋은 것 (2)외관 결점이 심하지 않은 것
3 급 품	(1)색조가 보통인 것

(6) 타일의 형상 및 치수

타일은 형상에 따라 여러 가지가 있으나 보통 정사각형・직사각형・정육각형・팔각형이 많이 쓰이며,

특수형으로는 보더타일・모자이크타일・둥근모타일・볼록타일・ㄱ자형타일(모서리형)・면접기 타일 등이 있다. 특수용도에 쓰이는 것으로는 창인방용타일・창대용 타일・논슬립타일 등이 있다.

면처리한 것으로는 스크랫치타일・태피스트리타일・천무늬타일・클링커타일 등이 있다. 보더타일은 가늘고 길게 된 타일로서 특수한 장식적인 봉형의 시유품으로 걸레받이・징두리벽 등에 쓰인다.

모자이크 타일은 4㎝ 각 이하의 소형으로 된 타일을 말하는데, 이것은 30㎝ 각 하트론지에 줄눈을 일정하게 나누어 모아 붙여서 판매한다. 모자이크타일 중에서 11㎜각 정도의 극히 작은 타일을 아트모자이크 또는 라스모자이크 라고 하며, 이것은 무늬모양・회화등에 쓰인다.

스크랫치 타일은 겉 표면을 긁은 것 같이 하며 6㎝×21㎝의 벽돌길이 방향과 같은 크기로 만들어 외장용으로 쓰이는 타일이다. 논슬립타일은 계단 디딤판 끝에 붙여 미끄럼막이를 하는 것으로 크기는 6㎝×11㎝, 7.5㎝×15㎝, 9㎝×15㎝의 것이 있다. 원료에 점토를 사용하지 않고 카보런덤(Carborundum: 탄화규소의 상품명)가루를 구어서 만든 것을 아란덤타일(Alundum tile)이라 하는데 최고품이다.

클링커타일은 과소타일을 말하는 데 크기는 18㎝ 각, 두께는 약 2.5㎝이고 석기질로 모양을 낼 수 있으며 식염유를 발라 진한 다갈색이다. 이 타일은 비교적 다른 타일에 비해 두께가 두껍고 홈줄을 넣은 외부 바닥용의 특수타일로서 지대・디딤대 등에 쓰인다.

타일두께의 제작치수는 일반적으로 뒷굽까지 두께가 포함된다. 뒷굽이 부정형인 경우는 뒷굽까지의 두께가 포함되지 않는다. 타일의 두께는 보통 다음과 같다.

내장타일 4～8㎜

외장타일 5～15㎜

바닥타일 7～20㎜

모자이크타일 4～8㎜

(7)타일의 용도

타일은 용도상 외부용과 내부용으로 구분되고, 또 각기 벽용과 바닥용으로 구분된다. 내・외부벽용은 최근에는 벽용・바닥용의 구별 없이 쓰인다. 외부벽용 타일은 흡수성이 적고 외기에 대해 저항력이 강한 단단한 것이 좋고 모양은 정사각형(비교적 작은것)・마구리형・길이형 등이 많이 쓰인다. 내부벽용 타일은 흡수성이 다소 있고 외기에 저항력이 적은 것이 쓰이지만 미려하고 위생적이며, 청소가 용이한 것이 많이 쓰이고 모양은 정사각형(대형)이 많이 쓰인다.

내부벽용 타일은 단단하고 마모에 강하며 흡수성이 적은 것이 좋고, 자기질 석기질의 무유 또는 시유품으로 표면이 미끄럽지 않은 것이 쓰이며, 모양은 대개 직사각형이나 정육각형, 팔각형등이고 외부바닥용으로 지대・디딤대 등에는 클링커타일이 주로 쓰인다.

(8) 타일의 선정

타일의 종류・등급・형상・치수・이형・소지・소지표면의 상태・시유약의 색깔·광택 및 등급은 특기 시방에 따르거나 견본품을 제출하여 담당원의 승인을 얻어 확정된 다음에 소요수량을 반입한다. 타일이 대형일수록 치수차가 크고 모양도 뒤틀리거나 우그러든 것이 많고 저급품일수록 표면에 흠집이 많다. 알맹이가 붙어 있는 것, 유약에 금이 그어진 것, 옆면 가장자리가 곱지 않고 유약이 불균등하게 묻은 것이 있으나 이것은 대개 눈으로 판별되고 손으로 만져보면 그 결함의 대강은 판단할 수가 있다. 또한 바늘구멍 정도라도 유약이 묻지 않은 부분이 있는 것은 동절기에 수분이 흡수되며 결손되기 쉬우므로 엄선해야 한다.

타일은 표준치수를 중심으로 대소의 몇 종류로 나누어 극단적으로 차이가 많고 가로・세로치수를 제출해 담당원의 승인을 받아야 하고, 이때의 견본은 가로・세로 각각 30㎝이상 크기의 합판 또는 하드보드에 붙인 것으로 한다.

타일은 흡수율이 자기질타일의 경우 내외장 및 바닥 등의 용도에 관계없이 1%이하, 석기질타일은 10%이하, 도기질타일은 22%이하인 것이어야 하며, 바닥타일 및 모자이크타일에 대한 마모에 의한 감량은 각각 0.1g 이내의 것으로 하고, 꺽임 파괴하중이 폭 1㎝당 내장타일은 1.2㎏이상, 외장타일은 6㎏이상, 바닥타일은12㎏이상의 것을 선정해 사용해야 한다고 한국산업규격(KS L 1001)에 규정되어 있다. 또한 뒷발의 길이는 표11를 참고해 결정한다.

표11. 타일의 크기별 뒷발길이

구 분 / 타일의 크기(㎜)	뒷발길이(㎜)	붙임모르타르 두께(㎜)	중량(g)
87×57×6	0.2	4	100
108×60×7.7	1.3	4	110
111×90×11.3	2.4	5.5	250
190×90×12.6	2.5	6	430
210×100×18	1.2	78	800
190×190×11	2.0	6	760
240×117×11	3.9	7	650
300×200×10	0.5	5	1,240
225×61×36	4.4	10	750
225×90×21	5.0	10	920

비고) 국내사용 타일을 샘플링해 조사한 값이다.

(9) 타일 붙임용 재료

타일붙임용 재료의 종류는 무기질시멘트모르타르와 유기질고무계 또는 에폭시계로 대별한다. 타일붙임재료는 접착력이 강하고 작업성이 있어야 하며 내구성이 강하고 경제적인 것이어야 한다. 접착력은 최소한 4㎏/㎠ 이상 확보하여야만 타일의 탈락현상과 동해에 의한 내구성의 저하를 방지할 수 있다.

시멘트모르타르의 표준배합은 모르타르는 건비빔한 후 3시간 이내에 사용하며 물을 부어 반죽한 후 1시간 이내에 사용한다.

(10) 타일의 시공

(가) 타일의 시공법

타일의 붙임공법을 대별하면 떠붙임공법과 압착 및 밀착공법이 있으며 이외에도 이들 공법을 약간씩 변형시킨 개량떠붙임공법 및 개량압착공법 등이 있다.

떠붙임공법(재래식공법)은 타일 뒷면에 붙임용 모르타르를 바른 뒤 바탕면에 타일을 한 장씩 두드리며 눌러 붙이는 공법으로 내·외벽 공사시 가장 널리 사용되는 공법으로서 빈틈이 생기지 않게 눌러 붙인다. 압착공법은 타일붙임 바탕에 불팀용 모르타르(혼화제 주입 모르타르, 기성조합 시멘트)를 먼저 바르고 그 위에 타일을 눌러(압착) 붙이는 공법으로 내·외장 타일을 붙이기에 많이 사용한다.

밀착공법은 타일붙임용 바이브레이터(Vibrator)를 사용하여 타일에 충격을 주면서 접착하는 공법으로서 1980년경에 일본에서 개발되어 보급된 공법이다. 밀착공법은 붙임모르타르가 타일줄눈 사이로 밀려나올 때까지 충격을 주면서 붙이는 공법이기 때문에 별도의 줄눈재료가 필요치 않아 일명 동시줄눈모르타르라고도 한다.

개량떠붙임공법은 바탕에 얇게 바탕모르타르를 바른 뒤, 타일 뒷면에 떠붙임공법보다 붙임모르타르를 가가 바르고 타일을 붙이는 공법이다. 압착공법에 사용하는 붙임용 모르타르 대신에 유기질 접착제를 사용하여 붙이는 공법을 특히 접착제붙임공법이라 한다.

(나) 타일의 백화 현상

타일의 뒷면에 물이 침투되면 물은 바탕모르타르 속에 들어 있는 석회를 용해시켜서 수산화석회[Ca(OH)2]를 생성하는데, 이와 같이 생성된 수산화석회가 벽의 외부로 표출되면서 공기중의 탄산가스 등과 반응하여 석회석으로 변하여 타일의 표면을 오염시키는 현상을 타일의 백화현상이라 한다. 타일과 건물 사이에 물이 침입하여 발생하는 현상이므로 백화의 방지를 위해서는 우선 타일과 건물 사이에 물이 침투하지 않도록 하여야 하며, 그러기 위해서는 타일과 건물 사이에 공극이 발생치 않도록 모르타르를 충분히 타일 뒷면에 채워서 접착하되 붙임모르타르의 두께는 균등하도록 하여야 한다.

특히 떠붙임공법에 의해서 타일접착시공을 할 때 시멘트페이스트(Paste)를 줄눈에 뿌리는 것은 백화현상을 촉진시키는 요인이 된다. 현재까지는 타일의 백화현상을 방지할 수 있는 특별한 공법이 개발되지 않고 있는 실정이므로 백화방지를 위해서는 품질이 좋은 타일을 사용하고 정밀시공을 하는 것이 최선의 방법이라 하겠다.

5.7 테라코타(Terra-cotta)

테라코타란 이탈리아어로 "구은 흙"이라는 뜻으로 자토를 반죽하여 조각의 형틀로 찍어내어 소성한 속이 빈 대형의 점토제품이다.

건축공사에 사용되는 테라코타는 구조용과 장식용의 2가지 종류로 대변할 수 있다. 구조용 테라코타는 바닥·간막이벽 등에 사용되는 공동벽돌이고 장식용 테라코타는 내외장식용으로서 주문 제작한 것이다. 장식용 테라코타에는 두꺼운 타일과 같이 되어 있는 판형·쇠시리형 또는 조각물이 있고, 주로 난간벽(Parapet)·돌림대·창대·주두 등에 많이 쓰인다.

테라코타의 형상이 너무 크면 제조에 곤란하므로 제조할 수 있는 최대 크기를 평물(平物)이면 0.5㎡, 형물(型物)이면 1.1㎡를 한도로 하고 있으므로 설계시에는 이것의 반 정도로 맞추는 것이 좋다.

색소나 모양을 임의로 만들 수 있고 무유한 것도 있으나 시유한 것이 대부분이며, 돌보다 가벼우나 소성제품이므로 형상·치수 등 틀림이 생기기 쉬운 것이 결점이다. 형상 및 외관은 도면이나 모형 또는 견본품에 의하여 정하며 속빈 부분의 살두께는 25~40㎜ 정도로 한다. 맞댐자리 흠턱, 물끊기, 치켜올림 및 달기구멍 등이 있고 소성이 양호하며 뒤틀림·갈램·흠·표면의 색깔·얼룩 등이 없는 것으로서 각 치수의 오차가 2% 이상 나지 않는 것을 사용한다.

(가) 제 법

원료를 정제, 혼합한 후 반죽을 만들어 소요조각 모양의 석고 틀에 의해 부어 내거나 찍어내어 제조한다(거의 시유품이 많다).

(나) 종 류

부벽용 · 주두용 · 돌림띠용 · 난간 벽용 등으로 사용한다.

(다) 소성온도

소성온도는 1000~1200도 정도이다. 외장용으로 무광유를 많이 사용한다.

(라) 품 질

공동이므로 경량이고 특이 양질품은 흡수성이 없으며 내화성 · 내구성이 좋고 색조도 자유로워 일반적으로 온화한 외관을 가진다.

(마) 형상, 칫수 및 용도

테라코타의 형상이나 칫수는 일정하지 않고, 주문품으로 제작하므로 크기는 제조공정상 한도가 있다. 창문 주위 · 난간벽 · 부벽 · 주두 · 돌림띠 등의 장식용으로 사용된다.

(바) 테라코타의 시공

중공이므로 석재보다 가벼워 동선이나 긴결철물로 그 이면에 있는 구멍과 벽체의 긴결용 철물과 결속하고 모르터를 채운다.

5.8 토관과 도관

(1) 토관(Clay pipe, Earthen-ware pipe)

토관은 진흙(저급점토)으로 빚어 소성한 관으로서 소성온도는 1,000 정도이고, 강도는 약하나 짙은 자갈색에 두들기면 고음이 나며, 흡수율은 20% 이하이다. 유약칠을 한 것을 오지토관이라고 한다. 토관은 병소관 후소관으로 구분한다.

토관을 용도별로 구분하면 직관 · 곡관 · 만곡관 · 가지천관 · U자형관· 점축관 · 깔때기토관 등이 있다. 토관의 한쪽 끝을 삽구, 다른쪽 끝을 승구라 하며, 길이는 60㎝ 전후, 내경을 9~60㎝ 정도의 것을 사용한다.

(2) 도관(Ceramic pipe)

도관은 토관의 일종이나 보통토관보다 소성온도를 높게 하고 식염유를 바른 것으로 흡수율이 낮아 상수관 · 배수관 · 케이블 매설관 등에 사용한다.

5.9 위생도기(Sanitary wares)

위생도기는 각종 위생설비에 쓰이는 점토제품 기구류인 대소변기세면기 · 욕조 · 개수대 · 수채통 등의 총칭이다. 원료는 철분이 적은 장석 점토를 주원료로 하여 이에 도석 · 석회석 · 샤모트 등을 배합하고 유약원료로는 아연화 · 연단 · 석회석 · 점토 등을 사용하며 색유와 백유가 있다.

위생도기는 그 소지의 질에 의해서 용화소지질 · 화장소지질 및 경질도기질의 3종으로 구분한다.

위생도기의 성능은 다음과 같은 조건이 필요하다.

① 치수 및 형상이 정확하고 외관이 아름다우면서 청결할 것

② 표면이 평활하고 색감이 좋으며 급·배수 도는 청소 등의 기능에 적당할 것

③ 소지는 가능한 한 흡수성이 적은 질의 것으로 소지 및 유약의 어느 것에도 큰 얼룩이나 유약금 또는 균열 등의 결점이 없을 것

④ 내산, 내알카리성일 것

(1) 위생도기의 종류

(가) 변기

대변기[좌식용과 의자식(입식)용]는 흡취식과 수세식이 있고 소변기[벽부식과 스툴(stoop)식]는 급수구에 붙어 있는 것으로 대변기의 종류는 다음과 같다.

① 재래식 대변기 : 좌식 대변기이다.

② 트랩붙인 대변기 : 재래식이나 양식을 불문하고 방취밸브가 붙은 대변기이다.

③ 세락 대변기 : 세정수의 수압에 의하여 오물이 세락되는 변기이다.

④ 세출식 대변기 : 물고임이 있는 변기이며 건조면이 많아 오손되

기 쉬워 물을 많이 사용한다.

⑤ 사이폰 대변기 : 세정수의 사이폰 작용에 의하여 오물이 흡축되는 형식의 대변기를 말한다.

⑥ 자동 세정 대변기 : 용변후 화장지를 사용하지 않고 자동적으로 세정되는 특수 대변기, 특히 환자용으로 적합한 고급 대변기이다.

* 비데(bidet), 부인용 세정기 : 물을 사용하여 세정하는 것이다.

(다) 세면기

세면용인 대형의 것과 세수영인 소형의 것이 있고 급탕·급수 양용이 있고 배수구는 트랩관으로 연결한다.

(라) 싱 크

부엌용으로 그릇을 담그고 씻기 위해 도는 세탁물을 담겨두기 위해 만들고 화학실험용은 화학약품에 침식되지 않도록 해야 한다.

(마) 욕 조

구미식 욕실용 주형으로 된 것으로 급수·급탕·배수구가 있고 경질 미려하다.

(2) 위생도기의 품질

① 소성할 때 변형되거나 흠이 없어야 하며 조립할 때 잘 맞추어져 누수가 되지 않도록 해야 한다.

② 급·배수, 청소들의 기능이 좋고 외관이 정확하고 보기 좋아야 한다.

③ 내화학성도 좋고 물리적 성질도 좋아 내구적이다.

④ 기능시험·세척시험·급냉시험·습 배수시험·누수시험·내약품 시험 등에 합격한 제품만 사용한다.

(3) 형상, 칫수 및 용도

위생도기의 용도와 종류에 따라 치수가 다르다. 용도를 보면 건축물의 각종 위생 시설, 예를 들면 대변기·소변기·싱크대 등으로 사용한다.

8 접착제, 퍼티, 코팅제

1. 개 론
2. 퍼 티
3. 코킹재
4. 실링재
5. 탄성실런트
6. 가스켓(Gasket)
7. 접착제가 갖추어야 할 요건과 주의사항

1. 개 론

접착제란 재료를 서로 견고하게 접합시킬 수 있는 능력을 가진 물질의 총칭으로서 교착제라고도 한다. 주로 목재등의 유기재료를 접합시키는데 사용되어 왔으나 근래에 와서는 금속·유리·시멘트 제품들도 접합시킬 수 있는 성능의 합성수지계 접착제가 개발되어 널리 사용되고 있다. 접착제에서 풀·아교 등의 접착제는 내수성이 결핍하여 주로 종이·천·목재 등의 접착에 이용되어 왔다. 그러나 합판이나 적층재 등의 발전으로 인하여 높은 접착력, 내수성이 큰 것이 요구되어 최근 합성수지의 진보와 더불어 접착력·내수성·내후성·내화학성 등이 아주 우수한 것이 생산되어 종이·피혁 등의 접착으로부터 목재、금속、콘크리트·유리 등의 접착도 가능한 각종의 접착제가 생산되어지고 있다. 합성 패널류의 급속한 발전은 이러한 수지질 접착제에 힘입어 많은 진전을 보게 되었다. 접착제의 구성요소는 일반적으로 5종류의 요소로 이루워진다. 접착제에 접착성을 부여 하는 성분을 주결합체라 하며 합성수지 고무 역청질 등이 사용된다. 그리고 주결합체를 용해 또는 희석시키는 용제와 주결합제에 유연성을 주는 가소제, 외관상 점도를 높이고 접착제의 가격을 저감시키는 충전제 및 접착제의 성상을 보정하는 조제 등이 있다. 접착제는 넓은 뜻에서는 시멘트·땝납·아스팔트도 이에 속하나 여기서는 천연 접착제(단백질계·전분질계)·합성수지 접착제·기타 접착제·실링재 등 다음과 같이 분류하고자 한다.

1. 천연접착제 : 전분계 접착제·단백질계 접착제·아교류의 접착제·기타 접착제 등이 있다.
2. 합성수지계 접착제 : 페놀수지풀·요소수지풀·멜라민수지풀、실리콘수지풀·에브킨수지풀·기타 접착제 등이 있다.
3. 기타 접착제 : 고무계·섬유계·아스팔트계·물유리 등이 있다.
4. 실링제 : 부정형 실링재·정형실링재·유리퍼티·유성코킹제·아스팔트계 코킹제 등이 있다.

건축용 접착제로서 요구되는 성능을 들면 다음과 같다.

① 접합면을 잘 적실 수 있으며 유동성을 가질 것

② 고화시 체적수축 등에 의한 내부변형을 일으키지 않을 것
③ 장기부하에 의해 크리프가 없을 것
④ 진동·충격의 반복에 잘 견딜 것
⑤ 내수성·내알칼리성·내산성·내후성이 있을 것
⑥ 취급이 용이하고 독성이 없고 값이 저렴할 것

1.1 접착제의 분류

① 단백질계 접착제 : 카제인, 콩풀, 아교류,등
② 전분질계 접착제: 쌀, 밀, 옥수수, 감자, 고구마 등
③ 합성수지계 접착제: 에폭시수지접착제, 페놀수지접착제, 비닐수지접착제, 요소수지접착제, 레조르시놀수지접착제, 멜라민수지접착제, 실리콘수지접착제 등
④ 고무계접착제 : 천연고무, 네오프렌, 치오콜 등
⑤ 섬유소계 접착제 : 초화면 접착제, 나트륨, 칼폭시 메틸셀룰로즈
⑥ 아스팔트계 접착제
⑦ 규산소다접착제

1.2 단백질 및 전분질계 접착제

(1) 카제인

카제인은 우유중에 포함되어 있는 단백질이다. 소석회와 결합된 상태로 우유중에 존재하고 있으며 적당량의 물을 섞으면 점성이 있는 풀이 된다. 산을 가하면 분리되며, 제조할 때 넣은 산의 종류에 따라 성질이 달라진다. 산, 젖산을 쓰면 질이 좋아지고 황산은 응결시간을 단축한다.

사용방법은 카제인에 소석회·소다염 등을 가하고 물로 잘 혼합하여 사용한다. 일반적인 배합은 카제인 100g, 소석회 20g(생석회이면 15g), 소다염(가성소다, 탄산소다 등) 0.27g당 물 300g 배합비율로 혼합하여 사용한다. 사용시간은 보통 6~7시간이다.

① 원료 및 제조 : 탈지한 우유(3%)에서 자연산화 혹은 유산·염산

등을 가입시켜 유산에 의한 카제인을 분리시켜 만든 것이다. 제조할 때 넣은 산의 종류에 따라 성질이 달라진다. 유산을 쓰면 양질이 되고 황산은 응결시간을 단축한다.

② 특성 : 순량품은 백색, 지방이 들어있는 것은 황색 또는 크림색으로 나타난다. 알콜·물·에테르에 녹지 않고 알칼리에 잘 녹는다.

③ 용도 : 목재 리노륨의 접착, 수성페인트의 원료로도 사용된다.

(2) 콩풀

콩에서 콩기름을 추출한 후 잔류액을 가열하여 만든 탈지대두를 분말회한 것이다. 접착력은 여기에 약 50% 함유된 단백질에 기인하므로 접착력이 좋고 나쁜 것은 탈지대두의 품질에 좌우된다. 사용방법은 탈지대두분발에 소석회·가성소다액(18%)·규산소다·황화탄소를 가하고 물로 혼합하여 사용한다. 카제인 보다 내수성은 좋지만 접착력이 떨어지고 값이 싸서 카제인이나 요소수지 접착제의 증량재로 쓰일 뿐이다.

① 원료 및 제조 : 콩가루에 소석회·소다염을 혼합하고 물로 풀어서만든다.

② 용도 : 장판칠

(3) 아교

가축을 혈액중에 있는 알부민의 접착성을 이용한 것으로, 혈장을 70℃ 이하에서 건조시켜 만든 반투명한 황갈색의 딱딱한 물질이다. 사용방법은 알부민을 물에 용해한 후 암모니아수 또는 석회수를 소량 가하여 잘 혼합하면 된다. 아교는 다른 접착제에 비하여 비교적 빠르게 고착되고 접착력이 양호하다. 합판·목제창호·가구 등의 접착제로 쓰여 왔으나 합성수지 접착제가 나온 후로는 사용법이 복잡하고 내수성도 작아서 잘 사용되지 않고 있다.

(가) 동물질 아교

① 원료 및 제조 : 소뼈·소가죽 등을 석회수로 처리 알부민질 제거물에 끓여서 교분만 뽑아내고 응고시킨 접착제이다. 양질의 아교는 수피로 만든 것이고 골교는 수피보다 불순물이 많고 접착력이

떨어진다.

② 제조과정 : 원료 수세 → 석탄처리 → 수세, 석탄제거→산처리→가열, 점액추출→농축→냉각 건조→제품→출하

③ 특성 및 용도 : 사용은 60℃ 정도 끓인 열탕에 녹여 사용한다. 특징은 다른 접착제에 비하여 비교적 빠르게 고착되고 접착성도 양호하나 사용할 때 가온해야 하고 내수성이 적은 결점이 있다. 용도는 목재의 접착제로 사용한다.

④ 우량품 : 가능한 한 투명한 색으로 암갈색이 적어야 하며 악취가 없고 탄성이 커야한다.

또 침수하였을 때 용해 경향이 적고 포수까지 시간이 길며 흡수량이 많거나 팽창이 큰 것으로 가열 용해할 경우 점성이 큰 것이 양호한 아교이다.

(나) 알부민 아교

① 종류 및 특성

혈액알부민과 난백알부민이 있으며 아교에 비하여 접착력·내수성은 크나 접착 할 때 가열、가압하여야 한다.

② 혈액 알부민

㉠ 원료 및 제조 : 도살장의 혈액으로부터 만든 분상의 것으로 색조는 품질에 영향을 주지 않으나 시간이 갈수록 품질이 저하되고 특히 사용상태로 조제한 아교를 12시간 이상 방치하면 품질이 현저하게 떨어진다.

㉡ 시공 : 사용할 때는 약 1.5시간 침수하여 이에 소량의 암모니아·소석회 및 물을 가하여 거품이 일어나지 않게 저어 조제한 후 사 용한다.

③ 난백 알부민

㉠ 원료 및 제조 : 난백을 원료로 하여 이에 탄닌산 또는 초산을 가하여 정제한담황색의 분말이다.

㉡ 특성 : 혈액알부민보다 간단하나 비싸고 특히 수분상태에 있

는 것은 시간과 더불어 품질이 떨어지기 쉽다.

(4) 전분

쌀·밀·감자·고구마·옥수수 등의 가루를 물에 타서 가열하여 풀로 만든 것으로 가정용 풀과 직물용 풀로 많이 쓰이나 내수성이 없어 공업용 접착제로는 쓰이지 않는다. 정제전분은 순백색의 분말로서 흡습성이 있고 냉수·알콜·에스테르·벤젠기름에는 불용성이다. 가열하면 입자가 팽창하여 반투명체가 된다. 밥알을 주걱 등으로 이겨 만든 풀은 삼나무, 오동나무 제품을 접착할 때 쓰이고 수지가 많은 소나무 제품에는 부적당하다. 쌀알을 물과 함께 절구에 다져 가열하여 만든 풀은 비단천으로 표구할 때 사용된다. 쌀을 찧거나 밥을 말려 분말로 만든 것은 물에 풀어 사용하며 창호·목공용이다.

① 원료 및 제조 : 밀·쌀·옥수수 등 분말물에 혼합하여 가열해서 만든 접착제이다.
② 특성 및 용도 : 알칼리용액 약간 혼입, 부패방지, 내수성이 없고 사용되는 곳은 도배·장판에 풀로 많이 사용한다.

1.3 합성수지계 접착제

합성수지계 접착제는 합성수지의 종류에 따라 그 성능이 다양하고 종류도 많다. 종래의 천연품 또는 그것의 가공품인 접착제보다 내구성·내수성·접착성이 우수하여 많이 이용되고 있다.

(1) 에폭시수지접착제

에폭시수지 접착제는 일반적으로 비스페놀과 에피클로로 히드린의 반응에 의하여 얻어진다. 내수성·내습성·전기절연성이 우수하고 다양한 종류의 물질을 강하게 접착하나, 피막이 다소 단단하고 유연성이 부족하며 값이 비싸다는 것이 결점이다.

접착제는 성능을 지배하는 것은 경화제이며 경화제로는 폴리아민 지방족, 방향족 아민과 그 유도체 등 종류가 많으며, 사용 목적과 작업

조검 등에 따라서 작당한 경화제를 선택하여야 한다. 주로 많이 사용되는 경화제로는 폴리아민이다. 에폭시접착제는 금속·플라스틱류·도기·유리·목재·천·콘크리트 등의 접착에 사용된다.

① 원료 및 제조 : 콜코롤히드린과 비스페놀과의 반응에 의하여 얻어지는 접착제로 액상에서 고체까지 있는 접착제이다. 현재 접착제 중에서 가장 우수하며 경화제의 첨가에 불융인 수지가 되며 금속 접착에 적당하여 항공기재 접착에도 사용된다.

② 특성 : 접착할 때 가압할 필요가 없으며 연질염화비닐·불소수지·푸칠고무·폴리에틸렌 등의 접착이 가능하다. 내산·내알칼리·내수성이 뛰어나게 강하고 강도 등의 기계적 성질도 우수하며 경화제를 반드시 필요로 하고 그 양의 다소에 따라 접착력에 영향을 끼친다.

③ 용도 : 철근 콘크리트 균열부의 접착이나 금속·항공기재 등에 많이 사용한다.

(2) 페놀수지접착제

페놀수지접착제는 페놀수지의 초기축합물을 주성분으로 하고 이것을 메탄올 또는 변성알콜에 녹여서 경화제와 증량재를 혼합하여 만드는 접착제로서 주로 합판·목재제품 등에 사용된다. 접착력, 내열·내수성이 우수하나 유리나 금속의 접착에는 적당하지 못하다.

액상인 것은 상온에서 경화하는 것도 있으나 기온 20℃이하에서는 충분한 접착력을 발휘할 수 없고 60~110℃ 정도로 가열해야 한다. 완전히 굳으면 적등색을 띠므로 경화정도를 쉽게 판단할 수 있다.

① 원료 및 제조 : 선탄산 초기 합축제에 메타놀 용액 50%를 혼합하여 만든 접착제이다.

② 특성 : Film 상의 수지는 종이에 합침시켜 건조한 것으로 데코필림이라고도 한다. 베니아합판 사이에 끼워 140℃로 열압하면 합판이 간단히 만들어지는데 열압하는 것이어서 두꺼운 합판에는 부적당하다. 내수성·내열성·내한성등이 우수하다.

③ 용도 : 합판 접착제 · 목재 · 금속 · 유리 바탕에 사용한다.

(3) 비닐수지접착제

초산비닐수지 또는 초산비닐, 염화비닐 공중합체를 주성분으로 하는 접착제로서 알콜이나 아세톤에 용해되는 용액형과 수중에서 수지가 한탁되는 에멀션형으로 나눌 수 있다. 에멀션형은 카제인의 대용품으로 널리 쓰인다. 비닐수지접착제는 값이 싸고 작업성이 좋으며 다양한 종류를 접착하는 장점이 있어서 가장 많이 사용되는 접착제의 하나이다. 목제가구 및 창호, 종이 도배, 천 도배, 논슬립등의 접착등에 주로 사용된다.

(4) 요수수지접착제

요소와 포름알데히드초기축합물을 탈수하여 축합한 접착제로서, 진공증발시켜 수지분을 60% 정도로 만든 것을 농축형이라 하며, 40~50%의 수지분을 함유한 것은 저점도의 미농축형이라 한다. 농축형은 염화암모늄의 15~20% 수용액을 경화제로서 가하면 실온에서 경화한다. 따라서 냉압으로 충분하며 휘발수분이 적어 두꺼운 것의 접착에 적당하다. 주로 목재 접착 또는 합판 제조 등에 사용되며 미농축형은 보통 열압을 가하게 되고 값이 싸며 사용기간이 오래 걸리므로 2가지 이하에 합판 접착 또는 파티클보드에 많이 쓰인다.

① 원료 및 제조 : 요소 1Mole과 포름데이트 2.2Mole와 암모니아 0.5%를 80℃에서 2~3시간 가열하면 점성액이 된다(내구성은 있으나 내수성이 부족→목재의 상온 접착제 합판에 사용한다.)
② 특성 : 합성수지 접착제 중에서 가장 값이 싸고 접착력이 우수하고, 또 상온에서 경화된다. 경화시간이 15~24시간이고 온도가 높으면 빠르고 경화제의 혼합량에 영향을 적게 받는다. 접착할 때 5kg/㎠의 압력을 가해야 충분한 접착력이 생기고 접착력은 300kg/㎠정도이다. 내산 · 내알칼리성이나 내수 · 내열 · 내후성이 약간 떨어진다. 멜라민이나 레졸시놀 수지를 첨가하면 성능이 현저하게 향상된다.

③ 용도 : 합판 · 집성목재 · 파티클보드 · 가구 등에 널리 사용된다.

(5) 레조르시놀수지접착제

원료는 레조르시놀과 포름알데히드로서 요소수지 · 페놀수지 접착제보다 내수성 · 내열성이 우수하여 옥외에서 장기간 견디는 목재접착, 특히 내수합판 · 옥외 등 집성목재의 제조에 쓰인다. 압착시에 대개 5~10kg/㎠의 압력을 가한다.

(6) 멜라민수지접착제

멜라민수지와 포름알데히드의 반응에 의하여 얻어지는 액상 접착제로서 내수성 · 내열성 등이 좋고 목재에는 접착성이 우수하므로 내수합판 등의 접착제로 쓰인다.

① 원료 및 제조 : 멜라민수지와 Formaldehyde와의 반응에 얻어지는 투명 백색의 액상 접착제로 값이 비싸므로 단독으로 사용되는 경우 는 드물다. 요소수지와 공중합한 것이 완전 내수합판 제조에 사용된다.

② 특성 : 내수성 · 내열성 우수하여 요소수지와 혼합.

③ 용도 : 목재 · 내수합판 접착제로 사용된다.

(7) 실리콘수지접착제

실리콘수지를 알콜, 벤졸 등에 녹여서 60% 정도의 농도로 만든 접착제로서 특히 내수성이 우수하다. 200℃의 열을 연속하여 가해도 견디며(내연성), 전기적 절연성도 있어 유리섬유판, 텍스, 피혁류 등 모든 재료에 접착할 수 있다.

① 원료 및 제조 : 유기질의 중간 성질로 유기용제에도 녹으며 알콜 · 벤졸 등 60%용액으로 녹인 접착제이다.

② 특성 : 내수성이 대단히 크고 내열성 200℃ 전기저항도 크다.

③ 용도 : 피혁 외에는 모든 바탕재로 사용한다.

1.4 고무계 접착제

(1) 천연고무

생고무는 열대산 고무나무의 수액인 라텍스를 응고시켜 얻어진다. 천연고무는 이소프렌의 중합체로서 생고무에 벤졸 등의 방향족 탄화수소 또는 석유에테르 등의 지방족 탄화수소에 용해시킨 것이다. 보통 10% 이하의 농도로 하여 가죽·천·종이·펠트·목재·플라스틱 보드 등의 접착제로 사용한다.

(2) 네오프렌

네오프렌은 미국 듀퐁회사 제품인 합성고무의 상품명이다. 천연고무보다 우수한 점이 많고 석유계의 기름에 녹지 않는다. 네오프렌에 마그네시아·아연화 등을 배합하여 가황하면 내유성과 내약품성이 증가된다. 고무와 금속과 접착, 콘크리트·유리·천·가죽 등의 접착에도 사용된다.

(3) 치오콜

알칼리 다황화물과 폴리할로겐 탄화수소의 반응에 의하여 얻어지는 고무상의 고분자물로서 내유성이 우수하고 내약품성도 우수하다. 치오콜은 줄눈재 또는 구멍을 메꾸는데 사용되고 있다.

1.5 섬유소계 접착제

(1) 질화면 접착제

질화면은 목면 등의 섬유소를 초산과 젖산으로 혼합 처리한 것으로서 금속·유리·가죽·목재·천 등을 접착시키는 속건 접착제이다.

(2) 나트륨칼폭시메틸셀룰로즈

알칼리섬유소를 모노크롤·작산소다로 처리하여 만든 것으로서 백색의 무독한분상체이다. 냉수에 잘 녹으며 종이, 천 등의 접착직물의 마무리제로 사용되고 있다.

1.6 아스팔트 접착제

아스팔트접착제는 아스팔트를 주체로 하여 이에 용제(납사・메틸벤젠・벤졸등)을 가하고 광물질 분말을 첨가한 풀모양의 접착제로서 아스팔트 시멘트라고도 한다. 아스팔트타일・비닐타일・비닐시트・루핑・펠트・발포단열재 등의 접착제로 쓰인다.

아스팔트가 접착제로 쓰이는 것은 접착성이 우수하고 접착면이 유연하여 내수・내알칼리성 및 작업성이 좋고 화학약품에 대하여 안정하며 다른 접착제에 비하여 값이 싸기 때문이다. 그러나 기온에 의한 점도변화가 커서 계절에 따라 점도를 조절해야 하고 내유성・내용제성이 적으며 열에 의하여 연화한다는 결점이 있다.

① 원료 및 제조 : 아스팔트에 용재, 광물성류를 혼합하면 아스팔트 시멘트에 접착성이 생긴다.

② 특성 : 접착성이 좋고 유연하고 방수성・내화학성・내약품성이 크다.

③ 용도 : 아스팔트타일・루핑・펠트・시트 등 접착제로 사용한다.

1.7 규산소다 접착제

규산소다는 탄산소다와 석영가루를 융합하여 얻어지는 백색무취의 고체로서 짙은 수용액은 조청과 같다 하여 물유리라고도 한다. 물유리의 상품은 무색투명하거나 회색의 점액으로 점착력이 커서 인조석・유리・도자기의 접합 또는 내화 및 내산성이 있는 도료의 제조 등에 쓰인다.

규산소다접착제의 접착성은 접착면의 수분증발 및 흡수에 의하여 생긴다. 옛날부터 사용되어 왔으나 알칼리성을 띠고 있어 접착된 재질을 오염시킬 염려가 있고 내수성이 없으므로 용도에 제한을 받아 보색제로 사용될 뿐이다.

① 원료 및 제조 : 탄산소다와 실리카 1:2~4의 혼합비로 한 것이다.

② 특성 : 접합성은 있으나 내수성이 부족하다.

③ 용도 : 보색제로 사용할 수 있다.

2. 퍼 티

퍼티는 석회석 또는 탄산석회를 아마인유 같은 건성유로 혼합하여 만든 것이다. 퍼티를 현장에서 주로 빠데라고 부르고 있다. 종류로는 유리공사에 사용되는 유리퍼티, 도장공사에 사용되는 도장퍼티, 각종 배관 접합부에 사용되는 붉은 퍼티 등 여러가지 종류가 있다.

2.1 유리퍼티

유리퍼티는 호분에 아연화 또는 연백을 혼합하여 아마인유·동유·마실유·어유등의 건성유로 반죽한 것이다. 식물성유는 값이 비싸고 어유는 저렴하나 처리가공을 잘못하면 끈적거리고 고약한 냄새가 나므로 대개 합성수지를 사용한다.

깔퍼티용 또는 동한기 희석재를 쓸 때에는 보일드유 또는 휘발유 광유를 쓰는데, 광유를 다량 사용하면 휘발, 건조하여 퍼티가 부슬부슬 떨어진다. 따라서 좋은 건성유를 써야 좋은 유리퍼티를 만들 수 있다. 유리퍼티는 주걱이나 손으로 채울 때 작업성이 좋아야 하고(손에 묻어서 끈적거리지 않고 부드럽게 채워지는 것) 경화한 후에 갈라지는 일이 없어야 하며 무엇보다도 부착력이 좋아야 한다.

목재창호에는 나무퍼티를 사용하고 알루미늄창호에는 대개 가스켓을 사용하나 철제창호에는 유리퍼티를 사용한다. 가스켓은 고무 또는 합성수지제품으로 알루미늄새시의 유리홈 등에 끼워 고정하는 재료이다. 철제 창호에 유리를 끼울 때는 유리퍼티를 일정한 경사면(유리면에 60°정도)으로 평활하게 손으로 눌러대고, 바름주걱으로 미끈하게 마무리한다. 퍼티는 공기에 닿으면 건조하여 오래되면 부슬부슬 떨어지므로 주걱으로 마무리한 후 페인트칠을 하면 공기를 차단하여 퍼티의 수명을 연장시킬 수 있다. 유리퍼티는 보통 30kg용량으로 시판되고 있다.

① 주성분 : 광물질 충전제(탄산칼슘·연백·아연화 등)와 액상전색제(각종 건성유 : 전에는 아마인유·동백유·어유 등, 요즘은 합성수지 이용)로 반죽한 것

② 특성 : 내구성이 떨어지나 작업성이 좋고 시공능력이 양호하며 입수가 용이

③ 용도 : 유리공사의 방수와 부착에 사용하는 유리퍼티, 도장공사시 바탕의 구멍·옹이·균열 등을 메우는 데 사용되는 도장퍼티, 각종 배관접합부에 사용되는 붉은 퍼티 등의 용도로 사용

2.2 도장퍼티

도장퍼티는 호분과 아마인유를 중량비 10:1 의 비율로 혼합하고 여기에 아연화 페인트를 혼합하면 주걱사용이 쉽고 변색을 방지할 수 있다. 목부 유성페인트 도장시 바탕이 건조한 후에 구멍·옹이·균열·흠이 있는 곳에 밀어 넣어서 땜질용으로 사용한다.

도장퍼티의 종류는 여러가지가 있는데 몇 가지를 들면 다음과 같다.

(1) 불포화폴리에스테르 퍼티

불포화폴리에스테르 수지에 안료·경화제 또는 촉진제를 더하여 액상이나 호상으로 만든 것으로서 주로 눈먹임에 사용한다.

(2) 하드오일퍼티

스파바니스와 연백을 혼합하여 호상으로 만든 것으로서 주로 눈먹임에 사용한다.

(3) 오일퍼티

바니쉬에 안료를 넣어 혼합한 것으로서 눈먹임 또는 바탕 만들기에 사용한다

(4) 페인트퍼티

건성유에 연백 또는 안료를 더하여 호상으로 만든 것으로서 주로 유성페인트의 바탕 만들기에 사용한다.

(5) 캐슈수지퍼티

캐슈수지에 안료·경화제 또는 촉진제를 더하여 액상이나 호상으로 만든 것으로서 주로 바탕 만들기에 사용한다.

2.3 붉은퍼티

붉은퍼티는 광명단·주토등을 아마인유로 반죽한 것으로서 기성품이 아니고 현장에서 적당히 혼합하여 사용한다. 보통 연백이나 아연화 등을 혼합하여 사용하는데 연백·아연화·광명단·아마인유의 비율은 중량비 5:1:1:2로 혼합한다. 가스관·배수관 접합부에 삼실이나 삼섬유로 감고 붉은 퍼티칠을 하면 방수·방청 등의 충전재가 된다.

3. 코킹재

코킹재를 만드는데 쓰인 전색재로는 유지천연수지와 합성수지로 합성고무(부틸고무)·실리콘고무·폴리우레탄수지·고무상에폭시수지·황화물중합체 등이 있고, 충전재로는 석면·탄산칼슘·아연화·활석·실리카분말 등이 있다. 이들 각각에 적합한 용제(메틸벤젠·납사 등)와 가소제 등을 섞어서 접합부에 적합한 조성으로 만든 것이 코킹재이다. 따라서 코킹재의 종류는 여러가지가 있다.

코킹재는 실링재와 같은 뜻의 용어로 부재의 접합부에 충전하여 접하부를 기밀, 수밀케 하는 재료이다. 즉 창호 주위의 빗물막이 또는 각종 재료의 접합부·줄눈·엑스펜션죠인트에서 사용되고 또한 균열보수재료로도 사용된다. 코킹재의 특징은 다음과 같다.

① 공기에 접하는 부분은 유연한 피막이 생기고 내부를 보호하며 내무의 점성이 지속되고 수축률이 작다.

② 외기온도의 변화와 태양광선을 변질되지 않고 항상 적당한 점성을 유지하며 내후성이 있다.

③ 피막은 내수성과 발수성이 있다.

④ 내산·내알칼리성이 있다.

⑤ 각종 재료에 접착이 잘 되고 침식과 오염이 되지 않는다.

3.1 유성코킹재

유성코킹재는 유지천연수지 또는 합성수지에 충전재로서 탄산칼슘·석면·착색재 등을 균일하게 이겨서 만든 재료로서 실재료로 사용하기 시작한 최초의 재료이며 근래에 와서는 실재료의 주체가 되고 있다. 접합부에 밀착성이 좋고 충전 후에 표면은 유연성이 있는 담황색의 피막을 형성하면서 균열이 없으며 내부는 충전시에 원상과 거의 다름이 없고 접착성과 가소성을 유지한다.

용도는 벽체의 균열 구멍에 충전, 엑스팬션죠인트, PC콘크리트판 또는 콘크리트판 등의 접합부와 줄눈, 창호틀의 주위 등에 쓰인다. 유성코킹재의 품질기중은 한국산업규격(KS F 3204)으로 정하고 있다.

① 주성분 : 광물질 충전제와 액상 전색제로 반죽한 것으로 일반적으로 회색인데 알루미늄색·검은색·골드·브라운색도 제조 가능하다.

② 특징 : 부착이 잘되며 시공이 용이하고 값이 싸다. 표면 피박을 형성하므로 먼지가 붙지 않으며 피막위 도장도 가능하다. 그러나 내후성이 떨어지고 장기 사용할 때는 유연성과 탄력이 떨어지며 내약품성과 내용제성이 떨어진다.

③ 용도 : 창호 주위의 빗물박이 각종 재료의 접합부·줄눈·익스펜스 조인트 등에 이용된다.

3.2 아스팔트코킹재

아스팔트를 주재료로 하여 석면 등을 충전재로 하여 만든 재료로서 값은 싸나 흑색이고 고온에서 용융하므로 세로면의 시공에 적합하지 못하며 자외선에 의해 노화되기 쉬우므로 용도가 한정되어 있다.

① 주성분 : 브라운 아스팔트에 석면·섬유 등의 광물질 충진제를 혼입한 흑색 코킹재로 루프코킹이라고도 한다.

② 특징 : 용적 수축율이 크고 40℃이상에서 처짐이 생기고 자외선으로 인한 열화가 현저하다.

③ 용도 : 주로 옥외 노출부분의 코킹제로 이용된다.

4. 실링재

실(Seal)재란 퍼티 · 코킹 · 실링재의 총칭이다. 사용시 페이스트 상태로 유동성이 있는 상태이나, 공기중에서는 시간이 경과함에 따라 탄성이 풍부한 고무상 고상체로 된다. 접착력이 크고 수밀 · 기밀성이 풍부하여 충전재로 가장 적당한 재료이다. 코킹재와 구별하기 위하여 실링재라 하고 있다. 건축공사에서 건축재료의 각 접합부의 틈이나 줄눈을 충전하여 기밀성 · 수밀성등이 높이는 재료를 총칭하여 실링재라고 한다.

실링재는 여러 가지 합성수지를 주성분으로 하여 만든 것으로 그 용도는 건축용 실링재(KS F 4910)에 나타나 있는 바와 같이 건축에서는 구성재의 접속줄눈부나 새시 주위의 수밀 및 고정용 충전 또는 유리끼우기이다. 이 재료는 1965년 무렵부터 개발된 새로운 재료인데 중요한 역할과 뛰어난 성능을 가진 것으로서 지금은 건축에서 없어서는 안될 재료로 발전하게 되었다. 유동성 시멘트풀과 같이 접착성이 크므로 제품은 부착성이 없는 폴리에틸렌 용기에 넣어져 있는데 사용할 때는 이것을 넣은 카트리지를 건에 장전하고 압입하는 공법이 주로 사용되고 있다. 사용 후 공기 중에서는 기간의 경과와 함께 경화하여 탄성 고무상으로 되는데 그 경화메카니즘은 1성분형과 2성분형에 따라 다르다. 1성분형이란 수분의 증발건조에 따라 경화하는 에밀션 타입과 용제휘발에 따라 경화하는 용접 타입이 있다. 2성분형이란 사용할 때 기제와 경화제를 혼입하는 타입의 것으로 이 두 가지가 반응하여 경화하는 것이다. 실링재는 조인트부분의 기밀성 · 수밀성을 확보하기 위하여 다음과 같은 조건을 갖추어야 한다.

① 조인트의 이동이 생겨도 그것에 따라 변형하여 파단 · 박리를 일으키지 말아야 한다.

② 부재와 부재 사이로 접착 · 충전시키고 연속적인 방수층을 형성하여야 한다.

③ 옥외에서 태양광선이나 풍우의 영향을 받아도 소기의 기능을 유지 할 수 있어야 한다.

4.1 2액형 poly-sulphide 실링

2액형 poly-sulphide의 실링은 poly-sulphide 액상 폴리머(polymer)에 카본 블랙(Carbon black)과 기타 미량의 배합제를 더한 것을 전색제로 하고 여기에 이산화연 등의 경화제를 혼합한 가소제로 섞어 만든 재료이다. 사용할 때는 전색제와 가소제가 각각 다른 통에 들어 있는 것을 사용전에 섞어서 쓴다. 전색제와 가소재의 중량비는 약 10:1이고 둘 다 휘발성분을 거의 포함하지 않아서 충전 후의 체적 수축이 적고 -30~90℃사이의 온도변화에도 안정된 탄력성을 유지하며 내수성 · 내약품성 · 내유성 · 밀착성이 우수하고 실링재로서의 성능을 갖는 시간은 35~5℃에서 5~14일 후라고 한다. 즉 고온다습할 때는 경화가 촉진되고 저온 저습할 때는 경화가 지연된다.

메탈커튼월, 대리석 · 유리공사 등의 줄눈 등의 광범위하게 사용된다.

4.2 실리콘 실링재

실리콘 실링재는 한국산업규격(KS F 4909)으로 규격이 정해져 있으며 이는 1액형 무용제형으로 실리콘수지에 실리카분말과 탄산칼슘 등의 안료를 섞어서 만든 것이다.

내후성 · 내구성이 유성코킹재 · 2액형 Poly-sulphide 실링보다 우수하고, 특히 기온의 영향을 별로 받지 않고 광범위한 온도범위(-40~160℃)안에서 탄력성을 유지하며 반복되는 접합부 틈의 신축에도 견딘다. 색상은 투명 · 반투명 · 백색 · 회색 · 흑색 · 담색 등 다양하다. 실리콘실재가 실링재로서의 성능을 갖는 시간은 5~7일 후라고 한다. 실리콘 실링재는 건축구성재의 줄눈부분, 창호주위의 충전 및 유리끼우기 등에 광범위하게 사용된다.

(1) 실리콘실링재 고모둘러스형

① 주성분 : 오르가노폴로실로키산이다.

② 특성 : 내후성 · 내열성 · 내한성 · 내구성이 우수하다.

③ 용도 : 유리와 유리 접합에 사용한다.

(2) 실리콘실링재 저모듈러스형

① 주성분 : 오르가노폴로실로산을 주사슬경화의 형태(표면경화, 습기 경화)는 1성분형 고모듈러스형과 같다.

② 특성 : 현장에서 바로 사용할 수 있고 비빌 때 기포가 섞이지 않으며 주걱누름 마무리가 평활하다.

③ 용도 : 금속 커턴월 · PC커턴월 · 유리 고정 등에 사용한다.

(3) 정형실링재

① 주성분 : 여러 가지의 합성수지 · 합성고무를 주제로 하는 탄성성형 실재 주재이다.

② 특징 : 틈에 압축 충전하면 그 용적의 복원성으로 기밀성 · 수밀성이 큰 층을 만들 수 있는 것을 노린 것이다.

5. 탄성실런트

탄성실런트에는 1액형과 2액형이 있으며, 1액형은 공기 속의 수분에 의해서 가황이 진행되고 2액형은 경화제의 첨가에 따른다. 우수한 접착성을 가지며, 시공 후 경화되기까지의 시간이 짧아 접착후 늘어나지 않고 변형하지 않으며, 내후 · 내수 · 내약품성이 크고 시공이 용이하다.

6. 가스켓(Gasket)

가스켓은 유리와 새시(Sash)의 접하부, 패널의 접합부 또는 새시틀을 사용하지 않는 부착공법등에 이용되는 새시재료이다. 내후성이 우수하고 영구히 경화하지 않으며, 부착이 용이한 등의 특징을 가지고 있다. 가스켓은 재질과 형상에 따라 분류된다. 재질상 고무계의 네오프렌고무(클로로프렌고무) · 실리콘고무 · 천연고무 · SBR(Styren Butadien rubber) · 부틸고무 및 하이퍼론(Hyperon : 클로로 설폰화

폴리에틸렌) 등으로 분류되지만 네오프렌이 많이 사용되고 합성수지제에는 연질 염화비닐이 사용된다. 형상으로는 H형(지퍼형)·Y형(지퍼형)·ㄷ형(Channel형)으로 나누어지고 실링 가스켓으로 줄눈에 끼워넣는 것도 있다.

7. 접착제가 갖추어야 할 요건과 주의사항

7.1 접착제가 갖추어야 할 요건

접착제에 기본적으로 요구되는 성능은 다음과 같다.

(1) 접착면을 잘 적시며 충분한 유동성을 필요로 한다.
(2) 취급이 용이하고 독성이 없어야 한다.
(3) 사용조건의 상태에서 필요 접착강도를 유지할 수 있어야 한다.
(4) 진동·충격 등의 반복에 잘 견딜 수 있어야 한다.
(5) 경화시 체적수축 등의 변형을 일으키지 않아야 한다.
(6) 내수성·내한성·내열성·내후성·내산성·내알칼리성이 높아야 한다.
(7) 값이 저렴해야 한다.

7.2 접착제 사용시 주의사항

접착제는 그 종류에 따라 가열·가압과 같은 특별한 조작이 필요한 것이 있으며 일반적으로 주의사항은 다음과 같다.

(1) 피착제의 표면을 되도록 평활 청결하게 하고 녹이나 부착물 등이 없도록 해야하며 접착제는 습기를 싫어하므로 가능한 한 건조상태로 유지한다.
(2) 2종류의 접착제를 혼합 또는 용제, 희석제 등을 사용할 경우는 각 분량을 정확히 취하여 과도하게 희석하지 말아야 한다.
(3) 피착제의 종류에 의하여 적당한 프라이머를 사용하여 접착력을 강하게 하여야 한다.

(4) 용제성의 것은 도포 후 용제가 휘발한 적당한 시간을 보아 접착시켜야 한다.

(5) 접착처리한 후에는 적당한 가압을 해야 하며 현저히 기온이 떨어 지지 않도록 해야 한다.

7.3 접착제의 분류

접착제는 용제형과 반응형 그리고 용융형 등으로 분류할 수 있다.

(1) 용제형

용제형 접착제는 유기성 용제(케톤 · 에스테르)에 유기폴리머를 용해시킨 것으로 접착제를 도포해서 붙일 때까지 시간인 오픈시간 확보가 중요하다. 조기에 붙이면 잔종용제에 의한 부풀음의 위험성이 있으며 너무 늦게 붙이면 유기용제가 증발되에 접착력이 감소되기 때문이다.

(가) 액상형 : 전분 · 카제인 · 풀류 · 해태 등

(나) 에멜죤형 : 메칠셀룰로오스 · 폴리비닐 · 알콜 등

(다) 용제형

① 천연물 : 아스팔트 · 천연고무등

② 합성수지 : 초산비닐 · 염화비닐 · 합성고무 등

(2) 반응형

열경화성 수지계 접착제(페놀, 요소, 멜라민 등)는 가열경화하는 특성이 있고 합판이나 파티클 보드 등의 목질재료 제조시의 공장용 접착제로 많이 사용된다.

열가소성 접착제는 접착 후의 환경온도가 연화온도보다 높으면 접착제의 연화에 의한 크리프가 현저히 발생하므로 반드시 접착 후의 환경온도를 아래 표와 확인할 필요가 있다.

(가) 가열경화성 : 에폭시 · 폴리에스텔 · 페놀 · 요소등

(나) 상온경화성 : 실리콘 · 폴리에스텔 · 우레탄 등

표1. 접착제와 환경 온도(℃)

접착제	최저 경화온도
합성고무	0℃
초산비닐수지	0℃
페놀수지	5℃
에폭시수지	10℃(동절기용 : 5℃)

(3) 용융성

아교 · 아스팔트 · 초산비닐 등

9 신소재

1. 개 론

새로운 성형 · 가공기술의 발전으로 과거에 없었던 고성능 · 고기능을 갖도록 만들어진 재료를 신소재(新素材)라 한다. 현재 연구개발대상으로 되어 있는 신소재분야는 신금속 · 복합재료 신소재 · 신고분자 · 신세라믹 · 기타 신소재 등의 응용 개발되고 있다. 신소재란 일반적으로 선택투과성 · 형상기억성 · 생체적합성 등과 같은 특수한 재료 특성이나 경량 고강도성 · 고내식성 고강도성 · 고온 고당도성 등 현재까지 재료보다 월등하게 뛰어난 기능이나 성능을 가진 새로운 재료를 말한다. 현재 건설분야에서 건설사업량의 증가·만성적인 기술자 부족·특수공사의 증가·구조물의 고급화 · 환경문제의 심각성 등과 같은 사회구조나 건설환경의 변화에 대응하여 에너지 절약화·고품질화 · 시공의 신속화·환경개선 및 자원의 절약화 등이 추진되고 있으며 이를 위하여 신소재의 우수한 특성을 살려 기존재료의 결점을 보완하는 형태로 이용하므로 구조물 전체의 성능 및 품질을 향상시키고자 하는 기술개발이 가속화되고 있다.

2. 신금속 재료

고기능 및 고성능이 요구됨에 따라 신금속 재료는 기존의 금속재료의 특성을 크게 개선하여 경량 · 고강도 · 고내식성 등을 부여한 재료들이 주목을 받고 있다. 여기에서는 각종 신금속재료 중에서 고성능강·TMCP강 · 초고장력강 · 아몰퍼스금속 · 신스테인레스강 · 표면처리강판 등에 대하여 기술하고자 한다.

(1) 고성능강(高性能鋼)

① 원료 및 제조 : 강은 철과 탄소의 합금이지만 고성능강은 여기에 니켈 · 크롬 · 몰리브덴 · 바나듐 등의 원소를 첨가하든가 열처리를 통하여 결정을 재배열시켜 강도를 더욱 증가시켜 만들어진다.

② 특성 : 공가도이면서도 종래의 고장력강과 같은 항복비(항복내력/인장강도)가 높지 않으므로 구조물의 주요 구조재료로서 적합한

성능을 가진 강이다. 60kg급 고성능강의 항복강도는 48kg/㎟이고 인장강도는 65kg/㎟이며 80kg급 고성능강의 항복강도는 80kg/㎟ 정도이다. 고장력강의 문제점이던 용접성이 고성능강에서는 대폭 개선되었으며 조성성분이 순철에 가깝고 항복점은 10kg/㎟ 정도이지만 변형이 큰 강재이다.

③ 용도 : 강도가 크므로 고층의 건축물 하중을 지탱할 수 있음은 물론 단면강소 및 경량화도 이룩되며 고강도 철근 콘크리트와의 조합에 의하여 초고층 철근 콘크리트도 가능해진다.

(2) TMCP강(열가공제어법강:Thermo Mechanical Control Process)

① 제조 : 압연온도나 냉각조건의 제어를 통하여 주로 결정을 미세하 게 하여 고강도를 얻을 수 있는 강, 즉 제어압연법과 공냉 또는 가속냉각조합에 의하여 만들어진다.

② 특성 : 일반 강은 탄소 등의 합금원소가 첨가되면 강도 상승효과는 있지만 용접부의 취성이 증대되므로 이러한 문제점을 해결하기 위하여 압연가공과정 중에 열처리 공정을 동시에 시행하여 제조하는 것이 TMCP강이다.

③ 용도 : 동일강도 수준의 강에 비하여 탄소당량이 적고 용접성과 인성이 우수하므로 초고층 건축물에 이용된다.

(3) 초고장력강(超高張力鋼)

초고장력강이라 함은 보통 인장강도가 130kg/㎟이상으로 인성이나 피로강도·연성 등을 크게 향상시킨 강을 말한다. 이 강은 원래 높은 비강도가 요구되며 저금속계·중금속계·고금속계의 3종류로 나눈다.

(가) 저합금계의 초고장력강

① 원료 및 제법 : 마르텐사이트계 저합금을 저온 소둔하여 만든다.

② 용도 : 건축용 패널류의 경합금속류로 사용한다.

(나) 중합금계의 초고장력강

① 원료 및 제법 : 크롬·몰리브덴을 첨가하여 소둔 처리하여 제조한

다.

② 용도 : 내열성이 용구되는 부분에 적용한다.

(다) 고합금계의 초고장력강

① 원료 및 제법 : 니켈·코발트 등을 첨가한 9Ni-4Co 강·마르에지 강·경화스테인레스 강이 대표적으로 생산된다.

② 용도 : 해양 구조물이나 원자력 관련 시설에 사용된다.

(4) 아몰퍼스 금속(Amorphous 金屬)

① 원료 및 제법 : 아몰퍼스 금속은 금속액체나 금속가스를 초급냉가공하여 만들어진 유리와 같은 비정질의 합금이다. 비결정질이므로 결정입계나 전위·적층결함이 없으나 200~300° C로 가열하면 결정화 한다.

② 특성 : 결정질금속보다 아주 우수한 기계적·화학적 성질을 갖고 있다. 실온에서 전기비저항이 50~350으로 보통의 금속보다 10~100배가 커서 전기적으로 우수한 성질을 갖고 있다.

③ 제품 : 얇고 높은 대형·가는선·박막상태로 만들어진다.

표1. 아몰퍼스 금속의 기계적 특성

종류		직경 (㎛)	인장강도 (kg/㎟)	신장율 (%)	탄성계수 (kg/㎟)	비커스경도 (DPN)	밀도 (g/㎤)	선팽창계수 (10-6/℃)	결정화온도 (℃)	비저항 (μΩcm)
아몰퍼스 금속선	급냉재	125	330	2.3	15,000	940	7.2	8.7	530	130
	선인재	100	380	4.2	15,000	900	7.2	-	530	130
피아노선	선인재	130	300	2.2	20,000	730	7.8	12	-	10

④ 용도 : 자성재료로서 녹음용 테이프 등에 사용하고 우수한 내식성 때문에 박막상으로 해안 주변 건축물의 피복제로 사용됨이 바람직하다.

(5) 신스테인레스 강

① 특성 : Ferrite와 Austenite계로 분류되며 신스테인레스강(SUS316 SUS304N2 SCS13A)은 기존의 제품(SUS430 SUS304)과는 달리 뛰어난 고온특성 및 저온특성을 가지면 내식성·용접성·내열성·가공성이 개선된 것이다.

② 접합 : 스테인레스 강의 접합은 보통 강과 같은 용접하면 변형되거나 성능이 저하될 우려가 있으므로 일반적으로 피복아크용접을 하며, 용접봉도 니켈·크롬의 합금성분이 많은 것을 사용한다.

③ 용도 : 광택이 있고 내식성·내후성이 우수하므로 장식용 내외장재 및 주방용뿐만 아니라 지붕의 방수층용·태양열 온수기나 내식배관 등에도 사용된다. 또 유지관리가 필요하지 않으므로 하수·하천·해양구조물 등의 시설에도 사용한다.

※ 발색 스테인레스강 : 표면을 착색한 도장 스테인레스강이나 표면에 산화피막을 형성하여 빛의 간접작용에 의해 여러 가지 색깔을 나타내는 강으로 금속 내외장재나 주방용으로 많이 사용되고 있다.

(6) 표면처리 강판

① 원료 및 제법 : 무기재료 또는 유기재료로 강재의 표면을 코팅하거나 라이닝처리 하여 내식성을 크게 향상시킨 것이다. 무기피복은 금속도금을 하거나 다른 금속과의 합성재료 사용되며 유기피복은 수지계 도료로 도장한다.

표2. 표면처리 강판의 종류

유용도금강판	전기도금강판	합성판 표면 처리 강판	도장강판	라이닝강판	기타
• 응용아연도금강판 • 응용알루미늄강판 • Terne Plate	• 아연도금강판 • Tin Plate • Tin Free 강판 • 구리도금강판 • 복합도금강판	• Clad 강판 • 기타	• 착색아연철판 • Percoat 강판 • 자동차염해 • 대책용 강판	• 염화비닐 라이닝 강판 • 단열아연 철판	• 윤활제 피복강판

표3. 각종 무기재료 피복강판의 특성 및 용도

종 류	특 성	건축재료로서 중요한 용도		
		지붕벽 닥터	문틀 새시	난자 Corrugated Pile
응용 아연도금 강판	내식성	○		○
합금화 용융 아연도금 강판	도장내식성 용접성		○	
용융 알루미늄 강판	내열성 내식성	○		
55% Al-1.6%-Si-Zn 합금 도금 강판	고내식성 도장내식성	○	○	○
4.5%-Al-0.1%-Mg-Zn 합금 도금 강판	고내식성 도장내식성	○	○	○
5%-Al-0.1%Mischmetal-Zn 합금도금 강판	고내식성 도장내식성	○	○	○
용융 아연도금 강판	내식성 납땝성			

3. 신섬유 재료

탄소섬유·아라미드섬유 등의 섬유를 다른 재료와 조합하여 만든 재료로서 각각 소재가 가지고 있는 장점을 최대한 활요함과 동시에 서로 단점을 보완하여 강도·강성·경량성·내구성·내열성 등의 재료의 성능을 향상시켜 하나의 소재로서 불가능한 뛰어난 특성을 발휘할 수 있다. 표4는 각종 고성능섬유의 특성이다.

건축분야에서 사용되거나 사용되어질 섬유재료의 용도 및 종류는 다음과 같다.

① 시멘트 모르타르와 단섬유를 혼합한 섬유보강 모르타르 : 탄소섬유·아라미드섬유·폴리페닐레선아이드·비닐론·폴리플로필렌 등

② 철근콘크리트에서 보강재의 역할을 신섬유재로에 부담시키는 경우 : 유리섬유·탄소섬유·아라미드섬유

③ 프리스트레스트 콘크리트구조의 긴장재로서 신섬유재료를 사용

④ 공해문제인 석면대체용으로 사용

⑤ 지반개량을 위한 망상으로 가공된 신섬유재료를 사용

표4. 각종 고성능섬유의 물리적성질

분류	섬유명	인장강도 (kg/㎠)	탄성계수 (×105kg/㎠)	비 중	지름 (㎛)	융점 연화점 (℃)	신 율
무기섬유	강	4,500 ~ 10,000	20	7.8	60 ~ 90	1,500	0.5 ~ 35
	스테인레스	1,500~25,000	19	7.98	8 ~ 90	1,450	1.0 ~ 2.0
	알루미늄	20,000 ~ 26,000	25 ~ 45	3.2 ~ 4.0	9 ~ 250	1,300 ~ 2,040	0.4 ~ 1.0
	브론	33,000 ~ 37,000	39 ~ 40	2.2 ~ 2.5	100 ~ 200	2,300	0.9
	탄화규소	21,000 ~ 34,000	20 ~ 49	2.5 ~ 3.3	1 ~ 140	2,690	0.8 ~ 1.4
	유리	25,000 ~ 35,000	7 ~ 9	2.48 ~ 2.54	10	700 ~ 840	1.5 ~ 3.5
	규소(피취)	14,000 ~ 21,000	3.5 ~ 7.0	1.3 ~ 2.0	7 ~ 15	2,000	1.5 ~ 2.5
	규소(PAN)	21,000 ~ 36,000	24 ~ 40	1.7 ~ 1.9	8 ~ 9	2,500 ~ 3,000	0.5 ~ 1.5
유기섬유	아라미드	29,000	6.21 ~ 3.4	1.45	12		
	폴리프로필렌	2,310	0.2	0.82	44	640	2.3 ~ 4.0
	폴리아미드	31,000	0.7 ~ 0.8	1.1 ~ 1.4	12.4	140 ~ 155	25
	PVA	15,000	3.7	1.30	14	370 ~ 410	25 ~ 60
	폴리아세톤	9,000 ~ 15,000	20 ~ 50	1.41	0.7 ~ 2.2	150 ~ 160	6.6

(1) 탄소섬유(C.F : 炭素纖維)

① 원료 및 제법 : 탄소섬유는 일반적으로 원료에 따라 PAN계와 Pitch계로 분류된다.

② 특성 : 탄소섬유는 강도·탄성·피로강도 등의 역학적 성질이 높고 열에도 강하고 부식하지 않은 장점을 가지고 있으므로 건축재료로 이용 가치가 높다.

③ 용도 : 우주·항공(70%이상)·스포츠산업 등에서 첨단재료의 중심적 역할을 한다. 일반산업용으로는 PAN계가 가장 많이 이용되고 있다. Pitch계는 PAN계보다 값이 비싸므로 건축재료용을 콘크리트 보강재 및 패킹재·단열재 등으로 이용된다.

(2) 아라미드 섬유(A.F)

① 원료 및 제법 : 방향족 Polyamide 섬유의 약칭으로 1970년 미국

듀퐁사에서 개발된 유기합성 섬유이다. 제조방식과 분자구조에 따라 Kevlar 섬유와 Technolar 섬유로 대별된다.

② 특성 : 탄소섬유와 동일한 수준의 고강도 재료이며 탄성계수는 작지만 인성이 크고 내충격성이 우수하다.

③ 용도 : 건축분야에서는 모르타르나 콘크리트에 아르미드 단섬유를 혼입한 AFRC 및 아르미드 장섬유를 에폭시 수지로 접착시켜 만든 봉재의 용도개발 및 적용에 대한 연구가 필요하다. 특히 P.S 콘크리트의 긴장재로 이용할 수 있다. 아라미드 섬유의 고장력, 저탄성계수 특성을 이용하고 프리스트레스의 저항 감소, 긴장재의 중량감소, 염분부식 및 응력부식의 염려가 없다.

(3) 비닐론 섬유(V.F)

① 원료 및 제법 : 폴리비닐 알콜올이 주원료이다.

② 특성 : 강도가 탄소섬유나 아르미드 섬유보다는 낮지만 시멘트 기재에 대하여 부착성이 우수하다. 비교적 값도 싸고 내알칼리성 · 부착성 · 내충격성 등의 특성이 있으며 일반적으로 가압성형에 의해 생산된다.

③ 용도 : 공해 문제로 사용이 제한되고 있는 석면을 대처할 수 있는 단섬유 보강재료로 이용할 수 있다.

(4) 유리섬유(G.F : Glass 纖維)

① 원료 및 제법 : 20~40의 단섬유를 모르타르와 동시에 뿜칠 성형한 유리섬유 보강 콘크리트는 비교적 얇은 제품의 제조에 적합하며 특히 복잡한 형상이나 곡면이 많은 건축물의 외장 커턴월에 사용된다.

② 특성 : 탄소섬유와 동일한 수준의 강도를 가지고 인성도 크고 특히 값이 싸지만 내알칼리성에 약간 약하다.

③ 용도 : 유리섬유로 커턴은 국내에서도 다량 사용되고 있으며 흡음재 · 단열재 · 보온재 · 전기절연재 등으로 사용된다.

(5) FRP 보강재료

고성능섬유는 짧게 잘라서 단섬유로 사용하는 방법 이외에도 많은 양의 연속섬유를 하나로 짜거나 에폭시수지 등으로 굳혀서 FRC 봉재로 만들어 콘크리트구조의 보강근으로 사용하므로서 인장력에 대하여 효과적으로 대응할 수 있다.

(가) FRP 보강재의 특성

FRP 봉재의 응력-변형곡선에서 강재와 비교할 경우 다음과 같은 특성이 있다.

① 응력-변형곡선은 파괴에 이르기까지 직선적이고 항복점이 없다.
② 고강도 FRP 봉재는 PC 강선과 거의 동일한 강도를 갖는다.
③ 탄성계수는 강재의 2/3~1/5 정도로서 작다.
④ 신장율도 1~4%로서 철근이 15%인 것에 비하면 매우 작다.

(나) 큰크리트 보강재로서 FRP 보강재의 이용 방법

① 특성 : FRC 보강재를 RC 구조물의 주근으로 사용하면 탄성계수가 작기 때문에 균열이나 변형이 커진다. PC 구조의 긴장재로 사용하면 FRC 보강재의 고강도 특성을 효과적으로 이용할 수 있으며, 탄성계수가 작기 때문에 콘크리트의 크리프 및 건조수축에 의한 프리스트레스의 손실을 감소시킬 수 있다.
② 용도 : FRP 봉재는 일반적으로 철근의 대체용 · PC 강선의 대체용·기존걸물의 보수 · 보강용 등의 용도로 사용된다.

(다) PHC Pile

PHC(Pretensioned High Strength Concrete)파일은 휨과 충격에 대한 저항성이 우수하여 종래의 PC파일로 시공할 수 없었던 중간층의 관통,장대파일 시공이 가능하며 강관파일에 비하여 부식성에 대한 저항성이 크고 값도 싸다.

① PHC 파일의 특성

- 콘크리트 압축강도가 크기 때문에 지지력이 크며 더 큰 축방향 하

중에도 안정하다.

- 타격내력이 우수하여 보다 깊고 단단한 지층에 관입하는 것이 가능하다.
- 휨 · 인장응력이 크므로 내진 설계시 적합하다.
- 경제적인 시공설계가 가능하다.
- 내화학성이 뛰어나다.

표5. PHC 파일의 성능

외경 (㎜)	두께 (㎜)	길이 (m)	종류	프리스트레스 (kg/㎠)	유효단면적 (㎠)	환산단면적 (㎠)	콘크리트 단면2차 모멘트 (cm4)	콘크리트 단면계수 (cm4)	KS 구격치		장기 허용	
									환산단면 균열휨모멘트(tm)	환산단면 파괴휨모멘트(tm)	전단강도 (t)	축방향하중 (t)
350	60	5 ~ 15	A	40	546	560	613×102	350×10	3.5	5.3	12.1	88
			B	80		575	631×102	360×10	5.0	9.0	15.3	66
			C	100		580	640×102	365×10	6.0	12.0	16.6	55
400	65	5 ~ 15	A	40	684	700	102×103	510×10	5.5	8.3	15.1	109
			B	80		720	104×103	520×10	7.5	13.5	19.1	82
			C	100		730	106×103	530×10	9.0	18.0	20.8	68
450	70	5 ~ 15	A	40	835	860	160×103	711×10	7.5	11.3	18.4	134
			B	80		880	164×103	728×10	11.0	19.8	23.2	100
			C	100		890	167×103	742×10	12.5	25.0	25.3	84
500	80	5 ~ 15	A	40	1055	1080	247×103	988×10	10.5	15.8	23.3	169
			B	80		1100	254×103	101×102	15.0	27.0	29.4	127
			C	100		1120	257×103	102×102	17.0	34.0	32.0	106
600	90	5 ~ 15	A	40	1422	1470	495×103	165×102	17.0	25.5	31.7	231
			B	80		1510	510×103	170×102	25.0	45.0	40.0	173
			C	100		1530	517×103	172×102	29.0	58.0	43.6	144

4. 신 고분자 재료

일반적으로 부자재를 혼합하여 합성섬유·플라스틱·합성고무 또는 접착제 등을 이용하고 있으며 각종 플라스틱 건자재는 물론 콘크리트 폴리머 등에 대한 관심이 높아지면서 건축분야에서 고분자 재료를 이용하는 경우가 증대하고 있다. 우리나라에서는 일반적으로 고분자재료의 가격이 비싸므로 공사비의 증가 원인이 되어 사용에 제약을 받고 있지만 성능과 장기적인 측면에서 앞으로 건축재료로서 다방면에 사용되리라고 본다.

4.1 폴리머 콘크리트

(1) 원료 및 제법

폴리머 콘크리트는 시멘트 페이스트를 결합제로 하는 기존의 콘크리트와는 달리 넓은 의미로서 폴리머 결합제 전부 또는 일부를 사용한 것이다. 폴리머는 불포화 폴리에스테르를 주로 사용하지만 내약품성을 향상시키기 위해서는 에폭시수지가 사용되며 투명성을 가지기 위해서는 아크릴수지가 사용되기도 한다.

(2) 특 성

일반적으로 가격이 비싸다.

(3) 용 도

폴리머의 특성을 이용하여 콘크리트의 각종 역학적 성질을 개선하기 위하여 사용되는 용도는 다음과 같다.

① 레진 콘크리트·폴리머함침 콘크리트·폴리머 시멘트 콘크리트를 구조재료로 이용한다.

② 콘크리트 구조물의 보수재로 사용한다.

③ 내구성·내마모성을 이용한 코팅재 및 라이닝재로 이용한다.

④ 프리캐스트 부재의 접착재의 접착제로 이용한다.

※ 1. 레진 콘크리트 : 결합재로 폴리머만을 사용한 콘크리트이며 폴리머는 에폭

시 · 불포화 폴리에스텔 · 폴리우레탄 · 메타클레산메틸 · 스티렌 등이 이용된다.

2. 폴리머 함침 콘크리트 : 콘크리트를 건조시켜 그 내부 공극에 저점도의 모노머나폴리머 등을 함침 또는 중합시켜 콘크리트를 일체화시킨 것이다. 함침재료로는 메탈릴산메탈 · 스틸렌 · 아크리로니트론 · 불포화 폴리에스텔 · 에폭시 · 우레탄 등이 이용된다.
3. 폴리머 시멘트 콘크리트 : 시멘트와 폴리머를 혼합하여 콘크리트에 결합제로 사용한 것으로 SBR(Stylene Butadiene Rubber)계 · 에멜죤계 · 라텍스계 · 에폭시수지계 등의 플리머를 사용하고 특성은 강도 및 내마모성 · 내수성 · 내식성 · 내동해성 등이 높다. 용도는 포장재 · 바닥재 · 방수재 · 화학공장의 바닥재나 라이닝재로 사용되고 외장뿜칠미장재·콘크리트용 접착제·철근 콘크리트 구조물의 보수재 등에도 사용된다.

4.2 엔지리어링 플라스틱

신고분자재료로 「엔프리」라고도 하며 이 재료는 일반적으로 고강도 · 내열성 · 내구성이 크고 금속을 대처할 수 있을 정도의 성능이 좋다. 그 종류는 다음과 같다.

(1) 폴리카보네이트

① 특성 : 내충격성이 뛰어나고 자기소화성도 겸비하고 있다.

② 용도 : 창문유리나 Top-Light(천장에서 채광용 유리)등에 사용된다. 또 고가 도로에서는 이것의 투명성을 이용하여 방음벽으로 사용한다.

(2) 폴리부텐수지

① 특성 : 비중이 0.93의 경량이고 내열성 · 내수성 · 내오염성 등이 뛰어나다.

② 용도 : 급수파이프나 급탕 및 냉난방용으로 사용되고 가용성이 있으므로 엘보관을 사용하지 않고도 자유롭게 배관할 수 있다. 분기관을 소켓으로 접속할 수 있으므로 시공의 합리화를 이룩할 수 있고 불량 배관부 만의 교체도 가능하다.

(3) 변성 폴리오레핀 나일론

① 특성 : 비중이 1.08이며 탄성계수 670×105kg/㎠·인장강도1,150 kg/㎠·휨강도 500kg/㎠인 변성 폴리오레핀 나일론은 내열성 · 방수성 · 내동해성이 뛰어난 수지이다.

② 용도 : 새시·콘크리트용 앵커 · 중공벽 플러그에 사용된다.

(4) 폴리불화에치렌

① 특성 : 비중이 0.11~0.16이고 탄성계수 $2,800 \times 10^4$ kg/㎠의 초경량 · 초고강도 수지이다.

② 용도 : 방수 시트 등으로 사용된다.

4.3 미장마감 도료

(1) 고내구성 도료

도료의 가장 중요한 성능은 내후성으로 그 종류는 불소계 도료와 아크릴 실리콘도료로 나눌 수 있으며 이 도료들은 고내구성이다.

① 불소계 도료

급은형과 상온 경화형이 있다.

- 원료 및 제법 : 급은형은 불화비닐리덴이 주성분이고 금속판을 공장라인에서 도장하여 만들어진 내후성 강판이다. 상온경화형은 불화에에티렌과 비닐에텔의 공합체로 C-F결합에 의한 고내후성 · 비닐에텔결합에 의한 도료이다.
- 특성 : 상온경화형은 용해성 · 경도 · 빛의 투과성 등을 만족시켰으며 현장 도장이 가능하면 내후성은 우레탄계 도료의 2배인 20년 정도이다.
- 용도 : 급은형은 지붕재 · 외장재 · 커튼월재가 사용된다.

② 아크릴 실리콘계 도료

- 원료 및 제법 : 아크릴 비닐계 폴리머에 실리콘계를 도입한 것으로 실리콘계가 가수분해하여 시록산 결합으로 연결된 분자구조를

하고 있다.

- 특성 : 굽은형과 상온형이 있으며 이것의 내구성은 약 15년 정도로 우레탄과 불소계의 중간 정도이다.

(2) 고의장성 도료

① 원료 및 제법 : 구운 벽돌이나 석재와 같은 중후한 질감을 나타내는 벽체의 뿜칠재료로 개발되었다. 이 재료는 천연골재를 수지로 굳혀서 모서리부를 만들 수 있고 줄눈도 설치할 수 있다. 그 밖에 시트로 가동된 것을 붙혀서 시공하는 건식공법이 있으며 곡면의 시공이 가능하고 비도장공도 시공할 수 있으며 공사기간도 빠르다.

② 특성 : 도료의 가격이 비싸고 인건비 가설비용이 많이 소요되므로 도장가격은 내구성 도료를 사용하므로 총비용을 줄일 수 있다.

4.4 고흡수성 플리머

① 원료 및 제법 : 폴리아크릴산소다 및 폴리에티렌옥사이드 등의 폴 리머(여성생리대 · 농아기저귀 등)

② 특성 : 스펀지 등의 흡수성재로는 자중의 20배 정도 흡수 능력을 가지나 고흡 수성수지는 400~1000배의 흡수 능력을 가진다.

③ 용도 : 높은 흡습성을 이용하여 묘목이식용 보수제 · 원예용 토양 보수제 · 수분의 고화제·결로 방지 등의 용도로 사용된다.

5. 신세라믹 재료

과거의 도자기 · 기와 · 유리 · 시멘트 등 SiO_2 를 주체로 하든 것을 세라믹스라 하는 것이 일반적이었으나 최근에는 질화규소나 SiC(탄화규소)를 주성분으로 하여 새롭게 개발되고 있는바 이것도 검토되고 있다. 특히 초미립자수와 기술이나 소성 가공기술의 적용에 관한 기대가 높아지고 있다. 세락믹스의 주체는 고강도 · 고내염성 세라믹스 · 전도성 세라믹스·생화학용 세라믹스·질화규소나 알루미늄 등이다. 신세라믹스는 경도·탄성율이 높아 내열성·내식성이 크고 열충격에 강하며 열팽창율이 적은 특성이 있으나 제조가공이 어렵고 대형 부재를 제조하기가 힘든 단점이 있다. 신세라믹스는 건축용으로 비산화물계의 것이 섬유로서 내열·단열·내식재료로도 이용된다.

5.1 인공 목재

(1) 원료 및 제법

무기계 고분자의 함수규산칼슘($CaO-SiO_2-H_2O$)화합물인 Xonotolite가 주성분으로 유리섬유로 보강하여 수지로 결합시킨 것이다.

(2) 특 성

휨강도의 압축강도가 천연목재의 1/4 정도이므로 구조부재로는 부적당하나 그 외 아래와 같은 여러 측면에서 우수한 특징을 가지고 있다.

① 불에 타지 않고 균질하다.
② 경량·보온·단열성이 천연목제와 동일하다.
③ 못을 박을 수 있고 가공성이 좋다.
④ 치수안정성이 좋다
⑤ 변질·부식·충해·독성이 없다.

(3) 용 도

천연목재가 가지고 있는 의장·거주성·습도조절 특성 이외에도 방화성을 겸비한 새로운 경량 내장재료로서 실용화되고 있다.

5.2 유 리

① 원료 및 제법 : 조광율는 두 장의 유리판 사이에 투명한 전극과 전해질 또는 액정을 넣어 전기를 통하게 하므로서 착색·소색·투명·불투명을 전기적방법으로 조절할 수 있다.
② 특성 : 전자파 차폐유리는 부근의 송신안테나·고압선·레이더

등으로부터 전파에 의해 실내의 컴퓨터·계측기기·통신기기·의류 기기류 등이 장해를 받은 것을 방지할 수 있다.

③ 용도 : 실내로부터 전파를 차단하여 도청방지나 인근에 미치는 전파장애를 차단할 수 있다.

5.3 제올라이트

(1) 원료 및 제법

화학분야에서 반등매체로 불려지며 흡착성이 뛰어난 미세한 다공질 재료이다.

(2) 특 성

① 공기 중에 습기가 많을 때에는 수증기를 흡수하고 건조시에는 방출한다.

② 모르타르 등에 혼합하여 성형판 또는 미장재료로 사용하여 실내 기후가 변동할 경우 이것을 완화하는 조습기능을 보유하게 된다.

③ 조습능력은 모르타르의 약 3배 정도로 목재와 비슷하다.

④ 제올라이트를 혼입한 모르타르는 흡입율이 높을수록 휨강도가 낮지만 내장용 2차부재로 문제가 없으며 혼입율이 클 경우에는 비닐론섬유 등의 보강이 요구된다.

(3) 용 도

제올라이트를 사용하여 제작된 패널은 미술관이나 박물관의 전시관 또는 수납고와 같이 습도관리가 요구되는 곳에 적합하다.

10 섬유 및 보드

1. 개 론

유기질(有機質)·무기질(無機質) 원료를 이용하여 섬유제품을 만들어 건축에서 열·음·강도·내구성·무게·변형 등의 물성(物性)의 최우량화, 외관의 미화·가공성·경제성·시공성 등의 일종 또는 일종 이상의 개선을 목표로 하여 합성된 것으로 생각하는 것이 적당하다. 섬유재료(纖維材料)는 보드류·종이·천·시트·카펫 등으로 현대건축에서 없어서는 안될 중요한 재료들이다.

이러한 제품 중에서 섬유판 재료가 많이 사용되고 있는데 그 두께에 따라 박판(薄板 : Sheet)·판(Plate)·후판(厚板 : Board) 등이 있으며 두께의 정략적인 범위는 규정하지 않고 있으며 여기서 보드는 플레이트 일부를 포함한 것이다. 무기질 섬유재료의 면류는 주로 판이나 펠트·보온통 등을 만들어 건축재료로 이용하고 있다.

1.1 재료의 종류와 특징

① 유기질섬유재료 : 종이·직물·합성수지(동식물섬유질) : 불에 연소하는 재료를 말한다.

② 무기질섬유재료 : 석면·암면·광재·유리섬유(광물섬유질) : 불에 타지 않는 재료이다.

③ 섬유재료의 용도 : 열차단재·방음재(음조절용)·의장용재로 사용한다.

1.2 성분과 성질

① 성분 : 유기질·무기질재료의 원료를 이용해서 섬유를 채취 각종 재료의 원료로 사용한다.

② 성질 : 단열성이 좋고 흡음에 대한 효과가 크므로 열차단재·음향조절재 의장용재로 만들어 광범위하게 사용된다 (종이·천·텍스·시트·카펫 등).

2. 섬유재료의 원료

2.1 제품과 원료

(1) 목재 섬유재료

섬유판(펄프) · 화이버 보드(목재섬유를 분말화 한 펄프) · 파티클보드(목재섬유를 소편) + 접착제로 만든다.

표1. 섬유판과 파티클보드판의 차이점

종 류	원 료	제조 과정	비 고
섬유판	섬유화한 목재	많은 양의 물을 사용	습식 섬유판
파티클보드판	소편화한 목재	접착제로 열압	건식 섬유판

(2) 유기질 섬유재료

동 · 식물성 섬유질로 가공한 것이다.

(3) 광물질 섬유재료

석면제품(석면 + 시멘트 + 규조토), 암면(현무암·안산암), 광재면(광재) · 유리면(규사)등으로 제품을 만든 것이다.

2.2 제조과정

(1) 목재 섬유재료

목재를 원료로 한 펄프 · 소편 등을 물에 담가 수지를 완전히 제거하여 건져서 건조한 다음 접착제 · 방수제 혼합하여 제판한 제품이다.

(2) 유기질 섬유재료

동식물성 섬유질로 가공 제품화한 것으로 그 중에서도 종이 · 직물 · 합성수지 제품 등이 있다.

(3) 광물질 섬유재료

① 석면제품(石綿製品) : 석면을 주원료로 하고 시멘트·규조토 등으로 접착하여 각종 제품으로 만든다.

② 암면(岩綿) : 현무암·암산암 등의 암석을 전기로로 용융시켜 세공 분출구로 내뿜어 만든 제품이다.

③ 광재면(鑛宰綿) : 용광로에서 선철을 뽑고 남은 찌거지로 생기는 광재를 세공분출구로 뽑아내서 섬유상으로 냉각시킨 것이다.

④ 유리섬유(琉璃纖維) : 규사를 원료로 한 유리 녹인 것을 세공분추루로 뽑아내서 섬유상으로 냉각시킨 것이다.

2.3 섬유제품의 종류

① 목재 섬유제품 : 화이버보드·파티클보드⇒연질·반경질·경질섬유판이 있다.

② 유기질 섬유재료 : 벽면재 (벽지·벽포·비닐지), 휘장류 (블라인드·암막류), 바닥재(돗자리·다다미·양탄자) 등이 있다.

③ 광물질 섬유재료 : 석면재품(Asbestos)·암면(Rock Wool)·광재(Slag Wool)면·유리(Glass Wool) 면 등이 있다.

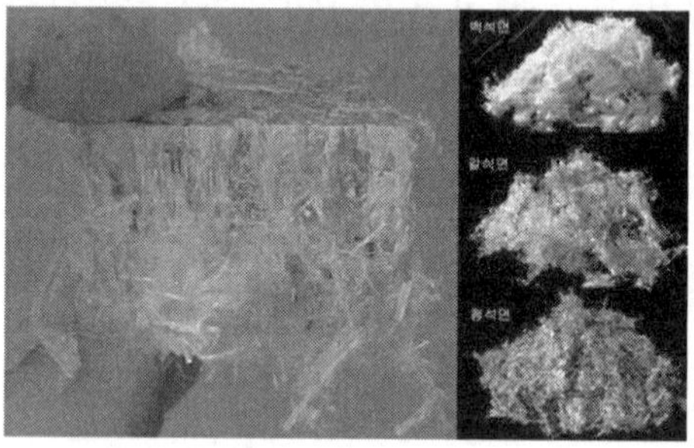

3. 보드 제품

보드재료의 원료는 목질계(木質系 : 합판·파티클보드 등), 유기질계(有機質系 : 스티로폴 등), 무기질계(無機質系 : 석면판·석고보드 등)로 대별할 수 있다. 특히 요즘은 시멘트 · 규사칼슘 · 석고 등을 메트릭스(결합재)로 하여 석면 · 목편 · 합성수지 · 셀룰로스 등의 각종섬유로 보강한 무기질보드를 사용하며 특히 시멘트계 보드가 건식 방화재료로 많이 사용되고 있다. 시멘트계 보드는 결합재로서 일반적으로 보통 포틀랜드 시멘트와 슬래그 시멘트나 수산화마그네슘 그리고 다양한 혼화재를 사용하고 보강재로 석면 · 목편 · 합성수지 · 셀룰로스 등의 각종섬유가 단독 또는 복합적으로 사용된다. 시멘트계 보드계의 종류는 다음과 같다. 석고보드는 석고에 두꺼운 종이를 붙인 것으로 내부 석고는 유리섬유 등의 무기 섬유로 보강되어 있으며 이것은 우수한 방화성능을 바탕으로 내벽 · 천정 마무리 및 바탕재료로 널리 사용된다.

3.1 보드의 제조방법과 특성

골석면 슬레이트를 제조하는데 사용방법인 초조법과 내알칼리 유리섬유보강시멘트의 제조에 사용되는 고속단층성형법이 있고 경질목편시멘트판에 제조에 이용되는 방법으로 주입법이 있으며 다양하고 복잡한 단면이나 두께가 10～100㎜에 달하는 두꺼운 판재를 제조하는데 사용되는 압출성형법이 있다. 이들의 제품의 칫수와 특성은 다음과 같다.

표2. 시멘트계 보드 분류

종 류	결합재의 종류	혼화재의 함유율(%)	보강섬유의 종류	단독 또는 복합섬유 배합량(%)
석면-시멘트	보통 포틀랜드시멘트와 혼화재	65~85	석면 · 합성수지 · 셀룰로스	15~35
글래스-슬래그시멘트	보통 포틀랜드시멘트와 고로슬래그·석분	65~95	석면 · 내알칼리유리 · 합성수지 · 셀룰로스	5~15
석면-탄산마그네슘	탄산(수산화)마그네슘·혼화재	80~90	석면 · 합성수지 · 셀룰로스	10~20
목편-시멘트	보 통포틀랜드시멘트와 혼화재	73~78	목편	22~27
석면-규산칼슘	규사(규산)·석회석 및 혼화재	75~95	석면 · 내알칼리유리 · 합성수지 · 셀룰로스	5~25

표3. 시멘트계 보드의 물리적 성질

보강섬유별 시멘트계보드	비 중	휨강도 (kg/㎠)	탄성계수 (kg/㎠)	인장강도 (kg/㎠)	충격강도 (kg/㎠)	함수율 (%)	흡수율 (%)	길이변화율(%)
석면 · 유리섬유 · 합성수지 · 셀룰로스가 보강섬유로 이용되는 보드	0.6~0.8	100~150	30000~60000	40~70	4	10이하	20~50	0.1~0.2
목편을 보강섬유로 이용하는 보드	1.0~1.1	80~120	30000~40000	40~55	3	15이하	20~30	0.12~0.2

표4. 제품의 치수와 특성

제조방법	제품의 칫수	장 점	단 점
초조법	· 비중 : 0.8~1.9 · 두께 : 3~10 · 폭 : 910~1210 · 길이 : 1820~3030	· 제조시 물·고형원료비가 높고슬러리농도가 작아서 표면치수가 큰 판재를 생산할 수 있다. · 두께가 얇은(3~6㎜)보드 생산에 효율적이다. · 석면 슬레이트 생산에 최적	· 재료구조가 다층이기 때문에동해나 화재로 인한 피해를 받을 경우 박리나 균열의 위험이 있다. · 무석면(석면을 넣지 않음)보드를 생산하기 어렵다.
고속 단층 성형법	· 비중 : 0.3~2.0 · 두께 : 4~25 · 폭 : 910~1210 · 길이 : 1820~3030	· 초조법만큼 제조시 물을 필요로 하지 않는다. · 두께가 두꺼운(25㎜) 보드를 연속적으로 생산할 수 있다. · 재료 구조가 단층이므로 동해, 화재시 박리의 위험이 적다.	· 보드 표면 평활도가 초조법에 비하여 떨어진다. · 석면을 다량으로 첨가하는 것이 어렵다. · 두께가 얇은(6㎜ 이하) 판을 제조하기 어렵다.
주입법	· 비중 : 1.0~1.1 · 두께 : 10~30 · 폭 : 910~1210 · 길이 : 1820~3030	· 목편섬유를 보강섬유로 사용할 수 있다. · 유사 크기의 목편을 30% 정도 첨가할 수 있다.	· 탈형까지 시간이 걸리고 생산성이 초조법보다 떨어진다. · 두께의 조정이 어렵다.
압출 성형법	· 비중 : 1.0~2.0 · 두께 : 10~100 · 폭 : 300~600	· 구멍이 있는 판재를 생산할 수 있다. · 표면에 요철을 낼 수 있어 의장효과를 높일 수 있다. · 복잡하거나 다양한 단면의 판재를 생산할 수 있다.	· 제품의 폭이 600㎜로 제한 한다. · 초조법·고속단층성형법에 비하여 생산성이 떨어진다. · 각각의 칫수형상마다 형틀을 제작하여야 한다.

대부분의 시멘트계 보드의 물리적 성질은 보강섬유의 종류나 배합에 따라 다르며 다음 표와 같다.

3.2 목재질 섬유재로의 보드

섬유판 화이버 보드 또는 텍스 등으로 불리며 건축에서는 주로 섬유판이라 한다. 섬유판(纖維板)은 식물섬유질을 주원료로 하여 이를 섬유화・펄프화 하여 성형·성형판으로 한 것의 종류는 다음과 같다.

표5. 각종 섬유판의 물성

구분	종류	비중	함수율 (%)	휨강도 (kg/㎠)	흡수량 (g/㎤)	열전도율 (kcal/m℃)	칫수	
							두께(㎜)	b × 1(㎝)
연질	A급 B급 시링	0.3 0.4 0.4	10 16 10	25 10 30	0.07 – 0.05	0.045 0.075 0.055	9.12.18.25	91 × 182 100 × 200 121 × 242 121 × 364
반경질		0.4 ∫ 0.8	14	50	–	–	6.9	91 × 182 100 × 200 121 × 242 121 × 273
경질	450 350 200	0.9 0.8 0.8	5 13	450 350 200	20 25 30	–		91 × 182 100 × 200 121 × 273 182 × 273 100 × 400

(1) 제법에 의한 분류

① 연질 섬유판(軟質纖維板) : 표면이 거칠고 다공질이며 비중은 0.4정도이므로 강도가 부족 하다.(보온・음향조절용으로 사용).

② 반경질 섬유판(半硬質纖維板) : 펄프를 접착제로 제판 한면만 열압 건조하여 비중이 0.4~ 0.8 정도이다.(열・음차단판・의장판으로 사용).

③ 경질 섬유판(硬質纖維板) : 양면 열압제판한 것으로 양면 모두 활면 견고하고 비중은 0.8이상이다.(의장판·합판 대용으로 사용)

(2) 원료에 의한 분류

① 파이버 보드 : 목재섬유 분말화한 것을 접착제와 방수제를 혼합 열 압판형으로 한 것으로 표면을 활면으로 하거나 각종 무늬·주름·구멍을 만든 것이다. (의장적 효과·보온·단열효과가 크다).

② 파티클 보드 : 접착제를 칠한 소편을 다단열압으로 제판한 것으로 비중은 0.4, 강도의 방향성이 없고 판의 두께가 자유롭고 큰 단면적의 판을 만들 수 있고 방충·방부성이 크며 균질한 판으로 대량생산 가능하고 형판으로 드릴로 구멍을 뚫어 흡음효과가 크다.

(3) 목재질 섬유제품의 용도

(가) 섬유판(纖維板)

연질 섬유판(보온·음향조절판 : 열이나 음의 차단효과가 크다), 반경질 섬유판(열이나 음의 차단판과 의장판이 있다), 경질 섬유판 (의장판이나 합판대용으로 사용한다)

① 연질 섬유판(軟質纖維板) : 보온·보냉 등의 단열재, 음향 조절판 등으로 사용한다.

② 경질판(硬質板) : 견고하고 치밀하며 표면이 각종 무늬로 인쇄하거나 도장하여 실내 장식재로 사용한다.

(나) 보드판(Board)

파이버보드(착색도장·방수 처리하여 다용도로 사용한다), 파티클보드(형판·화장판·마루 밑바탕판으로 사용한다)

(다) 용 도

각종 가구·창호·차량 등의 내부 수장재로 많이 사용된다.

3.3 유기질 섬유재료

(1) 벽면재

표6. 벽면재(벽면재)

<table>
<tr><th></th><th>종 류</th><th>구 분</th><th>재 질</th><th>용 도</th></tr>
<tr><td rowspan="5">벽지류</td><td rowspan="2">종이류</td><td>한지</td><td>전주 한지 등</td><td>벽 · 창호용</td></tr>
<tr><td>양지</td><td>사루부라 · 덱코 · 사틴</td><td>벽 · 천정용</td></tr>
<tr><td rowspan="2">포지류</td><td>뒷면에 천을 붙인 것</td><td>견모직물 · 화학섬유</td><td>고급실의 벽</td></tr>
<tr><td>각종 천을 뒤에 붙인 것</td><td>지포 · 갈포 · 마 · 면포 · 화학섬유·유리포</td><td>벽 · 천정용</td></tr>
<tr><td>합성 수지류</td><td>비닐벽지</td><td>염화비닐필름 · 라미네이트 제품 · 특수가공품</td><td>벽 · 천정용</td></tr>
</table>

① 양지(洋紙) : 크라프트지 · 도화지 · 보올지 · 켄트지 · 모조지 · 필기 용지· 신문용지·아트지·노지 등이 있다.

② 포제품(布製品) : 비단 · 모직물 · 화학섬유 · 지포 · 갈포류 · 삼 · 면·유리크로스 등이 있다.

③ 합성수지제품 : 염화비닐필름 · 라미네이트제품 · 특수가공품 등이 있다.

(2) 휘장류

① 창장 : 모직물 · 견직물 · 면직물 · 인조견직물로 만든 커튼포지로 커튼을 달기위해 커튼박스 설치하고 부속철물로 놋쇠제링과 대를 쓴다.

② 블라인드 : 비닐지나 암색계의 치밀한 포지로 만들어 개패장치는 창위에 달린 심대로 감아올린다. 사용은 손으로 당기든지 스프링으로 자동 회전시키든지 전기장치로 조정한다.

③ 암막 : 흑색 · 적색 등의 이중천을 만든 것으로 상하 또는 좌우로 개폐하고 방법은 수동 · 전동으로 이용한다.

④ 기타 커튼유 : 칸막이 커튼(실내 간이한 차단물), 무대커튼(강당·

극장 · 영화관등 무대에 사용 개폐는 전동장치로 한다)

표7. 휘장류

품 명	천의 종류	재 질	용 도
커튼 (Curtain)	두꺼운 천 얇은천 카세멘트 레이스	Damask, Beludo, Poplin 화직합직포 화섬 · 합섬 모 · 면 · 합섬	시선차단 · 차광 · 단열 눈가림·일조 조정 〃 〃
블라인드 (Blind)	수평 블라인드 수직 블라인드	알루미늄·플라스틱포제 알루미늄	〃 〃

(3) 자리류

① 돗자리 : 짚 · 왕골 · 잘포 등 식물섬유를 엮어서 무늬있는 자리로 만든 것이다.

② 다다미 : 짚으로 약 3㎝ 두께로 하고 그 위에 식물질 섬유로 짠 자리를 입혀 만든 것이다.

③ 양탄자 : 면직물 · 모직물 등을 두껍게 짜서 표면에는 식모를 해서 무늬나 채색을 하여 탄성과 장식 효과를 낸다.

④ 윌톤 카펫 : 비로도 모양의 영국제의 고급품이다.

⑤ 브르셀 카펫 : 타올 모양의 벨기에제이다.

⑥ 타베스트리카펫 · 아크스먼스터카펫 등도 있다.

(4) 유기질계 섬유용도

벽면재(壁面材) : 벽지 · 벽포 · 비닐지 등을 접착제로 붙이므로 실내 벽면 · 천정등을 미화 · 보온 · 음향조절 · 조명효과 · 마모방지 등 효과가 있다.

3.4 광물질계 섬유재료 및 보드

광물질계 섬유로는 석면 · 암면 · 광재면 · 유리섬유 · 질석 · 퍼라이트 · 석고 등이 있다. 석면제품으로 석면보온판 · 석면보온통 · 석면파형보온통 · 보온대 · 보온포 등이 있으며 암면 · 광재면 제품으로 암면판 ·

암면보온판 · 암면보온통 · 석면흡음판등이 있고 이밖에 유리섬유제품· 질석제품 · 퍼라이트제품 · 석고보드제품 등이 있다.

(1) 광물질계 섬유재료

(가) 석면(石綿 : Asbestos)

섬유상으로 된 암석(사문암 · 각석암)에서 채취한 것으로 열전도율이 적고 내알칼리성이 우수하며 내화성은 1200~1300℃로 보통 화재에는 안전하다.

(나) 암면(岩綿 : Rock Wool)

단열 · 보온 · 흡음 · 내화성이 우수하고 열전도율(0.043㎉/mh℃)이 적고 값이 저렴하다.

(다) 유리면(Glass Wool)

인장강도가 크며(가는 섬유일수록 크다), 비중이 0.1 정도로 강압하여도 공극이 96%이고, 열전도율 0.032㎉/mh℃, 흡음율 85%, 불연· 내구성 등이 우수하다.

(2) 광물질 섬유제품의 용도

(가) 석면(Asbestos)

장섬유(석면포 : 단열재 · 바킹으로 사용)와 단섬유(석면시멘트판 · 석면관 · 마루마감 · 충진재료로 사용)가 있다.

(나) 암면(Rock Wool)

절연재(음이나 열 차단)로 사용한다. 암면펠트 · 암면판 · 보온통 · 암면흡음판(단열 · 보온 · 흡음 · 내화성 우수)의 제품을 만들어 사용한다.

(3) 유리섬유(Glass Wool)

유리섬유는 흡음판(면상인 Glass Fiber)을 유공 알미늄판에 끼운 것이다. 이것을 흡음텍스라 한다. 용도는 다음과 같다.

① 보강재 : 아스팔트 방수에 쓰이는 망상 대신 Glass Fiber 망상

Roofing 으로 쓴다.

② 단열재 : 포사으로 하여 냉난방닥트의 보온이나 기밀실에 쓰인다.

③ 공기정화장치 : 50~100 굵기의 Wool을 사용 - 먼지 흡수

(4) 석고보드

(가) 원료 및 제법

석고판은 석고를 약 200℃로 가열하여 결정수를 탈수시킨 소석고(반수석고)가 주원료이다. 이것에 혼화제를 넣은 물로 반죽하여 강인한 보드용 원지 사이에 넣어 안정된 결정상태의 석고로 환원시켜 판상으로 제조한 것이다.

(나) 종 류

① 내부 마감용 : 평석고판·보통석고판으로 실내벽 · 천정에 설치하여 페인트칠·벽지바름 등의 바탕이 되는 판

② 내부 바탕용 : 바탕석고판(흡음판 · 합판패널링 · 치장벽패널 등을 설 치하기 위한 바탕이 되는 뒷댐판), 미장 바탕석고판, 타일붙임 바탕 석고판 등이 있다.

③ 외부 바탕용 : 외장용 석고판·외벽 등의 마감재의 바탕이 되는 판

④ 흡음용 : 흡음용 구멍석고판(평석고판에 흡음용 구멍을 뒷면까지 관통하여 뚫은판), 치장 석고흡음판(흡음용 구멍석고판 표면을 치장가공한 판), 특수석고흡음판(평석고판에 흡음용 구멍을 뒷면까지 관통하여 뚫은 판의 뒷면에 암면 또는 유리섬유를 붙인 판)이 있다.

⑤ 방화용 : 타입엑스 석고판이라 하며 무기섬유강화 석고판(무기섬유와 석고를 심재로 한 방화성능이 높은 판)과 불연석고 적층판(불연성 보드용 원지를 표면에 붙인 판)이 있다.

⑥ 치장용 : 치장용 석고판은 표면 원지에 미리 인쇄한 보통판 또는 평석고판에 치장 가공한 종이나 플라스틱을 붙인 판

(다) 특 성

① 단열성이 높으므로 연소되거나 완전히 석회화하기 전까지 100℃ 이상의 열을 전달하지 않는다.

② 시공이 용이하고 표면 가공이 다양하다.

③ 부식이 안 되고 충해를 받지 않는다.

④ 화재 발생시 석고판 속의 결정수가 방출되어 수증기로 변하여 화염과 열의 확산을 지연시킨다.

⑤ 흡수로 인한 강도가 현저하게 저하된다.

(라) 시 공

① 받이재는 건조목재 · 경량형강의 퍼링채널 및 스터드를 사용한다.

② 받이재가 목재의 경우 아연도금 또는 유니크롬 도금한 석고판용 평 머리못, 경량형강의 경우 석고판용 나사못을 사용한다.

③ 석고판의 이음매는 줄눈용 주걱으로 조인트 컴파운드를 바른 후 줄눈보강 종이테이프를 붙여서 그 위에 다시 조인트 컴파운드를 바르고 주걱으로 마무리한다.

④ 튀어 나온 벽체 모서리는 코너빗으로 보강한다.

⑤ 벽이나 천정의 팽창 및 수축을 완화시키기 위하여 조절줄눈을 설치하며 콘크리트 및 블록 등의 기존 바탕에 신축줄눈이 있는 경우 그 위치에 석고판 조절줄눈을 설치한다. 조절줄눈은 아연도금된 금속제의 기성줄눈대를 사용하여 만든다.

표8. 석고판의 규격

나비(㎜)	길이(㎜)	두께(㎜)
600	2,420	9 · 12 · 15
900	2,420 · 2,730	
910	1,820 · 2,420 · 2,730	
1,200	2,420	

(5) 시멘트 판류

(가) 종 류

① 목모 시멘트판 원료 및 제법 : 목재를 세장하게 소편으로 한 목모와 시멘트를 중량비로 45 : 55로 하여 소량의 물로 비벼 박판상으로 압축 성형한 것이다.

표9. 목모 시멘트판의 규격

구 분	보통목모 시멘트판						난연목모 시멘트판					
폭길이(㎜)	900×1,800 · 910×1,820 · 1,000×2,000						900×1,800 · 910×1,820 · 1,000×2,000					
두께(㎜)	15	20	25	30	40	50	15	20	25	30	40	50
휨강도(kg/㎠)	25	40	50	65	120	160	40	60	80	100	180	-

② 목편 시멘트판 원료 및 제법 : 목모 시멘트판보다 향상시킨 것으로 드리졸이라 부르며 목모대신에 방부 · 방수 처리한 목재의 소삭편을 사용한 판이다.

표10. 목편 시멘트판의 종류

종 류	비 고
경질 목편시멘트판	비중 0.8 이상 · 철근 보강 없음
보통 목편시멘트판	비중 0.5～0.8 · 철근 보강 없음
목편 시멘트판 철근보강판	철근 보강된 보통 시멘트판
목편 시멘트판 마무리보강판	목편 시멘트 철근 보강판의 한쪽면을 몰탈 마감

(나) 특 성

① 비교적 가볍고 방화성능이 크고 단열과 흡음성이 있다.

② 부식이 없고 충해를 받지 않는다.

③ 가공이 쉽고 모르터의 부착이 잘된다.

④ 치수의 정밀도가 낮고 흡수로 인한 신축이 크다.

⑤ 두께가 고루지 않고 마무리재로 결함이 있다.

(다) 시 공

① 받이재가 목조인 경우 아연 도금 또는 유니크롬 도금한 평머리철 못이나 구리못을 사용한다. 받이재가 철골인 경우 나사못을 사용한다.

② 줄눈대·누름선 등의 공정용 철물은 바탕이 목조인 경우 황동제 나사못·유니크롬 도금한 못·평머리 철못을 사용하지 못 한다.

4. 합성수지계 보드

(1) 폴리에스테르판

(가) 원료 및 제법

① 폴리에스테르 강화판 : 유리섬유를 불규칙하게 상온가압하여 성형한 판이다. 알칼리 이외의 화학약품에 저항성이 있고 설비재·내외수장재로 사용된다.

② 폴리에스테르 치장판 : 합판 하드보드 등의 표면에 0.5~1.0㎜ 두께로 폴리에스테르 수지의 피막을 입힌 판으로 바탕에 색체나 무늬 등을 투영시킨다.

(나) 특 성

가성 소다나 알칼리에는 약하지만 그 외의 성분에는 강하다.

(2) 멜라멘치장판

(가) 원료 및 제법

두꺼운 종이에 페놀수지를 침투시켜 부착시킨 바탕에 색종이나 나무무늬판 등을 붙이고 멜라민 수지를 침투시킨 종이를 씌우고 140℃에서 100kg/㎠의 압력을 가하여 성형한 판이다.

(나) 특 성

경도는 크나 내열 · 내수성이 부족하여 외장재로 부적당하다.

(3) 아크릴 평판 및 골판

(가) 원료 및 제법

입상 아크릴 원료에 안료를 혼합하여 가열·가압·성형한 착색 반투명판 및 투명판이다.

(나) 특 성

휨강도가 크고 투명도가 좋으며 착색이 자유롭고 가공이 용이하다.

(4) 염화비닐판

(가) 원료 및 제법

입상수지 원료를 가열하여 롤러를 통하여 만든 판이다. 불투명판을 만들기 위해서 석면을 충전재로 사용한 판은 석면 유해성 때문에 사용하지 않는 것이 좋다.

(나) 특 성

색이나 투명도가 자유로우며 광택이 있는 평판에는 정전기가 발생하여 먼지가 잘 붙으며 화재시 Cl_2 가스의 발생이 크다.

(5) 페놀수지판

(가) 원료 및 제법

① 베그라이트 평판 (Blacklite board) : 종이에 페놀수지를 침투시켜 가열 가압한판이다.

② 강화목재 적층판 : 목재 박판을 페놀수지액에 담갔다가 수 매씩 겹쳐 가열 가압한 판이다. 강도가 커서 향후 구조재로 사용될 가능성이 있다.

③ 페놀수지 치장판 : 합판표면에 페놀수지를 침투시킨 종이를 한층만 붙여 가열·가압한 판이다.

(나) 특 성

다갈색의 색조와 석탄산의 취기가 결점이지만 전기절연성·내전압성이 우수한다.

(6) 폴리스티렌 투명판

① 원료 및 제법 : 폴리스티렌수지를 가열하여 틀에 주입하여 성형한판이다.

② 특성 : 내후성이 부족하고 황색화 되어 투광율이 감소된다.

(7) 비닐스펀지판

원료 및 제법 : 염화비닐수지를 원료로 하고 가소제·충전제·발포제 등을 혼합하여 만든 유공질판이다.

11 금속재료

1. 개요
2. 철금속
3. 비철금속
4. 금속재료의 부식과 그 방지

1. 개 요

금속재료(金屬材料)는 광석으로부터 필요한 물질을 제련(製鍊)하고 이것을 추출(抽出)·정련(精鍊)하여 얻어진 것으로서 일반적으로 철금속과 비철금속으로 구분된다.

일반 금속재료의 공통적인 금속성 특성을 열거하면 다음과 같다.

① 고체상태에서는 결정(結晶)이다.

② 열과 전기의 양도체이다.

③ 금속광택을 가지고 있으며 빛에 불투명하다.

④ 소성변형을 할 수 있다.

⑤ 경도(硬度)가 높고, 내마멸성이 크다.

⑥ 전성(展性)과 연성(延性)이 풍부하다.

이상과 같은 성질을 전부 가지고 있는 철·동 등이 금속이며, 불완전하게 가지고 있는 탄소·규소 등은 준금속이고, 전혀 가지고 있지 않은 산소·수소 등은 비금속이다.

금속에는 물보다 가벼운 나트륨(Na), 리듐(Li) 등이 있는가 하면 물보다 20배나 무거운 백금(Pt), 금(Au), 텅스텐(W) 등도 있다. 그러므로 편의상 비중 5를 기준으로 하여 가벼운 것을 경금속(Light metal), 무거운 것을 중금속(Heavy metal)이라고 한다. 알루미늄(Al)·마그네슘(Mg)·칼슘(Ca)·티탄(Ti)·나트륨(Na) 등은 경금속이고 철(Fe)·동(Cu)·납(Pb)·니켈(Ni)·크롬(Cr)·아연(Zn) 등은 중금속이다.

금속재료가 다른 재료와 비교하여 결점이 있다고 하면 다음과 같은 것을 들 수 있다.

① 비중이 크다.

② 녹이 슬기 쉽다.

③ 가공설비나 비용이 많이 든다.

④ 색채가 다양하지 못하다.

위와 같은 점에서 금속재료는 강도를 필요로 하는 구조용이나 빛·전기·열의 성질을 활용하는 기능적인 부분에 사용되며, 건축재료로서 많이 사용되고 있는 금속재료로서는 철강·알루미늄·동·납·아연과 이들의 합금 등이다.

2. 철금속

2.1 순금속과 합금

순금속이란 100% 순도를 가진 금속물질을 말한다. 모든 금속은 현재 거의 100%에 가까운 순도의 것을 정제하고 있지만 완전 100%인 것은 정제하지 못하고 있다. 금속재료로서는 순금속만을 사용하는 예는 거의 없고 대부분이 둘 이상의 금속 또는 비금속으로 된 합금을 사용하고 있다.

합금(Alloy)이란 하나의 금속에 하나 이상의 다른 금속 또는 비금속을 가해서 금속적인 성질을 나타내는 것이며, 현재 사용되는 모든 금속은 엄밀히 말해서 합금이라 할 수 있는 것이다.

일반적으로 첨가되는 금속 혹은 비금속은 제조 공정중에 자연혼입되는 경우와 유용한 성질을 얻기 위해 인공혼입하는 경우가 있는데 제조공정 중에 자연혼입되는 성분을 일반적으로 불순물이라고 하는데, 이 불순물의 영향이 반드시 나쁘다고만은 할 수 없으며 합금에 따라서는 각각 다른 유용한 효과를 갖는 경우도 있다.

합금의 제조방법에는 여러 가지가 있다. 금속과 금속 또는 금속과 비금속을 용융상태에서 융합시키는 방법, 압축 소결(燒結)에 의한 방법, 삼탄처리(滲炭處理)와 같은 고체상태에서 확산을 이용해서 합금을 부분적으로 만드는 방법 등 여러 가지가 있다.

2.2 철 강

철강은 철(Fe) 이외에 소량의 탄소(C)·망간(Mn)·규소(Si) 및 불순물로 인(P)·유황(S)등을 함유하고 있다. 화학적으로 순수한 철을 만드는 것은 매우 어려운 일이며 순철(純鐵)이라 하여도 0.001% 정도 탄소를 포함하고 있다.

이론상 탄소량에 따라 다음과 같이 철, 강, 주철로 구분하고 있지만, 이것은 그 성질이 현저하게 변화되는 임계점(臨界點)을 탄소량으로 정한 것이지 실제로는 열처리에 따라 경도의 차이가 있다.

명 칭	탄소량(C)	성 질
철	0.04% 이하	연질이고 가단성(可鍛性)이 크다.
강	0.04% ~ 1.7%	가단성, 주조성, 담금질효과가 있다.
주철	1.7% 이상	주조성이 좋고 경질이고 취성(脆性)이 크다.

2.3 철강의 제조법

철강은 제선 - 제강 - 조괴 - 압연의 과정을 거쳐 제조된다. 고로(용광로) 속에서 코크스의 연소로 생성되는 일산화탄소에 의해 철광석을 환원하고 탄소 외에 실리콘, 망간 등을 함유한 선철을 만드는 것을 제선(製銑)이라 한다. 선철은 불순물, 특히 탄소를 3.0 ~ 4.5% 함유하므로 인성과 가단성이 없어 그대로 구조재로 사용할 수 없다. 선철을 산화탈탄하여 성분조정을 하고 구조용 재료로 사용 가능한 성질을 가진 강으로 만드는 것을 제강(製鋼)이라 한다. 제강법에는 전로법 · 평로법 · 전기로법이 있다. 전기로법은 일반적으로 특수한 강 제조에 사용되고 일반탄소강은 주로 평로법과 전로법에 의해서 제조한다.

제강이 끝나면 용융된 강을 꺼내서 주형에 주입하여 강괴(Ingot)로 만드는데, 이 과정을 조괴(造塊)라 한다. 강괴는 탈산도가 높은 순으로 킬드강괴(Kiled ingot), 세미킬드강괴(Semi-kiled ingot), 림드강괴(Rimmed ingot)로 분류한다. 강괴를 다시 강열 압연하여 형강이나 강판 등의 제품을 만든다. 따라서 강괴의 품질은 제품의 품질과 밀접한 관계가 있으므로 대단히 중요한다. 길드강, 세미킬드강, 림드강의 특징은 표1과 같으며 제품의 용도에 따라 구분하여 사용한다. 강괴로 만들지 않고 바로 용강(勇剛)을 연속적으로 강판이나 형강을 압연하여 내는 연속주조법도 있다.

표1. 강괴의 종류와 특징

종 류	단 면	성 질	용 도
림 드 강	편 식 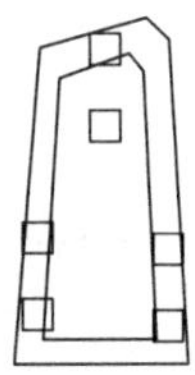 기 포 	강괴는 가스를 방출하면서 바깥쪽부터 붙을 때까지 주변에 림드층이라는 비교적 불순물이 적은 양질의 층이 생기나 내부는 균질하지 못하다. 표면에 양호하고 가공성이 풍부하다.	압연한 체로 사용하는 일반건축용강재, 표면의 평활을 요구하는 dfiq은 도금강판 등, 표면을 깎아 사용하는 가계재료로는 부적합하다.
세미킬드강	편식기포 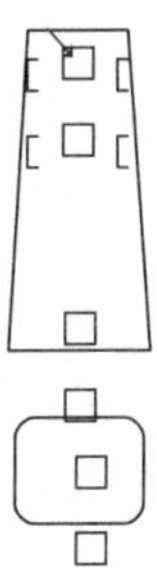	화학성분, 균질성 등 각종 성질은 킬드강과 림드강의 중간이다.	일반구죠용 강을 비롯해서 조선용 두꺼운 판, 철판말뚝 등
킬 드 강	파이프 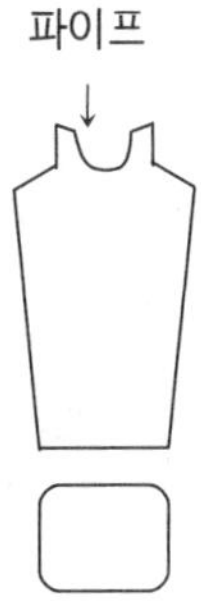	화학성분및 제 성질이 비교적 고도의 균질성을 갖고 있다. 응고과정이 수축으로 인해 강괴 위쪽에 수축관(파이프)이 생겨 이를 잘라 버리고 사용하게 되므로 비용이 높아진다.	용접구조용 강재 · 조선용 두꺼운 판, 보일러용 강판, 기계구조용 선재, 와이어로프용 선재 등

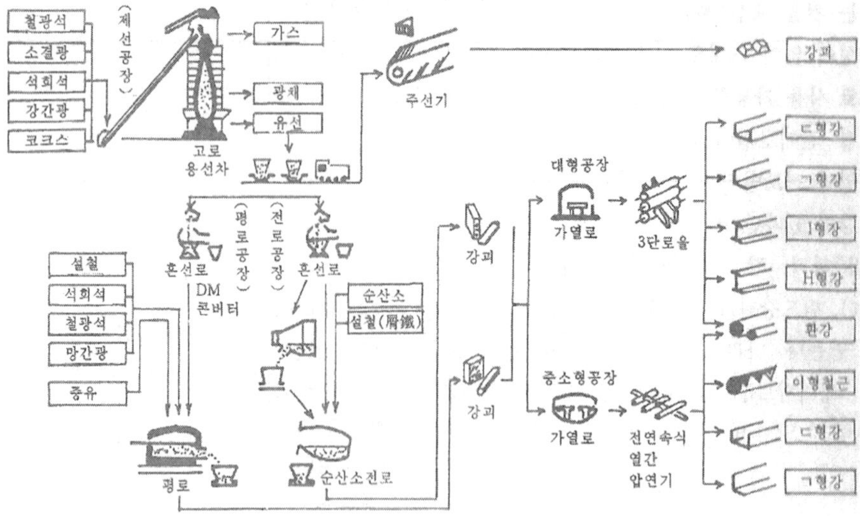

그림1. 철강의 제조공정

2.4 탄소강의 성분 및 구분

탄소강(Carbon steel)은 0.04~1.7%의 탄소를 함유하는 Fe~C 합금으로서 단순히 강(鋼)이라고도 한다. 인류가 태어나면서부터 사용해온 모든 철은 탄소강이며, 이것은 탄소의 함유량에 따라서 기계적 · 물리적 성질이 달라지고 사용목적에 따라 우수한 성질의 재료를 만들 수 있다. 또한 가공성이 좋아서 판·봉·관·선 등으로 만들어지며 담금질, 뜨임질 등의 열처리를 하면 기계적 성질은 광범위하게 변화하므로 매우 편리한 재료이다.

(1) 탄소강의 성분

탄소강은 철(Fe) · 탄소(C) 이외에 망간(Mn) · 인(P) · 황(S) · 규소(Si)를 반드시 함유하고 또한 강재 원료에 따라서는 소량의 동 · 니켈 · 크롬 · 알루미늄 · 비스무트(Bismuth) 등도 함유하며 산소 · 수소 · 질소 등의 가스도 다소 함유하고 있다.

망간은 0.3~0.9%, 인 또는 황은 0.01~0.05%, 규소는 0.01~0.4% 정도가 제조시 필연적으로 혼입된다.

(2) 탄소강의 구분

탄소강은 탄소의 함유량에 따라 저탄소강, 중탄소강, 고탄소강으로 구분된다. 저탄소강은 탄소의 함유량이 0.3% 이하, 중탄소강은 0.3~0.6%, 고탄소강은 0.6% 이상인 것을 말한다. 또한 탄소함유량에 따라 탄소강을 더 세분하면 표2와 같다.

표2. 탄소량에 의한 탄소강의 구분

종 별	탄소함유량(%)	주 용 도
특별극연강(特別極軟鋼)	0.08% 이하	박판(薄板)·전신선 등
극연강(極軟鋼)	0.08 ~ 0.12	리벳·못·새시바·용접관 등
연강(軟鋼)	0.12 ~ 0.20	철골·철근·형강·강판 등
반연강(半軟鋼)	0.20 ~ 0.30	레일·차량·기계용 형강 등
반연강(半軟鋼)	0.30 ~ 0.40	볼트·강널말뚝 등
경강(硬鋼)	0.40 ~ 0.50	공구·피아노선·스프링·샤프트 등
최경강(最硬鋼)	0.50 ~ 0.80	스프링·칼날·공구 등

2.5 강의 조직

모든 물질은 결정질 물질과 비결정질 물질로 구분되고 금속은 일반적으로 매우 많은 미세한 결정들의 집합체로 되어 있다. 이들 결정 하나 하나의 내부구조는 그림2, 3과 같이 원자가 규칙적으로 배열되어 있다. 이것을 결정의 공간격자(Space lattice)라 하고, 그 하나의 구획을 단위정(Unit cell)이라 한다.

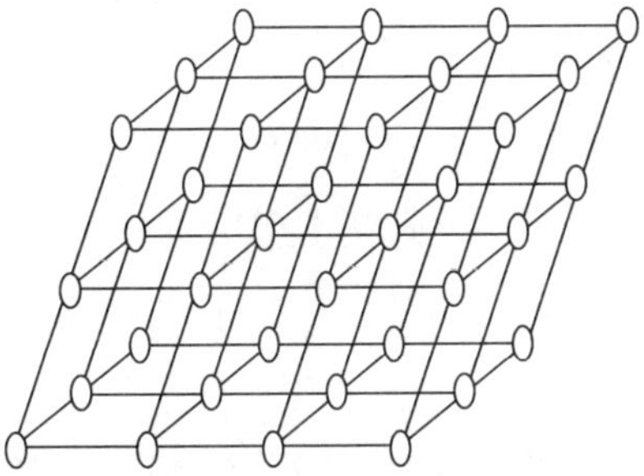

그림2. 공간 격자

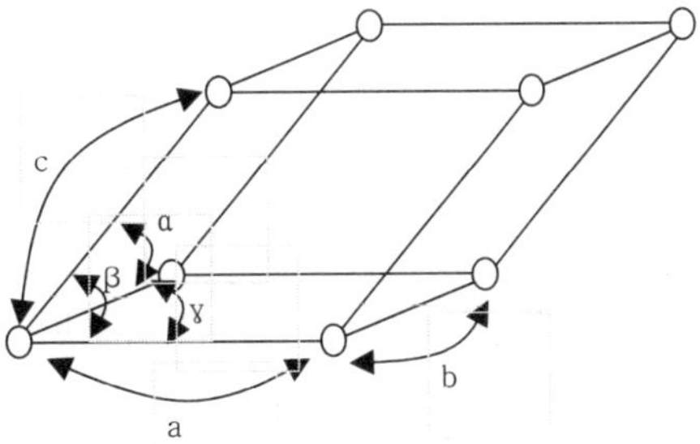

그림3. 단위정

단위포의 3변의 길이 a, b, c 및 3변 사이의 각 α, β, γ 글 격자 상수(Lattice constant)라 한다. 공간격자에 있어서 원자의 배열상태는 각각의 금속결정에 따라서 달라지므로 이 배열방법은 금속의 성질과 중요한 관계를 갖게 된다. 금속의 결정은 입방정계, 6방정계, 정방정계 등이 있다. 입방정계(Cubic system)의 결정은 공간격자의 단위정이 정육면체를 형성하고 있고 원자의 배열에 따라 체심입방격자(Body-centered cubic lattice;B. C. C)와 면심입방격자(Face-centered cubic lattice'F. C. C), 그리고 조밀 6방격자(Close-packed hex-agonal lattice)가 있다. 대부분의 실용 금속의 결정구조는 체심입방격자(體心立方格子) 또는 면심입방격자(面心立方格子)로되어 있다. 그 중에서도 온도·외력 등의 외적 조건에 따라 그 결정구조가 변화하는 금속이 있는데 그 현상을 금속의 변태(變態)라고 한다.

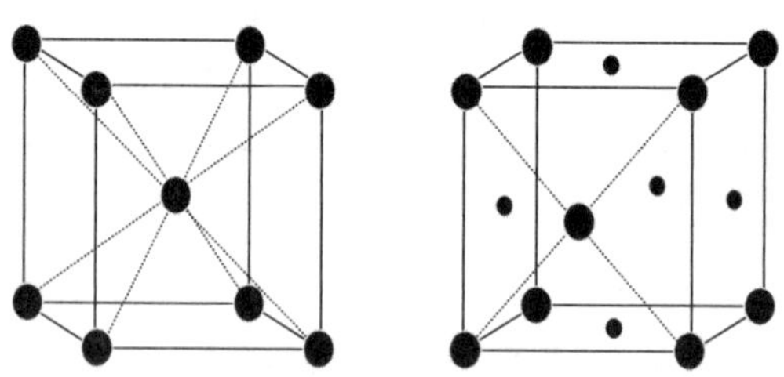

(a) (b)

그림4. 중요한 격자형

어떤 종류의 금속에는 고체인 그대로 일정한 온도에서 동소체(同素體)로 변하는 예가 있다. 이것을 동소변태라 하고 변태가 일어나는 온도를 변태온도라 한다. 동소변태는 고체에 있어 원자배열의 변화, 즉 결정격자의 형성이 바뀌어 일어나는 것으로 순철에는 α, γ, δ 라고 하는 3가지의 동소체가 있고 α 철은 약 910℃ 이하에서 체심입방격자(B.C.C)가 된고, γ 철은 약 910~1,400℃ 사이에 면심입방격자(F.C.C)가 되며 δ 철은 약 1,400℃부터 용융점인 1,537℃ 사이에서 체심입방격자(B.C.C)가 된다.

강은 탄소량에 따라 변태의 내용이 달라지며 순철의 경우보다 복잡하나 탄소가 철중에 함유되면 순철의 경우보다 변태온도가 탄소량에 의하여 변화한다. 강의 조직을 알기 위하여는 그림5의 철과 탄소계의 평형상태도가 필요하다. 이 평형상태는 임의의 온도에 있어서 존재하는 상(相)의 종류와 탄소량의 관계를 나타내는 것이다. 여기서 탄소강은 다음 4가지 상이 있음을 보여준다.

(1) 시멘타이트(Cementite)

철과 탄소의 화합물로 0.68%의 탄소를 함유하며 상당히 단단하고 취성이 있으나 전연성(展延性)이 없으며 담금질 효과도 없다. 산에 잘 부식되지 않으며, 현미경 조직은 백색으로 보인다. 브리넬경도(Brinell hardness)는 약 600. 인장강도는 약 3.5kg/㎟이하, 연신율은 10%이다.

(2) 페라이트(Ferrite)

강 조직내에 0.021% 정도의 탄소가 고용(固溶)되어 있는 순철의 입자로서 온도에 의하여 α, γ, δ 의 구별이 있다. 극연(極軟)이며 담금질 효과가 없고 강자성(强磁性)이다. 전기전도율이 크며, 브리넬 경도는 약 80, 인장강도는 약 3.5kg/㎟, 연신율은 40%이다.

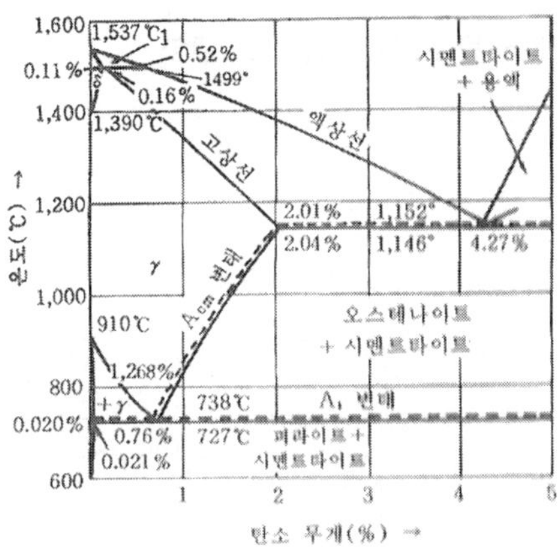

그림 5 철과 탄소계의 평형 상태도

(3) 퍼라이트(Perlite)

페라이트와 시멘타이트가 동시에 석출(析出)되어 미세한 줄무늬의 조직을 나타내는 특수한 조직입자로서 0.85%의 탄소를 함유하고 있다. 담금질 효과가 크고 브리넬 경도는 200, 인장강도는 약 85kg/㎟, 연신율은 10%이다.

페라이트에 탄소량을 증가시키면 점차 퍼라이트가 증가되어 탄소량이 0.85%가 되면 탄소강이 모두 퍼라이트만으로 된다. 이것을 공석강(Eutectioid steel)이라 한다. 공석점(탄소량이 0.85%)이하의 탄소량을 가진 강은 처음에 페라이트 석출되고 온도 727℃에 이르러 퍼라이트가 석출 되기 때문에 양자의 혼합조직이 된다. 이 범위의 강을 이공석강(Hypo eatectoid steel)이라 하고 탄소량이 0.85% 이상인 고탄소강을 과공석강(過恭析鋼)이라 한다. 보통강은 모두 아공석강(亞恭析鋼)이다.

(4) 오스테나이트(Austenute)

순철은 1,537℃에서 용융액으로부터 응고하여 1,537~1,390℃ 사이에서 δ 철이라는 체심입방격자의 결정이 된다. 여기에 탄소가 고용된 것이 δ 고용체이다. 1,390~910℃에서는 면심입방격자의 γ 철로 되며, 이때 γ 철에 고용되는 탄소량은 2.04%까지이며, γ 고용체를 오스테나이트라 한다.

2.6 탄소강의 성분 및 구분

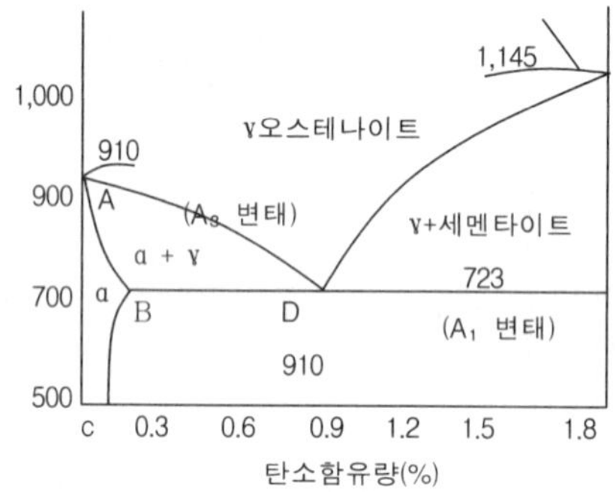

열처리란 금속재료에 필요한 성질을 주기 위하여 가열 또는 냉각하는 조작을 말한다. 금속재료는 가열온도를 유지하는 시간 및 냉각온도에 따라서 조직이 크게 달라진다. 강을 고온으로 가열 하였다가 냉각시키면 결정의 원자배열이 변화하여 그 조직이 달라지는 경우가 많고 또한 역학적 성질을 개선하거나 압연 또는 주조시의 잔류응력을 제거할 수 있는 효과를 나타낸다. 열처리방법에는 풀림·불림·담금질·뜨임질 등이 있다.

(1) 풀림(Annealing)

강을 적당한 온도(800~1,000℃)로 일정한 시간 가열한 후에 노 안에서 천천히 냉각시키는 조직을 풀림이라 한다. 풀림을 하면 강의 조직이 표준으로 되므로 단조(鍛造)·압연(壓延)등에 필요한 가공성과 적당한 기계적·물리적 성질을 얻을 목적으로 실시한다.

(2) 불림(Normalizing)

불림이란 결정입을 미세화하고 조직을 균일하게 하여 강력한 재료로 만들기 위한 목적으로 그림5의 A_3 온도에 가깝게 하는데, 너무 높으면 결정립이 거칠어진다. 그러나 내부 응력의 제거, 합금원소의 확산, 절삭가 공성의 개선을 위해 다소 연질로 할 필요가 있을 때에는 다소 높은 온도로 가열한다.

(3) 담금질(Quenching or Hardening)

강을 오스테나이트(Austenite)상태의 고온도에서 물 또는 기름 속에 투입하여 금랭시키는 조작으로서 마르텐사이트(Martensite)라고 하는 조직을 가진 상당히 단단한 조직을 얻는데 그 목적이 있다. 여기서 마르텐사이트라는 것은 이와 같은 담금질에 의하여 생기는 매우 단단한 조직에 주어진 명칭이다.

담금질 온도의 범위는 탄소량에 의하여 변화하며 탄소량이 증가함에 따라 온도가 낮아진다. 담금질의 효과는 탄소량에 따라 다르며 인장강도·경도는 탄소량이 증가함에 따라 증가하나 신장률·단면수축률은 반대로 감소한다. 담금질에 의하여 물리적 성질도 변화하고 비중은 약간 감소한다. 비열은 약간 증가하고 전기저항과 잔류응력은 크게 증가한다. 강재를 용접하면 그 부분은 일종의 담금질 처리를 한 것과 같이 된다.

(4) 뜨임질(Tempering)

담금질을 한 강에 인성을 주기 위하여 변태점 이하의 적당한 온도에서 가열한 다음 냉각시키는 조작을 말한다. 뜨임질을 하면 재료의 경도와 강도는 감소하지만 신장률·단면수축률 및 충격값은 증가한다. 따라서 매짐성이 완화된다. 특히 온도가 가장 큰 영향을 미치기 때문에 필요한 경도 및 인성을 얻기 위해서는 적당하게 온도를 가감하는 것이 좋다.

2.7 강의 일반적 성질

(1) 물리적 성질

일반적으로 강은 탄소함유량이 증가함에 따라 비중 · 열팽창계수 · 열전도율이 떨어지고 비열 · 전기 저항 등은 커진다.

강의 물리적 성질은 표3과 같다.

표3. 강의 물리적 성질

비 중	융 점(℃)	비 열 (cal/g · ℃)	전기저항 (Ω㎟/m)	열전도율 (cal/㎝ · sec · ℃)	선팽창계수 (20~100℃)
7,789~7,876	1,425~1,528	0.102~0.108	0.1.~0.18	0.087~0.134	0.0000104 ~0.0000150

(2) 기계적 성질

(가) 인장강도(Tensile strength)

구조용 강재의 시험편을 양끝에 고정시키고 인장력을 가하면 시험편이 절단된다.

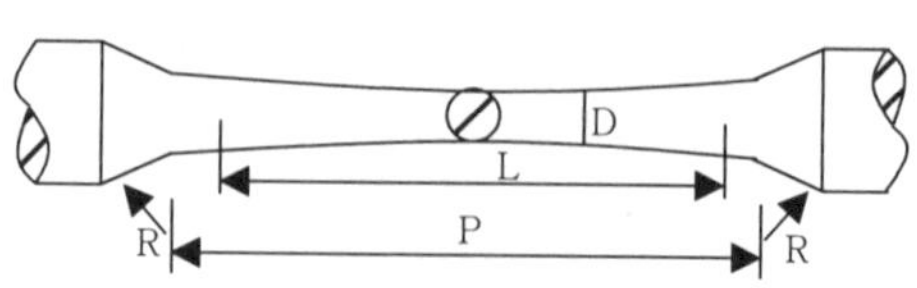

그림6. 시험편의 예

이 때 최대하중(P)를 시험편 단면적(A)으로 나눈 값을 인장강도(σ)라고 한다.

$$\sigma = \frac{P}{A} \; (\mathrm{kg/mm^2})$$

(나) 응력도 – 변형율곡선(Stress–strain curve)

구조용 강재의 시험편에 인장력을 가하면 그림7과 같이 응력도-변형률곡선이 얻어진다. 그림7에서 시험편의 변형이 E점까지는 극히 작다. E점까지는 외력을 제거하면 원상태로 회복하므로 E점을 응력의 탄성한계(elastic limit)라고 부르고, P점까지는 변형률이 응력에 비례하므로 후크(Hook)의 법칙에 의하여 응력과 변형률을 구할 수 있으며 P점을 비례한계(limit of proportionality)라고 부 른다.

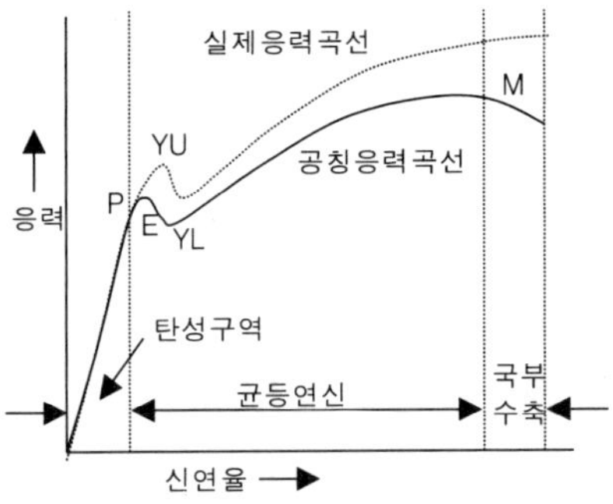

그림7. 응력과 변형도

$$변형률(\varepsilon) = \frac{표점간변형거리 \Delta l}{표점간거리(l)} \times 100\%$$

또 응력과 변형률의 비 E를 영계수(Young's modulus)라고 하고, 재료의 성질에 따라 일정한 정수로나타내며, 그 금속의 기계적 성질을 판단하는 데 중요한 자료로 이용된다.

$$E = \frac{응력}{변형률} = \frac{\sigma}{\varepsilon}$$

하중의 증가에 따라 시험편이 변형되는 도중에 소성변형을 계속 받게 되어 결국에는 표점거리 표시부의 임의의 위치에 단면수축이 생기고 시험편이 파괴된다. 이때의 하중이 시험편에 작용한 최대하중이 된다.

그러나 실제에 있어서는 하중이 수축단면에 작용한 것이므로 수축단면적으로 파괴하중을 나누는 데, 이것을 일반적인 응력에 대하여 잔응력(True stress)이라고 하며 그림7에서 점선으로 표시되어 있다.

(다) 항복비(Yield ratio)

항복점 또는 내력과 인장강도의 비를 항복비(降伏比)라 한다. 항복비는 강구조에서 보통 쓰이는 인장강도가 41kg/㎟정도의 강재인 경우 0.6~0.7정도이지만, 80kg/㎟정도의 고장력강이면 0.9 정도로 커진다.

항복비의 대소는 강재가 항복하고부터 파단(破斷)에 이르기까지를 나타내는 기계적 성질의 한 지표이다.

(라) 경도(Hardness)

경도(硬度)란 재료를 국부적으로 소성변형 시키려는 힘에 대한 저항성이며, 강재의 기본적인 성질의 하나이다. 시험방법으로는 브리넬(Brinell)·로크웰(Rockwell)·비커스(Vickers)·쇼오(Shores) 경도시험이 있지만 모두 작은 강구(鋼球) 또는 다이어먼드 추를 강재 표면에 부딪히게하여 그 오목하게 들어가는 상황에 따라 판정하는 방법이다.

(마) 인성(Toughness)

충격에 대한 재료의 저항성을 인성(靭性)이라 한다. 충격에 대한 저항은 같은 재료일 때에는 인장시험에서 연신율이 큰 것이 일반적으로 크다. 서로 다른 재료를 이와 같이 배교할 수는 없으나 충격에 대한 저항을 비교하려면 일정한 모양의 시험편에 실제로 충격을 주어서 그 시험편을 파괴하고 그에 소요된 에너지를 산출한다. 충격시험에는 여러 가지 형식이 있으나 가장 널리 알려진 것은 샤르피충격시험기(Charpy impact tester)와 아이조드식충격시험기(Izod impact tester)이다.

(바) 압축강도(Compressive strength)

강재를 압축할 경우 항복점 부근까지는 인장인 경우와 같으나 그 이후는 압축이 진행됨에 따라 최대하중은 인장인 경우보다 낮아진다. 영계수(Young's modulus)나 항복점의 값은 인장인 때와 같은 값을 취해도 좋다.

(사) 피로강도(Fatigue strength)

구조용 강재에 반복하중이 작용하면 항복점 이하의 범위에서도 판단(判斷)되는 수가 있다. 이 현상을 강재의 피로(Fatigue)라고 한다. 피로라는 말은 반복되는 응력상태에서 재료의 파괴를 설명할 때에 적용된다. 피로강도(疲勞强度)는 반복응력의 진폭과 그 변동범위(압축·인

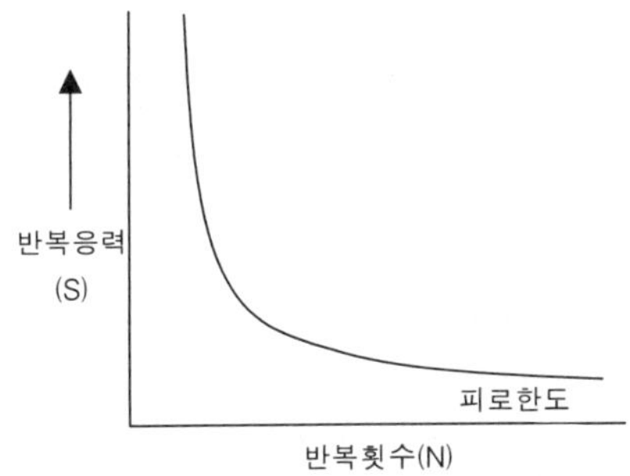

장) · 반복횟수·부재형상·잔류응력의 상태에 따라 달라진다. 결함이나 응력집중이 있는 경우 또는 용접에 의한 영향부, 특히 모살 용접부 등은 피로 강도의 저하가 심하다. 이러한 현상은 고장력강일수록 더 심하게 나타난다. 강은 어떤 한계의 작은 응력에서는 무한히 반복하여 작용하여도 파괴됨이 없이 견딜 수 있다. 이 때 파괴됨이 없이 충분히 내구력을 가질 수 있는 최대한도를 피로한계(Fatigue limit)라고 한다.

재료에 여러 가지 크기의 반복응력을 주었을 때 파괴에 이르기까지의 반복횟수(N)를 구하여 응력의 진폭(S)과의 관계를 표시하면 그림 9-9와 같이 되는데 이것을 S-N곡선이라고 한다. 철강이나 주철의 S-N곡선은 N이 대략 5×10^6회 정도에서 수평이 된다. S-N곡선은 응력의 종류에 따라서 같은 재료일지라도 달라지며 피로한도 그에 다라서 변한다.

(아) 용접성

상온에서 양호한 용접이 가능할 때 용접성이 좋은 강재라고 한다. 보통의 연강(SS 400)으로서 판두께가 25㎜ 이하이면 용접성에 대한 염려가 없으나 두꺼운 강판은 기술적으로 어려움이 있으므로 용접성이 양호한 연강(SS 400)을 사용하는 것이 좋다.

강도가 50kg/㎟ 이상인 고장력강에서는 강도를 높이기 위해 특수한 원소를 첨가했기 때문에 용접성이 나쁘다. 일반적으로는 강재는 같은 두께라면 강도가 높아질수록 용접성이 나빠진다고 알려져 있다. 용접성이 나쁜 강재를 용접하면 용접 직후 또는 수시간 후에 균열이 생기고 때로는 수개월, 수년 후에도 취성파괴 등의 사고를 일으킬 수가 있으므로 용접에 특히 주의해야 한다. 여기서 취성파괴라 함은 저온에서 인장했을 때라든가 결함부가 있을 때 연신율과 단면수축률이 없이 파단되는 현상을 말한다. 용접성이 나쁜 강재를 사용하는 경우 그 정도에 따라 저수소계(低水素系) 용접봉을 쓰고 적당한 온도로 예열하는 등 특별한 주의를 기울여야 한다.

강구조에서 강재의 용접조건은 대체로 다음과 같다.

강재의 종류	용 접 조 건
SS 400(SS 41)	판두께 25㎜ 이하는 특별히 염려할 필요가 없다.
SS 490, 540(SS50, 655)	용접성이 나쁜 경우가 많아 용접하지 않는 것이 좋다.
SWS 400(SWS 41)	전반적으로 용접성이 좋다. 특히 두꺼운 판을 제외하고는 예열할 필요가 없다.
SWS 490(SWS 50)	판두께 30㎜를 넘을 경우 판두께에 따라 적당한 온도로 예열할 필요가 있다.
SWS 540, 570(SWS 55, 58)	사용강재의 성분과 두께에 따라 적당한 온도로 예열할 필요가 있다.

비고 : ( )는 구기호를 나타낸 것이다.

(3) 화학적 성질

강재의 화학적 성질 중에서 실용상 문제가 되는 것은 부식에 대한 성질이다. 부식은 외부가 가스 또는 액체에 침식되어 표면에 일어나는 현상을 말하는데, 이 중에서 수분을 포함하지 않는 공기에 의한 산화 등의 반응에 의해 부식되는 것을 화학적 부식 또는 건부식(예 : Zn+O = ZnO) 이라고 한다.

산이나 알카리 중에서의 부식은 전기화학적으로 생기는 것으로 부식의 대부분은 이것에 의한다. 부식현상은 순철에 있어서도 매우 현저하게 나타나는데, 탄소(C) · 규소(Si) · 망간(Mn)과 같은 원소의 함유량을 증가시키면 내식성이 증대한다. 콘크리트 정도의 약한 알칼리에 대해서는 거의 영향을 받지 않는다.

2.8 특수강(Special steel)

특수강이란 탄소강에 특수한 성질을 주기 위하여 다른 금속을 적당량만큼 첨가한 합금강을 말한다. 특수강을 그 성질에 따라서 구조용 특수강, 특수용도용 특수강으로 구분한다.

(1) 구조용 특수강

구조용의 특수강은 탄수강보다 강인성을 높인 것이다. 즉, 담금질하여 경화시키는 것으로 탄소강의 기본성분에 금속원소 Ni · Min · Cr · Si · W · V · Cu · Mo · Co · B 등을 적당량 첨가한 것이다. 일반적으로 구조용 특수강은 기계구조용에 많이 쓰인다. 우리나라에서는 아직 건축 · 토목 구조재로서 사용되는 양은 적으나, 앞으로 구조물의 안전성에 대한 요구 증대 및 부재 단면의 축소 또는 고층건물에 대한 요구 등으로 크게 보급될 전망이다. 구조용 특수강으로는 크롬강, 니켈강, 니켈 · 크롬강, 크롬 · 몰리브덴강, 니켈 · 크롬 · 몰리브덴강 등이 있다.

(가) 크롬강(Chrome steel)

풀림처리를 한 상태로는 탄소강과 큰 차이가 없는 정도의 기계적 성질을 갖고 있으나 열처리를 하면 기계적 성질이 크게 개선된다. 크롬은 탄성한도와 인장강도를 증가시키고 신장률을 크게 감소시키지 않고 경도와 내마모성, 충격값 및 피로한도 등을 증대시킨다.

(나) 니켈강(Nickel steel)

탄소강에 비해서 매우 강인하며 담금질에 대한 질량효과도 작다. 내마모성이나 내식성도 매우 크며 뜨임 저항성도 일으키지 않아 열처리가 매우 쉽다.

(다) 니켈 · 크롬강(Nikel-chrome steel)

구조용 특수강 중에서 가장 중요한 종류로서 현재 가장 널리 사용되고 있는 것은 0.27~0.4%의 탄소에 1.0~3.5%의 니켈과 0.5~1.0%의 크롬을 첨가시킨 것이다. 담금질 후 뜨임한 것은 내마모성, 내식성, 내열성 등이 탄소강에 비해서 매우 좋으며, 고온에서 오랫동안 가열해도 결정립의 조대화(粗大化) 경향이 거의 없다.

(라) 크롬 · 몰리브덴강

니켈 · 크롬강의 니켈을 절약하기 위하여 대신 몰리브덴(Mo)을 소량 첨가하여 성질을 향상시킨 니켈 · 크롬강의 대용강이다. 기계적 성질이나 담금질에 대한 질량효과도 니켈·크롬강에 비해서 큰 차이가 없고 또한 용접성도 우수하여 많이 사용되고 있다.

(마) 니켈 · 크롬 · 몰리브덴강

구조용 니켈 · 크롬강에 0.3% 정도의 몰리브덴을 첨가함으로써 강인성을 증대시키고 담금질에 대한 질량효과를 저하시키는 것 외에 뜨임 저항성을 방지할 수 있는 강을 말한다. 이것은 고급내연기관의 크랭크축 등의 중요한 기계부품에 사용된다.

(2) 특수용도용 특수강

(가) 스텐일리스강(Stainless steel)

스테인리스강은 크롬 · 니켈 등을 함유하며 탄소량이 적고 내식성이 우수한 특수강이다. 탄소량이 적을수록 내식성이 증대한다. 기계적 성질이 좋아 알루미늄판의 1/3 두께로써 같은 강도를 가지므로 결국 중량으로서는 같은 정도로 된다는 장점이 있다. 일반적으로 전기저항이 크고 열전도율은 낮다. 경도에 비해 가공성은 좋으며 납땜도 가능하다. 이와 같은 장점 때문에 건축재료로서 널리 사용되고 있고 또한 다방면으로 그 사용이 증대되어 가고 있다. 오늘날 일반적으로 사용되고 있는 스테인리스강은 수십 종에 달하고 있으나 그 기본적인 특징은 크롬을 다량으로 포함하는 강이라고 할 수 있다.

성분에 의해서 분류하면 크롬이 주성분이 되는 크롬계와 크롬·니켈이 주성분이 되는 크롬·니켈계의 2가지 기본형으로 분류할 수 있다. 이 2가지 스테인리스강은 내식성 · 내열성 · 기계적 성질 · 용접성 · 절삭성 등에 따라 각각 특성을 가진 많은 강종으로 나누어진다.

(나) 내열강

온도에 대하여 강한 저항성을 가지고 있는 강을 말한다. 고온에 잘 견디는 내열강, 저온에 잘 견디는 내한강으로 나눌 수 있다. 이 강은 온도의 변화에 따라서 자기의 특성을 변화하지 않는 불변강이기도 하다.

강의 내열성을 증가시키기 위하여 첨가시키는 원소 중 가장 중요한 것은 크롬(Cr)이고 그 외 Si · Ni 및 Al 등이다. 이들 원소들은 강중에 함유되면 고온에서 표면에 밀착된 산화피막을 만들어 고온가스의 침식을 막는다. 주로 고온 · 압용기, 내연기관의 밸브관계부품, 보일러, 터

빈 등에 많이 사용된다.

표4. 스테인리스강의 화학조성 및 기계적 성질

종 류		KS 해당규격	주요 화학 조성(%)				기계적 성질		
			C	Cr	Ni	Mo	항복점 (kg/㎟)	인장강도 (kg/㎟)	연신율 (%)
크롬계	13크롬 스테인리스	STS 51	0.09	13.0	–	–	40	60	30
	18크롬 스테인리스	STS 24	0.08	18.0	–	–	35	50	35
크롬계 · 니켈	18–8 스테인리스	STS 27	0.08	19.0	9.0	–	21	57	60
	18–10 스테인리스	STS 28	0.08	19.0	11.0	–	20	54	60
	18–12 스테인리스	STS 32	0.08	18.0	13.0	2.25	23	59	60

표5. 스테인리스강의 특성 및 용도

종 류		특 성	용 도
크롬계 스테인리스강	13크롬 스테인리스강	약간 검은 빛을 냄, 스테인레스강 중 가장 내식성이 떨어짐. 가공성이 좋음. 자성이 있음. 용접성이 좋지 않음. 담금질로 경화함. 가격이 가장 저렴함	식기 · 볼트 · 너트 · 나이프류 등에 사용
	18크롬 스테인리스강	13크롬스테인리스보다 흰빛을 냄. 내산성이 불충분함. 자성이 있고 용접성이 좋음. 담금질하여도 경화하지 않음. 크롬 · 니켈계 스테인리스강 보다 가공성이 약간 떨어지고 가격이 저렴함	주방용품 · 전기기구 등에 사용. 해안지방의 외장재료로는 불리함
크롬· 니켈계 스테인리스강	18–8 스테인리스강	크롬계보다는 은백색을 냄. 내식성· 내열성이 우수. 가공성· 용접성이 좋음. 고온시에도 강도가 큼. 자성화하지 않음. 담금질하여 경화하지 않음	건축의 내 · 외장 및 차량 등 전반적으로 가장 많이 사용
	18–10 스테인리스강	18–8 스테인리스강보다 인장강도가 떨어짐	용접구조용재료 가장 많이 사용
	18–12 스테인리스강	내식성 · 내산성이 가장 우수함	부식성이 강한 환경(회부나 화학 공장 등)의 내 · 외장재로 사용

(다) 내후성강

대기중에서 내식성을 보통강보다 2~6배로 증대시키면서 보통강과 동등 또는 그 이상의 재질 · 가공성 · 용접성 등을 갖게 한 강재로서 내식성 고장력강이라고도 한다. 이 내후성 강의 원리는 소량의 합금 원소를 첨가하면 사용 초기에 그 표면에 발생한 녹이 안정된 산화막이 되어 고착되는 현상이 있으며, 그 산화막으로서 수분이나 가스를 차단하며 부식의 진행을 저지하는 것이 원리이다. 이전에는 동강이라 하여 강에 Cu를 첨가하여 내식성을 증가시킬 목적으로 만들었으나 Cu함유량을 늘리면 용접성이 저하되기 때문에 위와 같은 내식성 고장력강으로 개선된 것이다. 함유 화학성분은 C(0.1% 이하), Mn(0.20~1.25%), Si(0.15~0.75%), Cu(0.25~0.55%), Cr(0.3~1.25%), Ni(0.65이하)이다. 부식되는 정도는 수년간 중량 감소를 기준으로 하여 보통강의 1/3~1/10 정도이다. 표면은 진한 다갈색으로서 구조용 재료 외에 강제널말뚝 · 박강판(커튼월재)으로 쓰인다.

2.9 주철과 주강

(1) 주철(Cast iron)

주철은 강보다 용융점이 낮아서 복잡한 형태의 것이라도 주조하기 쉬우나 압연·단조성이 없는 것이 결점이다. 탄소량 1.7%에서 6.67%까지의 것을 주철이라고 하지만 실용화되고 있는 것은 탄소량 2.5~4.5%의 범위이다. 용강로에서 철광석을 환원해서 직접 주입(鑄入)한 것을 선철이라고 하며, 주철과 같이 쓰일 때가 많다. 주철은 92~96%의 철을 함유하고 나머지는 크롬 · 규소 · 망간 · 유황 · 인 등이다. 이들을 주철의 5원소라고 한다. 주철은 창호철물 · 자물쇠 · 장식철물 · 방열기 · 맨홀 뚜껑 등 주강이 TM기에는 값이 너무 비싼경우로서 강 정도로까지 필요하지 않는 철제품의 재료로 많이 사용된다. 주철은 탄소가 화합탄소(Fe_3C)이냐 유리탄소(흑연)이냐에 따라 회주철(Gray pig iron)과 백주철(White pig iron)로 분류되는데 백주철보다 회주철이 많이 사용된다. 냉각속도가 느린 것일수록, 탄소량이 많을수록, 또 규소가 많을수록 회주철이 되기 쉽다.

주철을 기계적 성질에 의하여 분류하면 보통주철, 특수주철(합금주철)・가단주철·칠드(Chilled)주철·구상흑연주철 등이 있다.

(2) 주강(Steel casting)

주강은 탄소량이 0.1~0.5%의 용해강을 주형에 주입하여 제작하는 주물로서 저탄소주철이라고 할 수 있다. 규소(Si) 및 망간(Mn)의 양이 특히 많고 주조성이 있는 것이 특징이다. 성질은 탄소강과 비슷하지만 인성은 떨어진다. 화학조성에 의해서 보통주강(탄소강주강)과 특수주강(저합금강주강 및 고합금강주강)으로 분류된다. 고합금강주강은 다시 그 화학성분 및 용도에 따라서 스테인리스주강・내열강주강 및 고망간주강 등으로 분류한다. 주강은 주조용재에 있어서 주철로 서는 강도가 불충분한 것에 사용한다.

3. 비철금속

비철금속으로는 동 및 동합금, 알루미늄 및 알루미늄합금, 니켈 및 니켈합금, 연, 아연, 주석등이 있다. 종래 비철금속재료로 비교적 널리 사용된 것은 동을 주재료로 한 것들이었으나 1945년 이후에 알루미늄 및 그 합금류가 비약적으로 발전하면서 그 이용분야가 광범위하게 개척되어 건축재료로서의 비중이 크게 확대되었다. 또한 아연이나 주석을 주성분으로 한 합금은 강도・경도・내식성이 우수할 뿐만 아니라 의장효과도 기대할 수 있어 장식용으로 사용한다.

3.1 동과 그 합금

(1) 동(Copper)

동은 미국의 루루기 지방에서 생산되는 천연동도 있으나 대개 황동광($Cu_2S \cdot Fe_2S_3$ &$CuFes_2$)또는 휘동광(Cu_2S) 등으로부터 용광로나 또는 전로를 통하여 조동(粗銅)을 만들고 이 조동을 원료로 해서 반사로나 전기분해에 의해 정련하여 동을 얻는다. 동의 산출량은 미국·칠레 ·아프리카·캐나다 등의 순으로 많다. 동의 약 80%는 순수한 동, 즉 순동으로서 주로 전기공업에 사용된다. 가공재로서는 봉·판·관·선 등이 있으며, 주조에 의하여 여러 가지 형상으로 만들어 실용화하고 있다.

동이 다른 금속보다 우수한 이점은 다음과 같다.

① 전기 및 열의 양도체이다.

② 부식이 잘 안 된다.

③ 아름다운 색을 갖는다.

④ 유연하고 전연성이 좋아 가공하기 쉽다.

⑤ 아연, 주석, 니켈 등과 합금을 하면 귀금속적 성질을 가진다.

(가) 동의 물리적 성질

순동의 비중은 8.93이나 시판하는 것은 평균 8.9 정도이다. 선팽창계수는 1.678×10^{-5}(40℃), 비열은 0.0919㎈/g℃, 열전도율은 0.923 ㎈/cmsec℃ 로서 보통금속 중에서 가장 높고 융점은 1,083℃, 용융잠열은 49cal/g, 비등점은 2,595℃이다. 전기전도율이 은(銀) 다음으로 높은 것이 동의 가장 중요한 성질중의 하나이다.

(나) 동의 기계적 성질

기계적 성질은 동의 품위·용해방법·주조기술·열처리 및 가공에 의하여 현저히 다르나, 표6은 그 대체적인 성질을 표시한 것이다.

표6. 동의 기계적 성질

상 태	인장강도 (kg/㎟)	신장률 (ℓ=50㎜,%)	단면수축률 (%)	경도(브리넬)
주 물	14~21	25~45	–	–
상온압연 또는 인발한 상태	35~49	2~4	2~4	60~100
풀림한 상태	21~28	40~60	40~60	30~40

인장강도는 온도가 상승하면 낮아지고 신장율은 처음에는 온도의 상

승에 따라 감소되나 600℃부근에서 급격히 증가한다. 일반적인 금속과 마찬가지로 상온 가공에 의해서 경도와 인장강도가 증가하여 풀림했을 때의 거의 2배가 되나 신장률은 급히 감소되고 0 가까이까지 감소된다. 동은 전연성이 크므로 쉽게 선이나 판으로 만들 수 있다.

(다) 동의 화학적 성질

동을 CO_2 가 포함되어 있는 공기중에 두면 염기성 탄산동이 되어 광택을 잃으면서 차차 녹청색이 되나 내부의 침식은 적으며 가열하면 산화되어 암적색이 된다.

동은 맑은 물에는 침식되지 않으나 해수에는 빨리 침식되어 염기성 산염화물이 생기고 묽은 황산이나 염산에는 서서히 용해되고 진한 황산에는 빨리 용해된다. 또한 공기 중에서는 여러 종료의 유기산·암모이나·기타 알카리성 용액 등에 침식이 잘된다. 따라서 변소 주위와 같이 암모니아와 접하는 장소나 시멘트·콘크리트 등 알카리에 접하는 장소에는 빨리 부식하기 때문에 특히 주의해야 한다.

(라) 동의 용도

동은 철강보다 내식성이 우수하고 전연성이 크다는 등의 이점 때문에 지붕잇기 동판 및 동기와의 홈통·철사·못 등으로 많이 사용되고 또한 열전도도가 높고 내식성이 우수하므로 급탕용 및 급배수 파이프 등의 냉난방용 설비 자재로도 많이 사용된다. 근래에는 주택의 난방용 배관자재로서 강관보다 동관이 많이 사용되고 있는 추세이다. 그러나 동관이 강관에 비해 값이 비싸다는 것이 결점이다. 동의 대표적인 용도는 아름다운 색과 광택을 지니고 있어 장색재료로 사용되고 있으며, 전기전도율이 다른 금속에 비해 월등이 높은 이점을 이용하여 전기공사용 재료로 사용되고 있는 것이다.

(2) 동합금(Alloyed copper)

동합금에는 여러 가지 종류가 있으나 건축재료로 사용하는 종류로서는 황동과 청동이 있다.

(가) 황동(Brass)

황동은 일명 놋쇠라고도 하며 주로 동 70%와 아연 30%로 된 합금을 말하며, 실용화 되고 있는 것은 보통 아연 약 40% 이하를 함유한 것이다. 황동은 압연·인발 등의 가공이 용이하고 내식성이 크므로 정첩·창문의 레일·장식철물 및 나사·볼트·너트 등에 널리 사용한다. 황동은 산·알칼리 및 암모니아에 침식되기 쉬우므로 사용에 특히 주의하여야 한다. 아연을 50%정도 함유한 것은 황금색을 띠며, 비중은 8.3 정도이다.

(나) 청동(bronze)

청동은 동(Cu)과 주석(Sn)을 주성분으로 하는 합금이며, 아연(Zn)이나 납(Pb) 또는 철(Fe)을 다소 함유하는 경우도 있다. 이것을 구별하기 위해서 보통청동 또는 주석청동의 2종류로 구분하여 부른다. 이들중 실제로 공업용에 많이 사용되는 것은 주석의 함유량이 15% 이하의 것이다. 이 중에서 주석을 10% 정도 포함한 것을 포금(Gun metal)이라 하며, 밸브나 문 등의 제작용 재료로 많이 사용된다. 청동이 색깔은 주석의 함유량에 따라 변화한다. 즉, 주석 5%까지는 동적색으로 나타나고, 주석량이 증가함에 따라 황색을 띠며, 주석 15%의 합금은 등황색을 띠게 된다. 주석량이 더욱 증가하게 되면 백색을 띠고 25%의 주석을 함유할 경우 창백황색이 된다. 주석 10% 정도 함유한 포금의 비중은 8.8이고 열전도율은 0.099㎈/㎝ sec ℃ 정도이다. 청동은 황동 보다는 내식성이 강하고 주조하기 쉬우며 표면은 특유한 아름다운 색깔을 지니고 있어 건축물의 장식 부품 또는 미술 공예재료로 사용된다.

3.2 알루미늄과 알루미늄 합금

(1) 알루미늄(aluminium)

알루미늄(Al)은 알루미나(Al_2O_3)가 주성분인 보크사이트라는 광석에서 알루미나를 분리 추출하고 이것을 용융된 빙정석(氷晶石) 중에서 전기 분해하여 제조한 금속으로서 중요 금속 중 대표적인 경금속이다.

주요 산지는 미국·캐나다 등이고 1827년에 발견되어 1886년에 공업적 제조가 시작되어 근래 형재 · 판 · 선 · 봉 · 관 등 여러 가지 모양의 제품으로 제조되고 있다.

표7. 알루미늄의 기계적 성질

항 목	수 치
인장강도	42~49kg/㎟
항복점강도	37~42kg/㎟
전단강도	29kg/㎟
영계수	7,300kg/㎟
프와송비	0.33(1/3)
신장률	9~13%
브리넬경도	120~130
중량	2800kg/㎣

알루미늄의 기계적 성질을 표7에 표시된 바와 같으며, 동와 같이 온도가 상승함에 따라 인장강도가 급히 감소하고 600℃에 거의 0이 된다. 반대로 신장률은 온도가 상승함에 따라 증가한다. 알루미늄을 상온 가공한 것을 풀림하면 온도 100~150℃에서 연화하기 시작하여 350~400℃에서 연화를 완료한다. 더욱 온도를 상승시키면 점점 단단해진다. 알루미늄은 독특한 흰 광택을 지닌 경금속(강의 약 1/3)으로서 광선 및 열의 반사율이 크다. 전기전도율은 동의 64%이나 다른 금속보다는 크며 열전도율도 높다. 열팽창계수는 강보다 약 2배 크다. 전연성이 좋아서 판 · 선 · 봉 등으로 가공하기가 쉽고 박(箔)으로도 할 수 있다. 알루미늄의 물리적 성질은 표8과 같다.

표8. 알루미늄의 물리적 성질

순도	비중(20%)	융점(℃)	선팽창계수 (20~100℃)	비열 (cal/g ·℃)	전기전도율 (Cu=100%)	광반사율 (%)
99.996%	2.6889	660.2	23.86×10^{-6}	0.2226	64.94%	84.1
90.0% 이상	2.71	653~657	23.5×10^{-6}	0.2297	59%	65.1

알루미늄의 성질은 대기 중에서 순도에 따라 큰 차이가 있다. 순도가 높은 것은 표면에 산화피막이 생겨서 오히려 보호의 역할을 하여 잘 부식하지 않으므로 내구성이 크다. 알루미늄의 순도는 99.996에 달하는 것도 있으나 보통은 98~99.7% 정도이고 100℃ 정도까지는 강도에 변화가 없으나 150~200℃에서 급격히 떨어진다. 또한 맑은 물에는 거의 침식되지 않으나 염산에는 침식되기 쉬우며, 또한 가성소다나 가성칼리 및 수운염 등에도 쉽게 침식된다. 250~300℃에서 풀림한 것은 특히 산이나 알칼리 및 해수에 침식되기 쉬우므로 콘크리트 및 해수에 접하거나 흙속에 매립될 경우에는 사용을 금하거나 특히 주의하여 사용하여야 한다.

그림3. 알루미늄

(2) 알루미늄 합금

알루미늄에 Cu · Mg · Mn · Si · Zn · Ni 등의 원소를 첨가하여 내식성·내열성 또는 강도를 높이기 위하여 제조된 합금으로 단련용 합금과 주물용 합금으로 대별한다. 단련용 합금은 단조 · 압연 · 인발 · 압출 등의 가공으로 판 · 봉 · 관 · 선 등을 만들 수 있는 합금이고, 주물용 합금은 주물 또는 다이캐스팅(Diecasting : 금속제 주형으로 주조하는 것으로서 정밀한 형상도 대량 생산이 가능하다)에 사용되는 합금으로서 주조성을 좋게 한 합금이다. 이 알루미늄 합금의 출현으로 내·외부 장식용 착색무늬판재, 대형창격자, 조각판재, 메탈커튼월 등에 사용되기 시작하였다. 단련용 합금에 속하는 것은 다음과 같다.

① 내식성합금 : 대기 중에서 순알루미늄과 거의 같은 내식성을 가지며 Mg · Mn · Si 등을 첨가하여 역학적 성질도 개선된 합금으로서 건축용으로서 사용되는 알루미늄은 대개 이합금이다. 알루미늄새시바 · 발코니난간 · 울타리 · 파이프 등은 이 합금의 압출성 형재이다.

② 고력합금 : 내식성은 내식성 합금보다 떨어지지만 강도는 훨씬 높은 합금으로서 주고 가볍고 강도를 요하는 물체의 재료로 사용된다. 오늘날 널리 실용되고 있는 것은 듀랄루민이다. 듀랄루민(Duralumin)은 독일의 알프레트 빌름(Alfred wilm)이 발명하여 1909년에 공업생산화된 Al-Cu, Al-Cu-Mg, Al-Zn-Cu-Mg계 합금으로 항공기, 자동차, 기타 기계부품 등에 이용된 대표적인 단련용 알루미늄합금이다.

③ 내열합금 : 열팽창률이 작고 열전도율이 커서 고온에서도 기계적 성질이 우수한 합금이다.

(3) 알루미늄의 표면처리

알루미늄 표면에 기계적 · 전기적 · 화학적 처리를 함으로써 소지의 상태·광택·색에 변화를 주어 내식성 · 내구성을 증대시키고 외관의 가치를 높이는 것이다. 대표적인 표면처리방법은 다음과 같다.

(가) 양극산화 피막법

수산 · 황상 · 크롬산 · 염기성염 등을 전해질로 하고 알루미늄을 양극으로 하여 전기분해 함으로써 알루미늄 표면에 산화피막을 형성하는 방법이다. 이 피막은 알루미늄의 내마모성 · 내식성 · 표면경도 · 염색성 및 전기절연성을 증대시키지만 형성된 피막은 다공성이므로 봉공처리(Sealing)를 하여야만 공기와의 접촉을 막을 수 있고 봉공처리(封孔處理) 후에 특별한 착색 및 부식방지를 위해서 합성수지계 도료를 칠할 때도 있다. 창격자나 알루미늄새시에서 그 색상을 볼 수 있다.

(나) 화학적 산화피막법

알루미늄을 화학약품용액에 담가 전류를 통하지 않고 산화피막을 만드는 방법으로서 내마모성·절연성을 기대할 수 없다.

3.3 아연과 그 합금

(1) 아연(zinc)

아연은 섬아연광(閃亞鉛鑛;ZnS) 또는 능아연광(菱亞鉛鑛;$ZnCo_3$) 등의 원광석에서 증류법 또는 전해법에 의해서 제조된다. 100~150℃로 가열하여 박판으로 압연할 수 있고 또는 와이어로 인발할 수 있다. 그러나 200℃로 가열하면 결정립이 거칠어져서 다시 취약하게 된다. 아연은 건조한 공기 중에서는 거의 산화되지 않으나 습기와 탄산가스가 존재하면 표면에 염기성 탄산염의 박막이 생성되고, 내부의 산화를 방지한다. 아연은 묽은 산류에 쉽게 용해되며 그 용해도는 불순할수록 심해진다. 알카리에도 침식되며 해수에는 서서히 침식된다. 또한 철과 동에 대하여 전기적 양성이 강하고 이를 금속에 접촉시키면 그 부식을 방지할 수 있다. 아연은, 청백색의 광택을 지니고 있으며 고순도의 아연은 내식성이 우수하고 대기중에서 어느 정도 광택을 유지하지만 불순물인 연(Pb) · 철(Fe) · 카드뮴(Cd) · 주석(Sn) 등을 소량 함유하게 되면 광택이 매우 떨어진다. 아연은 함석(Galvanized iron)의 제조에 사용된다. 가장 큰 용도는 철판의 아연도금이며 기타 철물에도 방식용으로 도금한다. 아연판은 지붕재료 등으로 쓰인다.

(2) 아연합금(Alloyed zinc)

아연합금은 다이캐스팅용 아연합금과 형주물용 또는 단련용 아연합금으로 구분된다. 다이캐스팅용 아연합금은 Al · Cu · Mg를 4~7% 정도 첨가한 합금인데 용융점이 낮고 기계적 강도가 크며 대기중의 내식성이 우수하여 건축철물로서 유망한 합금이다. 형주물용 아연합금에는 다이캐스탱용 합금을 그대로 쓰지만 결정립이 거칠어지므로 강도는 다이캐스팅 주물보다 약 20% 낮다. 단련용 아연합금에는 Zn-Al계, Zn-Cu계, Zn-Al-Cu계 등이 있으며 인장력이 30~50kg/㎟정도이고,

연신율이 8~20%이다.

3.4 연과 그 합금

연(Lead)은 납이라고 하며, 방연광(PbS)·백연광($PcCO_3$)·황산연광($PbCO_4$)·홍연광($PbCrO_4$)등의 광석을 제련하여 얻는다. 연은 비중이 비교적 큰 편인 11.4로 연질이며 전연성이 크다. 공기중에서는 표면에 탄산명의 박층(薄層)이 생겨 이로 인한 내식성이 증가되고 산이나 기타 약액에 대한 저항성이 크지만 알칼리에는 침식된다. 따라서 콘크리트 중에 매립되는 경우에는 적합한 표면을 피복할 필요가 있다. 지붕재· 홈통·급배수·가스관 등에 사용되며 화학공법, 특히 황산제조공장에 필요한 것이다.

연은 방사선을 잘 흡수하므로 X선 사용 개소의 천장·바닥·벽에 방호용으로 사용되고 차음용으로 얇은 연판이 쓰이며 진동방지재로서 컴퓨터·냉난방장치의 진동을 제거하기 위한 연과 석면의 받침대(pad)로도 쓰인다. 땜납은 납(Pb) 40~70%, 주석(Zn) 30~60%의 합금으로서 주로 아연도 강판·철선·동판·동선·수도용 연관 등의 접합용으로 쓰이는데 조작이 간단하여 널리 사용되고 있다. 땜납의 규격은 한국산업규격(KS D 6704)에 규정되어 있다.

3.5 주석(Tin)

주석은 석석(錫石 SnO_2)에서 제조된다. 시판하는 주석 (Sn)에는 불순물로서 Fe·Cu·As·Bi 및 Sb 등이 미량 포함되어 있고 보통의 주석 품위는 99% 정도이다. 순주석은 백색의 금속으로 연과 같은 유연성이 있으며 용융점(232℃)이 낮고 부식에 대한 저항성이 비교적 크다. 물·산소 및 탄산가스 등의 작용은 받으나 유기산류에는 거의 침식되지 않는다. 강한 산류, 특히 가열된 산에는 쉽게 용해 침식된다. 주석은 연과는 달리 인체에 무해하므로 식기·통조림통의 도금으로 쓰이고 주로 합금(납, 청동 등)의 성분으로 첨가된다.

4. 금속재료의 부식과 그 방지

4.1 부 식

금속은 자연환경 속에서는 산화물 탄산화물 등의 화합물로서 존재하는 편이 안정되며, 따라서 금속의 주위에 존재하는 다른 원소와 결합하여 화합물이 되려는 경향이 강하다. 금속재료의 부식이란 금속과 주위 자연환경 사이에 일어나는 화학적·전기화학적인 반응이라고 할 수 있다.

(1) 전기화학적 부식

2종의 다른 금속을 전해질(물·용액·습한 흙 등 전해액)에 넣으면 양자의 전용압(電溶壓)이 달라 전위차가 생기고 그 전용압이 큰 것, 즉 이온화 경향이 큰 것이 녹아 부식된다. 습한 환경에서 제일 많은 부식은 전기화학적 부식, 즉 전해부식(電解腐蝕)이다. 건축용으로 쓰이는 금속으로서 이온화 경향이 큰 것부터 순서대로 배열하면 Mg, Al, Fe, Ni, Sn, H, Cu, Ag, Au가 된다.

금속 중에서 이온화 경향이 작은 금속, 즉 전해부식이 안되는 금속을 귀금속(貴金屬)이라고 하는데 Ag, Au는 이온화 경향이 최소이므로 전해부식이 안되어 귀금속에 속하는 금속이다. 전해부식의 예를 들면 처마나 지붕잇기에 있어서 동판과 철판(아연도금 강판도 동일함)이 접촉하고 있으면 빗물이나 습기가 전해액의 작용을 하여 철판은 단독으로 사용된 경우보다 더 빨리 부식된다. 이를 또한 지붕의 동판 잇기에 아연도목을 박은 경우로 생각해 보면 빗물이나 습기에 의하여 아연도못과 동판의 접촉부에 전해질이 형성되고 이 전해질을 통하여 동과 아연 사이에 전류가 흐른다. 이 전류량이 같다고 하면 이온화 경향이 큰 아연도못은 작고 따라서 전류밀도는 커서 못의 작은 장(場)에 집중되어 못의 부식이 심해진다.

(2) 대기중에서의 금속의 부식

철이 대기중에서 녹스는 것을 흔히 볼 수 있는데, 이는 습기(물)와 공기중의 산소가 결합하여 수산화이온이 생겨 이 수산화이온이 철과 결합하여 수산화제일철[$Fe(OH)_2$]로 되어 붉은 녹이 발생한다. 최초의 붉은 녹은 공기중에서 노점(露點) 이하의 습도이면 발생하지 않으나 일부에 녹이 나면 70~80%의 습도 중에서도 증가 확대된다.

철강재뿐만 아니라 다른 금속들도 같은 경우지만 염분을 대기중에 많이 포함하는 해안지대와 SO_2 · SO_3 등의 산화황 · 암모늄 · 염 등이 많은 공장지대에서는 부식이 촉진된다. 대기중에서 얇은 산화피막이 표면에 생기고 그 피막이 치밀하고 표면에 밀착하게 되면 그 이상의 부식은 진행하지 않는 경우가 있으나 주변에 산 · 알칼리 또는 금속을 심하게 부식시키거나 녹이는 염류가 있으면 침식된다. 동은 대기중에서 산화하여 표면에 녹청색 피막을 형성하고 이 피막이 치밀하고 밀착해서 어떤 두께 이상이 되면 그 이상의 부식은 방지한다. 이 녹청은 수산화동과 탄산동이 결합된 것으로 $Cu(OH)_2CuCO_3$이며 물과 CO_2에 의해서 형성된다.

아연도 대기중에서 물과 CO_2에 의해서 부식되며 백색 보호피막을 표면에 형성하여 그 이상의 부식을 방지한다. 그러나 아연은 공식(Pitting)이 잘되어 아연도강판에 구멍을 내는데, 한번 형성된 작은 구멍의 부식은 점점 더 깊게 부식해 들어가는 경향이 있다. 이것은 부식 산물인 보호 피막이 공식(孔蝕)을 막지 못하기 때문이다.

(3) 토양중에서의 부식

산성 토양은 대부분의 금속을 부식시키며 알칼리성이 강한 토양도 때때로 부식시키는 경향이 있다. 산성 초양 속에 있는 유기산은 연을 부식하고 녹이므로 연관을 지중에 매설할 때는 백아(白亞)나 석회석으로 둘러싸야 한다. 금속이 습한 흙 같은 전해질에 접촉하여 누전된 전류나 전기기기 등의 접지선에서 흘러나온 전류가 금속 내부에 통과하면 대부분의 금속은 부식된다.

4.2 부식의 방지

(1) 금속의 부식을 최소화하기 위한 사용상 유의사항

① 가능한 한 이종 금속을 인접 또는 접촉시켜 사용하지 말 것
② 균질한 것을 선택하고 사용시 큰 변형을 주지 않도록 할 것
③ 큰 변형을 준 것은 가능한 한 풀림(Annealing)하여 사용할 것
④ 표면을 평활하고 깨끗이 하며 가능한 한 건조상태로 유지할 것
⑤ 부분적으로 녹이 나면 즉시 제거할 것

(2) 방식방법

금속재료의 부식을 방지하기 위하여 부식매체(물 · 공기 · 산 · 알칼리 등)에 접촉하지 않도록 보호피막을 입히는데, 이는 일반적인 방식방법으로서 구체적인 방법을 들면 다음과 같다.

① 페인트, 바니쉬, 아스팔트, 콜타르유지 등 경질고무, 합성수지 등으 로 도포 또는 소부(燒付)하는 방법
② 인산염용액에 금속을 담가서 금속 표면에 피막을 입히는 인산염 피막방법
③ 철제의 표면에 SiO_2를 주성분으로 하는 유약을 바르는 방법인 법랑 마감방법
④ 철판 표면을 황산 등으로 씻고 아연 또는 주석용액에 담가서 도금하는 도금방법
⑤ 모르타르 또는 콘크리트로 피복하는 방법

위와같은 방법은 피막을 형성하여 방식하는 적극적인 방식방법이고 [1]항에서 열거한 사항들은 부식방지를 위한 예비적이고 사전적인 방식방법이라고 말할 수 있다.

12 단열재료

1. 개 요

건축물의 지붕, 천장, 바닥 등의 마감재료나 구조체만으로는 열이나 음향을 차단시키는 데 부족한 경우가 많으므로 벽이나 지붕의 내부 또는 바닥 등에 열·음의 차단성이 있는 재료를 첨가하여 열의 손실을 방지하고 소음을 방지하여 건축물의 단열성능 및 차음성능을 증대시킨다.

절연재료(Insulation material, Isolation material)는 전기절연 및 단열재료(斷熱材料)를 말하며 이를 보온재료(Heat insulating materials)라고도 한다. 보온재료는 보냉재(保冷材)의 역할도 하고 음과 열을 차단시키는 흡음재료의 역할도 한다.

2. 단열재료

2.1 개요

단열재료(Adiabatic material, Heat insulating materials, Thermal insulating materials)는 열을 차단할 수 있는 성능을 가진 재료로서 열전도율(Thermal conductivity)의 값이 0.05㎉/mh℃ 내외의 값을 갖는 재료를 일반적으로 단열재라고 부르고 있다.

일반적으로 상온 영역에서 보온·보냉을 간단히 처리할 수 있는 것과 극고온·극저온하에서 열차단 성질을 갖는 것이 있다. 단열재료는 보통 다공질의 재료가 많으며, 열전도율이 낮을수록 단열성능이 좋은 것이라고 한다. 열에 대해서는 같은 두께인 경우 경량재료인 편이 단열에 더 효과적이고, 열을 표면에서부터 반사해 버리는 재료도 단열재료의 일종이라 할 수 있다. 단열재료의 대부분은 흡음성도 우수하므로 흡음재료도 된다.

2.2 단열재료의 연혁

고대에 인간이 단열을 목적으로 사용하기 시작한 재료는 의복이나 건물로서 단순히 일상생활에 있어서 인간의 생명을 유지하기 위한 것이며, 오늘날과 같이 광범위하고 다양한 용도로 사용되지는 못하였다. 간열재가 공업적으로 사용되기 시작한 초기에는 노동자를 화기에서 보호하기 위한 목적으로 대부분 사용되었다. 현재는 공업적으로 대량 생산되어 공장의 기계 및 장치, 선박 및 차량 등에 광범위하게 사용되며, 건축부분에는 일반주택의 지붕, 벽, 바닥 등에 사용되고 있고 더욱이 냉난방 등의 공조설비가 일반주택에 보급되므로 단열재의 사용도 일반화되고 있다. 단열재에 대한 기초적인 이론과 법칙은 1853년 프랑스의 물리학자 페클레(Peclet)에 의해서 제출되었지만 실제로 공업적인 용도로 이용하게 된 것은 불과 50여년전 부터이다. 1800년대 후반에서 1900년대 초에는 주로 천연산의 단열재가 사용되어 저온에는 콜크나 톱밥 등이 사용되었고 상온보다 약간 높은 온도에는 펠트상으로 된 식물섬유, 해초류 등이 사용되었으며 고온에는 점토를 혼합한 시멘트상의 가소성 단열재와 동식물 섬유가 혼합된 단열재가 사용되었다. 1885년경 마그네시아가 발견된 이후에는 300℃ 이하의 증가용 단열재가 광범위하게 사용되었다. 1925년에 미국의 보스턴에디슨사(Boston Edison Co)가 85kg/㎠보일러를 설치한 것을 계기고 보일러의 간열재 설계 등에 큰 변화가 일어났다. 그 후 고온에서 각종 공업조작을 하게 됨에 따라 단열재도 점전적으로 발달되어 왔으며 최근에는 극고온이나 극저온에서의 단열재를 요구하고 있어 이에 대한 개발이 활발히 진행되고 있다.

3. 단열재의 분류

단열재는 형태 및 사용온도에 따라 다음과 같이 분류할 수 있다.

(1) 형태에 의한 분류

① 섬유상 단열재: 유리섬유, 석면, 동물성 섬유 등과 같은 섬유상 물질과 펠트상으로 성형한 것이 사용된다.

② 다공성 단열재: 합성수지 발포제, 인공적 또는 천연다공성 물질 등이 있다.

③ 공기층 단열재: 공기의 열전도가 일반 고체물질보다 극히 작은

것을 이용한 것으로 재료의 내부에 공기층을 만들어 공기의 이동을 방지한 것이다.

(2)사용온도에 의한 분류

① 극저온용 단열재 : -180° C 이하의 온도에서 사용되는 재료
② 저온용 단열재 : -150~0° C에서 사용되는 재료
③ 상온용 단열재 : 0° C~100° C에서 사용되는 재료
④ 중온용 단열재 : 100° C~500° C에서 사용되는 재료
⑤ 고온용 단열재 : 500° C이상에서 사용되는 재료

또는 저온용 단열재(보온제), 중온용 단열재(보온제) 및 고온용 단열재료로 분류하기도 한다.

4. 단열재의 특성

단열재는 여러 가지 종류가 있고 그 성능과 특성도 다양하며, 단열재 자체가 장점과 단점을 모두 가지고 있다. 단열재는 어떠한 조건하에서든지 충분히 모든 조건을 만족시키기는 어렵다. 일반적으로 단열재의 특성을 열전도율, 화학적, 물리적, 흡습과 흡수성, 불연성, 시공성 등으로 나누어 생각하면 다음과 같다.

(1) 열전도율

단열재는 우선 단열성능이 좋아야 한다. 일반적으로 단열재의 열전도율은 0.02~0.05㎉/mh℃ 사이에 있는 것이 보통이다. 열전도율의 값은 그 단열재의 사용온도에 따라서 변하는 경우가 있기 때문에 2종의 단열재의 열전도율의 값을 비교할 때는 반드시 몇 도의 온도에서의 값인가를 확인하여야 한다. 그리고 열전도율의 값은 단열재의 밀도와 밀접한 관계가 있다. 같은 원료에 의한 같은 구성의 단열재라고 할지라도 밀도가 작을수록 열전요율의 값은 작아진다. 단열재는 본래내부에 함유하고 있는 기체(즉 공기)에 의하여 단열성능을 발휘하게 되기 때문에 공기와 이를 구성하고 있는 재료와의 체적비에 따라서 열전요율의 값이 좌우된다. 그러나 암면단열재, 발포폴리스티렌단열재의 밀

도와 열전도율의 관계를 보면 열전도율이 반드시 밀도에 비례한다고만은 할 수 없다. 어떤 특정한 밀도에서 그 재료의 최소의 열전도율의 값을 나타내고 있으며, 그 값보다 작거나 커져도 열전도율의 값은 증가하는 경향이 있다. 여기에서 여러 종류의 단열재 중에서 그 사용의 여부를 결정코자 할 때에는 반드시 각 단열재의 열전도율의 값이 최소가 되는 밀도에서 비교를 하여야 한다.

(2) 화학적인 특성

단열재는 비교적 화학적으로 안정한 재료이다. 다만, 성형이 된 단열재에서 단열재의 결합재가 물에 녹는 경우 약간의 알칼리성을 나타내는 경우가 있다. 따라서 알칼리에 약한 재료와 접촉을 시키는 경우, 즉 벽체의 알루미늄스팬드럴(Aluminum spandrel)같은 재료와 복합벽체를 구성할 때에는 특별한 주의가 필요하다. 단열재 중 발포폴리스티렌폼(스티리폼)은 비교적 화학적으로 약한 편이며, 특히 시공용 접착제를 사용하는 경우 어떤 용제에는 침식될 가능성이 있으므로 주의하여야 한다.

(3) 물리적인 특징

모든 단열재는 역학적인 강도가 매우 작기 때문에 건축물의 구조체 역할을 하는 재료로는 사용 하지 않는다. 따라서 건축물의 내력벽 등의 보조적인 복합체로 사용한다.

단열재는 일반적으로 다기포의 구성을 가지고 있는 재료이기 때문에 연하지만 재료의 운반 또는 시공 도중에 쉽게 파손되지 않고 또 시공 후에도 약간의 충격에 견딜 수만 있으면 된다. 단단하게 성형을 시킨 단열재의 경우는 압축강도와 휨강도를 측정할 필요가 있고, 섬유질의 단열재에 대하여는 인장강도를 측정할 필요가 있다.

(4) 흡습과 흡수성

단열재로서 단열효과를 내도록 하는 것이 공기층인데 이 공기층이 공기대신에 물로 채워져 있으면 공기의 열전도율 값이 물의 열전도율 값으로 바뀌게 되므로 단열효과가 저하된다. 그리고 이와 접촉되어 있는 내외장재 등의 표면도 부식시킬 우려가 있으며 더욱이 유기질 단열재의 경우에는 단열재 자체가 부식될 가능성도 있다.

단열재는 일반적으로 다기포구조로 되어 있으므로 이것이 밀폐기포로 되어 있지 않는 한, 이단열재는 흡습과 흡수를 하기 수비다. 단열재의 흡수성에 대하여는 단열재를 물속에 24시간 담근후 시편의 표면적으로부터 흡수된 흡수량을 100g으로 표시하여 규격의 기준치로 정하는 방법과 침지(浸漬) 전후의 중량의 차이로 흡수량을 구하여 시편의 체적과의 비를 흡수율(%)로 하여 규격의 기준치로 정하는 방법이 있다.

(6) 시공성

단열재의 시공성이란 공사현장까지의 운반이 용이하고 현장에서의 가공과 설치도 비교적 용이한 것을 말한다.

단열재는 각기 독특한 성능이 있어서 나름대로 시공성에 대한 장단점을 가지고 있다. 예를 들면, 발포폴리스티렌폼과 같은 고정형 단열재는 운반하여 설치하기는 쉬우나 이음부분에 틈새가 생기지 않도록 하는 등 연결부분을 정교하게 고정시키는 것이 문제이고, 암면이나 유리면 같은 섬유질의 단열재는 융통성을 가지고 있어서 연결부분은 좋게 할 수 있으나 벽체 등에 수직으로 이용할 때에는 자중 또는 진동에 의하여 밑으로 처지거나 내려앉는 것을 방지하기 위하여 목조를 등을 만들어서 고정시켜야 하는 등 시공상 어려움이 뒤따르게 된다.

5. 단열재의 선택과 선정조건

(1) 단열재의 선택

건축물의 에너지절약 효과를 거두기 위해서는 질 좋은 단열 및 보온재를 선택하는 것이 중요하다. 단열재는 습하거나 물기가 침투되어 있으면 열전도율이 높아져 단열성능이 저하되며 또 습기나 물기가 스며들게 되면 벽체와 같은 경우에는 단열재가 밑으로 처지거나 내려앉아 제 성능을 발휘하지 못한다. 따라서 외부 구조체의 단열시공을 할 경우에는 방습 또는 방수층을 설치하여 단열성능을 높이거나 방습, 방수막이 피복된 단열재를 설치하는 것이 좋다.

단열재는 밀도나 비중에 따라 열전도율이 달라지므로 알맞은 밀도와 비중을 가진 것을 선택해야 한다. 또한 불의의 화재시에 대비하여 난연성 단열재나 불연재를 피복한 단열재를 선택하는 것이 좋다. 단열재 및 보온재는 통상 산업부장관의 형식승인을 받아 생산된 것을 사용한다. 국내에서 생산되고 있는 단열재로서 일반적으로 널리 쓰이고 있는 건축용 단열재의 열전도율는 표1과 같다.

표1. 국내생산 단열재의 밀도 및 열전도율

단열재명	밀도(g/㎤)	열전도율(㎉/mh℃
유리면	0.01~0.04	0.028~0.043
암면	0.03~0.10	0.024~0.029
난연성 발포폴리스티렌폼	0.016~0.030	0.022~0.039
석고보드	0.85~0.90	0.11~0.35
요소발포수지	0.01~0.02	0.025
석면	0.08~0.14	0.022~0.039
질석	0.1~0.7	0.03~0.15
규산칼슘 보온판	0.22	0.026~0.04
석고플라스터	0.89	0.35
폴리우레탄폼	0.016~0.030	0.022~0.025 이하

(2) 단열재의 선정조건

단열재가 구비하여야 할 조건, 즉 단열재의 사용을 위한 선정조건은 다음과 같다.

- ○ 열전도율이 낮을 것
- ○ 흡수율이 낮을 것
- ○ 투기성이 작을 것
- ○ 비중이 작을 것
- ○ 시공성(가공,접착 등)이 좋을 것
- ○ 내화성이 좋을 것
- ○ 어느 정도의 기계적인 강도가 있을 것
- ○ 내부식성이 좋을 것

○ 유독성가스가 발생되지 않을 것
○ 사용연한에 따른 변질이 없을 것 균질한 품질일 것
○ 가격이 저렴할 것

6. 암면과 그 제품

암면(岩綿)은 석회. 규산을 주성분으로 하는 내열성이 높은 광물질인 현무암, 아산암, 혈암(頁岩), 돌로마이트등을 용융한 것을 원심력, 압축공기 또는 고압증기 등으로 섬유화시킨 것으로 일명 광석면(鑛石綿)이라고 한다. 암면은 단열, 보온 및 흡읍성 등이 우수하고 내화성도 있어 절연제, 즉 열이나 음의 차단재로서 이용되고 있다.

(1) 암면의 제조

현무암. 안산암. 혈암. 돌로마이트 등의 2종 또는 3종을 용선로(Cupola) 또는 전기로를 사용하여 용융시킨다. 용선로(溶銑爐)를 사용할 때는 배합된 원료와 코크스(Cokes)를 교대로 넣고 점화한 후 송풍하여 1,500~1,600℃로 용융시킨다. 암면을 제조하는 방법에는 용해물을 유출구로부터 10㎜ 정도의 크기로 유출시켜 4~6kg/㎠의 압축공기로 불어 분사시키는 분무법(Blowing method)과 융해물을 고속회전체(Revolving wheel) 위에 흘려 원심력을 이용하여 섬유화 시키는 원심법(Centrifugal method) 등이 있다. 우리나라의 암면제조회사에서 사용하고 있는 방법은 주로 원심법이다. 일반적으로 원심법은 분무법에 비하여 섬유의 길이가 길고 굵기가 가늘어 유연성 및 제품성질을 좋게 한다. 이렇게 하여 얻어진 섬유상의 집합체는 그 표면에 수지를 분무한 후 컨베이어벨트(Conveyor belt) 위에 보내어진다. 그 후 원하는 수지액은 열처리에 의해서 섬유표면에 고착되며, 이렇게 만들어진 암면은 적당한 크기로 절단되어 상품화된다. 그 외에 수지액 처리를 하지 않고 단지 유지에 의한 방수가공처리만 거치는 것도 있다.

(2) 암면의 물성

암면의 일반적인 화학성분은 산화칼슘(CaO)과 실리카(SiO_2)가 주체를 이루고 있으며, 그 외의 성분으로는 산화알루미늄(Al_2O_3). 산화마그네슘(MgO). 산화철(Fe_2O_3)이 함유되어 있다. 그러나 암면의 화학적인 성분은 각 나라마다 다르며, 또한 각 제조회사별로 다르다. 그 예를 들면 표 같다. 우리나라에서 생산하고 있는 암면의 원료는 슬래그(동 또는 철의광재)를 주로 하며 성분 조정용으로 현무암. 안산암. 감람암 등을 첨가하여 만든 광석면 이다. 일본제의 암면의 현무암 또는 안산암을 원료로 사용하고 있는데, 이것은 딱딱하고 아주 강하며, 산에는 약하나 알칼리에는 강한 제품이다. 미국제의 암면은 산화칼슘, 산화마그네슘을 일본제

종류	SiO_2	Al_2O_3	CaO	MgO	Fe_2O_3
흑색암면(일본산, 단섬유)	41.02	21.47	17.04	3.40	10.15
백색암면(일본산, 단섬유)	44.84	7.16	7.30	3.60	2.42
암면(미국산)	40.10	18.60	28.10	11.10	1.70
광석면(국산)	40~50	10~20	15~30	5~15	1~8

암면보다 많이 포함하고 있어서 비교적 유연하고 약한 편이다. 이것도 산에는 약하나 알칼리에는 상한 제품이다. 암면의 섬유경은 대체로 2~20(평균 7 이하)이고 길이는 10~100㎜가 보통이다. 한국산 (KS F 4701)에서 정하고 있는 암면의 밀도는 150kg/㎥이하, 사용온도의 최고는 600℃이고 건비중은 유리면의 약 4~10배이다.

(3) 암면의 열전도율

암면의 열전도율은 한국산업규격(KS G 4701)에 정하고 있으며, 그 값은 평균온도(70+-5℃)에서 0.039㎉/mh℃ 이하이다.

어떠한 보온재라 할지라도 열전도율은 주위의 온도상승에 따라 상승되는 것이 일반적이다. 암면의 열전도율과 그 외의 단열재들의 열전도율 및 각 무기질 단열재의 열전도율의 온도 의존성은 상온에서의 열전도율이 가장 낮은 것은 암면제품이다. 특히 주위 온도가 상승함에 따라 유리면이나 그 외의 단열재들은 열전도율이 급격히 상승하지만, 암면인 경우 주위의 온도변화에 대한 열전도율의 상승이 매우 작은 것이

장점이다.

6.1 암면제품

암면제품은 제조방법 및 사용목적에 따라 여러 가지로 구분된다. 즉, 접착제를 사용하여 판. 통. 펠트상으로 만든 제품, 콩알만한 크기로 암면을 둥글게 뭉쳐 충전재로 사용하는 제품, 입상암면에 내화성 접착제를 혼합하여 흙손으로 바를 수 있도록 한 제품, 흡음을 목적으로 가공된 제품, 석면 및 무기질 접착제를 혼합하여 분무기로 시공하는 스프레이용 제품등이 있다. 이들 제품 중 건축용 단열재로서 사용되고 있는 것은 암면 보온판, 암면 보온통, 암면 펠트, 암면 블랭킷, 암면 매트, 암면 흡음판, 암면 스프레이코팅 등이 있다.

(1) 암면보온판(Rock wool insulating)

암면보온판은 암면을 물속에서 불순물을 제거한 후 불연성 접착제를 혼합하여 텍스제조기로 제판하여 건조한 것이다. 필요에 따라서는 적당한 외피를 발라 붙이거나 또는 방수제를 넣어서 판상태로 성형하기도 한다. 석면을 혼입한 것은 휨강도가 더욱 크다.

암면보온판은 품질에 다라 암면보호판 1호, 2호, 3호, 4호의 4종류로 구분한다. 열전도율은 1호 및 2호인 경우에는 평균온도 (70+-5℃)에서 0.039㎉/mh℃ 이하, 3호인 경우 0.042㎉/mh℃, 4호인 경우 0.04㎉/mh℃ 이하이고, 암면보호판 1호, 2호, 3호의 최고 사용온도는 외피를 붙이거나 피복한 것을 제외하고는 400℃이며 4호는 600℃이어야 한다고 한국산업규격(KS F 4701)에서 규정하고 있다.

(2) 암면 보온통(Rock wool insulating pipe-cover)

암면보온통은 암면에 접착제를 사용하여 스펀지(Sponge) 상으로 만든 원통형의 것으로서 보온 또는 보냉에 사용한다. 이것에는 아스팔트 유체로 표면을 처리하고 크라프트지를 붙인 것이 많다.

암면보온통의 밀도는 200kg/㎥ 이하, 열전도율은 평균온도(70+-5℃)에서 0.04㎉/mh℃이하, 최고 사용온도는 400℃이다.

(3) 암면 보온대(Rock wool insulating belt)℃

암면보온대는 겹쳐진 층모양의 암면을 일정한 나비로 잘라내어 이것을 가지런한 길이로 펴놓고 인장강도 2kg/㎝ 이상의 종이 또는 헝겊을 한쪽으로 잘라 붙여서 마무리한 제품으로서 품질에 따라 암면보온대 1호, 2호의 2종류로 구분한다. 암면보온대는 냉난방 설비 또는 위생배관의 보온 또는 보냉에 주로 사용한다. 한국산업규격(KS G 4701)에서 정하고 있는 암면보온대의 열전도율은 평균온도(70+-5℃)에서 0.046 ㎉/㎥ 이상으로 정하고 있다. 최고 사용온도는 암면 보온대 1호인 경우에는 400℃이고 2호인 경우에는 600℃이다.

(4) 암면펠트(Rock wool felt)

암면펠트는 암면 접착제를 사용하여 탄력있는 펠트모양으로 성형하거나 메탈라스로 보강하여 성형한 제품이다. 필요에 따라서는 종이나 천 등으로 외피를 발라 붙이거나 또는 표면을 피복하기도 한다. 암면펠트는 송풍 덕트(Duct) 등에 감아서 단열을 목적으로 주로 사용한다. 한국산업규격(KS F 4701)에서 정하고 있는 암면펠트의 열전도율은 평균온도 (70+-5℃)에서 0.042㎉/mh℃ 이하이고 흡수율은 0.5%이하이며 최고사용온도는 외피를 표면을 피복한 것을 제외하고는 400℃이다.

(5) 암면블랭킷(Rock wool blanket)

암면블랭킷은 겹쳐진 층모양의 암면을 인장강도 2kg/㎝ 이상의 종이, 헝겊 또는 메탈라스 등의 외피로 보강하여 성형한 제품으로서 품질에 따라 암면블랭킷 1호, 2호의 2종류가 있다. 한국 산업규격(KS F 4701)에서 정하고 있는 암면블랭킷의 열전도율은 평균온도(70+-5℃)에서0.039㎉/mh℃ 이하이고 흡수율은 0.5% 이하이어야 한다고 정하고 있다. 최고 사용온도는 암면 블랭킷에 메탈리스 이외의 외피를 한 것을 제외하고는 600℃이다.

(6) 암면매트(Rock wool mat)

암면매트는 암면에 알맞은 접착제를 사용하여 탄력있는 매트모양으로 마무리하거나 가장자리를 종이 등으로 씌워 입힌 것으로서 크기는 100㎝ x 50㎝ 정도이고 두께는 50㎜이며 밀도는 50kg/㎥, 60kg/㎥, 70kg/㎥의 것이 있다. 열전도율은 평균온도(70+-5℃)에서 0.042㎉/mh° C 이하이며 흡수율은 0.5% 이하이어야 한다고 한국산업규격(KS F 4701)에서 정하고 있다.

7. 유리섬유와 그 제품

(1) 유리섬유(Glass fiber)

유리섬유는 유리의 원료를 녹인 유리액을 압축공기로 비산(飛散)시켜 가는 섬유모양으로 만든 것이다. 유리섬유의 최고 안전 사용온도는 300℃ 정도, 비중은 0.1 이하, 인장강도는 200kg/㎝ 정도 이다. 탄성이 작고 인장강도 · 전기절연성 · 내화성 · 단열성 · 흡음성 · 내식성 등이 우수하며 경량이다. 유리섬유는 플라스틱제품의 보강용으로 쓰이고, 단열재 · 방음재 · 보온재 · 전기절연재 · 축전지용 격벽재 등에 사용된다.

(2) 유리섬유제품

유리섬유를 이용한 제품으로는 유리면, 유리면보온판, 유리면보온통, 유리면블랭킷, 유리면보온대 등이 있고 폴리에스테르수지에 유리섬유로 혼합 보강된 골판이나 평판 등이 있다.

(가) 유리면(Glass wool)

유리면은 유리를 용융하여 이것을 여러 가지 제조방법으로 섬유화한 것으로서 유리솜 또는 글라스울 이라고도 한다. 유리면은 보온 · 방음· 흡음 · 방화 · 전기절연재 등으로 쓰이고 비닐·아스팔트펠트(Asphalt felt) · 루핑(Roofing) · 시트(Sheet) 등의 보강재료 로도 쓰이며 경질판으로 만들어 장식재 · 간벽 · 스크린(Screen) 등에도 쓰인다.

① 유리면의 제조

유리면의 제조방법으로는 회전 원반의 원심력에 의한 원심력법(단섬

유:1~4 , 평균섬유굵기 10 정도), 증기 또는 압축공기로 분사시키는 8 정도), 화염에 의해 분사시키는 화염법(단섬유 0.5~6), 로드(rod)법(장섬유: 5 이상) 등이 있다. 원심력법 및 분무법은 암면의 경우와 같고 화염법은 섬유굵기가 1 정도의 유리면펠트를 만드는데 적합하며 이와 같은 미소한 단섬유를 만들기 위해 2단 조작을 한다. 미국 OCF사(Owens-Corning Fiber Glass Co) 에서는 올 파이버(All fiber)법으로 유리면을 만들고 있으며 화염법과 다른 점은 고압증기를 사용하는 것이다. 원심력법과 로드법은 이미 과거의 방법이며 분무법이 많이 사용되어 왔으나, 최근에는 화염법 또는 올파이버법에 의하여 유리면이 대량 생산되고 있다.

② 유리면의 종류 및 물성

유리면은 섬유의 굵기에 따라 유리면 A종, B종, C종으로 구분한다. 유리면 A종은 섬유의 평균 굵기가 4 이하, B종은 8 이하, C종은 20 이하의 것을 말한다.

또한 유리면이 함유하고 있는 화학적인 성분에 의하여 무알칼리 유리면, 저알칼리 유리면, 함알칼리 유리면으로 구분하기도 하는데, 그 성분내용은 표2와 같다. 유리면은 미세한 유리섬유의 단섬유의 집합체이기 때문에 중량당의 표면적이 매우 큰 편이며, 사용할 때의 수분과 접촉을 하여 알칼리가 용출되기 쉬우므로 이러한 현상을 피하는 것이 성분원료결정의 제일목표가 된다.

표2. 각종 유리면의 화학성분(단위:%)

종별	생산국	SiO_2	Al_2 O+ Fe_2 O^3	B_2 O^3	CaO	MgO	BaO	ZnO	Na_2 o K_2 o	기타
무알칼리	일본	56.21	15.26	3.76	16.00	3.64	4.86	–	0.6 –	TiO_2 0.55
	미국	54.6	14.8	17.4	17.4	4.5	–	–	– –	–
	독일	54.2	10.0	20.4	20.4	3.4	–	–		–
저알칼리	일본	53.0	15.0	10.0	14.0	–	–	–	6.0	–
	미국	53.1	15.8	8.9	14.9	–	–	–	7.1	–
	독일	54.1	10.5	6.9	14.3	3.5	–	–	3.1 –	–
함알칼리	일본	67.23	2.18	3.52	6.76	0.29	–	6.45	13.52 –	–
	일본	73.07	1.5	8.60	–	–	–	–	16.80 –	–
	일본	68.88	1.7	–	8.58	3.90	–	–	13.43 –	TiO_2 1.23
	국산	71~73	0.5~1.5		8~10	1.5~8.0			14~16	–

유리섬유에는 풍화라고 부르는 열화현상(劣化現象)이 있다. 이 열화의 원인은 수용현상(水溶現狀)에 의한 알칼리성분의 소멸이다. 이것을 피하기 위하여는 알칼리성분을 감소시키거나 알칼리 용출량을 감소시키는 부원료인 Na_2O, K_2O 또는 CaO, MgO 등을 첨가시켜야 한다. 그러나 어떤 경우에도 무알칼리 성분만을 사용할 필요는 없고 용도에 따라서는 함알칼리 성분의 유리면을 사용해도 무방할 경우가 많기 때문에 사용부위 및 목적에 따라 유리면의 종류를 선택하여야 한다.

③ 유리면의 열전도율

유리면의 열전도율은 일반단열재와는 달리 밀도가 작은 쪽의 값이 트게 나타나고 있는 것이 특징이다. 그러나 밀도가 30kg/㎥ 이상이 되면 일반 단열재와 같이 밀도가 큰 쪽이 열전도율의 값이 커진다.

또한 유리면의 열전도율의 값은 유리섬유의 굵기에 따라서도 변화한다. 섬유경이 클수록 열전도율의 값이 커진다. 한국산업규격(KS L 9102)에서 정하고 있는 유리면의 열전도율 값은 평균온도(70+-5℃)에서 유리면 A종 밑 B종인 경우 0.036㎉/mh℃이하, C종인 경우 0.042㎉/mh℃ 이하이고, 최고 안전 사용온도는 방수제 같은 것으로 처리한 것을 제외하고는 약 350℃이다.

④ 유리면의 취급시 유의사항

〈운반할 때〉

○ 비나 물이 묻지 않도록 한다.

○ 갈고리를 사용하지 말아야 한다.

〈저장할 때〉

○ 야적하여서는 안된다.

○ 습기가 적고 통기가 잘되는 곳에 저장하여야 한다.

○ 대나무 발이나 거적 등을 깔고 쌓아 놓아야 한다.

○ 쌓을 때는 5단 이하로 하여야 한다.

○ 중량물로 눌려 놓지 않아야 한다.

○ 압축 포장한 것은 2개월 이상 방치하지 않아야 한다.

(2) 유리면 보온판(Glass wool insulating board)

유리면 보온판은 유리면을 주재료로 하고, 접착제를 사용하여 판상으로 성형한 것이다. 필요에 따라 적당한 외피를 붙이거나 방수제 등을 첨가하여 판상으로 성형하거나 표면을 피복하기도 한다. 한국산업규격(KS L 9102)에서 유리면 보온판을 품질에 따라 유리보온판 1호,2호, 3호의 3종류로 구분하고 있고, 또한 유리면 보온판 1호를 부피 비중에 따라 a, b, c, d, e 로 구분하고 있다. 유리면 보호판 1호는 부피비중이 0.007~0.02g/㎤ 이상, 열전도율이 평균온도(70+-5℃)에서 0.054~0.037㎉/mh℃ 이하의 것을 말하며, 3호는 부피비중이 0.05g/㎤ 이상, 열전도율이 평균온도(70+-5℃)에서 0.04㎉/mh℃ 이하의 것을 말한다. 최고 안전 사용온도는 방수제 같은 것으로 피복된 것을 제외하고는 약 300℃이다.

(3)유리면 보온통(Glass wool insulating piper-cover)

유리면 보온통은 유리면을 주재료로 하여 접착제를 사용, 원통모양으로 성형한 제품으로서 필요한 경우에는 외피를 붙이거나 표면을 피복하기도 한다.

유리면 보온통의 규격은 한국산업규격(KS L 9102)에서 규정하고 있다. 유리면 보온통은 품질에 따라 유리면 보온통 1호, 2호의 2종류로 구분하고 있다. 유리면 보온통 1호는 유리면 A종을 주재료로 사용한 것으로서 부피비중이 0.04g/㎣ 이상이고 열전도율이 평균온도(70+-5℃)에서 0.035㎉/mh℃ 이하인 것을 말하고, 2호는 유리면 B종을 주재료로 사용한 것으로서 부피비중이 0.045g/㎣ 이상이고 열전도율이 평균온도(70+-5℃)에서 0.037㎉/mh℃ 이하인 것을 말한다. 유리면 보온통의 최고 안전 사용온도는 방수제를 사하거나 외피를 한 것을 제외하고는 약 300℃이다.

(4) 유리면 블랭킷(Glass wool blanket)

유리면 블랭킷은 유리면을 판상으로 성형한 것으로 인장강도 2kg/㎝ 이상의 종이, 천 또는 메탈라스 같은 것으로 외피를 보강한 것이다.

유리면 블랭킷은 품질에 따라 1호, 2호의 2종류로 구분하고, 또한 각각 부피비중에 따라 a, b 로 구분한다. 한국산업규격(KS L9102)에서 정하고 있는 유리면 블랭킷의 열전도율의 값은 평균온도(70+-5℃)에서 1호 중 a종인 경우 0.04㎉/mh℃ 이하, b종인 경우 0.037㎉/mh℃ 이하이다. 최고 안전 사용온도는 외피에 메탈라스를 사용한 경우 약 350℃이다.

(5) 유리면 보온대(Glass wool insulating belt)

유리면 보온대는 겹쳐진 층모양의 유리면 A종 또는B종을 일정한 너비로 잘라내어 이것을 가지런히 세로로 펴놓고 인장강도 2kg/㎝ 이상의 종이 또는 천으로 한쪽 면을 피복하여 만든 제품이다. 한국산업규격(KS L 9102)에서 규정하고 있는 유리면보온대의 부피비중은 0.025g/㎣이상이고 열전도율은 평균온도(70+-5℃)에서 0.045㎉/mh℃ 이하이며 최고 안전 사용온도는 약 350℃이다.

8. 석면과 그 제품

(1) 석면 (Asbestos)

석면(石綿)은 천연으로 산출되는 무기섬유로서 사용 역사가 가장 오래된 재료이다. 석면의 주산지는 캐나다, 미국의 애리조나, 중국, 남아프리카, 소련, 오스트레일리아 등으로 알려지고 있다. 우리나라에서도 충청남도 대천지방 등지에서 산출되나 저급품으로 정제하여야 한다. 석면은 사문암. 갓섬석류에 속하는 회백색 또는 녹색이나 갈색을 띤 천연섬유질의 결정성 광물 분말을 솜처럼 만든 것으로 섬유모양의 조직을 가지고 있다. 특히 청석면 중에서 철분이 적은 것을 아모사이트(Amosite)라고 부른다. 석면의 주성분은 규산. 마그네슘. 칼슘이며 융점은 온석(Chrysolite)은 1,520℃, 아모사이트는 1,400℃, 청석(Crocidolite)은 1,190℃로 되어 있으나, 표와 같이 가열하면 중량이 감소되어 융점보다도 훨씬 낮은 온도에서 결정이 붕괴되어 강도를 잃어버린다. 이와 같은 석면은 섬유상으로 혹은 복합재료의 형태로 불연성 경량단열재로 사용된다.

표3. 석면 가열에 따른 중량감률 (가열2시간, 단위:%)

온도℃	216	315	370	426	482	536	593	655	760	872	985
온석	0.30	0.85	1.78	2.17	2.83	3.99	10.38	12.76	12.76	13.62	13.77
아모사이트	0.23	0.57	0.80	0.98	1.07	1.16	1.36	1.39	1.43	1.52	1.53
청석	0.08	0.25	0.49	0.73	0.83	0.86	1.00	1.00	1.03	*0.98	*0.77

*철분 산화에 따른 중량 증가

보통 석면이라고 하면 온석면, 즉12~14%의 수분을 포함하는 섬유모양의 사무석을 가리킨다. 화학적으로 안전하고 내화성. 보온성. 절연성이 우수하고 인장강도가 큰 것이 석면의 특징이나 습기를 흡수하기 쉬운 것이 결점이다. 한편 근래에는 석면의 공해가 문제화되고 있어 우리나라 뿐만 아니라 각국에서 사용을 규제하려고 한다. 영국 석면정보위원회의 조사보고에서는 석면섬유를 많이 취급하는 작업상의 건강장애는 있지만 일반 사회적 공해가 석면에 의해 일어난다는 증거는 없다고 지적하고 있다. 석면의 규격은 한국산업규격(KS E 3803)으로 정하고 있고 석면보온재(사방각섬석면)에 대한 규격은 에너지이용합리화법에 의한 열사용 기자재 형식승인기준(동력자원부 고시 제 80~109호)에서 정하고 있다.

(2)석면제품

석면을 주원료로 하여 알맞은 접착제를 섞어 여러 가지 형태로 성형한 석면제품으로는 석면보온판, 석면보온통, 석면보온매트, 석면대, 석면슬레이트, 석면보온대 등이 있다.

(가) 석면보온판(Asbestos insulating board)

석면보온판은 석면을 풀어서 이것을 주재료로 하여 알맞은 접착제를 섞어 판모양으로 성형한것으로서 품질에 따라 석면보온판 1호, 2호로 구분된다. 석면보온판 1호는 아모사이트석면(Amosite asbestod)을 사용한 것이고, 2호는 온석면(Chrysolite asbestos)을 사용한 것이다. 석면보온판은 주로 금고, 방화문 등의 단열재로 사용된다. 규격은 한국산업규격(KS F 4709)에서 규정하고 있다.

(2) 석면보온통(Asbestos insulating pipe-cover)

석면보온통은 석면을 풀어서, 이것을 주재료로 하여 접착제를 섞어 통모양으로 성형한 것으로서 주로 열의 절연재로 쓰인다. 품질에 따라 석면보온통 1호, 2호로 구분되는데, 석면보온통 1호는 아모사이트석면을 사용한 것이고 2호는 온석면을 사용한 것이다.

석면보온통의 규격은 한국산업규격(KS F 4710)에서 규정하고 있다.

(3) 석면보온매트(Asbestos insulating mat)

석면보온매트는 석면헝겊을 외피로 하고 속넣기 석면이 이동하지 않게 매트넓이 전체에 걸쳐서 약 60mm 간격으로 엇걸음 모양으로 안팎을 황동선들이 석면사로 꿰매어 만든 제품이다. 이는 주로 열의 절연재로 사용한다. 석면보온매트는 외피의 종류에 따라 석면보온배트 1호, 2호의 2종류로 구분한다. 규격은 한국산업규격(KS F 4711)에서 규정하고 있다.

(4) 석면보온토(Asbestos insulating belt)

석면보온토는 석면분말에 규조토를 혼합한 것을 반죽하여 만든 보온재료로서 보일러나 송기관등의 표면에 발라 보온한다.

(5) 석면대(Asbestos insulating belt)

석면대는 석면포로 만든 파이프로서 속에 석면분말이 채워져 있어 경량·불연성·단열성·흡음성이 있는 제품이다. 직경 20~50mm, 길이 30cm의 대형으로 된 것을 고온물체의 외부에 감아서 보온시키는 보온재로 사용한다.

(6) 석면슬레이트(Asbestos cement slate)

석면슬레이트는 시멘트 85에 석면 15의 비율로 섞어 틀에 부어 가압 성형한 인조슬레이트판으로서 작은골판·큰골판·작은평판·큰평판·플랙시블판(Flexible board)의 5종류가 있다. 석면슬레이트는 지붕잇기 뿐만 아니라 목욕실, 부엌 등의 천장 또는 벽에는 이용되고, 특히 물흘림이 좋게 겹쳐 댈 수 있게 된 것도 있다. 지붕잇기에는 큰 평판이나 플랙시블판은 사용하지 않는다.

9. 발포폴리스티렌보온재(Foam polystyrene insulating material)

발포폴리스티렌(Foam polystyrene)은 폴리스티렌수지에 발포제(發泡劑)를 넣은 다공질의 기포플라스틱(Foam plastics)으로서 스티로폴(Styropor)이라고도 한다. 발포폴리스티렌보온재의 제조방법은 발포제를 함유한 입상폴리스티렌 비즈(Beads)를 원료로 예비발포한 후 가열 및 냉각의 성형공정을 거쳐서 만들어지는 방법과 폴리스티렌수지와 발포재를 압축기 내에서 용융 혼합하여 연속적으로 압출, 발포하여 성형하는 방법의 2가지가 있다. 발포폴리스티렌보온재는 1L 당 300~600만 개의 완전 독립된 미세한 기포로 구성되어 있으며, 체적의 약 97%는 공기이므로 열과 냉기의 침입에 대하여 효과적인 차단효과를 가지고 있다. 또한 완전독립 기포로 구성되어 있으므로 다른 보온재와 같이 모세관현상으로 흡수되는 경우가 전혀 없으며 수증기의 투과에 대해서도 우수한 차단성을 가지고 있다. 그러나 화학적으로는 약하여 일반 접착제의 용제, 염소화탄화수소, 방향족탄화수소, 지방족탄화수소, 에스테르(Ester)유, 케런(Ketone)유 등에 침식되므로 알콜을 용제로 하는 초산비닐계 접착제 정도밖에 사용할 수 없다. 한국산업규격(KS M 3808)에는 폴리스티렌수지에 난연재를 첨가한 자기 호화성 폴리스티렌을 발포시켜 만드는 보온판 및 보온통에 대하여 그 규격을 정하고 있다. 따라서 국내에서 생산되고 있는 난연성 발포폴리스티렌폼은 발포폴리스티렌보온재에 난연제를 첨가하여 자기소화성을 갖도록 만든 것으로서 청색으로 착색을 하여 난연제를 사용하지 않은 것과의 구별이 용이하게 하고 있다.

발포폴리스티렌보온재는 전기절연성, 특히 고주파에 대한 절연성이 우수하고 다른 난연재에 비하여 단열효과가 비교적 크고 흡수율 및 비중이 작을 뿐만 아니라 시공성 및 내부식성이 좋기 때문에 단열재로서 많이 사용되고 있는 재료 중의 하나이다.

(1) 발포폴리스니렌보온판(Foam polystyrene heat insulating boad)

발포폴리스티렌보온판은 품질에 따라 발포폴리스티렌보온판 1호, 2호, 3호, 4호의 4종류로 구분한다. 한국산업규격(KS M 3808)에서 정하고 있는 발포홀리스티렌보온판의 품질기준은 표 16-7과 같고 최고 안전 사용온도는 약 70℃이다.

(2) 발포폴리스티렌보온통(foam polystyrene heat insulating pipe-cover)

발포폴리스티렌보온통은 품질에 따라 발포포리스티렌보온통, 1호, 2호, 3호의 3종류로 구분한다. 한국산업규격(KS M 3808)에서 규정하고 있는 발포폴리스티렌 보온통의 열전도율은 평균온도(30+-5℃)에서 1호 및2호인 경우 0.033㎉/mh℃ 이하이고 3호인 경우 0.034㎉/mh℃ 이하이다. 또한 발포폴리스티렌보온통의 최고 안전 사용온도는 발포폴리스티렌보온판과 마찬가지로 약70℃이다.

10. 규산칼슘보온재

규산칼슘이란 규산석회(硅酸石灰)를 물속에서 처리할 때 생성되는 규산칼슘 수화물을 말하는 것으로, 상온에서는 반응하지 않으므로 규조토, 규사 등의 규산질 원료와 석회질 원료 및 석면을 혼합하여 가영, 겔(G디)화 시킨 것을 수열 합성함으로써 얻어진다.

규산칼슘 보온재는 규산질 분말, 석회 및 무기질섬유를 균일하게 배합하여 가열성형 및 수열처리하여 만들어진 제품으로서, 물속에서 가열하여도 붕괴되지 않으며 일반적으로 경량이고 강도가 높으며 내열 및 내수성이 우수하다. 따라서 파이프·연동·탱크류 등의 보온재료는 물론이고 원자력 플랜트(Plant)에도 많이 이용되며, 최근에는 화재로 인한 철골의 강도 저하를 방지하는 내화 피복재료로 많이 사용되어 그 용도가 점차 확대되어 가고 있다. 규산칼슘 보온재는 규산칼슘보온판과 규산칼슘 보온통이 있고, 그 규격은 한국산업규격(KS L 9102)에서 정하고 있다.

(1) 규산칼슘 보온판

규산칼슘 보온판은 규산칼슘 보온판 1호, 2호의 2종류가 있다. 규산칼슘 보온판 1호는 밀도가0.22g/㎤이하, 열전도율이 평균온도(70+-5℃)에서0.058㎉/mh℃ 이하인 것을 말한다. 최고 사용온도는 규산칼슘보온판 1호인 경우에는 650℃이고 2호인 경우에는 1,000℃이다.

(2) 규산칼슘보온통

규산칼슘보온통은 규산칼슘보온통 1호,2호의 2종류로 구분한다. 규산칼슘보온통 1호는 밀도가 0.22g/㎤ 이하, 열전도율이 평균온도(70+-5℃)에서0.053㎉/mh℃ 이하인 것을 말하고, 규칼슘보온통 2호는 밀도가 0.28g/㎤ 이하, 열전도율이 평균온도(70+-5℃)에서0.058㎉/mh℃ 이하인 것을 말한다. 최고 사용온도는 규산칼슘보온통 1호인 경우에는 650℃이고, 2호인 경우에는 1,000℃이다.

11. 폴리우레탄폼(Polyurethane foam)

폴리우레탄폼에는 경질과 연질이 있으나 단열재의 용도로는 경질의 제품이 사용되며, 경질 우레탄폼 단열재(Rigid urethane foam for heat insulation)에 대한 규격은 한국산업규격(KS M 3809)에서 정하고 있다. 경질 우레탄폼 단열재는 폴리올 (Polyol), 폴리이소시아네이트 (Polyisocyanate) 및 발포제는 제품의 품질을 떨어뜨리거나 제품에 접하는 금속에 녹 발생을 촉진시키지 않는 것을 사용하여야 한다.

폴리우레탄폼의 제조방법에는 프레온 (Freon)과 같은 휘발성물질을 폴리올과 폴리이소시아네이트와의 반응열에 의해 가화시켜 발생되는 가스에 의해 발포시키는 물리적 발포법과 H_2O와 폴리이소시아네이트의 반응시 발생되는 CO_2 가스에 의해 발포시키는 화학적 발포법이 있다. 폴리우레탄폼은 단열성이 크고 공사현장에서 발포시공이 가능하며 화학약품에 대하여 안전한 재료이다. 그러나 사용시간이 경과함에 따라 부피가 줄어들고 점차 열전도율이 높아지는 결점이 있다. 따라서 내열성은 높지 않으나 우수한 단열성 때문에 냉동기기에 많이 사용되고, 특히 최근의 LPG나 기타, 액화가스 관계의 초저온 장치용 보냉재로서 다른 단열재에서 볼 수 없는 가치있는 재료이다. 그러나 가격이 비싸기 때문에 건축설비용의 보온재료로는 별로 사용되지 않고 단열성을 높이기 위한 복합재료로 사용되고 있다.

(1) 폴리우레탄폼단열판

폴리우레탄폼 단열판은 밀도에 따라 폴리우레탄폼단열판 1호, 2호, 3호, 4호, 5호의 5종류로 구분된다. 밀도가 0.05g/㎤이상인 것을 1호, 0.04g/㎤ 이상 0.5g/㎤미만인 것을 2호, 0.35g/㎤ 이상 0.048g/㎤ 미만인 것을 3호, 0.03g/㎤ 이상 0.035g/㎤ 미만인 것을 4호, 0.025g/㎤ 이상 0.03㎉/mh℃미만인 것을 5호라고 한다.

폴리우레탄폼간열판의 열전도율은 0.022~0.025㎉/mh℃ 이하이어야 한다고 한국산업규격(KS M 3809)에서 정하고 있으며, 최고 안전 사용온도는 100℃이다.

(2) 폴리우레탄폼 단열통

폴리우레탄폼단열통은 폴리우레탄폼단열판과 같이 1호, 2호, 3호, 4호, 5호의5종류로 구분한다. 폴리우레탄폼단열통의 열전도율은 폴리우레탄폼단열판과 같고 최고 안전 사용온도는 100℃이다.

12. 발포폴리에틸렌보온재

발포폴리에틸렌보온재는 폴리에틸렌수지에 발포제 및 난연제를 배합하여 이를 압축시켜 발포시킨 후 냉각하여 판상 발포제로 만든 것이다. 이것을 적당한 규격으로 적층 열융착하여 자기 소하성을 가지느 발포폴리에틸렌보온판 및 보온통으로 만드는 것이다. 필요한 경우에는 판상 발포체를 만들 때 색소를 첨가하여 색채를 내기도 한다.

발포폴리에틸렌보온재의 규격은 한국산업규격에서는 정하고 있지 않으나 에너지이용합리화법에 의한 열사용 기자재 형식승인기준(통산산업부 고시83-14호)에서 정하고 있다. 발포폴리에티렌 보온재는 밀도에 따라 발포폴리에티렌 1호, 2호, 3호, 4호의 4종류로 구분하다. 밀도가 0.05g/㎤ 이상인 것을 1호, 0.04g/㎤ 이상0.05g/㎤ 미만인 것을 2호, 0.03g/㎤ 이상 0.04g/㎤ 미만인 것을 3호, 0.02g/㎤ 이상 0.03g/㎤미만인 것을 4호라고 한다. 발포폴리에틸렌 보온재의 열전도율은 평균온도(25+-5℃)에서0.039㎉/mh℃ 이하이고 최고 안전 사용온도는 80℃ 이다.

13. 규조토보온재

규조토보온재(硅藻土保溫材)는 세계적으로 또는 국내에서도 가장 오래된 보온재 중의 하나로서 우리나라에서는 옛날부터 가옥의 벽 등에 규조토를 발라 보온하여 왔다. 규조토보온재에는 규조토 분발에 아모사이트(Amosite) 석면을 혼합한 것이다. 석면을 혼합한 것은 결합체로 혼합하는 것이므로 균일하게 혼합하지 않으면 안 된다.

규조토 보온재를 물에 반죽하여 사용할 때는 최대는 최대 60~80%의 물을 가하여 충분히 섞어 사용한다. 규조토는 흡수성이 크므로 끝마무리한 후 면포 또는 철판으로 피복하여 페인트로 도장하기도 한다. 규조토보온재에 접착제를 가하여 관상 또는 원통형으로 성형하여 사용되어 왔으나 최근에는 많이 사용하지 않고 있다.

14. 퍼라이트보온재

퍼라이트(Perlite)는 1940년 미국에서 본격적으로 제조되기 시작한 이래 오늘날까지 경량골재 및 단열재료로 사용되고 있다. 화산석으로 된 진주석을 900~1,200℃로 소성한 후 분쇄하여 소성 팽창하면 내부에 미세공극을 가지는 가벼운 구상물(球狀物)의 작은 입자가 되는 데 이를 퍼라이트라고 한다. 퍼라이트는 아주 가볍고 단열성이 크며 표면이 요철형으로 되어 있고 화학적으로 안정되어 있을 뿐만 아니라 내화성도 크다. 색깔은 백색. 회백색이고 비중은 0.04~0.2, 공극률은

90% 정도 , 입도는10㎜ 이하, 흡음률은 30~50%, 최고 사용온도는 약 600° C 정도이다.

퍼라이트는 다방면으로 사용되고 있으나 건축용으로는 주로 단열. 보온. 흡음 등의 목적으로 사용된다. 일반적으로 모르타르 도는 폴라스터의 골재로서 사용되지만 퍼라이트를 그대로 충전시켜 사용하기도 한다. 그러나 흡수성이 있으므로 외부 마감재료로는 사용되지 않고 있다. 또한 합성수지에 퍼라이트, 운모, 색소 등을 혼합하여 스프레이코팅재료로도 사용된다. 이들은 배합비에 따라 비중 및 열전도율을 조정할 수 있다. 퍼라이트 보온재는 퍼라이트와 접착제 및 무기질 섬유를 균등하게 혼합하여 성형한 발수성 퍼라이트 보온판 및 발수성 퍼라이트 보온통을 말한다. 무기질 섬유의 양은 질량비로 전체의 1~5%이다.

퍼라이트 보온재의 종류는 형상 및 품질에 따라 발수성 퍼라이트 보온판 1호, 2호와 발수성 퍼라이트 보온통 1호, 2호와 발수성 퍼라이트 보온통 1호, 2호로 구분하고 있다.

발수성 퍼라이트 보온판의 밀도는 발수성 퍼라이트 보온판 1호인 경우 200kg/㎠ 이하, 2호인 경우 180kg/㎤ 이하이어야 하고, 열전도율은 평균온도(70+-5℃)에서 발수성 퍼라이트보온판 1호인 경우 0.053㎉/mh℃, 2호인 경우 0.048㎉/mh℃ 이어야 하며 휨강도는 2.5kgf/㎤ 이상이어야 한다.

15. 질석(Vermiculite)

질석(蛭石)은 운모계의 광석을 1,000℃ 정도로 소성하여 유공질로 만든 무기질로서 비중이 0.2~0.4, 입도는 10㎜ 이하, 용융온도는 1,300~1,400℃, SiO_2 를40~50% 함유하고 있으며 흡수율은 90% 정도이다. 질석은 화학적 유해물(유기불순물, 염분, 황산분, 유황산분 등)에는 안전한 재료이다. 또한 단열 · 보온 · 불연 · 방음 · 결로방지의 특성을 가지고 있어 방화벽이나 단열벽판 또는 천장 등에 많이 사용되고 있다.

질석의 종류는 입도·밀도·열전도율 등에 따라 1종, 2종, 3종, 4종으로 구분하며 색채는 금색·은색 및 갈색으로 나타나는데, 소성한 것을 황금색으로 나타난다.

질석의 품질에 대해서는 한국산업규격(KS F 3702)에서 다음과 같이 정하고 있다.

① 질석은 진흙·모래·유기불순물 등의 유해물을 함유하지 않은 깨끗한 것이어야 한다.

② 질석은 소성시험에서 용적팽창률이 3%를 넘어서는 안 된다.

③ 1로트(lot)의 색깔이 현저하게 달라서는 안 된다.

질석제품으로는 질석단열보드·질석벽돌·질석블록·질석텍스·질석골재 및 합성수지에 질석을 혼합한 각종 성형품 등이 있다.

16. 요소발포보온재

요소발포보온재는 요소와 포르말린(Formalin)을 축압하여 제조된 수지를 발포시켜 판상 또는 통상으로 제조하거나 시공현장에서 이동식 발포장치에 의해 분무상으로 제조한 것으로 요소발포보온판, 요소발포보온통 및 분무식 요소수지발포체를 말한다.

요소발포보온재의 규격은 한국산업규격에서 정하고 있지 않으나 에너지이용합리화법에 의한 열사용 기자재 형식승인 기준(산업자원부 고시 제80-109호)에서 정하고 있다.

요소발포보온재는 밀도에 따라 요소발포보온재 1호, 2호, 3호, 4호, 5호의 5종류로 구분한다. 밀도가 0.5g/㎤ 이상인 것을 1호, 0.03g/㎤ 이상 0.05g/㎤미만인 것을 2호, 0.02g/㎤이상 0.03g/㎤미만인 것을 3호, 0.15g/㎤이상 0.02g/㎤미만인 것을 4호, 0.01g/㎤이상 0.015g/㎤미만인 것을 5호라고 한다. 요소발포보온재는 흡수량 16~20%이하, 열전도율은 평균온도(20±5℃)에 0.03~0.031㎉/mh℃ 이하이어야 한다.

17. 페놀발포보온재

페놀(Phenol)발포보온재는 석탄수지 및 발포제를 주재료로 하여 상 또는 통상으로 제로하거나 시공현장에서 이동식 발포장치에 의한 분무상으로 제조한 것으로서 페놀발포보온판, 페놀발포보온통 및 분무식 페놀발포체를 말한다. 페놀발포온재의 규격은 한국산업규격에서 정하고있지 않으나 에너지이용합리화법에 의한 열사용 기자재 형식승인기준(산업자원부 고시 제82-18호)에서 정하고 있다.

페놀발포보온재는 밀도에 따라 페놀발포보온재 1호, 2호, 3호, 4호의 4종료로 구분한다. 밀도가 0.05g/㎤ 이상인 것을 1호, 0.04g/㎤ 이상 0.05g/㎤ 미만인 것을 2호, 0.03g/㎤이상 0.04g/㎤미만인 것을 3호, 0.02g/㎤이상 0.03/㎤미만인 것을 4호 라고 한다.

페놀발포보온재의 열전도율은 평균온도(20±5℃)에서 0.03㎉/mh℃ 이하이어야 하며 최고 안전사용온도는 130℃이다.

18. 셀룰로스보온재

셀룰로스 보온재는 재생된 식물성 섬유(셀룰로스화이버)에 난연재 등의 첨가제를 첨가하여 공기를 주입하거나 부어 넣을 수 있는 상태로 제조한 것이다. 셀룰로스 보온재의 규격은 한국산업규격에서는 정하고 있지 않으나 에너지이용합리화법에 의한 열사용 기자재 형식승인기준(산업자원부 고시 82-19호)에서 정하고 있다. 이에 의하면 셀룰로스의 밀도는 0.03g/㎤이상 0.05g/㎤미만이며 열전도율은 평균온도(20±5)에서 0.038㎉/mh℃ 이하이고 흡수율은 무게를 기중으로 하여 15%이하이며 안전 사용온도는 -45.6~82.2℃로 되어 있다.

19. 염기성 탄산마그네슘 보온재(Basic magnesium carbonate heat insulating material)

염기성 탄산마그네슘보온재는 열의 절연에 쓰이는 염기성 탄산마그네슘과 석면섬유를 균등하게 배합하여 만든 것으로서 약칭 탄마그 보온재라고 한다. 종류는 탄마그 보온재 1호와 탄마그 보온재 2호가 있다. 염기성 탄산마그네슘보온재의 규격은 한국산업규격(KS F 4708)에서 정하고 있다.

20. 코르크판(Cork board)

코르크판은 코르크(수목의 겉껍질 속에서 공기, 물 등의 투과를 방지하는 조직을 말함) 나무껍질의 탄력성있는 부분을 주원료로 하여 톱밥, 미사 등을 혼합하여 접착제를 첨가한 후 가열·강압·성형·접착하여 널빤지처럼 만든 것이다. 증기로 가열한 것은 마감재로 쓰이고 직접 불로 가열한 것은 탄화 코르크판이 되어 단열재료로 쓰인다.

코로크판은 불에 잘 타지 않는 성질을 가지고 있어서 불연재료로 쓰이며, 또한 표면이 평평하고 유공질이므로 탄성 및 흡음성이 있어 흡음판용으로도 쓰인다. 때로는 방습성을 주기 위하여 아스팔트 페인팅을 하기도 한다. 국내에서는 한진 콜크(주) 등에서 10년 정도 된 굴참나무의 수피를 수증기·약품처리를 섬유화한 후 PVA 등 접착제를 사용하여 섬유판을 만들고 있다.

비중은 0.15~0.4이고 열전도율은 0.34㎉/mh℃정도이며 최고 안전사용온도는 130℃이다. 두께는 10㎜, 15㎜, 20㎜, 25㎜, 30㎜인 것이 있고, 크기는 60㎝×60㎝~90㎝인 것이 있다.

21. 광재면(Slag wool)

광재면은 제철의 용광로에서 선철을 뽑아내고 용 선철의 윗면에 남은 찌꺼기인 고로광재(Blast·Furnace slag, Foamed slag)에 압축공기 또는 분사증기를 뿌려 급랭시켜 섬유상으로 만든 광물질 섬유이다.

광재면은 석면 대용으로 단열·보온·보냉·방습·흡음 등을 목적으로 사용된다.

22. 다포유리(Foam glass, Multi-cellular glass)

다포유리는 유리가루에 가스 발생제를 첨가하여 가열시킨 것으로 가스발생제의 양 또는 가열정도에 따라 독립기포와 연속기포로 만들 수 있다. 독립기포인 것은 열전도율 투기율이 낮으므로 단열재로 쓰이나, 고온인 환경에서는 기포내의 가스팽창으로 인하여 유리 실질부에 균열이 생길 우려가 있다. 그러므로 상온에서만 단열재로 사용하는 것이 좋다. 연속기포인 것은 내열온도가 400℃ 정도이다. 다른 저온용 재료의 단점인 연소성에 대해서 다포유리는 완전히 불연성이며 흡수·투수성이 전혀 없고 내약품성이 좋다. 특히 이 재료는 극히 낮은 온도에 적합한 재료이다.

23. 우레아폼(Urea foam)

우레아폼은 비료공장에서 생산되는 요소와 포르말린(Formalin) 의해 만들어지는 요소수지를 경화제와 공기를 사용하여 환경에서 발포시켜 시공부위에 주입 또는 분사시키는 단열재로서 폴리우레탄폼(Polyurethan foam)이 석유수지계 원료인데 비하여 우레아폼은 요소수지계원료이무로 가격이 저렴하고 내열성도 다소 높은 편이다.

우레아폼은 분사식 단열재의 일종으로서 현장시공이 편리한 재료이다.

13 도장재료

1. 개 요

도료(塗料)란 유동상태로서 물체의 표면에 도포하면 물리적 또는 화학적으로 변화되어 시간이 경과함에 따라 그 표면에 고화하여 연속적인 피막(皮膜)을 형성함으로써 주로 미감을 부여하고 물체를 보호하는 물질을 말한다. 도장은 물체의 표면에 도료를 사용하여 도막(塗膜)을 형성케하는 작업공정을 말하며 건축물이나 공작물 등의 표면에 도장하면 내식성 · 방부성 · 내후성 · 내화성 · 내열성 · 내구성 · 내화학성 등을 증가시키고 방수성 · 방습성 · 내마모성 등을 높이며 착색·광택·무늬 등으로 외관을 아름답게 미화시킨다. 도료는 미감을 부여하고 철이나 목재 등을 녹과 부식으로부터 보호해 주는 역할을 하나 도료의 유기용제와 안료(顔料)등에 포함되어 있는 귀금속 및 합성수지에 따라 대기오염, 수질오염, 산업폐기물, 악취, 광화학스모그(Smog) 등 공해의 발생원으로 지적을 받게 되어 최근 선진국에서는 공해방지 법령으로 도장공해에 대하여 구체적으로 법적규제 기준을 마련하고 이러한 공해문제를 고려한 무공해 및 저공해 도료를 10여년전부터 개발하여 사용하고 있다. 또한 최근에 고분자화학의 발달로 인해 새로운 성능을 가진 합성수지계의 도료가 개발되어 실용화되어 가고 있다.

2. 도료의 구성

도료는 다음에 표시한 것과 같이 도막형성요소(塗膜形成要素)와 도막형성조요소(塗膜形成助要素)로 구성되어 있다.

(1) 도막형성요소

도막형성요소는 도포한 후 도막으로 남는 성분으로 투명도료에서는 주로 도막형성주요소와 도막형성부요소로 나눈다. 도막형성주요소로는 유류 · 수지 등을 들 수 있고 도막형성부요소로는 건조제 · 가소제를 들 수 있다. 도막형성요소는 도료의 가장 중요한 성분이며 저분자량 화합물로서는 도막에 요구되는 기계적 · 화학적 모든 성질을 따르지 못하기 때문에 고분자물질이어야 한다. 옻, 기름, 카세인, 천연수지와 같은 천연물에서부터 각종 합성수지나 섬유소 유도체까지 광범위하다. 안료는 도료의 은폐력과 원하는 색으로의 착색을 목적으로 넣는 것이며, 방청(연단·아연크로메이트 등), 독성(산화수은·아산화동), 방화(인산화합물·할로겐화합물) 등의 효과를 목적으로 하는 경우도 있다. 특히 안료가 함유되어 있는 도료에서 안료를 제거한 부분을 전색제(展色劑)라고 한다.

(2) 도막형성요소

도막형성요소인 용제(溶劑)는 도막을 형성하는 데 필요한 유동성을 얻기 위하여 배합하는 것이다. 도료의 건조성, 특히 초기건조성은 용제의 종류에 따라서 영향을 미친다. 도막형성조요소의 종류에는 알콜(Alcohol), 케톤(Ketone), 에스테르(Ester), 탄화수소 기타 여러 가지 종류의 용제가 있다. 용제는 도막 형성요소를 잘 녹이는 용해성과 휘발속도가 중요한 성질이다. 용제는 도료에 적당한 유동성을 주는 것이 주목적이지만, 반드시 성분의 순수함이 필요조건은 아니며 오히려 혼합용제가 값싸고 성질도 좋다. 희석제(稀釋劑)는 휘발성 용제 또는 신전제(伸展劑)라고도 하고 페인트·바니스 등의 점도(粘度)를 적게 하여 솔질이 잘 되게 하는 것이 주목적이며, 칠바탕에 침투하여 교착이 잘 되게 하고 빨리 휘발함으로서 용해물의 피막을 남기는 작용을 한다.

3. 도료의 원료

도료의 원료는 도료의 종류에 따라 수없이 많지만 구성상 유지·수지·안료·용제·희석제·건조제·가소제 등으로 분류한다.

3.1 유지

유지(油脂)는 도장 후에 공기중의 산소와 화합하여 경화되고 건조후에는 견고한 도막의 일부가 된다. 도료에 사용되는 유지는 대부분이 지방유로서 식물유·동물유이며 주로 건성유였으나 합성수지공법의 발전에 따라 반건성유・불건성유 등도 합성수지 변성용으로 사용되게 되었다. 식물유로는 아마인유(Linseed oil), 대두유(Soya bean oil), 동유(Tung oil : 동맥기름), 마실유(Hempseed oil) 등이 있다.

3.2 수지

수지(樹脂)는 용제나 유지에 용해되어 있으나 도장 후에는 도막의 일부가 된다. 수지를 천연수지와 합성수지로 대별하며 천연수지를 가공하여 사용한 가공수지도 있다.

천연수지는 융점이 높고, 엷은 색일수록 품질이 좋아서 바니쉬(Varnish)를 만들면 내구력이 있다. 합성수지공업이 급속히 발전됨에 따라서 천연수지 이상으로 여러 가지 종류와 특징을 가진 수지가 생산되었고 품질이 안정되어 도료의 원료로 널리 이용되고 있다.

(1) 천연수지

(가) 로진(Rosin)

소나무에 상처를 내어 수액(송진)을 모아서 증기로 증류하면 터펜틴유(Turpentine oil)와 송지(松脂)로 나누어진다. 송지를 가공 정제하여 얻은 것을 고무로진(Gum rosin)이라 부르며, 색은 황색으로부터 갈색까지 있다.

(나) 댐머(Dammar)

말레이반도, 자바, 수마트라지방에서 자라는 댐머 나무에서 분비되는 수지로서 담색이며, 그대로 용제에 녹이면 담색 바니쉬 또는 에나멜이 된다.

(다) 코우펄(Copal)

천연수지 중에서 가장 경질이며 수지액이 땅속에 파묻혀서 화석상태가 된 것이다. 아프리카 및 남방 여러 지역에서 산출된다. 그대로는 기름이나 석유계 용제에 잘 녹지 않으므로 300~360℃로 가열하면 부분적으로 분해 유출(流出)되어 유용성이 된다.

(라) 셀락(Shellac)

수목에 부착하여 기생하는 곤충의 분비물을 정제한 것으로 인도, 동남아시아 등지에서 산출된다. 황갈색 편상(片狀)이며 알콜에 잘 용해된다. 담색일수록 상등품이고 표백한 것을 백색 셀락이라고 한다.

(마) 앰버(Amber)

수지가 땅속에 파묻혀서 돌처럼 굳어진 것으로 화석수지 중 가장 오랜 기간 경과된 수지이며 황색, 투명 또는 반투명이고 광택이 있다.

(바) 에스테르고무(Ester gum)

일반적으로 천연수지, 특히 로진(Rosin)은 산성이 강하고 금속산화물이 많이 함유도니 안료 또는 기름에 섞으면 불용성 염류를 생성하여 기름과 분리된다. 이를 방지하기 위하여 로진에 글리세린(Glycerine), 석회 등을 섞어 미리 중화하여 유기산 즉, 에스테르(ester)를 만들어 사용한다. 이것을 에스테르 고무라고 하는데 내알칼리성이고 내열성이어서 스파 바니쉬의 원료로 쓰이며 반천연수지이다.

(2) 합성수지

(가) 알키드수지(Alkyd resin)

도료용 합성수지 중에 가장 많이 사용되는 수지이다. 다가알콜과 다염기산의 축합체를 건성유 또는 지방산으로 변성시킨 것이 보통 사용된다. 이것은 값싼 용제에 녹으며 다른 합성수지와도 서로 잘 녹아서 용도가 많다. 일반적으로 부착성·내후성·탄성·광택 등이 좋고 내후성·내알칼리성은 좀 떨어진다.

(나) 페놀수지(Phenol resin)

도료에서는 알콜용성 페놀수지, 유용성 페놀수지 및 100% 페놀수지가 쓰여진다. 알콜용성 페놀수지 주에 노블라크형(Novolak type)은 알콜에 녹고 상온에서 건조되나 도막은 단단하여 깨지기 쉽고 셀락과 비슷한 용도에 사용된다. 유용성 페놀수지는 기름에 녹고 속건성, 내알칼리성이나 도막은 황변(黃變)하기 쉽다. 100% 페놀수지는 어떠한 변성제를 사용하지 않아도 용제에 녹고 보통의 페놀수지 또는 바니쉬보다 더욱 건조가 빠르고 내후성도 뛰어나며 황변성이 작고 내알칼리성이며 전기적 성질이 좋다.

(다) 에폭시수지(Epoxy resin)

안정된 에스테르(Ester)결합으로 이루어져 있기 때문에 내알칼리성, 내마모성, 경도, 부착성이 좋으며 전기적 성질도 좋다. 에폭시수지는 지방산에 의해 에스테르화한 에폭시에스테르(Epoxy ester)형으로 사용되든가 우레아수지 · 멜라민수지 · 페놀수지 · 폴리아미드(Polyamide) 등을 첨가하여 가열 경화 시키든지 유기아민(有機Amine)이나 아민어택(Aminattack)[에폭시수지와 아민과의 안정한 부가화합물] 등을 사용하여 상온 경화하는 것도 있다. 최근에는 환상지방족구조(環狀脂肪族構造)를 가진 에폭시수지가 개발되어 용제에 녹였을 때 저점도이며 내광성, 내염수분무성이 좋은 것이 만들어지고 있다.

(라) 아크릴수지(Acryl resin)

아크릴산 및 그 유도체를 중합시켜서 얻은 수지이며, 열가소성과 열경화성수지로 되어 있다. 열가소성수지는 섬유계 유도체·염화비닐수지·알키드수지 등으로 변성시켜 차량, 경금속용 도료에 사용하며 광택의 보존성, 내후성, 내수성, 내약품성이 좋다. 열가소성 수지로 에멀션형인 것은 에멀션 도료의 전색제로 내구력이 강한 옥외 도료에 사용된다. 열경화성 수지는 가열에 의해 경화되기 때문에 살붙임이 좋고 부착성, 광택, 내후성, 보색성이 특히 좋아서 많이 이용되고 있다. 이것은 유기용제에 녹여서 쓰는 용제형과 물에 녹여 쓰는 수용형이 있다.

(마) 폴리우레탄수지(Polyurethane resin)

여러 가지 종류의 폴리이소시아나이드(Ployisocyanide)에 폴리히드록시(Polyhdroxy) 고분자체를 반응시켜서 얻어지는 것이다. 폴리이소시아나이드는 독성이 있어서 미리 분자의 일부를 우레탄화시킨 것과 말단기(末端基)를 페놀 등으로 폐쇄시켜서 독성을 없앤 것이 사용된다. 이들은 자연건조 또는 가열건조로 경화시킨다. 수지 중에 이소시아나이드 성분은 부착성·내마모성·내약품성·내용제성·경도·광택을 향상시켜주며, 폴리히드록실 성분은 탄성의 조절에 쓰인다.

4. 도료의 건조

도료를 물체에 쉽게 또는 균일하게 도장하려면 보통 액상이어야 하고 도장한 후에 이들이 고화하여 도막을 형성한다. 이 변화를 건조라고 한다. 이 건조방법을 충분히 이해하면 칠하는데 많은 도움을 받게 된다. 도료의 건조기구는 도막형성조요소의 유무와 도막형성요소의 성상에 따라 다르며 환기·온습도 등 건조에 적합한 조건 여하에 따라 건조속도가 상이하게 되고 도막의 질에도 관계된다. 도료의 건조기구 및 구성은 표1과 같다.

표1. 도료의 건조기구 및 구성

건조의 종류	도료의 건조기구	도료의 구성
냉각건조 (冷却乾燥)	용해한 도막형성주요소가 되어 냉각되어 단단하여진다.	도막형성주요소는 열가소성의 고체로서 용재를 함유하지 않는다.
증발건조 (蒸發乾燥)	용재가 증발한 후에 고체의 도막형성주요소가 남게 된다.	도박형성주요소는 고체로서 용재를 함유하고 있다.
산화건조 (酸化乾燥)	도막형성주요소가 공기 중에서 산화되고 난용성의 도막이 된다.	도막형성주요소가 산화하여 고화하는 액체로서 용제를 함유하지 않는다.
중합건조 (重合乾燥)	도막형성주요소가 공기 중에서 산화되고 난용성의 도막이 된다.	도막형성주요소는 중합 반응하여 고화하는 액체로서 용제를 함유하지 않는다.
증발산화건조 (蒸發酸化乾燥)	먼저 용재가 증발하고 다음에 산화 건조된다.	도박형성주요소는 산화하여 고화하는 액체로서 때로는 고체도막요소를 함유하며 용제를 함유하고 있다.
증발중합건조 (蒸發重合乾燥)	먼저 용제가 증발하고 다음에 중합 건조된다.	도막형성주요소는 중합 반응하여 고화하는 액체로서 때로는 고체도막요소를 함유하며 용제를 함유하고 있다.

5. 도료의 분류

도료를 분류하는 방법은 여러 가지 있으나 대체적으로 그 성분, 건조과정, 용도, 도장방법 등으로 분류된다. 도료의 주요 종류를 성분에 의하여 분류하면 다음과 같다.

① 페인트(Paint)
유성페인트-안료+보일드류(건성유+건조제)+희석제
수성페인트-안료+아교(阿膠) EH는 가세인+물

② 바니쉬 (Varnish)
유성바니쉬-수지+건성유+희석제
에나멜페인트-유성바니쉬+안료 또는 유성페인트+수지
휘발성바니쉬-수지+휘발성용제+안료

③ 합성수지 도료(合成樹脂 塗料)
용제형-합성수지+용제+안료
에멀젼형-합성수지+유화제(乳化劑)+물+안료
무용제형-합성수지+중합제(重合劑)+안료

④ 칠(漆)
생칠(生漆)-칠나무에서 채취한 그대로의 것
정칠(精漆)-생칠을 가열 정제한 것

건조과정에 의한 분류는 자연건조형과 가열건조형으로 대별한다.

① 자연건조형
도장한 것만으로 단순히 상온에서 경화한것
도료 바니쉬·락카·에멀션도료·비닐수지도료 등

② 가열건조형
도장한 후 가열하여 경화되는 것 (중합의 형성에 가열이 필요한 경우)
아미노알키드수지·에폭시수지·페놀수지 등

도료를 일반적으로 천연수지도료와 합성수지도료로 대별하기도 하지만 이의 한계는 반드시 명확한 것은 아니며 유성페인트·유성에나멜 등에도 합성수지를 원료로 하는 도료가 많다. 용도의 일반적인 것을 일반도료, 특수한 것을 특수도료라고 부르기도 한다. 방식도료·내열도료·방화도료·내약품도료·방청도료·전기절연도료·발광도료·살충도료 등은 보통 특수도료에 속한다. 또한 도장 전에 2가지의 도료원액 또는 경화제를 혼합하는 것과 같은 도료를 2액형 도료(2-package coating)라 한다. 우리나라에서는 도료를 일반적으로 유성페인트·수성페인트·바니쉬·락카·에나멜·기타 등의 6종으로 분류한다. 도료를 다음과 같이 분류하기도 한다.

① 도료용도에 의한 분류 : 목재용도료, 금속용도료, 콘크리트용도료, 내부용도료, 외부용도료
② 도료상태에 의한 분류 : 된반죽페인트, 중반죽페인트, 용해한 조합페인트, 분체도료, 에멀션 도료
③ 도장목적에 의한 분류 : 내열도료, 녹방지도료, 내산도료, 절연도료, 방부도료
④ 도장방법에 의한 분류 : 솔칠도료, 뿜칠도료, 전기이동식 도료, 침지도료, 정전도장용도료
⑤ 경화구조에 의한 분류 : 상온건조도료, 가열건조도료, 자외선 경화도료, 전자선 경화도료
⑥ 도막성상에 의한 분류 : 광택도료, 무광택도료, 투명도료, 불투명 도료

6. 페인트(Paint)

페인트란 광의로는 도료전반을 뜻하며 협의로는 유성도료를 뜻한다. 페인트에는 유성페인트와 수성페인트가 있는데 일반적으로는 유성페인트를 단순히 페인트라고 일컬로 반죽된 정도에 따라서 된반죽페인트·중반죽페인트·용해한 종합페인트 등이 있다.

6.1 유성페인트

유성페인트는 보일유(Boiled oil)에 안료를 혼합시킨 도료이며 역사가 제일 오래된 도료로 지금은 합성수지에 밀려서 사용량이 많이 줄었다.

(1) 조성

건성유 자체로도 도막을 형성할 수 있으나 건성유를 가열처리하여 점도·건조성·색체 등을 개량한 것이 보일유이다. 시판되고 있는 보일유는 아마인유·들기름·마실유·동백기름·대두유 등이 보통이나 값이 싼 것으로 어유(魚油)를 함유한 것도 있다. 본래 유성페인트의 전색제는 보일유, 즉 기름을 원료로 하며 수지류나 용제를 사용하지 않는다. 최근에는 속건을 희망하기 때문에 유성 바니시라든지 장유성 알키드수지와니스를 사용한다. 이들의 페인트를 보통 속건페인트 또는 합성수지페인트라고 부른다. 유성페인트의 주성분은 보일유와 안료로서 품질·목적에 따라 사용되는 보일유와 안료의 종류는 다르다. 희석재는 일반적으로 탄산수소용제가 사용되며 보일유를 용해시키고 붓칠이 원활히 움직여지도록 하며 그 양은 최소 3%, 최대 10% 정도이다. 일반적으로 테레빈유, 미네럴스피릿, 석유 등이 쓰이고 있다. 건조가 빠른 용제는 칠붓보다는 휘발유, 벤졸(Benzol) 등을 쓰면 깨끗한 도막을 만들 수 있다. 유성페인트는 저장 중의 안료의 침강(沈降), 도막의 흐름, 변색의 방지 및 부착력을 좋게 하기 위하여 알루미늄 스테아레드, 징크스테아레드 등을 소량 배합한다. 특히 광택을 좋게 하기 위하여 바니쉬를 가하기도 한다.

(2) 종 류

유성페인트는 보일유량의 다소에 따라 견련(堅練)페인트와 조합페인트로 구분된다.

① 견련페인트

안료의 흡유량에 따라 최소한의 보일유로 안료를 반죽한 것으로서 사용할 때 보일유와 건조제를 넣고 건조시간을 조절하여 사용한다. 그 조성은 안료분 80~90%, 유분은 10~20%이다. 이 도료의 특징은 기후 풍토 등의 목적에 적합하게 자유로이 조합할 수 있으며 저장중에는 변질이 적고 보통 페인트와 같이 사용되며 특수한 배합으로 퍼티(Putty), 패킹(Packing) 등에도 쓰인다.

② 조합페인트

도장하기 전 보일유를 가할 필요가 없고 일정의 용도를 목적으로 하여 만든 페인트 즉 도장에 직접 사용할 수 있게끔 각 재료를 알맞게 배합하여 제조된 도료이다. 이 페인트를 용해 페인트라고도 한다. 조합페인트의 품질은 한국산업규격(KS F 5312)에 규정되어 있다.

㉠ 특 징

예부터 많이 쓰여진 것으로 값이 싸지만 결점이 많아서 새로운 합성수지도료와 대치되고 있는 경향이 있다.

- 장점 : 값이 싸다. 비교적 두꺼운 도막을 만든다.
- 단점 : 건조가 늦다. 내후성·내약품성·변색성 등 일반적으로 도막 성질이 나쁘다. 어유(魚油)를 사용한 것은 오그라지는 경향이 있다.

㉡ 용 도

목재, 석고판류의 도장에 무난히 널리 사용된다. 시공한지 얼마 되지 않는 시멘트계통에는 그 바름 바탕이 알칼리성임으로 페인트 중의 유성분이 변질됨으로 바람직하지 않다.

6.2 수성페인트

안료를 적은 양의 물로 용해하여 수용성 교착제(膠着劑)와 혼합한 분말상태의 도료를 수성페인트라고 한다. 즉 물을 용제로 하는 도료를 총칭한 것이다. 이 도료는 도장을 하게 되면 수분이 증발함과 동시에 수집입자가 서로 접근하고 입자의 보호 콜로이드(Colloid) 막이 파괴되어 연속막이 되며 안료는 그 중에 섞여 피막이 된다. 수성페인트의 성능은 취급이 간단하고 건조가 빠르며 작업성이 좋고 내알칼리성 및 내수성이 좋으나 광택이 없다. 특히 희석제로서 물을 사용하므로 독성 및 화재발생위험이 없어 저공해 및 무공해의 도료로 각광받고 있다.

(1) 유기질의 호재(糊材)를 사용한 분상 수성페인트

탄산칼슘, 규산알루미늄 등의 체질안료에 소량의 티탄백(Titanium white) 등의 백색안료에 카세인 전분풀(澱粉糊), 폴리비닐알콜 등의 수용성호재(水溶性糊材)를 혼합한 것이다. 도장하기 전날 적당한 물을 가하여 잘 저어서 체로 걸러서 사용한다. 풀기가 약하므로 인체에 닿지 않는 곳 습기가 없는 곳에만 주로 사용한다.

(2) 무기질의 호재를 사용한 분상 수성페인트

마그네시아시멘트, 백색시멘트 등을 고착재(固着材)로 사용한 것이고 실내·실외 모두 사용할 수 있다. 미장효과의 큰 기대는 바랄 수 없지만 탈락이 없어 방수 효과가 있다.

(3) 에밀션 페인트(Emulsion paint)

수성페인트에 합성수지와 유화제(乳化劑)를 섞은 것으로서 수성페인트와 유성페인트의 특질을 겸비한 유화액상의 페인트이다. 최근에 매우 광범위하게 사용되는 수성페인트의 일종이다. 바른후 물은 발산되어 고화되고 표면은 거의 광택이 없는 도막을 만든다. 실내·실외 어느 곳에도 사용되며 피막이 먼지 등으로 오염된 것을 비누물로 쉽게 제거할 수 있다.

7. 바니쉬 (Varnish)

바니쉬는 천연수지, 합성수지 또는 역청질 등을 건성유와 같이 열반응시켜 건조제를 넣고 용제에 녹인 것이며 성능은 천연수지가 들어 있어 건조가 빠르고 광택·작업성·점착성 등이 좋으나 내약품성이 나쁘다. 주로 옥내 목부 바탕의 투명마감 도료로 사용된다. 바니쉬를 용제의 종류에 따라 유성 바니쉬와 휘발성 바니쉬로 대별한다.

7.1 유성 바니쉬(Oil varnish)

유용성 수지를 건성유에 가열 용해하여 이것을 휘발성 용제로 희석한 것이다. 무색 또는 담갈색의 투명도료로서 일반적으로 목재부 도장에 사용한다. 나무결을 아름답게 보이게 한다. 착색하려 할 때는 미리 목재를 착색제(스테인)로 착색하거나 또는 염료를 넣는 바니쉬로 마감한다. 염료를 넣은 바니쉬를 바니쉬스테인이라 한다. 일반적으로 유성 페인트보다 내후성이 작아서 옥외에는 별로 사용하지 않는다. 바니쉬는 오일(Oil)의 종류 및 양, 수지의 종류에 따라 스파바니쉬(Spar varnish), 코팔바니쉬(Copal varnish), 골드사이즈바니쉬(Gold size varnish), 송진바니쉬(Rosin varnish), 댐바바니쉬(Dammer varnish), 흑바니쉬(Black varnish; asphalt) 등 각종의 명칭이 있다.

(1) 스파바니쉬

스파바니쉬는 로진(Rosin)에서 만들어진 내알칼리성 에스테르(Ester)이며 수지에 동유(桐油)를 사용하는 것을 말하며 장유성(長油性) 바니쉬로 배의 Spar(마스트)에 사용되었다고 해서 스파로 부른다. 내수성·내마모성이 우수하여 목부 외부용으로 많이 쓰인다. 이것을 보디바니쉬(Body varnish)라고도 한다. 스파바니쉬의 품질은 한국산업규격(KS M 5603)애 규정되어 있다.

(2) 코팔바니쉬

중유성(中油性) 바니쉬로 코팔(Copal)과 건성유를 가열 반응시켜 만든 것으로 건조가 비교적 빠르고 담색으로 목부 내부용이다.

(3) 골드사이즈바니쉬

코팔바니쉬 단유성(短油性)으로 건조가 빠르고 도막이 굳어서 연마성이 좋아 주로 코팔바니쉬의 초벌용으로 사용한다.

(4) 흑 바니쉬

코올타르(Coaltar)와 건성유를 섞은 바니쉬로 보통 건조가 제일 빠르나 게름을 많이 섞으면 늦어진다. 이것은 미관을 관계하지 않는 장소의 방청·내수·내약품용으로 쓰이고 전기절열성이고 가격도 싸다.

7.2 휘발성 바니쉬

수지류를 휘발성 용제에 녹인 것으로서 에틸알콜(Ethyl alcohol)을 사용하기 때문에 주정도료(酒精塗料) 또는 주정 바니쉬라고도 한다. 특히 천연수지를 주체로 한 것을 래크(Lack)라고 하고 합성수지를 주체로 한 것을 락카(Lacquer)라 한다. 래크(Lack)는 수지류를 알콜이나 테레핀유 등의 휘발성 용제로 녹인 투명 도료의 일종으로서 피막은 유성바니쉬보다 약하다. 래크의 원료는 래크벌레의 (주로 암컷) 대사기능에 의하여 나뭇가지에 분비한 노르스름한 진 같은 물질이다. 래크는 착색이 바람직하지 않은 장소 또는 소지를 정확하게 나타내고자 할 때에 사용한다. 수지의 종류에 따라 품직이 다르고 셀락바니쉬(Shellac varnish)와 셀락대용품으로 나눌 수 있다.

셀락바니쉬는 주로 인도에서 생산되는 락(lac) 충의 분비물을 알콜에 용해시킨 것이다. 셀락의 농도에 따라서 4% 락바니쉬, 3% 락바니쉬라 칭한다. 조건성, 견경하고 광택이 있으나 내열 · 내광성이 없어서 마감용으로는 부적당하고 내장 또는 가구 등에 쓰인다.

8. 락카(Lacquer)

락카는 초화면(Nitro cellulose)과 같은 용해시킨 섬유계 유도체를 주성분으로 하고 여기에 합성수지, 가소제와 안료를 첨가한 도료이다. 도막결성성분으로는 초화면, 합성수지, 천연수지, 프탈산수지, 멜라민(Melamine)수지, 가소제 등이 사용된다. 그러나 가장 많이 사용되는 것이 초화면(硝化綿)이다. 안료를 가하여 조합한 것이 락카 에나멜(Lacquer enamel)이고 안료를 가하지 않는 것이 크리어락카 (Clear lacquer)라고 하는데 보통 락카라고 하면 크리어락카를 말한다. 락카는 건조가 빠르고 도막이 견고하며 광택이 좋고 연마가 용이하며 불점착성, 내마멸성, 내수성, 내유성, 내후성 등이 강한 고급도료이다. 결점으로는 도막이 얇고 부착력이 약하다. 따라서 특별한 초벌공정(초벌工程)이 필요하게 된다. 또한 건조가 빠르기 때문에 붓으로 바르기는 어려우므로 스프레이(Spray)를 한다. 락카 도막에는 때때로 흐려지거나 백화(白華, 白花)현상이 일어난다. 이것은 용제가 증발할 때 열을 도막에서 흡수하기 때문에 일어난다. 이를 방지하기 위해 신나(Thinner)대신 리타더(Retarder)가 강한 용제가 포함된 것을 사용한다.

8.1 크리어락카(Clear larquer)

크리어락카는 투명락카로서 안료가 들어가지 않은 락카를 말한다. 주로 목재면의 투명도장에 쓰인다. 유성바니쉬(Oil varnish)에 비하여 도막은 얇으나 견고하고 담색으로서 우아한 광택이 있다. 목재전용 락카는 부착성이 좋고 도막의 가소성이 특히 우수하다. 일반적으로 내수·내열·내알콜성이 있으며 내충격성이 크다. 금속전용 락카는 금속면의 변속을 방지하는 성질을 가지며 광택을 보호한다. 크리어 락카는 내후성이 좋지 않아 외부에 사용하기에는 적당하지 않고 내부용으로 주로 쓰인다. 투명락카의 품질은 한국산업규격(KS M 5326)에 규정되어 있다.

8.2 락카에나멜(Lacquer enamel)

락카에나멜은 불투명도료로서 크리어락카에 안료를 첨가한 락카를 말한다. 속선성이고 도막이 단단하여 불점착성이 있고 내광성이 좋으며 광택이 좋고 내유 · 내수성 등 락카의 특색을 발휘한 도료로 연마성이 특히 좋다. 결점으로는 도막이 얇으며 밀착력이 떨어지기 때문에 바탕칠을 잘하여야 한다. 내후성에 따라 외부용 또는 내부용으로 나누어지며 그 조성에도 차이가 있다. 외부용은 내후성이 높게 만들어진 것으로 주로 자동차 등의 외장용으로 사용되며 내부용은 내후성이 낮은 실내의 도장에 사용된다.

8.3 하이소리드락카 (High solid lacquer)

하이소리드락카는 락카에나멜의 장점과 합성수지 에나멜의 장점을 가지고 있는 도료로서 자동차 등의 외장 도장에 쓰인다. 락카 에나멜의 결점을 개량하여 내구력을 높이고 내후성을 좋게 하기 위하여 프탈산수지(Phthaltal), 멜라민수지(Melamine) 또는 니트로셀룰로오스(Nitroc ellulose) 등을 배합하고 용해력이 큰 용제를 사용하여 끈기가 오르는 것을 막는다. 이에 따라 광택, 부착력, 내후성 등이 좋으나 결점으로는 보통 락카에 비하여 건조가 더디며 연마성이 떨어진다.

8.4 호트락카(Hot lacquer)

호트락카는 하이소리드락카의 일종으로서 하이소리드락카보다 니트로셀룰로오스, 기타 도막형성물질이 많이 함유된 도료이다. 도료에 열을 가하면 점도가 떨어진다. 따라서 하계는 점도가 떨어지고 동계는 높아진다. 70~80℃로 가열하여 유동성을 증대시켜서 스프레이(Spray) 도장한다. 스프레이 도장하려면 가열장치나 호트스프레이(Hot spray)를 사용한다. 도포된 면은 온도가 내리면 경화한다. 따라서 비등점이 낮은 용제는 섞지 않는다. 도포시의 조건이 비교적 일정함으로 흐려지거나 백화현상이 일어나지 않고 평활한 도막을 만든다.

9. 에나멜페인트(Enamel paint)

에나멜페인트는 유성바니쉬(Oil varnish)에 안료를 혼합하여 만든 유색불투명도료로서 보통 에나멜이라고도 하며 유성페인트와 유성바니쉬와의 중간성의 제품이다. 사용하는 원료에 따라 여러 가지가 있는데 특히 유성바니쉬를 사용한 것을 유성에나멜이라 하고 합성수지바니쉬, 클리어락카에 안료를 혼합한 것을 합성수지에나멜 또는 락카에나멜(Lacquer enamel)이라 부른다. 에나멜은 용제로 희석시켜 적당한 농도로 하여 사용한다. 건조가 대체적으로 빠른 편이며 광택이 잘 나고 내수성 · 내열성 · 내유성 · 내약품성이 좋은 고급도료이다. 특히 외부용은 경도(硬度)가 크고 내후성이 좋다.

(1) 목재면 초벌용 에나멜

아연화(Zinc white) 또는 연백(White lead)에 단선유 바니쉬를 소량 가하고 휘발성용제를 많이 혼합한 제품이다. 건조가 빠르고 솔질이 고르다.

(2) 무광택 에나멜

안료 및 휘발성용제를 많이 섞은 것이고 내후성은 적다.

(3) 은색에나멜

알루미늄(Aluminium) 분말과 골드사이즈(Gold size)를 혼합한 액상품이다. 온수관 · 라이에터 등에 사용한다. 내후성이 좋지 못하여 내부도장에 사용한다.

(4) 알루미늄페인트(Aluminium paint)

알루미늄분말과 스파바니쉬(Spar varnish)를 따로 용기에 넣어 한 조로 한 제품으로서 은색에나멜과 거의 같다. 알루미늄페인트를 칠한 도면은 금속광택이 나고 열에 견디며, 이를 반사 분산하여 저유탱크, 냉장고 등에 도장하면 내용물의 온도상승을 막아준다. 전방 라디에터에 칠하면 열을 발산시키는 효과를 나타내고 도막은 알루미늄 도막이므로 분해되기 어려우며 수분 및 습기가 통과하기 어려워 내구성이 대단히 좋아진다. 따라서 녹막이 도료, 내수 도료로 쓰인다.

10. 합성수지 도료

10.1 개 요

합성수지를 주체로 하여 만든 합성수지도료(合成樹脂塗料)는 일반적으로 유성페인트와 바니쉬에 비해 다음 점들이 우수하다.

① 건조시간이 빠르고 도막이 단단하다.

② 도막은 인화할 염려가 없어서 더욱 방화성이 있다.
③ 내산, 내알칼리성이 있어 콘크리트나 플라스터(Plaster)면에 바를 수 있다.
④ 투명한 합성수지를 사용하면 더욱 선명한 색을 낼 수 있다.

(1) 합성수지 페인트

유성페인트(Oil paint)는 보일드 유(Boiled oil)에 안료를 혼합시킨 것에 대하여 합성수지페인트는 보일드유 대신 합성수지를 용제에 희석하여 만든 도료이다. 이 도료는 산화 반응형이 아니기 때문에 알칼리성 바탕(모르타르, 회반죽)에도 도장이 가능하다.

(2) 합성수지 바니쉬

유성 바니쉬는 수지를 건성유에 가열 용해한 것인데 이에 사용된 수지를 천연수지 아닌 합성수지로 대치한 것이 합성수지 바니쉬이다. 이 도료는 일반적으로 건조가 빠르고 도막이 광택이 나고, 투명한 합성수지를 첨가할 경우 도막도 선명하다. 천연수지를 쓸 경우는 내부용에만 한하였으나 합성수지로 대치할 경우 외부용으로도 가능한 도료이다.

(3) 합성수지 수성페인트

수성페인트는 안료를 물로 용해하여 교착제와 혼합한 것인데 여기에 사용된 재래 천연 교착제 대신 합성수지 교착제로 대체 사용하여 만든 도료가 합성수지 수성페인트이다. 이 도료는 외부도장이 가능하다. 합성수지를 미리 유화제로 처리한 것을 물로 붉게 하여 쓴다. 이를 에멀션페인트(Emulsion paint)라 하여 시판하고 있다.

10.2 페놀수지 도료

페놀류(Phenol류)와 알데히드류(Aldehyde류)를 산 또는 알칼리를 촉매로 하여 축합(縮合)시켜 얻는 합성수지를 페놀수지(Phenol resin)이라 한다. 도료 중 제일 많이 사용하는 페놀수지는 석탄산과 포르말린(Formalin)을 축합시켜 얻으며 이것을 석탄산수지도료라고도 한다. 일반적인 성질은 내수성·내유성·내후성·내열탕성·내산성이 우수하며 또한 속건성(10시간 이내)이고 비교적 내알칼리성도 있다. 무색·담황색으로 100~150℃에서 용해되며 영구히 열가소성이 있다.

알콜(Alcohol), 아세톤(Acetone), 에스테르(Ester)에 녹으며 세락크(Shellac)의 대용으로도 쓰인다.

10.3 비닐계수지 도료

비닐계통의 수지는 도료용으로 널리 이용되고 있다. 비닐계수지도료는 초산비닐(醋酸 Vinyl)을 초산과 아세틸렌으로 합성한 도료로서 케톤(Ketone), 에스테르(Ester)·타르(Tar)계 용제에 용해되며 휘발성 바니쉬, 에나멜(Enamel)을 만든다. 초산비닐수지의 도막은 무색투명하여 광선, 열에 의하여 변색이 적으며 유연성이 있고 난열성, 내용제성 등의 양호한 장점이 있는 반면 분무기(Sprayer) 작업시 온도에 민감하여 작업하기가 나쁘다. 초산비닐 에멀션(醋酸 Vinyl emulsion)은 가소제, 안료 등을 조합하여 초산비닐 에멀션도료가 되며 목재의 도장 또는 약(弱) 알칼리에 견디기 때문에 건축물의 벽 도장에 적합하다.

10.4 에폭시 수지도료

에폭시수지(Epoxy resin)는 담황색으로 중합(重合)의 정도에 따라 점도가 있는 액상에서 고체까지 여러 종류가 있으며 일반적으로 캐톤, 에스테르 등에 녹으며 타르계 용제 또는 알콜류를 희석제를 하여 사용한다. 에폭시수지도료는 다음과 같은 특징이 있어 내산, 내알칼리성을 필요한 곳의 도장에 사용된다.

① 내산, 내알칼리성이 특히 우수하다.
② 단단하며 굴곡성이 좋다.
③ 내마모성이 좋다.

10.5 알키드 수지도료

알키드수지(Alkyd resin)를 도료용으로 하기 위해 기름으로 변성할 필요가 있는데 이와 같이 유변성(油變性) 알키드수지를 도막형성요소로 하는 자연건조 도료를 알키드수지 또는 프탈산수지 도료라고 한다. 알키드수지도료는 부착성, 내후성, 건조성, 보색성, 다른 도료와의 혼합성, 용해성 등이 일반적으로 좋다. 유성도료와 같이 간단하게 취급할 수 있으며 값이 싸서 많이 이용되고 있다. 단점으로는 내수성 특히 건조 초기의 내수성이 다른 도료에 비하여 떨어지며 내알칼리성이 좋지 못하다. 속건성이고 도막성질이 좋은 알키드수지도료는 유성페인트 대신 합성수지페인트로서 많이 사용되고 있다.

10.6 폴리에스테르 수지도료

폴리에스테르수지(Polyester resin) 도료를 용제를 사용하지 않는 도료라고도 하며 불포화 폴리에스테르수지에 촉매를 도장 직전에 첨가하여 80℃에서 30분간 구워 붙임을 하여 경화시킨다. 또한 불포화 폴리에스테르수지에 촉매(유기산화물, 메틸, 에틸, 케톤 등)와 촉진제(유기연산 등)를 도장 직전 첨가하여 사용한다. 건조시간은 수지의 조성, 촉매, 촉진재의 첨가량에 따라 다르나 대체로 30분 내지 3시간이다. 폴리에스테르수지도료는 전형적인 무용제 바니쉬로 한번만 칠하여도 아름답고 두꺼운 도막을 형성한다. 이 도막은 강도, 내약품성이 좋다. 그러나 경화에 있어 체적의 수축이 크며 변형이 되어 부탁이 나빠질 뿐만 아니라 내후성도 극히 좋지 않다. 폴리에스테르수지도료는 목재용도료로 사용한다.

10.7 합성수지 에멀션페인트

합성수지 에멀션페인트 또는 라텍스페인트(Latex paint)는 비닐계 단량체(單量體)를 수중에 유화 분산시켜 중합한 것과 알키드수지(Alkyd resin)의 에멀션(Emulsion) 도료가 있다. 현재 사용되고 있는 에멀션도료는 대부분 전자를 사용하고 있다. 합성수지 에멀션페인트는 물을 사용하므로 화재, 폭발의 위험성이 없고 용제의 냄새가 없어 위생적이며 작업성이 좋을 뿐만 아니라 내알칼리성이 강하여 콘크리트·모르타르·플라스터 등에도 칠할 수 있는 이점을 가지고 있기 때문에 옥내외의 도장에 사용된다. 합성수지 에멀션페인트의 품질은 한국산업규격(KS M 5320)에 규정되어 있다.

11. 수용성 도료

11.1 수용성 에나멜

수용성(水溶性) 에나멜(Enamel)은 유기고분자물질을 물에 녹게 하기 위해 분자 중에 친수성(親水性)이 강한기(Radical)를 부여한 수용성 수지로 제조된 도료이며 대기오염의 원인인 유기용제(톨루엔, 키실렌, 벤젠 등)가 전혀 함유되어 있지 않다. 또한 희석제로서 상수도물을 사용할 수 있으므로 경제적이며 철재 및 목재에 사용되는 조합페인트 및 유성에나멜을 대체할 수 있는 정벌용 광택도료이다. 수용성 에나멜은 성능이 우수한 아크릴수지를 사용함으로서 기존 유성도료보다 내구성이 뛰어나고 광택이 우수하며 특히 건조시간이 빨라 재도장 시간을 단축시킬 수 있다. 일반적으로 수용성 에나멜은 수용성수지, 안료, 건조제, 용제 등으로 구성되며 주로 건축용 도료에 사용되는 수용성수지의 종류와 용도는 다음과 같다.

(1) 수용성 알키드(Alkyd)

목재 및 철재에 사용되며 초기에는 정벌용으로 사용하였으나 건조가 느리고 내알칼리성 및 내후성이 다소 불량하여 최근에는 초벌용으로 이용된다.

(2) 수용성 아크릴(Acryl)

아크릴계통의 수지를 수용화한 것으로 슬레이트 및 기와용 페인트에서 사용되며 주용도는 콘크리트 및 시멘트 모르타르용으로서 내알칼리성 및 내후성은 우수하나 철재에 사용시는 굴곡성 및 외관이 불량하게 되는 경우가 많다.

(3) 수용성 아크릴 알키드(Acrylic alKyd)

수용성 알키드와 수용성 아크릴수지의 단점을 보강한 것으로 최근에 개발되었으며 철재 및 목재용 수용성 에나멜의 주성분을 이루고 있다.

(4) 수용성 에폭시(Epoxy)

주로 고급건축물에 많이 사용되고 특히 내마모성 및 내약품성이 우수하여 바닥용 도료로 사용되며 자외선에 약하므로 외부 벽면에는 주로 초벌용으로 이용된다.

11.2 수용성 목재 프라이머

수용성 목재 프라이머는 수용성 알키드수지와 연마성이 우수한 안료를 혼합 분산한 도료로서 목재의 바탕을 보강하여 정벌칠의 접착효과를 높여주고 특히 유성 프라이머의 단점인 건조가 느린 것으로 해결하며 정벌칠의 시간을 앞당길 수 있을 뿐만 아니라 가격도 저렴하다.

11.3 수용성 방청페인트

수용성 방청페인트는 수용성 에나멜과 구성 성분이 유사하며 중금속인 납(Pb)이 다량 함유되어 있는 광명단 조합페인트와는 달리 무독성의 특수방청안료와 산화철을 사용하고 수용성 알키드수지로 철재표면에 염(Salt)을 형성시켜 방청성, 부착성, 내수성을 증진시킨 도료이며 광명단 페인트에 비해 가격이 매우 저렴하다.

11.4 수성 낙서 방지용 페인트

수성 낙서방지용 페인트는 미세한 입자(粒子)의 아크릴 에멀션에 안료와 웨팅에이션트(Wetting agent), 레벨링에이션트(Leveling agent)

등의 첨가제를 혼합하여 제조된 것이며 종래 수성 페인트의 문제점인 심한 오염, 도막의 평활성, 내알칼리성, 발수성 등이 우수하여 주로 낙서 및 오염이 심한 콘크리트 면이나 시멘트제품 도방에 적합하다.

12. 특수 도료

12.1 방청도료

방청도료는 금속면의 보호와 금속의 부식방지, 즉 녹이 슬지 않게 할 목적으로 사용되는 도료이다. 방청도료를 녹막이도료 또는 녹막이 페인트라고도 하며 금속에는 방청도료로 초벌을 하고 그 위에 내후성이 있는 도료를 사용한다. 녹은 금속면에 전연 습기나 수분이 없을 경우에는 상온에서 발생하지 않으며 순수한 물은 금속을 부식하지 않는다고 한다. 따라서 방청도료는 이러한 원리를 응용하여 금속면에 잘 접착되어 물·공기가 통하지 않도록 하며 굳은 도막을 만들어 정벌에 적합한 바탕을 이루고 화학적인 방청력을 갖도록 한 것이다.

(1) 광명단 도료

광명단(Minium ; Red lead, Pb_3O_4)을 보일드유에 녹인 유성페인트의 일종이다. 보일드유 대신 전색제를 사용할 때도 있다. 광명단 등의 알칼리성 안료는 기름과 잘 반응하여 단단한 도막을 만들어 수분의 투과를 방지한다. 그러나 안료 자신에는 큰 방청력이 없다. 기름에 녹인 것은 광명단의 비중이 커서 가라앉으므로 저장이 곤란하다. 광명단 조합페인트의 품질기준은 한국산업규격(KS M 5311)에 규정되어 있다.

(2) 방청 산화철 도료

산화철에 아연화, 아연분말, 연단 등을 가한 것을 안료로 하고 이것은 스테인오일(Stain oil), 합성수지 등에 녹인 것이다. 광명단도료와 같이 널리 사용되며 정벌칠에도 쓰인다. 도막은 내구성이 좋다.

(3) 알루미늄 도료(Aluminium paint)

알루미늄 분말을 안료로 하는 것이고 전색제에 따라 여러 가지가 있다. 알루미늄도료는 방청효과 뿐만 아니라 광선, 열반사의 효과를 내기도 한다. 각종 합성수지도료에 알루미늄분말을 안료분으로 한 은색 에나멜이 제조되고 있다. 녹막이 효과는 전색제에 따라 정해지고 정벌칠에도 많이 쓰인다.

(4) 역청질 도료

아스팔트(Asphalt), 타르 핏치(Tar pitch) 등의 역청질을 주원료로 하여 건성유, 수지류를 첨가하여 제조한 것이다. 안료를 혼합시켜 착색한 것과 알루미늄 가루를 배합한 것도 있다. 역청질의 종류 및 기름의 혼입에 따라 녹막이 효과는 달라지고 일시적인 방청목적으로는 무난하나 장기적으로 완전한 방청도료라고는 할 수 없다.

(5) 워쉬 프라이머(Wash primer)

합성수지를 전색제로 쓰고 소량의 안료와 인산(燐酸)을 첨가한 도료이다. 워쉬 프라이머를 엣칭 프라이머(Etching primer)라고도 하며 금속면의 바름 바탕처리를 위한 도료이다. 이 프라이머를 바른 위에 방청도료를 바르면 부착성이 좋고 방청 효과도 크다. 주로 뿜칠로 도장하게 되어있다.

(6) 징크로메이트 도료(Zincromate paint)

크롬산아연을 안료로 하고 알키드수지를 전색제로 한 것이다. 녹막이 효과가 좋고 알루미늄판이나 아연철판의 초벌용으로는 가장 적합하다.

(7) 규산염 도료

교상규산염(膠狀硅酸鹽)과 방청안료를 주원료로 하고 이 원료에 아마인유·동유 등의 장유성 바니쉬(Varnish)를 섞은 것으로서 색은 청색·적청색이 있다. 이 도료는 도막의 내수성이 약하여 외부에는 사용할 수 없으며 도막을 물로 씻을 수도 없다. 주로 내화도료로서 사용한다.

12.2 방화도료(Fire retardant paint)

방화도료(防火塗料)는 가열성 물질에 도장하여 인화·연소를 방지 또는 지연시킬 목적으로 사용하는 도료이다. 염화비닐수지 또는 프탈산수지, 바니쉬 등의 전색제에 염화파라핀 · 산화안티몬 등 소화성가스 발생제를 가한 것이 많이 사용되고 있다. 멜라민(Melamine) · 요소수지 등의 아미노계 수지 바니쉬에 인산 · 암모니움염 등의 발포제를 가하면 도막을 화염 때문에 분해 발포되어 10~15㎜ 정도로 부풀어서 일종의 방화벽을 만든다. 이 방화벽 내에서는 불연성 가스가 충만하여 화염과 피도물체(被塗物體) 사이에서 단열층의 역할을 한다. 이 도료를 발포성 방화도료라고 한다. 건축용 방화도료의 품질은 한국산업규격(KS M 5328)에 규정되어 있다.

12.3 발광도료(Luminous paint)

발광도료(發光塗料)는 형광체 · 인광체의 안료를 적당히 전색제에 넣어 만든 도료이다. 이 도료는 선전, 광고, 어두운 곳에서의 식별에 필요한 계기류의 눈금, 지시판, 스위치(Swich) 등의 표시에 사용된다. 발광도료에 사용되는 안료의 종류로는 형광안료와 인광안료의 2종류가 있다.

(1) 형광도료

일광 또는 인공광선 등 외부로부터 조사(照射)하는 것으로 육안으로 볼 수 없는 자외선을 흡수하여 이것을 육안으로 볼 수 있는 가시광선으로 바꾸어 빛을 반사는 안료를 사용한 도료가 형광도료(螢光塗料)이다. 이 안료로는 이연 및 카드뮴(Cadmium)의 황화물이 사용된다. 광고, 장식, 표시, 그림 등에 사용한다.

(2) 인광도료

외부에서 자극이 없어져도 상당시간 발광이 남아 있는 도료소러 잔광(殘光)을 응용하는 것이 주목적이다. 안료로는 칼슘(Calcium), 바륨(Barium), 스트론티움의 황화물이 사용된다. 특히 라듐 등 방사선물질을 가혀면 자발광 도료(自發光塗料)가 되어 문자판, 계기 등에 이용된다. 인광도료(燐光塗料)는 교통기관, 공공장소 등의 야간 표시용으로 사용되며, 교통안전, 위험방지용으로도 사용된다.

12.4 가열건조도료

가열건조도료는 가열, 건조에 의하여 도막을 형성하는 것으로 그 가열온도는 도료의 종류에 따라 다르나 70~80℃에서 250~260℃ 정도의 범위다. 일반적으로 가열건조 도료는 상온에서 건조하지 않고 도료를 도포한 후 가열에 의하여 건조도막이 형성된다. 특징은 바탕에 밀착성이 증가되고 도막이 견고해지고 광택이 좋아지며 도막의 탄성이 커지고 내마모성이 증가하며 도막의 내후성・내수성・내약품성・내열성이 좋아진다. 종류로는 유성 가열건조도료, 멜라민계 가열건조도료, 에폭시계 가 열건조도료가 있다. 가열건조도료는 소형 기구류, 차령, 가구, 기타 철물 등에 많이 이용되고 있다.

12.5 유성 바탕용 도료

목재나 또는 금속 도장의 바탕용으로 이용되는 도료로서 오일 프라이머(Oil primer), 오일퍼티(Oil putty), 오일서페이서(Oil sufacer)가 있다.

(1) 오일프라이머

기름 바니쉬와 안료를 혼합한 프라이머 중의 유성의 것으로서 물체 표면을 보호하고 퍼티와의 접착을 좋게 한다.

(2) 오일퍼티

탄산석회를 아마인유 같은 건성유로 연한 유성도료의 일종으로서 물체표면의 흠이나 갈라짐, 구멍 등을 메꾸어 표면을 평탄하게 하는데 사용한다. 오일퍼티는 특히 공기중에서 시일이 경과하므로 창유리의 정착, 판자의 도장, 철관의 연결 등에 많이 사용한다.

(3) 오일서페이서

퍼티로 메꾼 부분을 처리하고 평탄하게 하며 각종 합성수지도료의 바탕용 도료의 피막 형성요서에 응용된다.

12.6 방균도료

방균도료(防菌塗料)는 프탈(Phtha)산수지, 페놀(Phenol)수지, 초산비닐 등을 주체로 하여 곰팡이 제거제를 섞은 것으로서 상온건조용과 소부용(蔬付用)이 있다. 습기가 많은 장소에는 곰팡이가 발생하고 미관상 좋지 않을 뿐만 아니라 금속의 부식이나 누전의 원인이 되므로 이를 사전에 제거하기 위하여 방균 도료를 사용한다

12.7 다채무늬도료

도장면의 색 표면상태에 변화를 주어서 미장효과를 올릴 목적으로 사용하는 도료이다.

(1) 다채무늬[多彩]도료

한번 칠해서 두가지 이상의 다채로운 표면을 형성하는 도료로서 내부벽면에 주로 사용한다. 여러 가지로 착색한 크기가 입상(粒狀)으로 한 것을 다른 종류의 도료 중에 현탁(懸濁)시킨 것으로 이 도료들은 서로 용해가 되지 않고 벽면에 부착한다. 시중에는 무늬코트, 큐비코트 등으로 불리어진다. 도장은 뿜칠로 한다.

(2) 햄머톤 에나멜(Hammertone enamel)

금속면을 해머로 잘게 두드린 것 같은 아름다운 은색의 입체적 모양을 형성하는 도료로서 실리콘 수지와 알루미늄분말을 섞어 만든 도료이다. 도장을 뿜칠로 한다.

12.8 본타일

합성수지와 체질안료를 혼합한 입체무늬 모양을 내는 뿜칠용 도료로서 콘크리트 및 모르타르 바탕에 도장하는 도료이다.

내수성 및 내알칼리성이 우수한 아크릴 공중합체(共重合體)에멀션을 주성분으로 한 수성본타일과 색상 보유력 및 내오염성이 우수한 아크릴수지를 주성분으로 한 아크릴 본타일, 에폭시에멀션을 주성분으로 한 중도무늬형의 에폭시 본타일, 우수한 탄성과 내충격성 및 균열에 대한 방수효과를 줄 수 있는 탄성 본타일이 있다. 탄성 본타일은 경량기포콘크리트 외부마감을 위한 도료로 주로 사용되며, 수성본타일은 내부용이고 기타 본타일은 내·외부용이다.

13. 칠, 삽 및 캐슈

13.1 칠

칠(漆)은 주로 우리나라, 중국, 일본에서 사용하는 동양 특유의 도료로서 옻칠을 말한다. 옻칠(漆)은 옻나무 껍질에 상처를 내어 그 분비물(分泌物)을 채취한 수액으로 만든 천연수지도료로서 이것을 가공한 종류로는 생칠, 정칠(투명칠, 흙칠)이 있다. 칠은 견고한 도막을 만들며, 산·알칼리에 변화가 없고 약간의 화학처리를 하면 전기절연제로도 쓰인다. 일반도료의 건조는 도료에 함유된 용제가 휘발되어 일어나지만 옻칠의 건조는 적당한 온도와 습도가 절대로 필요하다. 즉, 칠의 성분에 함유되어 있는 함질소물중(含窒素物中) 락카제가 고물질 내에 있는 수분의 힘에 의한 산화촉매작용으로 공기중의 산소를 흡수하여 옻칠이 산화되므로서 건조되는 것이 타 도료와 다른 특징이다. 온도와 습도에 따라 화학변화로 건조되는 이 도료는 온도와 습도가 견고한 도막을 만드는 요소이다. 결점으로는 건조가 더디며 곡면 도장시에는 회전식 건조장치가 필요하다. 고급목기나 가구에 주로 사용한다.

(1) 생칠

생칠(生漆)은 옻나무 껍질에 상처를 입혀 그 분비액을 채취한 그대로의 것이다. 특별한 취기(臭氣)이라고 한다. 정칠로는 흑칠과 투명칠이 있는데 흑칠은 생칠을 7할 정도 정제한 것을 다시 70℃로 가열하여 철분을 섞어 흑색으로 만들어진 것이다. 투명칠은 상품 생칠을 원료로 한것으로서 정제할 때 적당한 혼합물을 가하면 투명도가 큰 칠이 얻어진다. 또 여기에 염안료(染顔料)를 넣어 각종의 색깔을 만든다. 배무늬칠 등은 고급품이다.

13.2 삽

삽(澁)은 익지 않은 감(柑)을 절구에 다져 물을 가하여 수일 후에 천으로 짜서 채취한 액체로서 3회까지 되풀이하여 얻을 수 있다. 처음 채취한 것은 회백색이나 점차 갈색화 한다. 주성분은 전량중 약 5% 정도 포함되어 있는 탄니(Tannin)으로 그의 건조피막은 물이나 알콜에 불용성이다. 목재, 섬유, 종이 등에 바르면 방수, 내수성을 높인다. 안료로서 유연(油煙)은 넣은 흡삽이 있고 Fe_2O_3 을 넣은 색삽이 있다. 삽을 칠한 면에는 광택이 없고 악취가 있는 것이 결점이다.

13.3 캐슈(cashew)

캐슈는 최근에 개발된 도료로서 품질, 내용, 사용법 등이 칠과 유사하다. 캐슈의 원료는 캐슈나무에서 채취하며 이는 열대성식물이다. 캐슈열매의 액을 주원료로 하여 여기에 석탄산, 멜라민(Melamine), 요소, 알키드 등과 알데히드로 공축함(共縮含)하여 제조한다. 성분은 칠과 유사하며 외관과 성능도 비슷하다. 탄성 또는 밀착성은 칠보다 떨어진다. 건조는 칠의 경우는 습도가 필요하지만 캐슈는 유성계 도료와 같고 실온 또는 가영하여 건조한다.

14. 도장의 일반사항

(1) 도장재료의 선택과 보관

① 도료는 규격에 합격한 신용이 있는 물품 선택한다.

② 봉인된 제품을 조사하여 규격번호・규격종별・포장제품번호・제조년월일 등을 확인한다.

③ 도료보관 장소는 화기를 엄금하고 소방시설이 있고 직사광선을 피하고 환기가 잘 되어야 한다

④ 도료의 품질은 권위있는 시험기관에 검사시키고 전문가의 지도를 받아 사용한다.

(2) 도장 공정

① 도장시방서에 의해 공정 및 공기를 결정한다.

② 도장견본에 의해 색・광택을 검토한다.

③ 고급도장의 공정・공법・색・광・배색・마감정도 등은 실물바탕에 시험 도장시켜 표준마감을 결정한다.

④ 도장마감 성적은 기후상태에 좌우된다(우천, 습도가 80% 이상인 날, 기온이 5℃이하인 날, 강풍 부는 날은 도장 공사를 중단한다).

⑤ 염화비닐도료는 콘크리트 바탕・회반죽바탕 등이 충분히 건조한 후 시공한다(몰탈・회반죽 바탕 2개월 후 도료를 칠한다).

(3) 시공사항

① 소재 청소 : 녹・부착물・흙・습기・타르 류를 제거한다

② 바탕면 손질 : 상처・구멍・균일・찌그러짐・옹이・흡수 불균질점 등을 수리한다.

③ 삼출방지의 바탕도장 : 바탕에 흐르는 수분・기름・송진・산・알칼리 등에 대해 처리한다.

④ 부착성 증가 : 샌드페이퍼 등으로 면을 닦아 낼 필요가 있다.
⑤ 도장의 흠이 없도록 할 것 : 도장의 사용량 과부족으로 도면에 방울·얼룩·흐름·주름·거품·솔자국 등이 생기지 않게 한다.
⑥ 도장면의 오염방지와 손상방지 처리 : 도장경계에 미리 적당한 보호하여 처리 하여야 한다.
⑦ 화기에 대한 주의 : 화재에 유의 톱밥·걸레 등을 잘 처리하고 불에 대해 유의한다.

(4) 도장의 결함

도료는 각각 특성에 대응하여 정확하게 도장되어야 비로소 미장과 보호의 효과를 나타낼 수 있다. 그러기 위해서는 도장시의 기온 바탕재의 면 조정 도료 및 도장 설계 도장작업 그외 조건 등에 문제점이 있으며 결함이 생긴다.

(가) 결함의 원인

① 도료자체의 결함
② 도장건조 과정이 문제가 될 때
③ 도장계의 조합이 부적당할 때

(나) 도장시기별

① 도장 이전에 발생하는 것
② 도장 중에 발생하는 것
③ 도장완료 후 경시적으로 발생하는 것

14 방수재료

1. 개요
2. 아스팔트
3. 콜타르와 피치
4. 시멘트방수제
5. 시트 방수재료
6. 도막방수 재료
7. 시일재

1. 개 요

벽돌·블록·모르타르·콘크리트제품 등의 건축재료는 내수(耐水) 및 방습성(防濕性)이 있다고 할지라도 방수 및 방습의 기능이 있는 것은 아니므로 건물의 지붕·벽·지하실·물탱크 등과 같이 방수·방습을 요하는 장소에는 방습·방수처리를 하여야 한다.

방수공법에는 재료 자체를 수밀하게 하는 공법, 피막방수층(皮膜防水層)을 하는 공법, 방수제도포 또는 침투시키는 공법, 수밀재(水密材)를 붙이는 공법 등이 있으나, 보통 많이 사용되는 공법은 피막방수층 공법이고, 그 중에서 대표적인 것이 아스팔트 방수공법과 시멘트 액체 방수공법이다.

방수재료(Water proof material)는 방수용 재료의 총칭으로서 방수재료에는 아스팔트(Asphalt), 방수지, 방수포, 기타 아스팔트 제품이 많이 사용된다. 최근에는 유기합성화학의 발달에 의해 합성고분자 방수재료가 생겨났는데 이는 조막(造膜)·내후·탄성·신장성 등 재래의 아스팔트에 없었던 특성이 있기 때문에 건축용 방수재료로서 널리 사용되게 되었다.

2. 아스팔트

2.1 개 요

아스팔트는 석유를 구성하는 성분 중에서 경질의 부분이 인위적으로 또는 자연의 힘에 의하여 증발하고 남은 흑색 내지 암갈색의 결합력이 있는 고형 또는 반고형상의 물질로서 가열하면 서서히 액화한다. 지표상에서 자연의 힘에 의하여 산출된 아스팔트를 천연아스팔트라 하며, 천연으로 산출된 원유에서 인위적으로 만든 아스팔트를 석유아스팔트라 한다. 건축공사에는 주로 석유아스팔트가 쓰인다. 석유아스팔트는 석유 정제의 부산물이 아니고 중요한 석유제품이며, 천연아스팔트와 비교하여 불순물이 적고 사용목적에 따라 그 성질을 조절할 수 있는 장점이 있으므로 그 용도가 급격히 증대되고 있다.

2.2 천연아스팔트

천연아스팔트란 역청분을 포함한 물질이 지중에서 천연적으로 산출되는 것을 말하며, 그 산출상태에 따라 다음과 같은 종류가 있다.

(1)로크아스팔트(Rock asphalt)

천연아스팔트가 사암·석회암 등 다공질 암석의 틈새에 스며들어 형성된 것으로서 유럽에서는 옛날부터 널리 사용되고 있으나 품질이 일정하지 않은 결점이 있다. 남북아메리카·유럽·중동·동남아 등지에서 산출된다. 역청분의 함유량은 산지에 따라 다르나 보통 5~40%정도이다. 도로포장·바닥포장·방수·내산공사 등에 사용한다.

(2)레이크아스팔트(Lake asphalt)

지표에 호수모양 으로 퇴적되어 이루어진 아스팔트로, 남미의 트리니다드섬 및 베네수엘라 버어뮤다 해안에서 생산되는 것이 유명하다. 가열정제하고 유분(油分)을 첨가하여 적당히 유동성 있는 제품으로 만들 수 있다. 이 아스팔트는 50% 이상의 역청분을 포함하고 있으며 성질은 석유에서 생산되는 스트레이트아스팔트(Straight asphalt)와 유사하고, 같은 방법으로 사용된다. 도로포장·바닥포장·내산공사 등에 사용한다.

(3)아스팔트타이트(Asphalt tite)

천연석유가 지표의 갈라진 틈과 암석의 깨진 틈에 침입한 후 지열이나 공기 등의 작용으로 장기간 그 내부에서 중합(重合)또는 축합반응(縮合反應)을 일으켜 탄력성이 풍부한 블로운아스팔트와 유사한 화합물이 된 것으로 토사(土砂)등을 포함하지 않고 있으며, 성질과 용도가 블로운아스팔트와 같이 취급된다. 대표적인 것으로서는 길소나이트(Gilsonite), 그라하마이트(Grahamite), 그랜스피치(Grance pitch)등이 있다. 페인트・바니쉬・아스팔트・타일・왁스・컴파운드・루핑 등의 방수재・바닥재・절연재료의 원료로 사용되고 있다.

2.3 석유아스팔트

석유아스팔트는 석유를 정제할 때 원유 혹은 중질유를 증류(烝溜)하여 공기를 불어 넣어서 만든 아스팔트이다. 이 석유아스팔트는 증류방법에 따라 스트레이트 아스팔트(Straight asphalt)와 블로운아스팔트(Blown asphalt)로 나눈다.

(1) 스트레이트아스팔트(Straight asphalt)

원유 중의 아스팔트성분이 열에 의한 변화가 생기지 않도록 하여 증기증류법·감압증류법 또는 이들 두 방법의 조합에 의하여 만들어진 것이다.

이 아스팔튼 신장성・점착성・방수성이 풍부하나 연화점이 비교적 낮고 내후성 및 온도에 의한 변화가 큰 것이 결점이다. 따라서 지하실 방수공사 외에 사용하지 않는다. 모래와 자갈을 혼합하여 아스팔트콘크리트를 제조하고 또한 아스팔트펠트(Asphalt felt), 아스팔트루핑(Asphalt roofing) 제조에 사용되며 방수지포의 침투용, 내산・방수・방습공사 등에 사용된다.

(2) 블로운아스팔트(Blown asphalt)

일반적으로 파라핀계 석유의 감압 찌꺼기 기름을 204~315℃로 가열하여 공기를 불어 넣어 찌꺼기 기름 중에 포함되어 있는 역청에 충합반응이나 축합반응을 일으켜 탄력성이 큰 아스팔트를 만든 것이다.

표1. 스트레이트아스팔트와 블로운아스팔트의 성질

항목 / 종류	스트레이트 아스팔트	블로운 아스팔트
상태	반고체	고체
비중	1.01 ~ 1.05	1.01 ~ 1.04
신도	크다	작다
연화점	35 ~ 60℃	60 ~85℃
감온성	크다	작다
인화점	높다	낮다
비열	0.487cal/g℃	0.487cal/g℃
열전도율	0.149kcal/m h℃	0.139kcal/m h℃
체적팽창 계수	(6.0~6.3) $\times 10^{-4}$/℃	(6.0 ~ 6.3) $\times 10^{-4}$/℃
투수계수	4.1×10−9g·cm/cm²·mm Hg·h	6.0×10−9g·cm/cm²·mm Hg/h
침입도지수	−1 ~ +1	+1 이상
접착성	매우 크다	작다
유화성	좋다	나쁘다
유동성	크다	작다
내후성	좋다	매우 좋다

응집력이 크며 온도에 의한 변화가 적고 용해점이 높다. 또한 아스팔트에 광물성 분말(활석분, 석회, 석분 등)을 혼합하면 내후성, 내열성, 명도가 증대되므로 표면처리용으로 사용할 수 있다. 아스팔트 컴파운드(Asphalt compound) 및 아스팔트 프라이머(Asphalt primer)의 원료가 된다.

신장성·점착성·방수성 등은 스트레이트아스팔트보다 약하다. 블로운아스팔트의 품질은 한국산업규격(KS F 2204)에 규정되어 있다.

(3) 아스팔트컴파운드(Asphalt compound)

블로운아스팔트의 내열성·내한성·점착성·내후성 등을 개량하기 위하여 동물섬유나 식물섬유를 혼합하여 유동성을 부여한 것이다.

표2. 아스팔트의 품질

성질 \ 종류	아스팔트 컴파운드	1급 블로운아스팔트		2급 블로운아스팔트	
침입도 (25℃, 100g, 5sec)	15 ~ 25	10 ~ 20	20 ~ 30	10 ~ 20	20 ~ 30
연화점 (구환식 25℃)	100℃ 이상	85℃ 이상	75℃ 이상	65℃ 이상	60℃ 이상
이황화탄소(CS_2) 가용분	98% 이상	98% 이상	98% 이상	98% 이상	98% 이상
감온비(感溫比)	3 이하	4 이하	5 이하	6 이하	7 이하
신도(伸度) (다우스미스식 25℃)	2 이상	1 이상	2 이상	1 이상	2 이상
비중	1.01 ~ 1.04	1.01 ~ 1.04	1.01 ~ 1.04	1.01 ~ 1.03	1.01 ~ 1.03
가열감량(加熱減量) (163℃,50g,5hr)	0.5% 이하	0.5% 이하	0.5% 이하	0.5% 이하	0.5% 이하
인화점	210℃ 이상	210℃ 이상	210℃ 이상	210℃ 이상	210℃ 이상
고정탄소(固定炭素)	22% 이하	22% 이하	22% 이하	22% 이하	22% 이하

비고) 감온비란, 0℃, 200g, 1min의 침입도에 대한 46℃,50h,5sec의 침입도의 비를 말한다.

2.4 아스팔트프라이머 (Asphalt primer)

아스팔트프라이머는 아스팔트를 휘발성 용제로 녹인 흑갈색 액체로 품질과 배합은 표3과 같다.

표3. 아스팔트프라이머의 품질과 배합비

원료	배합비(중량)	규격
블로운아스팔트	40 ~ 50%	침입도가 10~20인 것으로서 한국산업규격(KS M 2204)에 합격한 것
솔벤트나프타 (Solvent naphtha)	30 ~ 35%	정제품
휘발유	25 ~ 30%	보메(Baume) 비중계로 40~50의 것으로서 한국산업규격(KS M 2611)에 합격한 것

콘크리트 또는 모르타르면에는 녹인 아스팔트를 직접 발라도 완전히 고착될 수 없으므로 완성후 방수층이 부풀어 오를 때가 있다. 이러한 결함을 제거하기 위하여 프라이머를 콘크리트면에 침투시키면 용제는 휘발되고 밑에 아스팔트의 피막이 남는다. 그 위에 녹인 아스팔트를 바르면 바탕에 잘 붙고 방수층이 바탕에서 떨어져 부풀어 오르지 않는다.

2.5 아스팔트의 성질과 용도

(1) 아스팔트의 성질

아스팔트의 성질은 산지・함유성분 및 처리정제방법에 따라 다르나 기본적인 성질은 다음과 같다.

(가) 물리적 성질

① 비중

비중은 일반적으로 1.0~1.1 정도이다. 블로운아스팔트는 동일침입도의 스트레이트아스팔트보다 비중이 약간 작으며 블로운아스팔트 1급은 1.01~1.04, 블로운아스팔트 2급은 1.01~1.03이다. 그리고 아스팔트컴파운드는 1.01~1.04이다. 일반적으로 침입도가 작을수록, 또한 황의 함유량이 많을수록 비중이 크다.

② 침입도(Penetration)

침입도(針入度)는 일반적으로 온도의 상승에 따라 증가되며, 스트레이트아스팔트가 블로운아스팔트 보다 변화 정도가 현저하다. 여기서 침입도라 함은 아스팔트의 견고성 정도를 침(針)의 관입저항으로 평가하는 방법이다. 침입도의 측정은 소정의 온도·하중 및 시간에 있어서 규정된침이 시료중에 수직으로 관입한 길이로 나타낸다. 그 다음은 0.1㎜를 1로 한다. 측정조건으로는 (0℃,200g,6sec), (25℃,100g,5sec), (46℃,500g,5sec)의 3가지 방법이 있다. 일반적으로 (25℃,100g,5sec)가 표준시험조건으로 사용된다.

③ 연화점(Softening point)

아스팔트는 고체이지만 일정한 융점을 나타내지는 않는다. 가열하면 서서히 연화되어 약상으로 변한다. 연화점(軟化點)은 아스팔트가 일정한 점성에 도달했을 때의 온도로 나타낸다.

아스팔트의 종류별 침입도와 연화점을 표4와 같다.

표4. 아스팔트의 종류별 침입도와 연화점

종 류	침입도(25℃,100g,5sec)	연화점(25℃)
아스팔트컴파운드	15~25	100℃이상
블로운아스팔트(1급)	10~20 20~30	85℃이상 75℃이상
블로운아스팔트(2급)	10~20 20~30	65℃이상 60℃이상

④ 신도(Ductility)

신도는 아스팔트의 연성(延性)을 나타내는 수치로서 온도의 변화와 함께 변화한다. 또 신도는 아스팔트의 점착성·가동성·내마모성 등과 관계가 있다. 신도는 시료의 양단을 잡아당겨 시료가 끊어질 때까지의 늘어난 길이를 cm단위로 나타낸다. 스트레이트아스팔트는 신도가 크지만 블로운아스팔트는 매우 작다.

⑤ 감온성(Temperature susceptibility)

아스팔트는 온도에 따라 견고성의 변화가 매우 크다. 이변화의 정도를 감온성이라 한다. 감온성이 지니치게 크면 저온시에 취성(Brittleness)을 나타내고, 고온시에 심한 연질을 나타내는 경우가 많다. 일반적으로 블러운아스팔트보다 스트레이트아스팔트쪽이 감온성이 크다.

⑥ 인화점(Flash point)과 연소점(Burmimg point)

아스팔트 중에는 저빙점(低氷點)의 휘발성 성분이 포함되어 있기 때문에 가열하게 되면 인화될 위험이 있다. 인화점(引火點)은 아스팔트를 가열하여 불을 가까이 하는 순간 불이 붙을 때의 온도를 말하고 다시 가열을 계속하여 인화한 불꽃이 5초동안 계속될 때, 이때의 온도를 연소점(撚燒點)이라고 한다. 아스팔트의 인화점은 대체로 250~320℃의 범위로서 블로운아스팔트 및 아스팔트컴파운드의 인화점은 210℃이다. 연소점은 인하점보다 높고, 그 차이는 25~60℃정도이다.

⑦ 내후성

아스팔트는 옥외에 사용될 경우에 고온과 공기와의 접촉에 의한 산화작용을 자외선에너지에 따른 분해작용, 우수에 의한 침식과 온도의 변화에 따른 팽창 및 수축 등 외계의 작용으로 인한 열화현상에 저항성이 우수하여야 한다. 이 저항성을 내후성(耐朽性)이라 한다.

⑧ 가열안정성

아스팔트는 고온으로 장시간 가열하면 변질하여 여러 가지 특징이 변한다. 그 정도는 온도가 높을수록, 또 시간이 길수록 현저해진다. 가열안전성시험은 아스팔트를 300℃로 5시간 가열하여 가열전과 가열후의 취화점(臭化點) 변화를 측정하는 것인데 5℃이상의 변화가 없어야 한다.

(2) 화학적 성질

석유아스팔트는 산소1.1~2.1%, 질소 0.15~0.25%, 황0.3~3.25%, 그 외에 약간의 철·니켈·칼슘 등의 금속성분을 함유하고 있는 탄화수소이다. 아스팔트는 유기용제에 의하여 용해되지만 일반적으로 산의 희박용액(稀薄溶液)에 대해서는 저항성을 가지고 있으면, 진한 황산·진한 질산·묽은 질산에는 침식되지만, 진한 염산에 대해서는 저항성을 가지며 장시간에 걸쳐서도 침식되지 않는다. 아스팔트는 알칼리용액에 대해 화학반응을 일으키지는 않지만 유화(乳化)또는 변색된다.

(3) 아스팔트의 용도

방수·방습을 처리하는 방법으로 아스팔트방수법을 많이 사용하고 있다. 아스팔트방수법에 이용되고 있는 아스팔트는 점성과 감온성이 있고 점착성이 크며 광물질 재료에 부착성이 좋기 때문에 결합재료나 접착재료로 이용되고 있고, 물에 융해되지 않고 불투수성이므로 방수 재료로 사용되며, 사용목적에 맞추어 반죽질기를 변화시킬 수 있어 시공성이 풍부한 재료이다. 또한 석유 정제 과정에서 최후의 잔류물로 얻어지므로 비교적 값이 싸기 때문에 건축재료로서 뿐만 아니라 토목재료 공업용 재료 및 농업용 재료 등 여러 분야에 사용되고 있다.

아스팔트 종류 중 건축에 주로 사용되고 있는 것은 석유 아스팔트이다 스트레이트아스팔트는 아스팔트루핑·펠트·기타방수 지포의 침투용 또는 내산·방수·바닥공사 등에 사용된다 또한 도로 포장의 가열혼합용 유체 제조용으로도 사용된다. 블로운아스팔트는 아스팔트방수지의 원료, 방수·내산·보온·보냉·포장공사용, 방식용, 방청도료, 방습포장지, 전기절연재 등에 사용된다. 아스팔트 컴파운드는 내열성·탄성·점착성·내구성 등을 개량한 것인데 방수재·내산재·전기절연제등에 사용된다.

2.6 아스팔트 제품

(1) 아스팔트유제

아스팔트유제는 스트레이트아스팔트를 가열하여 액상으로 만들고 별도로 물에 유화시제인 지방산비누·고질점토(膠質粘土), 로트(Rot)유·가성석회와 안정제(젤라틴 또는 규산소다)를 융해시킨 다음 양자를 혼합하고 잘 저어서 만든다. 이 때 아스팔트는 아주 작은 입자가 되어 유화제에 부착하고 현탁(縣濁) 또는 유탁상(遺託狀)으로 되어 수액중에 부유(浮遊)한다.

비중 1.00~1.04의 다흑색의 액체로 드럼 속에 넣어 0℃ 이상에서 보관하고 시공시에는 가열하여 스프레이건으로 뿌려서 도포한다. 사용목적에 따라서 침투용·혼합용·콘크리트양색용으로 분류되고, 대부분 도로포장용으로 사용되지만 특수시멘트혼합용·방수도료·접착용재료·바닥용 포장재료로 사용된다.

(2) 아스팔트 루핑(Asphalt roofing)

아스팔트루핑은 목면・마사・양모・종이 등을 물속에 넣어서 녹이고 제지기계로 두꺼운 원지(펠트)를 만들어 건조시킨다. 다음에 연질 스트레이트아스팔트를 침투시키고 앞면과 뒷면에 블로운아스팔트를 주체로 한 컴파운드를 피복하고 그 위에 활석분말 또는 운석분을 부착시켜 규정된 치수로 절단하여 롤형의 제품으로 만든 것이다. 성질은 흡수성·투습성이 작고 유연하다. 온도의 상승으로 유연성이 증대되고 표층의 아스팔트 때문에 내후성이 크며 내산성・내염성이 있다. 저장할 때는 옆으로 쌓지 말고 세워 둔다. 건물의 평지붕의 방수층·슬레이트 평판·금속판 등의 지붕깔기 바탕 등에 이용된다. 또한 임시건물 등의 간단한 지붕 재료로서 이용되고 있다. 아스팔트펠트의 폭은 1m, 길이는 21m, 종류는 1롤의 중량에 의하여 25kg품, 30kg품. 45kg품이 있으며, 아스팔트 침투율은 150% 이상이다. 감아 있는 것은 폈을 때 서로 접착하지 않는 것, 폭의 양단부가 서로 어긋나지 않는 것, 충분히 아스팔트를 흡착시킨 것이 우량품이라고 한다. 아스팔트루핑의 규칙은 표5와 같고 한국산업규격(KS F 4902)에 규정 되어 있다

표5. 아스팔트루핑의 규격

항 목 \ 종 류	25kg품	30kg품	35kg품	45kg품
1두루마리의 무게(kg) 1두루마리의 길이(m)	24 이상 21.0 이상	29 이상 21.0 이상	34 이상 21.0 이상	44 이상 21.0 이상
1두루마리의 나비(m) 제품의 단위무게(g/㎡)	1.00 이상 1,200 이상	1.00 이상 1,450 이상	1.00 이상 1,700 이상	1.00 이상 1,940 이상
원지의 단위무게(g/㎡) 원지에 대한 아스팔트 침투율(%)	250 이상 120 이상	330 이상 120 이상	350 이상 120 이상	410 이상 150 이상
인장강도 - 길이방향(kg) 나비방향(kg)	7 이상 4 이상	8 이상 4 이상	10 이상 5 이상	12 이상 6 이상
접기시험	균열이 생기지 않음			
내열시험	피복아스팔트의 흐름, 흡수, 침투용 아스팔트의 스며 나옴 따위를 인정하지 않음			
피복물의 단위면적당의 무게(g/㎡)	480 이상	700 이상	850 이상	850 이상
아스팔트의 침투상황	불침투 부분을 인정하지 않음			
피복물의 회분(%)	50 이하	50 이하	50 이하	50 이하

(3) 특수루핑

특수루핑으로는 석면아스팔트루핑, 모래붙임루핑(모래 Roofing), 망상 아스팔트루핑, 알루미늄루핑(Aluminium roofing) 등이 있다.

(가) 석면 아스팔트루핑

석면아스팔트루핑은 석면을 섞은 원지에 아스팔트를 침투시킨 고급품으로 제법은 아스팔트루핑과 같다. 내식성·내화성이 크고 흡수율이 낮으면 신축성이 작아 지붕의 방수공사에 사용되는 데 방수공사에 있어서는 아스팔트보다 접착력이 좋다. 1룰은 폭 1m, 길이 21m, 중량 35kg이다.

(나) 모래붙임루핑

모래붙임루핑은 모래붙임용 루핑 원지에 아스팔트를 침투시켜 여기에 내후성이 큰 아스팔트 컴파운드를 도포하고 그 한쪽 면에 광물지입자를 압착시킨 것이다. 표면의 광물지 입자는 자연적인 외색과 착색된 녹색, 적색, 백색 등이 있다. 성질은 아스팔트루핑보다 내후성이 좋고 내약품성도 좋다. 지붕의 방수재료로 최상층용으로 사용된다.

(다) 망상 아스팔트루핑

망상으로 짠 원단에 아스팔트를 침투시켜 롤로 만든 것으로서 원단의 눈이 아스팔트로 충전되어 있지 않으므로 상하면의 아스팔트층이 장 융착되어 각층사이에 기포가 생기지 않는 이점이 있다. 면사를 망상으로 짠 원단에 아스팔트를 침투시켜 만든 것을 목면제망상(木綿製網狀)루핑이라 하고 대마 또는 황마를 망상으로 짠 원단에 아스팔트를 침투시켜 만든 것을 마제망상(麻製網狀)루핑이라 하며, 유리섬유로 만들어진 원단이나 매트형의 시트에 아스팔트를 침투시켜 가공하여 만든 것을 유리섬유제 망상루핑이라고 한다. 망상 아스팔트루핑은 주로 아스팔트 방수층의 보강재로서 중간층에 사용된다.

(라) 알루미늄 루핑(Aluminium roofing)

알루미늄 판이나 박(箔)에다 아스팔트를 도포하거나 루핑과 알루미늄판을 붙여서 롤형으로 만든 것이다. 알루미늄은 알칼리에 침식되기 때문에 콘크리트나 시멘트 바탕에는 피하는 것이 좋고 지붕재 · 내외벽 · 천장 · 마루 등의 방습재료로 이용된다.

(마) 합성고분자 루핑

고무 · 폴리이소프틸렌 · 비닐계수지 · 폴리에틸렌 · 아크릴 등의 고분자재료를 아스팔트에 혼입하여 아스팔의 인성 · 탄성 · 감온성 등의 개선을 목적으로 만든 것이다. 합성고분자 루핑은 주로 철근콘크리트 구조물의 방수에 사용되며 규격은 한국산업규격(KS F 4911)에 규정되어 있다. 또한 합성고분자를 주원료로 하여 천 등으로 겹붙여 가공한 루핑을 천 등으로 합성고분자 루핑이라고 한다. 규격은 한국산업규격(KS F 4912)에 규정되어 있다.

(4) 아스팔트 펠트(Asphalt felt)

아스팔트 펠트는 유기성섬유인 목면, 양모, 마사, 폐지 등을 펠트(Felt)상으로 만든 원지에 연질(침입도 60~120)의 스트레이트 아스팔트로 가열 용융하여 충분히 흡수시킨 후 회전로에서 건조와 함께 두께를 조정하여 롤형으로 만든다. 이때 아스팔트는 원지 중량의 140~160% 정도 내외로 흡수된다. 아스팔트 펠트의 규격은 한국산업규격(KS F 4901)에 규정되어 있고, 주로 아스팔트 방수 중간층재료로 이용되고 내외벽 라스, 모르타르 바탕의 방수, 방습재료로도 이용된다. 원지의 원료로서 석면섬유를 사용하여 만든 석면 아스팔트는 유기성의 펠트에 비하여 흡수성이 적고 신축과 변질도 적으며 내화성이 좋아 내화성, 내약품성, 내구성이 필요한 장소에 특히 사용된다.

(5) 아스팔트 성형 바닥재

아스팔트 성형 바닥재에는 아스팔트 타일, 아스팔트블록, 펠트 백시트가 있다.

(가) 아스팔트 타일(Asphalt tile)

아스팔트 타일은 아스팔트에 석면안료를 가하고 가열혼합하여 시트상으로 압연한것으로서 내수·내습성이 우수한 바닥재료이다. 열전도율(0.13~0.14㎉·m℃)이 작고 비열이 크고, 불연성의 충전재가 많이 포함되어 있어 비교적 내화적이다. 또한 전기 절연성이 우수하고 내알카리성 및 내후성이 우수하나 내광성 및 내산성이 부족하고 유지에 대해서 연화되는 성질이 있고 일광직사장소에서는 수축이 생기고 변색되는 단점이 있다. 색종류는 24색이 있고 무지(無地)의 것과 대리석 모양의 것도 있다. 제품의 치수는 크기 30㎝ 각 두께 3㎜인 것이 가장 많고 보행자가 많은 곳에서는 두께 4.5㎜인 것도 사용한다.

(나) 아스팔트 블록(Asphalt block)

아스팔트 블록은 아스팔트에 쇄석, 모래, 광석분 들을 가열 혼합가압하여 벽돌 모양으로 성형 가공한 제품으로서 흡수율이 적고, 내마모성이 크며 탄성이 있어 소음방지가 되고 방수성이 있어 차도, 보도 등의 도로용으로 주로 사용되고, 공장, 창고 등의 마루나 지붕 및 플랫홈(Platform)의 바닥이나 지붕 등에도 사용된다. 시공할 때는 바닥콘크리트에 시멘트모르타르(1:3)를 깔고 그 위에 부설한다.

(다) 펠트 백 시트(Palt back seat)

아스팔트 펠트와 석면 아스팔트를 붙인 시트(Seat) 모양의 재료이다. 외관상 리놀륨(Linoleum)과 흡사하고 표면은 염화비닐계, 아스팔트계·동식물성 유지를 사용한 것이 있다. 치수는 폭91㎝, 길이 3.6m 10.8m 21.6m 등이 있다. 내수성·내마모성이 있고 보행촉감이 좋아 사무소·주택·병원 등에 주로 사용되고, 시공은 약 1개월 정도 깔아두었다가 충분히 늘어난 후에 접착제를 붙여 고정시킨다.

3. 콜타르와 피치

3.1 콜타르(Coal tar)

콜타르는 석탄의 건유(乾油)에 의하여 얻어지는 가스 또는 코크스(Cokes : 석탄을 공기에 접촉되지 않게 1,000~1,100℃로 건류하여 다공질로 된 것)를 제조할 때 생기는 부산물이다. 색상은 흑색 또는 흑갈색이고 비중은 1.1~1.3이며 인화점은 아스팔트보다 낮고 120℃ 이상으로 가열하면 직화(直火)될 위험이 있다. 아스팔트와 같이 방수 포장 또는 방수도료로 사용된다. 가열도포하면 방수성은 좋으니 목재를 흑갈색으로 착색시키고, 페인트칠도 불가능하므로 보이지 않는 지중부에만 쓰고 헌 함석지붕의 도장에 적당하다. 여름에는 시공이 용이하나 겨울에는 불리하다.

3.2 피 치

콜타를 증류(蒸溜)시키면 잔여부분이 피치(pitch)가 된다. 대부분은 광택이 없고 고체로 연성은 전연 없고 암색이다. 비교적 비휘발성이고 가열하면 쉽게 유동체로 되며, 코크스(Cokes)의 원료가 된다. 지붕방수 또는 지하실 방수공사 등에 사용한다.

4. 시멘트방수제

4.1 개 요

시멘트 방수제는 모르타르 또는 콘크리트에 혼입하면 물리적 화학적으로 모체의 공극을 메우고 이를 수밀하게 하여 방수작용을 하는 재료이다. 방수제는 액상·분말상 및 반죽상을 구분되지만 그 종류는 여러 가지가 있으며 이들은 특허품으로 제조판매되고 있다. 완전 방수공사에는 액체 방수제가 많이 쓰이고, 분말방수제는 방수모르타르에 주로 쓰인다. 또 시멘트 분말 방수제를 혼합한 특수시멘트도 있다. 방수제는 염화칼슘(鹽化 Calcium)·금속비누·지방상 석회·규산나트륨(硅酸 Natrium)등을 주성분으로 하는 시중판매품이 많이 있으나 그 효과에 대하여 의심되는 것도 있고 대개 급결성이다. 시멘트액체 방수법은 모체에 방수제를 침투시키거나, 방수제를 혼입한 시멘트풀(Cement paste)을 칠하고 또는 방수모르타르를 바르는 과정을 적당히 배열·반복하여 만든 방수층이다. 방수모르타르 바름은 벽·바닥 등의 구조체의 표면에 방수제를 혼입한 모르타르를 발라 간단히 방수의 목적을 이루고자 하는 방법으로서 매회 바름 두께는 벽체인 경우에는 6~9mm로 하고 바닥인 경우에는 10~15mm로 하여 2~3회 바른다.

4.2 시멘트 방수제의 품질

시멘트 방수제는 다음의 사항에 합격하는 것으로 한다.

① 응결 시간은 1시간 후에 시작하여 10시간 이내에 종결한다.

② 안정성은 침수법에 의한 시험으로 균열 또는 비틀림의 원인이 되지 않는 것으로 한다.

③ 강도는 강도시험으로 콘크리트 또는 모르타르에 방수제를 넣은 것이 넣지 아니한 것에 비하여 콘크리트에서 85% 이상 모르타르에서 70%이상으로 한다.

④ 투수비(透水比)는 모르타르 또는 콘크리트에 방수제를 혼입한 것이 혼입하지 아니한 것에 비하여 0.8%이하로 한다.

⑤ 흡수율은 모르타르 또는 콘크리트에 방수제를 혼입한 것이 혼입하지 아니한 것에 비하여 0.95%이하로 한다.

4.3 시멘트 방수제의 혼합

(1) 액체 방수제의 혼합

① 액체 방수제는 정확히 계량하여 물을 부어 지정하는 농도로 희석(稀釋)하여 사용한다.

② 방수 시멘트풀(Cement paste)은 방수제 희석액과 시멘트를 지정하는 비율로 정확히 계량하여 반죽한다.

③ 방수제 혼합 모르타르는 시멘트와 모래를 소정의 배합비로 충분히 건비빔한 다음에 지정하는 비율로 방수제 희석액을 넣어 충분

히 반죽한다.

④ 방수제를 모르타르·콘크리트 등에 혼합할 때에는 방수제의 희석액을 사용하여 시멘트량에 대한 지정 배합비로 혼합하고 충분히 비빔한다.

(2) 분말 방수제의 혼합

① 시멘트에 방수제를 소정의 비율로 혼합하여 균일하게 건비빔한 다음에 소정의 묽기로 물을 부어 반죽한다.

② 시멘트에 소정의 방수제와 물을 부어 충분히 반죽한 자음에 소정의 묽기로 하여 사용한다.

③ 수용성 분말방수제일 때는 물에 먼저 방수제를 소정의 비율로 혼합하여 용해시킨 다음에 시멘트 또는 모래를 혼합한다.

(3) 각 재료의 배합

각 재료을 배합에 대하여 특별히 정한 바가 없을 때에는 표6를 표준으로 한다.

표6. 방수제의 배합(중량비)

종별		배합비(중량비)			
		시멘트	모래	물	방수제
1	방수용액도포	–	–	5~10	1
2	방수시멘트 풀칠	2.0~2.5	–	4	1
		3.0~3.5	–	2.5	1
3	방수모르타르 바름	2.5	5	4	1
		2.5	7.5	5	1

5. 시트 방수재료

5.1 개 요

시트(sheet)방수는 1층 시트 방식(Single-ply sheeting system)에 의한 방수효과를 기대하는 공법이고 재료는 합성고무계와 합성수지계의 2가지로 대별할 수 있다. 합성고무계는 신장능력이 크고 시공성도 우수하나 시공시에 인장하여 조여 붙이면 오존(Ozone)의 열화를 받기 쉬우며, 합성수지계는 가격은 싸고 비교적 견고하여 신장능력이 작으므로 시공하기가 쉽다. 건축용 시트 방수재의 두께는 표7과 같이 0.8~2.0㎜의 것이 사용되고 여러겹 적층하여 쓰는 것은 비교적 얇은 필름(Film)이 사용되고 있다. 시트 방수재료를 붙이는 방법은 전면접착 · 줄접착(接着) · 점접착 · 들뜬접착(떼어붙이기)이 있고 합성고무계 시트의 접착제는 용융된아스팔트 컴파운드 · 초산비닐 · 합성고무계 용접형 (주로 클로로프렌고무)를 사용하고, 염화비닐계의 것은 같은 재료의 용접봉을 사용하여 접착한다.

표7. 시트 방수재의 두께

사 용 구 분	두께의 구분
발코니, 테라스 규모의 경우	0.8㎜ 이상
보통 지붕방수의 경우	1.0㎜ 이상
중요도가 높은 방수의 경우	1.5㎜ 이상
특히 중요도가 높은 방수의 경우	2.0㎜ 이상

5.2 시트 방수재료의 종류

합성고무계 재료에는 클로로프렌고무(네오프렌고무) · 폴리이소브틸렌고무 · 부틸고무 등이 있고 합성수지계(플라스틱계)재료에는 염화비닐·폴리에틸렌 등이 있다.

(1) 클로로프렌고무(Chloroprene rubber)

내후성 · 내구성 · 내약품성 등 여러 가지 성질이 우수하고 도막방수재료로서도 사용되고 있으나 가격이 비싸므로 사용빈도는 적다. 난연성이므로 노충방수(露出防水)에도 적합하다.

(2) 폴리이소브틸렌고무 (Polyisobutlene rubber)

합성고무계이긴 하나 다른 종류와는 약간 틀려서 분자구조 중에 이중결합이 없으므로 가류(加硫)되지 않아 고무상 탄성체가 되지 않는다. 이 때문에 고무계의 단점인 오존(Ozone)에 의한 자외선의 열화(劣化)를 받지 않는다. 벤젠(Benzene)·휘발유 등의 용제에 녹으므로 용제형의 접착제로 잘 접착된다. 바탕과의 접착에는 블로운 아스팔트로 접착하는 열공법과 접착제에 의한 냉공법(冷工法)이 있다.

(3) 부틸고무(butyl rubber)

폴리이소브틸렌과 소량의 이소부틸렌의 이중합체이다. 강도·신축성·유연성 등 폴리이소브틸렌 고무보다 우수하나 오존(Ozone)이나 자외선의 열화를 받기 쉽다. 이것을 막기 위하여 에틸렌프로필렌터 포리마(EPP) 고무를 혼합해서 이 결점을 제거하고 내후성을 향상시킨 것이 제조되고 있다.

(4) 염화비닐(vinyl)

연질염화비닐이 원료로 사용되나 저온으로 되면 경화하여 신도(伸度)도 작아지는 결점이 있다. 내구성이 떨어지므로 아크릴수지 · 염화비닐 등과 이중합(二重合)한 제품으로 하고 있다. 이 시트는 합성고무시트와 달라서 용접 접착이 되는 것이 특징이다.

(5) 폴리에틸렌(polyethylene)

염화비닐에 이어 일반화된 합성수지며 폴리에틸렌 자체는 화학적으로 대단히 불활성이며, 따라서 내후성은 우수한 이것이 또 반대로 접착성이 나쁜 원인이 된다. 여러 가지로 특수한 가공을 하여 시트로 하고 있다.

5.3 각종 시트 방수재료

(1) 클로로프렌고무 시트

클로로프렌고무 시트는 균일한 유연성을 가지고 두께는 0.16㎝이상, 폭은 182㎝ 이상으로 다음과 같은 품질기준에 합격한 것이어야 한다.

① 경도(KS M 6518, Shore A) : 50~70
② 인장강도(KS M 6518 3호형) : 105kg/㎠이상
③ 신장율(KS M 6518) : 250%이상
④ 취화온도(KS M 3059) : -35℃
⑤ 인열강도(KS M 6518 B형) : 21kg/㎠
⑥ 공기가열 노화저항(KS M 6518) : 100℃에서 70시간 노화 후에 측정하여 10포인트 이하로 경도가 증가하고, 40% 이하로 신장율이 감소되며, 15%이하로 인장강도가 감소하는 것이어야 한다.
⑦ 오존에 의한 노화저항(KS M 6518) : 40℃에서 100ppm의 오존(Ozone)상태에서 20% 신장시킨 시료를 100시간동안 방치하여도 균열이 생기지않아야 한다.
⑧ 흡수저항(KS M 6518) : 70℃의 물에 침수시켜 7일간 방치하여도 중량증가가 1%이내 이어야 한다.

(2) 부틸시트

부틸시트는 균일한 유연성을 가지고 두께가 0.16㎝이상, 폭이 182㎝ 이상으로서 다음과 같은 품질기준에 합격한 것이어야 한다.

① 경도(KS M 6518, Shore A) : 50~70
② 인장강도(KS M 6518 3호형) : 84kg/㎠이상
③ 신장율(KS M 6518) : 300%이상
④ 취화온도(KS M 3059) : -40℃
⑤ 인열강도(KS M 6518 B형) : 22kg/㎠ 이상

⑥ 공기가열 노화저항(KS M 6518) : 116℃에서 168시간 노화 후에 측정하여 15포인트 이하로 경도가 증가하고, 30% 이하로 신장율이 감소되며, 35%이하로 인장강도가 감소하는 것이어야 한다.

⑦ 오존에 의한 노화저항(KS M 6518) : 70℃에서 50ppm의 오존(Ozone)상태로 10%신장된 시료를 168시간동안 방치하여도 균열이 생기지 않아야 한다.

⑧ 흡수저항(KS M 6518) : 100℃의 물에 침수한 72시간동안 방치하여도 체적증가가 3%이하이어야 한다.

(3) 염화비닐 시트

염화비닐 시트는 가소제를 첨가시킨 염화 폴리비닐로서 유연한 것이라야 하며, 두께가 0.14m이상 폭 182㎝이상으로서 다음과 같은 품질기준에 적합한 것이어야 한다.

① 경도(KS M 6518, Shore A) : 60~80

② 인장강도(KS M 6518 3호형) : 140kg/㎠이상

③ 신장율(KS M 6518) : 250%이상

④ 취화온도(KS M 3059) : -29℃

⑤ 인열강도(KS M 6518 B형) : 22kg/㎠이상

⑥ 공기가열 노화저항(KS M 6518) : 93℃에서 168시간 노화 후에 측정하여 15포인트 이하로 경도가 증가하고, 25% 이하로 신장율이 감소되며, 20%이하이어야 한다.

⑦ 오존에 의한 노화저항(KS M 6518) : 70℃에서 50ppm의 오존(Ozone)상태로 20% 신장된 시료를 5,000시간동안 두어도 균열이 생기지 않아야 한다.

⑧ 흡수저항(KS M 6518) : 100℃의 물에 침수한 상태에서 48시간 방치한 후 중량 증가가 0.5%이하이어야 한다.

(4) 폴리에틸렌 시트

0.1㎝두께의 균질이고 유연한 제품이거나 0.076㎝두께로서 합성섬유로 적층 보강한 것이다.

(5) 아스팔트 폴리에틸렌 합성시트

폴리에틸렌 시트에 고무질 아스팔트를 밀실하게 접착시키고 자체에 접착력이 있는 얇은 막으로서 두께는 0.14㎝이상이거나 폭이 91.4㎝이상이어야 하고 다음과 같은 품질기준에 접합한 것이어야 한다.

① 인장강도(KS M 6518 1호형) : 18kg/㎠이상
② 신장율(KS M 6518) : 200%이상
③ 취화온도(KS M 3059) : -32℃
④ 인열강도(KS M 6518 B형) : 21kg/㎠이상
⑤ 수압저항 : 수두압력 23m에서 이상이 없어야 한다.
⑥ 흡수저항(KS M 6518) : 21℃에서 48시간 침수시켜 중량 증가가 0.5%이 하여야 한다.

(6) 동섬유 시트

무게가 1.5kg/㎡이상인 동판으로서 아스팔트컴파운드와 직조(織造)된 2개층이 유리면으로 접합시켜 성형한 최소폭이 120㎝인 제품이다.

(7) EPDM시트 방수

에틸렌 프로필렌 디엔 모노머(Ethylene Propylene Diene Monomers)를 균일한 유연성이 있도록 성형한 것으로 두께가 0.16㎝이상, 폭이 182㎝이상이어야 하고, 다음과 같은 품질기준에 적합한 것이어야 한다.

① 경도(KS M 6518, Shore A) : 50~70
② 인장강도(KS M 6518 3호형) : 98kg/㎠이상
③ 신장율(KS M 6518) : 300%이상
④ 취화온도(KS M 3059) : -59℃
⑤ 인열강도(KS M 6518 B형) : 22kg/㎠이상
⑥ 공기가열 노화저항(KS M 6518) : 116℃에서 168시간 노화 한 후에 측정하여 15포인트 이하로 경도가 증가하고, 30% 이하로 신장율이 감소 되며, 15%이하로 인장강도가 감소하는 것이어야 한다.
⑦ 오존에 의한 노화저항(KS M 6518) : 70℃에서 100ppm의 오존

(Ozone)상태에서 50% 신장시킨 시료를 168시간동안 방치하여도 균열이 생기지 않아야 한다.

⑧ 흡수저항(KS M 6518) : 100℃의 물에 침수한 상태에서 72시간 방치하여도 체적 증가가 0.5%이하이어야 한다.

6. 도막방수 재료

도료상태의 방수재를 바탕면에 여러번 칠하여 상당한 살두께의 방수막을 만드는 방수방법을 도막방수라 한다. 도막방수(塗膜防水)를 목적으로 하는 고분자재료는 내후・내수・내알칼리・내유・내마모・난연 등의 여러 가지 성능을 구비하지 않으면 안된다. 이외에도 신장능력・접착성이 있어야 하고 다른 방수에 비해 비싸지 않아야 좋은 도막방수재료로서 많이 사용될 수 있는 것이다. 도막방수에는 유제(Emulsion)형 도박방수와 용제(Solvent)형 도막방수 공법이 주로 쓰인다.

6.1 유제형 도막방수

유제형(乳劑型) 도막방수는 수지유제(Resin emulsion agent)를 바탕 콘크리트면에 여러번 발라 두께 0.5~1.0㎜ 정도의 바름막을 형성하여 방수층으로 하는 공법이다. 이 유제는 그냥 도포하거나 시멘트를 혼합하여 시멘트 페이스트(Cement paste)로서 바를 때로 있다. 수지는 아크릴수지(Acrylic resin), 아크릴스티렌(Acryle styren) 공중합(共重合), 초산비닐·합성고무 등이 쓰이며, 에폭시수지・지방산을 합성한 고렉스(상품명임) 도막방수도 있다. 아크릴 수지계는 아크릴레이트·메타크릴레이트를 주된 원료로 하는 아크릴수지 에멀젼계 방수재를 말하며 한국산업규격(KS F 3211)에 적합한 것이어야 한다.

6.2 용제형 도막방수

용제형(溶劑型) 도막방수는 합성고무를 휘발성용제(Solvent)에 녹인 일종의 고무도료를 여러번 칠하여 두께 0.5~0.8㎜의 방수 피막을 형성하는 것이다. 클로로프렌(Chloro-prene) 고무계, 클로로설폰화 폴리에틸렌 (하이퍼론;Hyperon)계, 우레탄고무계, 아크릴고무계, 고무아스팔트계 등이 있다. 클로로프렌 고무계는 클로로프렌을 주된 원료로 하여 충전재(充塡材)등을 혼합한 크로로프렌 고무용액계 방수재를 말하며, 한국산업규격(KS F 3211)에 적합한 것이어야 한다. 우레탄 고무계는 폴리우레탄 성분을 주원료로 하는 주제와 가교제, 충전제 등을 주원료로 하는 경화제로서 이루어지는 2-성분형 우레탄 고무계 1류와 비노출형 고무계 2류로 구분하며 한국산업규격(KS F 3211)에 적합한 것이어야 한다. 고무계 도막방수는 탄력있는 고무 시트상으로 균열성에 질긴 도막방수이지만 시트 방수보다는 못하다. 그러나 시공이 용이하고 착색이 자유로와 경사지붕, 쉘구조 지붕 등의 도막방수로 이용된다.

6.3 에폭시계 도막방수

에폭시수지(Epoxy樹脂 : 처음에는 액상이고 경화제를 가하면 상온·상압에서도 중합체로 되어 갈색을 띤 투명수지로 경화함)를 발라서 도막방수층을 형성하는 것이며 용제형 고무계 도막방수와 거의 같다. 에폭시 수지는 고가이므로 2~3회 발라 두께 0.1~0.2㎝의 얇은 도막으로 한다. 수지 자체는 단단하고 잘 늘어나지 아니하므로 바탕 균열에는 내균열성을 기대하기 어렵다. 그러나 내약품성 · 내마모성이 우수하기 때문에 화학공장의 방수층을 겸한 바닥 마무리 재료로 이용되고 있다. 에폭시 수지에 유연성을 주기 위하여 탈에폭시, 지오콜 에폭시, 폴리아마이드에폭시 등의 변성에폭시를 배합하여 사용하는 수도 있다. 바탕 콘크리트의 균열보수에 사용되고 접착성이 있으므로 시트 방수의 접착제로도 사용된다.

7. 시일재

시일(Seal)재란 밀봉(Seal)하는 재료를 말하며, 퍼티(Putty)·코오킹(Caulking, calking)·실링(Sealing)재의 총칭이고 건축물 각 부분의 접합부, 특히 스틸새시 주위나 균열부 보수 등에 사용되며, 근래 프리패브(Prefab)건축·커튼월공법(Curtain wall method) 등에 많이 사용되고 있다.

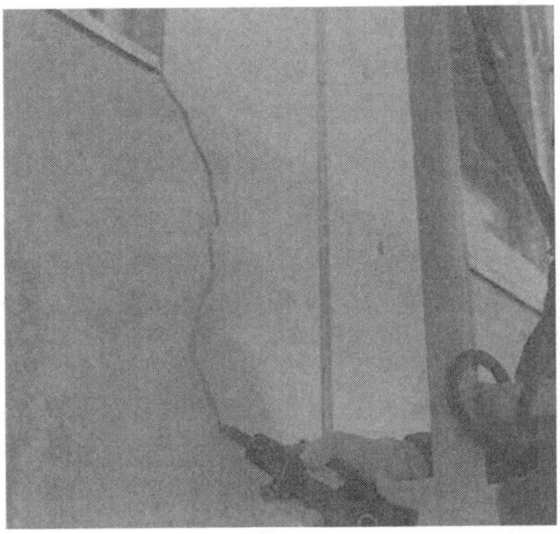

15 플라스틱재료

1. 개요
2. 플라스틱의 일반적 성질
3. 플라스틱의 종류 및 특징
4. 플라스틱 제품

1. 개 요

플라스틱(Plastics)이란 어떤 온도범위에서 가소성(Plasticity)을 유지하는 물질이라는 뜻으로 쓰이고 있다. 여기서 가소성(可塑性)이란 어떤 물질의 상태가 유동체도 아니고 탄성체도 아니며 어떤 외력을 제거하여도 다시 원형으로 돌아가지 않고 변형된 상태로 남아 있는 성질을 말한다. 가소성을 가진 고분자화합물을 총칭하여 플라스틱이라 부른다. 합성수지(Synthetic resins)는 석탄 · 섬유 · 천연가스 등의 원료를 인공적으로 합성시켜 얻어진 고분자 물질을 말하는 것으로서 합성수지(合成樹脂)가 가소성이 풍부한 성질이 있으므로 플라스틱과 같은 뜻으로 쓰이는 경우가 많다. 합성수지는 경량구조재·수장재로서 타일(Tile) · 파판(破板) · 평판 등의 성형품과 시트(Sheet) · 피복재 · 접착제·도료 등 건축재료로서 여러가지 방면으로 사용되고 있다. 합성수지(合成樹脂)는 1869년에 셀룰로이드의 발명과 1909년에 베크라이트가 발명되어 잉용품의 원료로 이용되기 시작하여 그 후 점차 각종 합성수지를 발달을 보게 되었다. 플라스틱(Plastic)이란 어원의 뜻은 어떤 온도범위에서는 가소성을 유지하 물질을 말한다. 즉 가소성(可塑性)이라는 말은 어떤 물질의 상태가 유동체도 아니고 탄성체도 아니고 어떤 외력을 제거하여도 다시 원형으로 돌아가지 않고 변형된 상태로 남아 있는 성질을 말한다. 이와 같은 가소성을 가진 유기합성 고분자물질을 일컬어 플라스틱이라고 부른다. 즉 비교적 분자량이 적은 단순한 물질이 다수 결합되어 수많은 분자량을 가진 분자로 합성된 물질을 말한다. 이와 같은 물질의 형태나 성질이 천연수지와 유사하므로 인공합성수지라 한다. 합성수지는 가공성이 용이하고 색채가 미려하며, 착색이 자유롭고 강도 · 경도 · 내식성 · 내후성 · 내수성 · 내열성 · 내구성 등이 점점 향상되어 가고 있 최근에는 건축물의 내장재 · 외장재로 많이 쓰이고 있는 스프레이타일(Spray tile)이나 스프레이코팅(Spray coating)의 원료로도 사용되고 있다.

2. 플라스틱의 일반적 성질

플라스틱의 장점 및 단점을 열거해 보면 다음과 같다.

2.1 장점

(1) 경량으로 강인(强靭)

플라스틱은 대게 비중이 0.9~2.0 정도로서 목재보다는 무겁지만 강이나 콘크리트에 비하여 훨씬 가볍기 때문에 이를 사용하면 구조물의 경량화가 가능한 재료이다. 단위체적당의 중량은 적으나 발포제를 제외하고 보면 평균해서 알루미늄의 1/3, 강·동·연 등의 1/3~1/8로 극히 경량이다. 적층(積層)플라스틱의 중량비 대 강도는 2.2로서 벽돌 0.22, 콘크리트(압축강도 150kg/㎠의 것) 0.06, 강 0.051, 목재 0.7, 듀랄루민(Duralumin) 1.6에 비해 상당히 높은 것으로 되어 있다.

(2) 우수한 가공성 및 가방성(可紡性)

플라스틱은 비교적 저온에서 가공·성형이 가능하고 성형과 주형(鑄型)에 있어 치수나 복잡한 모양에 관계없이 정확한 치수로 가공할 수 있으며 방적(紡績)이 가능하고 절단·구멍뚫기 등이 용이하므로 기구류·판류·시트·파이프 등의 성형품·실(실) 또는 포상품(怖狀品)을 만드는데 많이 이용되고 있다.

(3) 내수성, 내투습성

내수성 및 내투습성(耐透濕性)이 양호하므로 구조물의 방수 피막제(皮膜劑)에 적당하다.

(4) 내약품성

각종 산이나 알칼리·염류·가스 등에 대한 저항성과 부식성에 대한 저항성이 콘크리트나 강보다 월등히 우수하다. 그러나 이 내약품성은 플라스틱이나 그 중에 혼입되는 충진제 종류 및 성질에 의해 지배된다.

(5) 착색의 자유와 높은 투명성

석탄산수지나 불소수지를 제외하고는 일반적으로 투명 또는 백색의 물질이므로 적당한 안료나 염료를 첨가함에 따라 상당히 광범위하게 착색이 가능하다. 또한 높은 투명도를 이용한 용도로도 개발되어 가고 있다.

(6) 접착성

상호간 접착이 잘되며 금속·콘크리트·목재·유리 등 다른 재료에 잘 접착된다.

(7) 전기적 특징

일반적으로 전기절연성이 양호하므로 절연재료로 널리 사용된다.

2.2 단점

(1) 강도 및 탄성계수

구조재료로서의 압축강도 이외의 강도 및 탄성계수는 작다. 인장강도가 압축강도보다 작기 때문에 이를 보강하기 위하여 콘크리트 속에 철근을 넣은 것처럼 플라스틱의 강화재로서 수지 속에 섬유를 넣어 강화플라스틱(Fiber glass Reinforced Plastics : FRP)으로 만들어 사용한다.

플라스틱은 탄성계수가 작고 변형이 크다. 열경화수지의 경우는 목재와 거의 같으나 아크릴·염화비닐 등의 결가소성 수지는 목재의 1/2 이하가 많다.

(2) 내열성, 내후성

내열성 및 내후성은 약하다. 열가소성 수지는 60~80℃에서 연화되며 열경화성 수지는 130~200℃에서 연화된다. 또한 자외선에 의하여 열화현상(烈火現想)을 일으키는 것도 있으며, 일광이나 빗물에 노출되는 경우 변색되는 결점이 있다.

(3) 팽창수축

열에 의한 팽창수축이 크다. 즉, 열에 의한 체적변화가 크고 열팽창계수가 온도의 변화에 따라 다르다. 플라스틱의 온도에 따른 평균 선팽창계수는 표1과 같다.

표1. 플라스틱의 선팽창계수와 온도의 관계

온도(℃)	0~10	10~20	20~30	30~40	40~50	50~60	60~70
평균 선팽창계수 $\alpha \times 10-4(1/℃)$	0.683	0.666	0.704	0.687	0.783	0.843	0.850

(4) 내마모성, 표면강도

내마모성 및 표면강도가 약하다. 플라스틱보다 경도가 큰 재료에 마모되기 쉬우며, 특히 열을 가한 경우에 마모가 촉진되는 수가 있다. 플라스틱 표면은 예리한 칼 등에 의해 사어가 생기기 쉽고, 이 부분이 먼지 등에 더러워지기 쉬우므로 주의를 요한다. 또한 플라스틱은 종류가 대단히 많고 또 배합에 따라 재료 특성의 변동이 크므로 제품에 대한 일괄적인 특성 파악이 어렵다는 것도 단점의 하나이다.

3. 플라스틱의 종류 및 특징

플라스틱은 종류가 많으나 그 특성으로 보와 열가소수성수지(熱可塑性樹脂)와 열경화성수지(熱硬化性樹脂)의 2종류로 대별할 수 있다.

3.1 열가소성수지 (Thermoplastic resin)

열가소성수지는 고형상(固形狀)에 열을 가하면 연화 또는 용융하여 가소성 또는 점성(黏性)이 생기고 이것을 냉각하면 다시 고형상으로 되는 성질의 수지로서 2차 성형이 가능하고, 보통 자유로운 형상으로 성형하는 것이 가능하며 투광성이 좋지만, 강도 및 연화점이 낮다는 결점이 있다. 따라서 구조재료로 사용하기에는 적당하지 않으나 마감재로서는 가격도 비교적 싸다는 이점이 있다. 열가소성수지의 종류·특징 및 용도는 표2와 같다.

표2. 열가소성수지의 종류 · 특징 및 용도

종 류	특 징	주 용 도
아크릴수지	투광성이 크고 내후성이 양호하며 착색이 자유롭다.	채광판, 유리대용품
염화비닐수지	강도 · 전기절연성 · 내약품성이 양호하고 가소재에 의하여 유연고무와 같은 품질이 되며, 고온·저온에 약함	바닥용 타일, 시트, 조인트재료, 파이프, 접착제, 도료
초산비닐수지	무색투명, 접착성이 양호, 각종 용제에 가용, 내열성이 부족	도료, 접착제, 비닐론 원료
비닐아세탈수지	무색투명, 밀착성이 양호	안전유리 중간막, 접착제, 도료
메틸메타크릴수지	무색투명, 강인, 내약품성이 상당히 크다.	방풍유리, 광조장식, 조명기구
스티롤수지 (폴리스티렌)	무색투명, 전기절연성 · 내수성 · 내약품성이 크다.	창유리, 파이프, 발포보온판, 벽용 타일, 채광용
폴리에틸렌수지	물보다 가볍고, 유연 · 내열성이 결핍된 것도 있다. 내약품성 · 전기절연성 · 내수성이 대단히 양호함	건축용 성형용품, 방수필름, 벽재·발포보온판
폴리아미드수지 (나일론)	강인하고 잘 미끄러지며, 내마모성이 큼.	건축물 장식용품
셀룰로이드	투명, 가소성 · 가공성이 양호하나 내열성이 없다.	대용유리, 수통 파이트

3.2 열경화성수지(Thermosetting resin)

열경화성수지는 고형체로 된 후 열을 가하여도 연화되지 않는 수지로서 강도나 열경화점이 높고 유리섬유등과 같이 사용하면 기재(棋才)에 의하여 충분한 구조적소질이 있고 내후성이 우수하다고 볼 수 있다. 그러나 가격이나 성형성 등에 결점이 있다. 열경화성수지의 종류·특징 및 용도는 표3과 같다.

표3. 열경화성수지의 종류·특징 및 용도

종 류	특 징	주 용 도
페놀수지	강도·전기절연성·내열성·내수성 모두 양호 하나 내알카리성에 약함	벽, 덕트, 파이프, 발포보온관, 접착제, 배전판
요소수지	대체로 페놀수지의 성질과 유사하나 무색으로 착색이 자유롭고 내수성이 약간 약함.	마감재, 조작재, 가구재, 도료, 접착제
멜라민수지	요소수지와 같으나 경도가 크고 내수성은 약함	마감재, 조작재, 가구재, 전기부품
알키드수지	접착성이 좋고 내후성이 양호, 성형이 가능, 전기적 성능이 우수함	도료, 접착재
불포화폴리에스텔수지	전기절연성·내열성·내약품성이 좋고 제압성형이 가능함. 유리섬유를 보강재로 한 것은 대단히 강인함	커튼윌, 창틀, 덕트, 파이프, 도료, 욕조, 성형품, 접착제
실리콘수지	열절연성이 크고 내약품성·내후성이 좋으며 전기적 성능이 우수함	방수피마그 발포보온판, 도료, 접착제
에폭시수지	금속의 접착성이 크고 내약품성이 양호하며 내열성이 우수함. 다소 고가임	금속도료 및 접착제, 보온 보냉제, 내수피막
우레탄수지	열절연성이 크고 내약품성이 있으며 내열성이 우수함	보온보냉제, 접착제, 내수피막, 도료
규소수지	내열성·전기절연성 및 발수성이 양호, 다소고가임	전기부품, 기름발수제
프란수지	내약품성·접착성이 양호, 흑색임	금속도료, 금속접착제

3.3 섬유소계수지(Cellulosic plastic)

셀룰로이드는 오래전부터 잘 알려진 대표적인 수지로 용도가 다양하다.

섬유소계수지(纖維素系樹脂)는 식물성 물질의 구성성분으로 자연계에 많이 있는 고분자물질이다. 합성수지를 순합성 플라스틱이라 하면 섬유소계수지는 반합성플라스틱이라 할 수 있다.

섬유소계 수지의 종류·장단점 및 용도는 표4와 같다.

표4. 섬유소계 수지의 종류·장단점 및 용도

종 류	장 점	단 점	용 도
질산 섬유소수지 (셀룰로이드)	강인하고 충격강도가 크고, 탄성이 풍부하여 가공이 좋다. 또한 안정성과 접착이 좋다.	태양광선에 의하여 변색·가연성이 있다.	성형품(셀룰로이드)으로 사용하는 의외에 도료로서의 용도로도 중요하다.
초산섬유소수지	강인하고 충격강도가 크고 성형가공이 용이하며 난연성이다.	흡습성이 크고 안전성이 약하다.	시트, 플레이트(plate), 파이프, 사진용 필름, 도료 등으로 쓰인다.
초산·낙산섬유소 수지	충격강도가 크고 안정성이 좋으며 성형가공이 용이하다.	항장력(抗張力)·경도가 작고 연화온도가 낮으며 취기(臭氣)가 있다.	전기부품, 사진필름, 전화기, 라디오, TV, 캐비닛 등에 사용한다.
프로피온산 섬유소수지	강인하여 충격강도가 크고 가공성이 매우 좋다.	값이 너무 비싸다.	전기절연재로, 기계 부품재 등에 쓰이고 방사(紡絲)하여 직물재로 쓰인다.
에틸 섬유소수지	비중이 작고 저온의 기계적 성질이 좋으며 전기적 성질과 내후성이 좋다.	열에 약하다.	전기용품, 자동차 부품재 등에 쓰인다.

3.4 고무류 및 합성고무

(1) 고무류

고무는 열대지방의 천연고무나무에서 채취하는 고무라텍스를 가류제(加硫劑)등으로 처리하여 물리적 성질을 개량한 것이다. 고무는 공업용재 · 전기절연재 · 의료식품 분야 등에 광범위하게 사용되며 일상생활에 없어서는 안될 중요한 재료이기도 하다.

고무류에는 라텍스 · 생고무 · 가류고무 · 고무유도체 등이 있다.

(가) 라텍스(Latex)

라텍스는 그 자체에 가류제 · 충전제 등의 조제(助劑)를 가하여 직물에 침투시켜 고무천이나 고무스폰지, 기타 다공성 고무 등의 제조 등에 사용된다.

생고무는 생고무 그대로의 제품은 거의 없다.

(나) 가류고무

가류(加硫)고무는 생고무에 유황을 혼합하여 그 물리적·화학적 성질을 개량하여 사용목적에 적응시킨 것이다. 즉 광선 · 열에 약한 생고무를 많이 개량한 고무로서 전선피복 · 파이프 · 호수 · 패킹 · 스폰지 · 타이어 등에 광범위하게 사용된다.

(다) 고무유도체

생고무에 염소 · 염산을 작용시키면 염화고무 · 염산고무가 된다. 이것은 가류고무에 없는 여러가지 성질을 갖게 된다. 염화고무는 가소제나 안료를 넣어서 도료로 쓴다. 내산 · 내알칼리성이고 목재나 금속에 접착성이 큰 강인한 피막을 만단다. 염산고무는 내수성 · 내유성 · 유연성이 풍부하고 투습도가 매우 낮다. 따라서 식품이나 화약 등의 포장재료로 사용된다.

환화(環化)고무는 황산이나 기타 화학약품 등으로 고무를 환상화(環狀化 : 환상화)한 것이다. 내알칼리성이 강하고 녹여서 접착제 · 도료 · 전기 절연재료로 사용된다.

(2) 합성고무

합성고무의 특성은 내유성과 내후성이 있고 석유계 유류는 천연고무보다 훨씬 우수하다. 내유성에서 실용상 중요한 것은 팽창도보다 팽창시의 강도가 저하기 문제인데, 합성고무는 이때의 강도저하가 작다. 내후성에 대해서는 산소·오존·직사광선에 의한 저항성이 현저히 낮다. 강도는 충전제를 배합한 가류천연고무보다 큰 저항력을 가진다. 종류에는 부나에스(GR-S)·부나엔(GR-N)·네오프렌 등이 있으며, 타이어재료는 부나에스·부나엔 등이 많이 쓰이고 절연재료는 부나에스가 쓰인다. 특히 전압에는 네오프렌이 쓰이고 부나에스의 라텍스페인트는 내산·내알칼리 도료로 가장 많이 사용되고 있다.

4. 플라스틱 제품

플라스틱를 주원료로 한 제품에는 판상·바닥판·레저 및 필름·수지관류·다공질제품·도장마감재·코킹재·접착재 등 용도에 따라 여러가지 종류 및 형상이 있다. 합성수지제품을 건축 각 부분별 용재로 구분하여 제품 예를 들면 표5와 같다.

표5. 건축용 합성수지 제품예

용재구분	제 품 예
지붕재	폴리에스테르경화 파형판, 아크릴 파형판, 염화비닐 파형판 등
외벽재	폴리에스테르 경화평판, 멜라민 합성판, 아크릴불투명판, 염화비닐평판, 폴리스티렌강화판, 페놀수지합판 등
내벽재	폴리에스테르 치장판, 멜라민치장판, 아크릴평판, 염화비닐 치장판, 폴리스티렌타일, 염화비닐리덴시트 등
채광재	아크릴투명판, 염화비닐투명판, 폴리스티렌투명판, 초산·셀룰로스투명판 등
천장판	폴리에스테르 강화판, 아크릴투명판, 염화비닐적층판, 비닐필름흡음판, 폴리스티렌적충판등
바닥판	염화비닐타일, 비닐시트, 폴리스티렌타일, 쿠마론수지타일, 폴리에스텔 도장재 등
설비재	폴리에스텔 세면기, 멜라민 치장판, 아크릴제 수도꼭지, 염화비닐파이프, 폴리에스틸렌 파이프 및 부속품, 페놀수지 파이프 등
단열재	폴리에스테르발포제, 염화비닐스폰지, 폴리스티렌발포제, 폴리에틸렌 스폰지, 합성고무스폰지 등
기밀재	염화비닐방수판 및 조이너, 폴리에틸렌 패킹, 합성고무제품 등
도료	폴리에틸렌수지 이외의 모든 수지를 용제에 녹여서 원료로 쓸 수 있음
기타	폴리에스테르필름, 멜라민가구재, 아크릴가구재, 염화비닐 창호바퀴·튜브·호스, 페놀수지 전기재, 경구조개 등

4.1 판상제품

(1) 폴리에스테르강화판(Polyester hard board)

유리섬유를 불규칙하게 혼입하여 상온 가압하여 성형한 판(板)으로서 알칼리 이외의 화학약품에는 저항성이 있고 결정(結晶)이므로 설비재·내외수장재로 쓰인다.

(2) 폴리에스테르 치장재(Polyester decorated board)

합판 · 하드보드 등의 표면에 0.5~1mm 두께로 폴리에스테르수지 피막(皮膜)을 입힌 넓은 판으로서 바탕에 색체나 무늬 등을 투영시켜 의장효과를 낼 수 있다. 두께는 3cm, 4cm, 4.5cm, 6cm 정도의 것이 있고 크기는 90cm×90cm, 90cm×180cm, 120cm×240cm 등이 있다. 천장판·내벽판·가구판 등에 쓰인다.

(3) 멜라민치장판(Melamine board)

두꺼운 종이게 페놀수지를 침투시켜 부착시킨 바탕에 색종이나 나무무늬판 등을 붙이고 멜라민수지를 침투시킬 종이를 씌우고 140℃ 에서 1000kg/㎠의 압력을 가하여 성형한 판이다. 두께는 1.5mm가 표준이고 크기는 90cm×90cm, 90cm×180cm 등의 제품이 있다. 상품명은 호마이카(Formica) · 데콜라(Decola)등이 있다. 경도가 크고, 내열 · 내수성이 부족하여 외장재로는 부적당하나 내장재 · 가구재로 쓰인다.

(4) 아크릴평판 및 골판(Acrylate board & acrylate corrugated board)

입상(粒狀)아크릴 원료에 안료를 혼합하여 열압성형하면 착색 반투명판 · 투명판 등이 된다. 색은 자유로이 할 수 있으며 상품명으로 아크릴라이트(Acrylite)·플렉시글라스(Plexiglass) 등이 있다. 채광판으로 사용되며 두께가 20mm 정도의 것은 통문짝으로 이용되며, 엷은 판은 곡면천장 · 스테인드글라스 · 카운터 · 간판 · 조명기구 등에 쓰인다. 아크릴 골판은 아크릴 원료를 골 롤러(Roller)에 통과시켜 골판으로 만든 것인데 휨강도가 크고 투명도가 좋으므로 지붕재 · 천장판 · 내외부장식재로 쓰며 착생이 자유롭고 절단·구멍 뚫기 등 가공이 용이하다. 특히 베란다 등의 지붕재료로서 많이 사용되고 있다.

(5) 염화비닐판(Polyvinyl chloride board)

입상수지원료를 가열하여 롤러(roller)를 통하여 투명평판 · 착색골판 · 불투명평판 · 무늬판 · 골판 등으로 만들 수 있다. 불투명판은 석면 등의 충전재를 혼합하여 만드는 경우가 많다. 두께는 3mm 정도까지 있고 크기는 90cm×90cm, 90cm×180cm 이외에 롤러에 따라서 자유롭게 치수를 조정할 수 있다. 두께가 18~20mm 판은 통문판으로 쓰이며 각종 리브(rib)로도 쓰인다.

(6) 페놀수지판(Phenol formaldehyde board)

페놀수지판에는 종이에 페놀수지를 침투시켜 가열·가압하여 만든 얇은 판인 베클라이트평판(Bakelite board), 목재박판을 페놀수지액에 담갔다가 수매씩 겹쳐 가열 · 가압하여 판을 만든 강화목재적층판, 합판 표면에 페놀수지를 침투시킨 종이를 한 층만 붙이고 가열 압축시켜 만든 페놀수지 치장판이 있다. 베클라이트 평판은 견고한 재료로 공업용재에 광범위하게 쓰이고 강화목재 적층판은 앞으로 구조체나 벽체에 사용될 수 있는 유망한 재료이다.

(7) 폴리스티렌투명판(Polystyrene transparent plane)

폴리스티렌수지를 가열하여 틀(Mold)에 주입, 성형한 것이다. 두께가 2mm 이상이고 무색투명하여 투과율이 90% 이상으로 채광판에 사용되나, 내후성이 부적하고 황색화되어 투광율이 감소되는 결점이 있다. 착색판은 장식용으로 쓰이며 값이 싸다.

(8) 초산섬유소판

인화성이 없고 투명도가 좋아서 채광판으로 쓰이며 상품으로서는 셀라네스 아세테이드(Celanese acetate)가 있고 두께는 0.1~6.5mm의 것들이 있어 채광판·전기기구 등에 쓰인다.

(9) 비닐스펀지판(Polyvinyl-sponge sheet)

염화비닐수지를 원료로 하고 가소성 · 충전제 · 발포제 등을 혼합하여 만든 유공질판으로 탄성이 좋고 단열 · 흡음성이 있어 내장재·방음재·보온재로 쓰인다.

4.2 바닥판재

(1) 염화비닐타일(Polyvinyl chloride tile)

염화비닐에 가소제를 섞어서 연질물로 만든 것에 충전제로 석분·석면·코르크분말 등을 혼합하고, 안료를 섞은 것을 가열하면서 롤러로 압연 성형한 것이다. 두께는 2~3㎜의 것이 있고 크기는 30.5~30.5㎝ 각을 표준으로 여러가지 있으며 착색판·무늬판 등이 있고 색은 아스팔트타일보다 더 선명하고 엷은 색도 만들 수 있다. 바닥판 재료의 용도 이외에 계단의 논슬립용으로 사용되고 있다.

(2) 아스팔트타일(Asphalt tile)

아스팔트와 쿠마론수지를 원료로 하고 석면 및 기타 충전제와 안료를 혼합하여 착색 열압 한 것으로서 두께는 3㎜ 정도이고 크기는 30㎝~30㎝각이 표준이다. 촉감·탄력·미관·내화학성·내마멸성이 우수하고 자국이 나도 곧 회복되므로 바닥(마루)수장재로 쓰인다. 그러나 내유성 및 내열성이 낮아 취약한 결점이 있다.

(3) 폴리스티렌수지타일(Polystyrene resin tile)

폴리스티렌수지 원료에 충전제 및 안료를 혼합하여 열압 성형한 것으로서 바탕에 접착이 잘되고 경량으로 보온효과가 있으나 경도가 부족하여 마모되기 쉽고 흠이 생기므로 마루면에는 쓰지 않고 내벽재로 쓴다. 크기는 7.5㎝×7.5㎝, 11㎝×11㎝ 등 모자이크형인 것이 많이 쓰인다.

(4) 비닐시트(polyvinyl chloride sheet)

염산비닐과 초산 비닐의 공중합체(共重合體)를 원료로 하여 석면·펌프 등을 충전제로 쓰고 안료를 착색하여 열압 성형한 시트로서 폭 90㎝,두께 2.5㎜ 이하의 두루마리형으로 되어 있다. 부드럽고 보행촉감이 좋으며 자국이 나도 회복되기 쉽고 마모도 적으므로 목조마루·온돌·콘크리트바닥 등의 바탕에 자유로 이용할 수가 있어 널리 쓰인다.

(5) 스폰지시트(Sponge sheet)

염화비닐수지를 원료로 하고 가소제 · 충전제 · 발포제 등을 혼입하여 스펀지층 위에 염화비닐의 착색막을 붙여서 만든 것으로 단열성·방음성이 우수하므로 바닥 및 내벽재로 쓰인다.

(6) 비닐타일(Vinyl tile)

비닐타일은 아스팔트 · 합성수지 · 석면 · 광물분말 · 안료 등을 혼합 가열하여 시트형으로 만들어 30㎝ 각 정도로 절한한 판이다. 염화비닐을 주원료로 한 비닐타일과 쿠마론수지를 주원료로 한 아스타일 등이 있다. 촉감 · 미관 · 탄력이 좋고 내화학성이 있으며, 마멸성이 작아 자국이 나도 곧 회복되므로 바닥 마감제 또는 마루재 등으로 쓰인다. 특히 비닐아스타일(Vinyl-as-tile)은 22종 이상으로 색채가 선명하고 촉감이 좋은 바닥재이다.

(7) 비닐코르크시트(Vinyl cork sheet)

코르크판 위에 0.5~1㎜ 두께의 비닐 연질막을 씌운 것과 코르크분말을 충전제로 한 비닐판의 2종이 있다. 바닥에 깔면 탄성이 있고 마모가 적으며 흡음 및 보온 효과가 있어 바닥재로 쓰이며 리놀륨보다 매끄럽지 않다.

(8) 리놀륨(Linoleum) · 리놀륨타일(Linoleum tile)

리놀륨은 아마인유(亞麻仁油)의 산화물인 리녹신(Linoxyn : Linokish resin)에 수지 · 고무질물질 · 코르크가루 · 안료 등을 섞어 마포 같은데 발라 두꺼운 종이모양으로 압연 성형한 제품으로서 바닥이나 벽의 수장재로 쓰인다. 리놀륨을 리놀리움이라고도 하며 깨끗하고 부드러우며 탄력성이 있어 바닥재로 사용하면 부드럽고 보행 촉감도 좋다. 리놀륨의 두께는 2~4㎜, 폭은 1.8m, 길이는 2.7m가 1권으로 되어 있고 빛깔은 차색(茶色)과 초록색의 2종이 있다. 리놀륨타일은 리놀륨과 동질이고 뒤에 마포는 대지 않는다. 두께는 2~3㎜, 크기는 30㎝×30㎝ 각 또는 90㎝×180㎝의 2종이 있으며 단색과 대리석 무늬가 있다.

4.3 레더 및 필름(Leather & Film)

(1) 비닐레더(Vinyl leather)

염화비닐에 가소제를 넣어 잘 이겨서 안료와 안정제를 혼합한 후 이를 바탕이 되는 면호와 함께 캘린더롤러에 통과ㅣ켜 만든 것으로서 색채 · 모양 · 무늬 등을 자유롭게 할 수 있고 표면을 가죽모양의 레더스킨으로 만들 수 있다. 상품으로는 비닐레더, 비닐반시트, 론픽스 등이 있고 신축성과 인장력이 크다. 면 · 포로 된 것은 찢어지지 않고 튼튼하다. 벽지 · 천장지와 가구 등에 많이 이용된다. 두께는 0.5~1mm이고, 길이는 10m 두루마리(roll)로 만든다.

(2) 비닐길트(Vinyl gilt)

두께 0.5mm정도의 비닐필름 2장 사이에 솜을 넣고 고주파필터로 적당한 간격을 두어 앞뒷장을 용착시킨 것으로 보통 레더 보다 흡음성이 크고 부드러워 천장 · 내벽의 음향조절재로 쓰인다.

(3) 염화비닐필름(Polyvinyl chloride film)

염화비닐에 가소제를 혼합하여 캘린더롤로 압축하여 만든 엷은 막으로 되어 있는 것으로서 두께는 0.05~0.2mm 정도이고 연질품 · 경질품이 있다. 커튼 · 테이블크로스 · 방수막으로 사용된다.

(4) 수지가공지

크라프지와 같은 두꺼운 종이의 한 편에 수지를 칠하여 방습 · 방수의 효과를 나타내므로 방수지로 사용하게 된다.

4.4 플라스틱관류

(1) 경질염화비닐관(Polyvinyl pipe)

염화비닐에 안정제 · 안료를 첨가하여 가열한 것을 압출 · 성형하여 관으로 만든 것 이다. 색깔은 회색이고 안지름은 13~148mm이며 관 내벽이 매끈하여 유체저항이 적어서 유량이 증가하며 내식성이 있고, 가공이 용이하며 용제접착이 가능하다. 따라서 급·배수관 및 전선관 등에 주로 이용된다.

(2) 염화비닐홈통(Polyvinyl gutter)

염화비닐 원료에 안정제를 넣어서 가열, 압축 성형한 홈통으로서 두께는 1~15㎜ 정도이고 직경은 처마홈통은 8.5~10㎜, 선홈통 5.1~5.5㎝의 것이 있다. 색은 회식이고 에스론 홈통(S-lone gutter)이라고도 한다.

(3) 염화비닐튜브(Poly vinyl tube)

연질비닐을 압출 성형한 것으로서 두께는 0.1~1.0㎜이고 색은 무색·백색·회색·흑색·오렌지색 등이 있다. 100~120℃로 가열하면 직경방향으로 30~60% 수축하는 것과 반대로 10~20% 팽창하는 것이 있다. 수축되는 것은 막대 혹은 관 등의 표면피복재로 쓰이며, 팽창하는 것은 관내에 넣어서 내부피복재로 쓰인다. 강관의 녹막이작용과 미관보존 등에 사용한다.

(4) 폴리에틸렌 수지관(Polyethylene resin pipe)

폴리에틸렌수지 원료를 고압 또는 저압으로 압축 성형한 관제품으로서 고압압출법에 의한 것은 다소 부드럽고 저압 압축법에 의한 것은 약간 경질이다. 상품으로는 폴리나이트·하이렉스 등이 있고 염화비닐파이프와 같은 곳에 사용되며 내열성이 있어 가격이 비싼 편이다. 녹이는 용제가 없으므로 접착이 불가능하다는 단점이 있다.

(5) 페놀수지관(Phenol resin pipe)

페놀수지관은 전기재료로 사용되는 것이 많고, 목면·펄프·유리·섬유 등을 기재(基材)로 한 것이 많다. 상품 중 카베트관은 흑회색으로 화학폐액관 등으로 이용되고 있다.

(6) 플라스틱밸브(Plastic valve)

급배수전으로 내구성과 내식성이 큰 제품은 아크릴수지·폴리에틸렌

수지·염화비닐수지 등으로 만든 것이 있다. 이것은 투명체이므로 액체의 유동상태가 그대로 보이기 때문에 편리한 점이 있다.

4.5 다포질 제품

(1) 플라스틱스펀지(Plastic sponge)

각종 합성수지를 써서 해면상(海綿狀)으로 만든 제품으로서 단열성이 크고 흡음률이 높으며 가공이 쉽고 절단하기도 쉬울 뿐만 아니라 접착도 간단하여 단열재 또는 흡음재로서 많이 사용된다. 종류는 염화비닐스펀지(상품명은 스티로폼), 폴리우레탄 폼, 합성고무스펀지 등이 있다.

(2) 허니컴(Honey comb)재

얇은 염화비닐판이나 페놀수지액에 적신 크라프트지 등을 사용하여 여러겹으로 겹치거나 또는 벌집모양으로 만든 제품을 총칭하여 허니컴재 라고 하는데 허니컴의 특징은 단열과 흡음이 좋고 코어로서 강도가 충분하다는 것이다. 허니컴재는 주로 천장이나 내부 벽체에 흡음재로 사용 되고 있다.

얇은 염화비닐의 작은 골판을 방향이 서로 직각이 되게 몇 층씩 겹쳐 붙인 제품인 염화비닐 허니컴판(Polyvinyl honey comb board)이 있는데 이 제품은 두께가 2.5cm, 크기는 60cm×60cm 각으로서 흡음판으로 쓰인다.

페놀수지액을 크라프트지에 침투시켜 골판으로 만들어 적층하거나 벌집모양으로 만든 페놀침투지 허니캄코어(Phenol sheet honey comb core board)가 있는데 이 제품은 단열·흡음성이 있는 내장재로 쓰인다. 근래에는 허니컴 코어를 이용하여 벌집 심플러시도어(Honey comb core flush door : 플러시도어 울거미 속에 벌집모양으로 된 나무·종이 또는 합성수지 심재를 넣고 합판 등을 교착하여 만든 플러시 도어)또는 벌집심합판(Honey core plywood : 나무·종이·합성수지 등의 심재를 써서 벌집모양으로 교착하여 만든 합판)등의 제품이 나오고 있다.

4.6 합성수지섬유제품

(1) 염화비닐리덴 섬유

염화비닐에서 얻은 염화비닐리덴을 용해하여 실로 만들고 그것으로 직물을 짠 것이다. 천으로 된 것과 망사로 된 것이 있고 강도·내수성·내화학성·난연성 등이 있어 베니션블라인드·양탄자·천막·방충막·벽지·의자커버 등 여러 곳에 사용된다.

(2) 비닐계 섬유

염화비닐제품(상품명은 로빌), 폴리비닐알콜제품(상품명은 비닐론)등이 있다. 일반적으로 내열성이 좋으므로 직물용으로 망사·커튼·스크린 등에 사용된다.

(3) 폴리에스테르 섬유

나일론의 성질과 비슷한 것으로 테릴렌(영국산), 테토론(미국산) 등은 가구·실내장식재 등으로 쓰인다.

4.7 기타 플라스틱 제품

(1) 신축줄눈대(Expansion joint)

실리콘나무·네오프렌·테플론(불소수지)등의 탄력성이 있는 성형품과 코킹·퍼티 등의 충전재인 줄눈재료가 있다. 성형품은 내구성·내수성이 크고 내열성이 좋다. 반경질 염화비닐의 신축줄눈도 있다. 석조의 줄눈재료용으로 실리콘 러버가 있으며 테플론은 고열에 견디므로 보일러의 패킹으로 사용된다. 이 제품은 건축용 줄눈으로 널리 이용되고 있다.

(2) 조이너(Joinner)

하드보드 등의 접착부를 조이너로 덮기 위한 줄눈재료로 이용된다. 조이너는 보통 경질염화비닐로 만들어 천장·벽체 등의 줄눈재 혹은 부속재료로 사용된다.

4.8 도장 마감재료

(1) 비닐모르타르(Vinyl mortar)

염화비닐을 녹인 용액이나 초산비닐에멀션(물로 혼합된 것)등을 시멘트모르타르에 혼합하여 바르면 광택이 나고 인장강도가 증대된다. 접착성이 크고 방수성이 있으나 내구성은 불명확하여 아직도 미지수로 남아 있다. 지붕방수재의 신축줄눈, 함석의 녹막이도장, 단열재도장 등에 쓰이고 바닥에 바르면 탄성이 있어 보행촉감이 좋아진다.

(2) 플라스틱라이닝(Plastic lining)

플라스틱 투께 1~2㎜ 정도의 필름을 연속적으로 붙여나가거나 또는 두껍게 바르는 것인데 내식성·내수성 등이 증대된다. 염화비닐·초산비닐·폴리에스텔 등이 사용되고 수조·약품 저장조 등이 내벽 또는 지하실 방수 등에 쓰인다.

16 목 재

1. 개론
2. 목재의 조직
3. 건조 및 가공
4. 제재(制材)
5. 목재의 성질
6. 내구성(耐久性)
7. 목재의 보존성
8. 목재의 가공품
9. 특수 목재의 용도

1. 개 론

목재는 건축에서 구조재·창호재·수장재·가구재 등으로 많이 이용되고 있다. 구조재로는 대체로 침엽수종의 목재가 많이 사용되고 있으며 건물의 뼈대가 되는 부재이고 큰 하중을 받게 되는 재이므로 강도에 치중하여야 하고 수장재나 가구재는 나무의 결이 좋고 무늬가 곱고, 뒤틀림이 적고 질긴 활엽수종의 목재가 많이 사용되고 있다. 특히 목재는 다른 재료보다 가볍고 인장강도나 압축강도가 크며 인체에 촉감이 좋고 보온성이 있다. 다시 요약해 보면 목재의 장점은 다음과 같이 있다.

① 직통대재를 얻기 쉽고 강도·탄성·인성이 크므로 기둥·보등에 적합하고 모든 구조재로 사용할 때 가볍다.
② 열전도율이 적으므로 보온·방한·방사성이 뛰어나고 음의 흡수, 차단성이 크고 흡습 조절의 능력이 우수하다.
③ 비중이 적은 데 비해 압축강도, 인장강도가 크다.
④ 절단·구멍뚫기·마감질·못박기 등의 가공이 용이하여 각재, 판재 등의 임의의 형상을 만들기가 쉬울 뿐만 아니라 또한 시공성이 우수하다.
⑤ 종류가 많고 각기 다른 친화성이 좋고 외관도 아름답고 생산 공급이 풍부하며 내장마감재, 가구재 등으로서도 우수하고 가격도 다른 건축재료에 비하여 비교적 싸다.

위와 같은 목재에는 다른 재료에서 찾아볼 수 없는 우수한 장점이 있는 반면에 건조에 의한 변형이 크고 불에 약하며 방부력이 부족하고 내구력이 적다. 즉 목재의 단점은 다음과 같다.

① 가연성이고 내화적이 아니므로 건축물의 화재에 대하여 문제가 있다.
② 흡수성과 흡습성이 크고 건습에 의한 신축·변형이 심하여 신축 후 약1년 후부터 여러 가지 부작용이 발생한다.

③ 부패하기 쉽고 또한 충해를 받기 쉬워 기초 토대 흙에 접하거나 지면에 가까운 부재가 아주 빨리 부패하거나 내구성이 저하된다.

2. 목재의 조직

목재는 길이와 두께가 모두 성장하는 외장수와 길이만을 성장하는 장수가 있으며 외장수의 경우 수피·목질부·수심 세 부분으로 되어 있으며 다음과 같은 형상으로 다른 몇 가지의 세포로 즉, 섬유세포·도관세포·수선세포 으로 구성되어 있다.

2.1 세포의 종류

(1) 목섬유(木纖維)

① 모양 : 가늘고 길게 된 것으로 목재 대부분의 용적(容積)을 차지한다.

② 위치 : 목재 수간 방향에 평행으로 놓여 있고 수간에 견고성을 준다.

③ 작용 : 침엽수에는 가도관 역할을 하여 수분, 영양분의 통로가 된다.

④ 특성 : 세포막이 두꺼운 것은 목재의 강도가 커진다 (길이는 0.5~2.5㎜)

(2) 도관세포(導管細胞)

① 모양 : 목섬유보다 크고 굵은 세포가 목섬유와 같은 방향으로 들어있어 그 양끝이 열려 서로 연결되므로 수액의 통로가 된다.

② 도관세포가 큰 활엽수 : 느티나무·갈나무·오동나무 등이 있다.

③ 도관세포가 작은 활엽수 : 버드나무·단풍나무·라왕 등이 있다.

④ 도관세포가 없는 것 : 침엽수종이다.

⑤ 도관세포 : 유목은 생세포이나 노목은 심재부가 사세포가 되어 물질로 고착화되고 암색 견고한 부분이 되어 목재의 내구성이

증가한다.

⑥ 용도 : 종단면에 반문이 생겨 있으며 재종을 식별하는 표준도가 되고 미관을 나타내므로 장식재로 사용한다.

(3) 수선세포(髓線細胞)

① 모양 : 도관세포와 같은 모양과 동일한 작용을 하나 배열이 수간 직각 방향으로 되어 수간의 횡단면상에는 연륜을 거쳐 복사선상으로 나타난다.

② 침엽수(針葉樹) : 수선세포가 작아서 잘 나타나지 않는다.

③ 활엽수(闊葉樹 : 참나무·갈나무 등) : 수선이 암색반문과 광택이 나는 뚜렷한 무늬로 나타난다.

2.2 목리(木理)

(1) 연륜(年輪 : Annual Ring)

춘추재의 세포층으로 된 수간횡단면상(樹間橫斷面上)에 나타나는 동심원상(同心圓上)의 조직을 연륜(年輪 : 나이테)라고 말한다.

① 춘재(春材) : 춘·하절에 성장한 세포막은 얇고 유연하여 그 부분이 담색 목질인 부분을 말한다.

② 추재(秋材) : 추·동절에 성장한 세포막은 두껍고 견고한 세포층인 부분이다.

③ 강도(强度) : 춘재율과 연륜밀도가 큰 목재일수록 강도가 크다.

④ 연륜이 뚜렷한 나무 : 느티나무 · 갈나무 · 밤나무 등이 있다.

⑤ 연륜이 잘 나타나지 않는 나무 : 단풍 · 라왕 · 티크 · 마호가니 등 (대개 열대지방나무)

(2) 무늬(Grain)

① 모양 : 제재방법으로 목재 종단면(縱斷面)에 춘재 · 추재의 배열

이 다르게 나타나는데 횡단면상의 연륜을 직각방향으로 자른 종단면상에는 곧은 평행선 무늬가 나타나고 연륜절선 방향으로 자른 종단면상에는 파형무늬가 나타난다.

② 용도 : 곧은 결재는 목질이 단단하므로 구조재로, 널결목재는 아름다우므로 장식재로 많이 이용한다.

(3) 재종(材種)

① 심재(心材) : 목재 횡단면상의 가운데 부분으로 대부분의 세포가 죽어서 광물질 등이 고착도어 견고하고 암갈색인 부분이다.

② 변재(邊材) : 대부분 세포가 산세포로 수액이 많이 포함되고 유연하며 담황색인 부분이다.

(4) 나무결

① 나무결의 밀도 : 목재 중에서 특히 도관세포가 커서 결이 거친 것과 세포가 치밀하여 결이 치밀한 있다.

② 나무결의 균질 : 목재 중에는 춘추재의 구별이 불분명하여 목질부 전체가 결이 고르게 된 것도 있고 춘추재의 결이 뚜렷이 나타나서 나무결이 고르지 못한 것도 있다.

③ 나무결의 변형 : 목섬유 배열방향이 수간에 평행으로 곧게 된 침엽수, 목섬유가 나사모양이나 물결모양으로 변형이 되어 수간이 꾸부려지고 나무결이 꼬인것으로 장식재로 많이 이용한다.

2.3 목재의 결함(缺陷 : Mound)

(1) 갈라짐(Crack)

① 심재성형파열 : 목재 마구리면에서 심재부에 나이테와 직각방향으로 생긴 균열이다.

② 변재성형파열 : 변재부의 나이테와 직각방향으로 생기는 균열이다.

③ 원형파열 : 벌목마구리 면에서 나이테방향으로 둥글게 균열이 가는 것이다.

(2) 옹이(Knot)

① 생옹이 : 벌목 때 산가지가 붙어 있는 자국으로 색이 약간 진하고 외관이 좋지 않다.

② 죽은옹이 : 벌목 전에 이미 가지를 쳐버린 자국, 색깔은 암갈색이고 너무 견고하여 가공이 극히 곤란하다.

③ 썩은 옹이 : 옹이가 썩어서 강도가 낮은 부분이다.

④ 옹이구멍 : 옹이가 빠져서 구멍이 된 부분이다.

(3) 지선(地線)

① 외상(外傷 : 벌목시에 타박상을 받거나 운반시 도끼 자국이 나서 섬유의 상한부분이 썩는 것을 말한다.)

② 입피(入皮 : 껍질박) : 표피일부가 벗겨졌다가 상처가 아물 때 표피일부가 목질부 속으로 말려들어 간 것을 입피라 한다.

③ 썩정이 : 목재의 일부분이 썩어서 약해지거나 강도가 저하, 변색된 것을 썩정이라 한다.

3. 건조 및 가공

나무말뚝을 제외한 나머지 건축재료로 사용되는 목재는 건조의 필요성을 느끼게 된다. 잘 건조되지 않은 목재를 쓰면 반곡 또는 균열이 생길 뿐만 아니라 부패하기 쉽고 강도나 탄성계수가 낮아진다. 특히 구조재는 기건상태의 목재를 사용해야하며 또 목재의 가공은 길이에 따라서 단척·정척·난척으로 제재하여 사용하며 각재·판재 등으로 하여 적당한 가공이 필요하다.

3.1 벌목(伐木)

(1) 벌목시기

① 시기 : 추·동기에는 수목이 성장이 정지되고 수액이 빠져 있어 이 시기에 벌목하는 것이 좋다.

② 추동기에 벌목하는 이유 : 추동기에 벌목하면 목재의 건조가 빠르고 목질도 견고하고 산 중 운반도 편하고 벌목노임(농한기)도 싸므로 한다. 춘·하기는 수액이 많고 탈피가 쉽고 목질이 유연하므로 완곡재 등으로 가공하기는 쉬우나 불리한 시기이다.

(2) 수령(樹齡)

① 유목 : 재질이 유연하고 재적도 적어 손실이 크나 완곡가공 편하다.
② 장목 : 재적도 많고 재질도 견고하고 가장 유리한 시기이다.
③ 노목 : 심재가 일부 썩어 재적도 감소되므로 불리하다.

3.2 건조

(1) 건조목재

건조목재를 사용하면 좋은 점은 다음과 같다.

① 건조수축이나 건조변형을 방지할 수 있다.
② 건조재는 자중이 경감되어 운반, 시공상 편하다
③ 건조재는 부패균의 발생, 성장을 막아서 부패방지가 된다.
④ 건조재는 강도가 크다.

(2) 건조방법

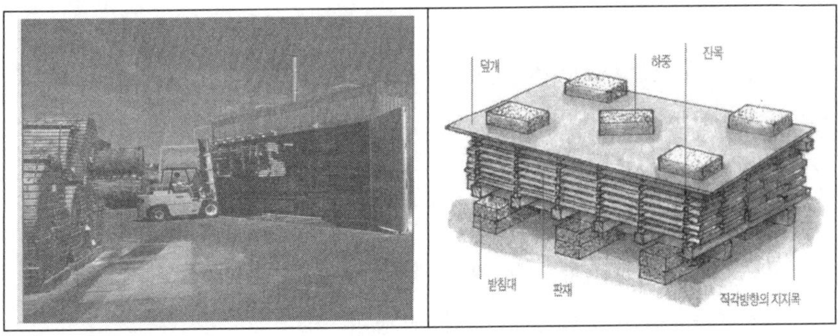

(1) 자연건조법

원목을 벌목현지에 방치해 두면 우로에 의해 수액이 빠져 자연건조되는 것을 자연건조라 한다. 제재품을 헛짚 안에 쌓아 두면 우로와 직사광선을 피하면서 통풍으로만 장기간에 의해 자연건조 한다. 침엽수 3㎝판이면 6개월, 활엽수같은 각재는 1~2년 정도 걸려 자연건조된다. 건조비용이 적게 들고 재질은 좋아지나 건조기간이 길어진다.

유의할 점은 마구리에 페인트칠을 하고 쌓을 때는 수평으로 놓아 사이사이에 오림목을 괴어야 한다(뒤틀림 방지 목적). 지반에서 올라오는 습기를 방지하기 위해 20㎝ 이상의 괴목을 놓고 쌓는다.

(2) 인공건조법

① 수액제거법 : 먼저 수액을 빼고 인공적으로 가열 건조한다.
- 수침법 : 2주간 수침(흐르는 물이 유리)한다.
- 자비법 : 열탕으로 삶는 방법이다(3㎝ 정도면 2~4시간).
- 증기법 : 포화수증기(1.5~3.0) 기압으로 건조하는 것을 말한다.

② 건조법
- 수액을 뺀 목재를 건조실에 쌓고 처음에는 다습 저온 열기를 통과시키다가 고온저습으로 조절하여 건조한다.
- 건조실에 목재를 쌓고 연기를 통과시키면 점차 건조된다. 표면은 매연으로 변색 착색된다.
- 인공건조는 건조가 빠르나 경비가 많이 들고 건조 시설이 필요하다.

(3) 건조속도

① 침엽수가 활엽수보다 빠르다 (도관세포가 적은 활엽수는 건조속도가 빠르다).

② 심재가 변재보다 건조속도가 빠르다(노목이 유목보다 건조가 빠르다).

③ 고온건조는 건조속도가 빠르나 표면에 건열이 생기기 쉬우며 저온건조는 건조속도는 늦으나 변형이 적다.

(4) 건조 정도

① 생목의 함수율 : 100% 이상이다.

② 섬유포화점의 함수율 : 30%(30% 이하에서 가도 증대, 건조수축

증대)이다.

③ 기건상태의 함수율 : 0%(대기 중의 습기와 균형)이다.

④ 전건상태의 함수율 : 0%(대기 중의 습기 흡수 다시 기건재로 돌아감)이다.

⑤ 건조 정도 : 건조 정도에 따라 비중감소, 강도증가, 부패감소, 열・전기 등의 전도율 감소, 건조변형 감소 등의 현상이 일어난다.

4. 제재(制材)

(1) 제재 계획

① 취재율을 높여야 한다(침엽수에서는 70% 이상, 활엽수에서는 50%이상).

② 건조수축을 고려하여 건조후의 치수와 형상을 유지하도록 해야 한다.

③ 목재의 용도에 따라 나무결과 무늬 등을 고려해야 한다.

(2) 제재품

(가) 기성제품

① 길이

단척물 : 목재의 길이가 6(1.8m)자 이하인 각재

정척물 : 목재의 길이가 6(1.8m)자·9(2.7m)자·12(3.6m)자인 각재

장척물 : 목재의 길이가 15(4.5m)자 이상인 각재

난척물 : 7(2.1m)자·8(2.4m)자·10(3m)자·11(3.3m)자 등이 있다.

② 단면

각재는 1(3m)치각, 1.2치각, 1.5(4.5m)치각, 1.7치각, 2(6cm)치각, 2.5(7.5cm)치각, 3(9cm)치각, 3.5(10.5cm)치각, 4(12cm)치각 등이 있다.

③ 판자의 두께

판재의 두께는 3푼널(9mm), 4푼널(12mm), 5푼널(15mm), 6푼널(18mm),

7푼널(21㎜), 8푼널(24㎜), 9푼널(27㎜), 1치널(3㎝), 1.2치널, 1.5치널, 2치널, 2.5치널, 3치널 등이 있다.

(나) 주문제품

현장에서 필요로 하는 것을 공장에서 각종 치수에 맞게 주문 제재하는 것이다.

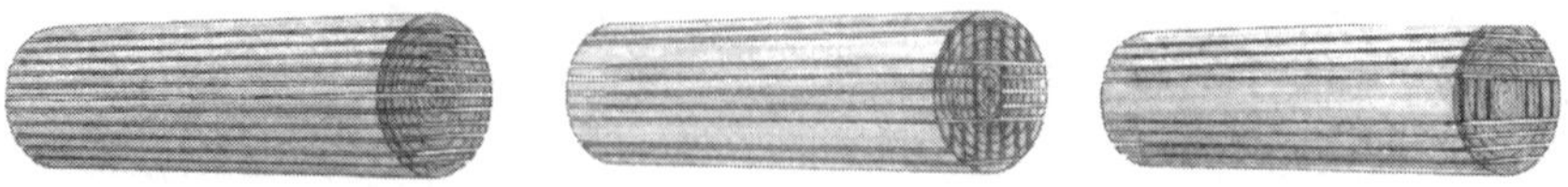

일관제재 정목제재 판목제재

5. 목재의 성질

목재의 성질은 물리적 성질로 비중, 함수율 등을 제대로 이해하여 역학적인 성질, 함수율과 강도와의 관계, 비중과 강도와의 관계, 응력과 강도와의 관계와 내구성·내열성 등을 이해하여 재료 선택에 많은 도움이 되리라고 본다.

5.1 비중(比重)

① 목재의 비중은 동일 수종이라도 연륜, 밀도, 생육지 수령 또는 심재와 변재에 따라 다소 다르다.
② 침엽수나 활엽수의 비중은 다음 표1과 같다.
③ 비중이 크면 목재의 공간율이 적어진다.
④ 비중이 큰 목재는 섬유질물이 치밀하게 들어 있는 목재이므로 강도가 커진다.

표1. 목재의 비중

수종	기건비중	수종	기건비중	수종	기건비중
소나무	0.53	밤나무	0.51	나왕	0.48
해송	0.54	느티나무	0.74	미송	0.54
삼나무	0.37	오동나무	0.31	티크	0.68
전나무	0.43	단풍나무	0.72	자단	0.84
낙엽송	0.61	참나무	0.83	흑단	0.85
가문비나무	0.41	박달나무	0.90	아피통	0.64
리기다소나무	0.54	벚나무	0.70	서양측백	0.34
잣나무	0.48	은행나무	0.54	라민	0.64
편백	0.40	사시나무	0.47	마호가니	0.81

5.2 함수율(函數率)

① 함수율 : 성장 중의 수목의 수간에는 다량의 수분이 포함되는데 심재보다는 변재, 노목보다는 유목이 수분을 다량 포함한다.

② 목재의 함수율은 다음과 같은 공식에 의하여 구한다.

$$\upsilon = \frac{W_1 - W_2}{W_2} \times 100(\%)$$

W_1 : 건조전의 시료의 중량

W_2 : 절대건조(100～105℃의 온도에서 일정량이 될 때까지 건조) 시의 시료의 중량

③ 섬유포화점(纖維飽和點) : 세포 사이의 수분이 증가하고 세포막 내의 수분만이 남은 경우 함수율이 30%인 때를 섬유포화점이라 한다.

④ 기건상태(氣乾狀態) : 세포막내 수분이 감소되어 대기습도와 균형된 함수율로 10～15% 이하인 경우.

⑤ 절건상태(切乾狀態) : 함수율이 0%인 상태로 절건재는 다시 흡수하여 기건재로 된다.

5.3 목재의 변형

(1) 변 형

① 건조방법 : 수침재가 변형율이 적고 자연건조가 인공건조보다 변형율이 크다.

② 위치 : 심재는 변재보다 변형율이 적고 비중이 적은 목재가 변형율이 적다.

③ 섬유방향 : 목섬유 평형방향이 제일 적고 횡단면상에서 연륜의 직각방향이 둘째로 적고 횡단면상에서 연륜의 촉방향이 제일 건조 수축율이 크다.

④ 수축율(收縮率) : 축방향 0.35r%, 지름방향 8r%, 축방향 14r%, 체적 22r%이다. 목재의 변형은 섬유포화점(纖維飽和點) 이하에서 변형이 일어나기 시작한다.

(2) 변형피해(變形被害)

① 목재 사용 후 건조변형이 생기면 실용상·미관상 막대한 지장이 생긴다.

② 변형 피해를 방지하기 위해 기건재로 건조된 목재를 사용하고, 곧은 결재, 경량재, 합판재 등 사용하며 널결재 등 뒷면에 미리 톱자국을 내서 사용하고 부분 이상건조를 피해야 한다.

(3) 가력변형(加力變形)

섬유방향에 따라 변형율에 차이가 있고 응력에 따라 변형이 다르다.

① 인장가력(引張加力) : 목재 섬유방향으로 인장력을 가한 것은 직각방향으로 가한 것보다 변형율이 적다

② 압축가력(壓縮加力) : 목재 섬유방향으로 압축력을 가한 것은 직각 방향으로 가한 것보다 변형율이 적다

③ 가력방향(加力方向) : 인장력과 압축력과 변형율은 섬유방향 여하간에 압축가력시의 변형율이 크다.

5.4 역학적 성질

(1) 비중(比重)과 강도(强度)

비중이 큰 제일수록 강도가 크며 같은 수종에서도 건조정도·가력방향·재종에 따라 강도가 다르며 재종에 따라서 강도가 차가 생기며 심재가 변재보다 강도가 크다.

(2) 함수율(函數率)과 강도(强度)

함수율이 섬유포화점 이하에서 함수율이 적을수록 강도 증가한다.

(3) 응력과 강도

인장력에 대한 강도가 압축강도보다 크고 압축강도는 전단강도보다 크다.

표2. 목재의 강도표(단위 : kg/㎠)

수종	비중	압축강도	인장강도	휨 강도	전단강도	비고
삼	0.39	400	447	576	52	삼나무
회	0.46	517	573	804	72	회나무
육송	0.54	440	519	703	76	소나무
낙엽송	0.61	638	–	827	90	낙엽송
오동	0.31	372	214	586	–	오동나무
율	0.50	353	598	582	64	밤나무
엄지	0.65	512	934	823	87	사요지
	0.68	526	878	874	97	느티나무
	0.70	534	742	879	102	벗나무
풍	0.72	564	821	910	114	단풍나무
	0.82	459	949	786	79	떡갈나무
	0.99	641	1250	1180	123	참나무

(4) 가력방향(加力方向)과 강도(强度)

① 인장강도는 평행방향이 직각방향의 20배이다.

② 압축강도는 평행방향이 직각방향의 10배이다.

③ 휨강도는 평행방향이 직각방향의 15배이다.

(5) 흠과 강도

흠(갈림 · 썩정이 · 외상 · 옹이 등)이 있는 부분은 강도가 저하하고 죽은옹이 무절재 강도의 60%정도, 썩은 옹이 20% 이하 저하된다.

(6) 허용강도

구조재로 사용하는 건조목재의 구조계산상 허용강도는 수종별 최대 강도의 1/7~1/8 정도로 본다.

(7) 목재의 단기강도(短期强度)

목재의 단기강도는 장기강도의 2배이다.

표3. 목재의 허용강도(단위 : kg/㎠)

재 요	압축강도	안정강도	전단강도
삼나무,소나무,춘양목,미삼	60	70	5
화 나 무, 미 송, 낙 엽 송	80	90	7
방 나 무, 떡 갈 나 무	70	95	10
느 티 나 무	80	110	12
참 나 무	90	125	14

6. 내구성(耐久性)

6.1 부패(腐敗)

(1) 목재의 부패 원인

목질부에 · 전분 등 생물의 영양분이 포함되어 있어 부패균이 침입하여 번식한다. 부패균의 균사가 만연되어 분비된 요소의 작용으로 목질부가 화학변화를 받아 변질한다. 목재가 부식하면 목재성분을 변화 시켜 CO_2, H_2O, CH_4, H_2, 등의 물질을 발생케 하고 섬유질을 분해 감소시킨다. 그리하여 목재의 강도가 저하되고 변질하여 분해된다.

(2) 부패균의 종류

① 적부 : 섬유소를 용해하고 리그린이 남으면 붉은색으로 되고 침엽 수재가 대체로 적부가 많다.

② 건부 : 건조된 목재를 부패시키고 목조 바탕 등에 잘 일어난다.

③ 백부 : 리그린을 용해하고 섬유소는 남긴다. 활엽수종재가 많다.

④ 청변 : 변재부를 파란색으로 변색되고 목재강도는 영향이 없다.

(3) 부패균의 번식

① 균의 번식 : 적당한 온도는 20~30℃, 적당한 습도 80% 이상과 공기의 공급에 의해 부패균이 번식이 가장 왕성하다.

② 균의 번식 불가능 : 온도 4℃ 이하나 70℃ 이상이면 균이 사멸, 습도 15% 이하이면 균의 번식 중단, 공기 공급을 차다하면 균의 번식이 불가능 하다.

(4) 부패의 피해

목재가 부패되면 비중감소와 동시에 강도 저하한다. 강도 저하는 비중감소율의 약 5배나 되고 변색된다. 침엽수는 적색, 청색, 등으로 변하고 활엽수는 백색, 흑색으로 변한다. 습기를 흡수한 목재는 부패되기 전에 표면에 회색, 흑색 등의 곰팡이가 생긴다.

6.2 풍화(風化)

대기환경에 접하여 기온의 변화를 받으면 점차 표면이 변색, 변질되어 풍화가 진행된다(목재 표면에서부터 진행된다).

6.3 충해(蟲害)

목질부에 각종 곤충류가 침식하여 섬유를 절단하고 곤충의 분비물에 의해 썩는다. 춘재부는 침식하나 추재부는 그대로 남은 수도 있다. 피해가 큰 곤충으로 흰개미, Colcoptera 등이 있다. 피해 위치는 토대, 들보 등이 밑에서부터 침식한다.

7. 목재의 보존성

목재가 풍우, 일광에 노출되면 풍화, 마모, 부패, 충해 등의 현상이 일어난다. 이와 같은 형상으로 목재가 변질하기까지의 시간에는 장단이 있지만 같은 환경조건하에 둘 경우에는 목재가 갖는 저항성이 크게 영향을 준다. 이러면 저항성을 총칭하여 내구성이라고 하고 특히 부패균에 의한 부식에 대한 저항성을 내식성으로 구분하여 여기에 저항할 수 있는 조치를 취하여 목재를 보존해야 한다.

7.1 방부법(防腐法)

(1) 방부제(防腐劑)의 종류

(가) 수용성 방부제

① 유산동 1% 용액 : 방부성은 좋으나 철재부식과 인체에 유해하고 효능이 길지 못한다.

② 염화아연 4% 용액 : 방부효과는 좋으나 목질부를 약화시키고 전기 열전도율이 증가하고 비 내구적이다.

③ 영화제2수은 1% 용액 : 방부화가는 좋으나 철재 부식과 인체에 유해하다.

④ 불화소다 2% 용액 : 방부효과는 좋고 철재니 인체에 무해하다. 페인트 도장도 가능하나 내구성이 부족하여 값이 비싸다.

(나) 유성 방부제

① 크레오소트 오일(Creosote Oil) : 방부효과는 좋으나 목재를 흑갈색으로 착색하고 악취가 나고 흡습성이 있으며 침투성도 크고 시공도 편리하다. 외관이 불미하므로 토대·기둥·도리 등에 사용한다.

② 콜탈(Coal Tar) : 가열 도포하면 방부성은 좋으나 목재를 흑갈색으로 착색하고 페인트칠이 불가능하므로 보이지 않은 가설재 등에 이용한다.

③ 아스팔트(Aspalt) : 가열 용해하여 목재에 도파하면 방부성은 크나 페인트칠에 불가능하므로 보이지 않는 곳에만 사용 가능하다.

④ 페인트(Paint) : 유성 페인트 목재에 도포하며 피막이 형성하여 목재 표면을 피복하므로 방습·방부 효과가 있고 착색이 자유로우며 외관을 미화하는 효과가 있다.

⑤ P.C.P(Pinta-Chloro Phenol) : 방부제 중 방부력이 가장 우수하며 열이나 약제에도 안정하며 무색제품이므로 도료를 칠할 수도 있다. 또 유용성이나 수용성이 있으며 침투성이 극히 양호하여 도포 뿐만 아니라 주입도 할 수 있다.

(2) 방부제 사용

방부제가 갖추어야 할 요건은 다음과 같다.

① 목재에 침투가 잘 되고 방부성이 클 것
② 목재에 접촉되는 금속이나 인체에 해가 없을 것
③ 악취가 나거나 목재를 변색시키는 일이 없을 것
④ 방부처리하고도 표면에 페인트를 칠할 수 있을 것
⑤ 목재의 강도 저하나 중량 증가가 되지 않을 것
⑥ 목재의 인화성과 흡수성의 증가가 없을 것
⑦ 목재의 가공에 불편하지 않을 것
⑧ 값이 싸며 방부처리가 용이할 것

(3) 방부제 처리법

(가) 도포법(塗布法)

방부제를 액화하여 브러쉬 등으로 목재 표면에 칠하여 도막을 형성해서 방부하는 방법을 도포법이라 한다. 시공이 용이하고 공작 조립 후에도 도포할 수 있다. 틈이나 접합부 등에 면밀히 시공을 필요로 한다. 피막이 벗겨지기 전에 2~3년 이내 재도장하여 효과를 증대시킨다. 크레오소트 오일 80~90℃ 가열, 5~6㎜ 두께에 침투된다.

(나) 침자법

목재를 방부제액 중에 잠가 두어 7~10일 경과시켜 방부 처리하는 방법을 침자법이라고 한다. 목재 속에 방부재가 침투되어 방부효과가 증대된다. 가열하면 침투가 빠르다.

(다) 주입법

① 상압 주입법 : 방부액(크레오소트 오일 등)을 100~120℃ 정도 가열하여 목재에 잠그면 3~5시간 경과로 방부액이 침투된 후에 상온액 중에서 5~6시간 잠가서 목재 내부까지 침투시키면 15㎜ 이상으로 방부처리된다.

② 가압 주입법 : 방부액을 70℃ 정도 가열하여 목재 내부에 약 30 kg/㎠의 압력을 가하여 주입시키면 목재 내부 전면에 방부제가 침투되어 가장 효과적인 방부처리 방법이다.

③ 생리적 주입법 : 산나무 뿌리에 방부액을 흡수시키면 수액과 동시에 목질부내로 침투 되어 목질부 전면에 방부제가 흡수되어 벌목 후 방부효과가 있다.

(라) 표면탄화법(表面炭化法)

① 방법 : 목재표면을 약간 태워서 탄소로 표면에 씌워 목재에 부패균의 침입을 막는 방법을 표면탄화법이라 한다.

② 효능 : 표면탄화 두께는 약 6~10㎜ 정도이므로 일시적으로 유효하나 1~2년 경과하면 탄소가 떨어져서 방부효과도 저하된다.

③ 용도 : 가설재 등에 임시로 사용될 정도이다.

7.2 목재의 내화성

(1) 원인

목재는 100℃ 이상 가열되면 가연성 가스인 CO, CH_4, H_2 등을 발산한다.

(2) 착화점(着火點)

목재는 150℃에서 탄화작용으로 흑갈색으로 변색되고 250℃ 이상이 되면 환원의 불길을 끌어당기는 인화점이 되며 450℃ 이상이 되면 환원이 없어도 목재 자체에서 자연발화되는 자연발화점이 된다.

(3) 화학약품 처리법

연소시간을 지연시킬 정도이고, 처리방법으로 제2인산암모늄·유산암모늄 등은 불연성 강스가 발생하고, 물유리·봉사목재의 표면도포로 난연성이 있다.

(4) 대책

금속 이외의 불연재료로 피복하든가 준내화구조로 하여야 한다.

8. 목재의 가공품

목재를 장식적으로 사용하는 경우에는 목재 표면의 색조, 광택, 목리 등의 선택이 중요한 인자가 되나 보통과 같은 수종에서도 산지에 따라 성장이 다르므로 산지에 의해 수종이 선택되는 일이 많다. 이러한 목재의 특징을 이용하여 치장재로서 널리 사용된다. 목재는 불균질성·흡읍성·흡습성 및 그로 인한 변형 등의 치명적인 결함을 가지고 있으나 그런 결점을 보충하고 목재를 합리적으로 이용한 합판·섬유판·절삭판·집성목재의 등의 목재 가공품을 볼 수 있다. 이밖에도 마감재로서 Flooring Block 등의 마루판재가 있다.

8.1 합판(合板 : Plywood)

(1) 단판제법(單板製法)

(가) Rotary Veneer

① 제법 : 원목 중축을 축으로 하여 회전하면서 회전포(단판)을 얻는방법이다.

② 특성 : 넓은 단판을 얻을 수 있으며 원목 낭비가 적고 생산능율

이 높으나 단판이 널결만이어서 표면이 거친 결점이 있으며 단판의 두께는 0.5~3㎜ 정도이다.

(나) Sliced Veneer

① 제법 : 상하로 운동하는 칼로 얇게 절단하여 만든다.

② 특성 : 합판의 표면에 곧은결 등 아름다운 결을 붙여 장식적으로 이용하며 두께는 1~6㎜이다.

(다) Sawed Veneer

① 제법 : 보통 판재를 만드는 것과 같은 방법으로 톱으로 얇게 쪼개 단판을 만든다.

② 특성 : 결이 아름다우며 결의 무늬를 좌우 대칭적으로 위치로 배열한 합판을 만들 때 효과적으로 쓰이고 두께는 1~6㎜이다.

(2) 합판제법

(가) 제조 원리

원목을 얇은 단판으로 만들어 섬유방향이 서로 직각으로 되게 심판 양측에 접착제로 붙여 만든다.

(나) 합판용 접착제

보통 합판(Caseine · Viscose · Urea · Formarin · Glutamine), 내수용 합판(열경화성 요소수지 : Urea Resin), 석탄산 수지(Phenol Resin) 등이 있다.

(다) 제 법

겹쳐진 단판을 접착제로 상온가압(10~18kg/㎠), 열압(150~160℃), 압력(10~18kg/㎠)하여 크림프로 24시간 조여 만든다.

(3) 합판 특성

① 함수율 변화에 의한 신축 변형이 적고 방향성이 없다.

② 통나무에 비하면 얇은 판으로 강도가 높고 방향성이 없다.

③ 규격화되어 있으므로 사용상 편리(91cm×182cm · 121cm×242cm)하다.
④ 원목은 소경재라도 넓은 판을 만들 수 있다.
⑤ 곡면 가공을 하여도 균열이 생기지 않고 무늬가 일정하다.
⑥ 표면 가공으로 흡음효과를 낼 수 있고 의장효과도 높일 수 있다.

(4) 합판의 종류

(가) 표면에 의한 분류

① 보통합판 : 단판을 섬유직각 방향으로 3, 5, 7, 9등을 겹쳐 접착제로 압착시킨 것이다.
② 특수합판 : 합판의 표판에 각종재료로 마무리한 합판으로 다음과 같은 종류가 있다.

- 화중부합판
- 멜라민화장합판
- 폴리에스테르화장합판
- 염화비닐화장합판
- 기타합성수지화장합판
- 기타화장합판
- 플린트합판
- 투명도장합판
- 채색도장합판

(나) 용도에 의한 분류

- 방화합판(난연합판·방화문용합판)
- 방충합판
- 방부합판
- 내수합판

(5) 심재료(心材料)

① 베니어 코어 합판 : 심재료를 보통단판으로 쓴 것으로 층수와 합판 두께는 3매 · 5매 · 7매 · 9매 등이 있다.
② 람바 코어 합판 : 목재를 가늘게 톱질한 것을 가로, 세로로 붙여 폭이 넓고 두터운 심판을 만들어 양쪽에 표판을 붙인 것으로 두께는 30mm 이상이다.
③ 허니 코어 합판 : 크라프트지 등으로 벌집모양의 코어 심을 쓴 것이다.
④ 파티클보드 코어합판 : 파티클 보드를 심재료로 한 두터운 합판으로 주로 가구용으로 사용한다.

⑤ 화이버 보드 코어합판 : 단열재(인슐레이숀)용 보드로 쓰인다.

(6) 합판의 용도

① 벽·처장·바닥 : 마감재로로 붙일 때는 얇은 것도 되나 9㎜ 이상의 것은 마루바탕재나 벽구조재로 사용한다.

② 마감재 : 아름다운 무늬합판은 마감재로 사용하며 합판의 표판에 플라스틱이나 스테인레스를 붙여 사용한다.

③ 구조용 : 두꺼운 합판을 조립보로 만들거나 기타 구조용 조립품도 있으며 거푸집용으로도 사용한다.

④ 건구용 : 도어의 합판 양면에 접착시켜 만든 것이다.

⑤ 흡음재 : 합판에 구멍을 뚫어 뒷면에 석면·유리면을 넣어 실내마감재로 사용한다.

⑥ 가설재 : 거푸집용으로 사용(두께 12㎜정도)한다.

8.2 집성 재료(集成材料)

(1) 집성 재료의 종류

(가) 적층곡면재

① 제법 : 주로 곡면재를 만들고자 할 때 판을 굽혀 접착하는 것으로 하나의 재료로는 안된다.

② 특성 : 목재량도 적게 들고 구조의 변형도 적다.

③ 용도 : 목구조에서 아아치, Angle Rahmen 형식 등을 만들 때 사용한다.

(나) 강화적층재(강화목)

① 제법 : 합판의 단판에 페놀수지 등을 침투시켜 온도 150℃, 압력 150~200kg/㎠로서열압하여 만든다(일종의 개량 목재라고 볼 수 있다).

② 합판과 차이점 : 단판의 섬유방향을 전부 평행으로 겹쳐 만든 것이다. (단판을 수십 매겹쳐서 만드는 경우도 있다).

③ 특성 : 대단히 가볍고 각종강도는 소재의 3~4배 정도이다.

④ 용도 : 금속 대용으로 기어, 프로펠러나 건축재료로는 마모되기 쉬운 부분에 사용하나 값이 비싸다.

(2) 집성 재료의 특성

① 장대재를 만들 수 있고 강도상 결함이 없다.

② 응력에 따라 필요한 단면을 만들 수 있다.

③ 자유로운 강도의 목재를 인공적으로 만들 수 있다.

8.3 인조목재

(1) 원료 및 제조

나무 부스러기, 톱밥, 대패밥으로 이를 적당히 처리한 후 고열압을 가하여 원료가 가진 리그린 등을 이용하여 목재 섬유를 고착시켜 만든 견고한 판이다.

(2) 제품의 종류

Masonite, Barkalite 등으로 시판되고 있다.

(3) Masonite의 제법

① 제조원리 : 목재섬유의 리그린이 소실되지 않게 섬유를 일단 풀어서 또 다시 고화시키는 방법이다.

② 제법 : 내경 50㎝, 높이 150㎝, 두께 5㎝ 정도의 Gum·Cannon 등의 강재 용기에 원료를 채우고 200℃, 25kg/㎠ 기압의 수증기를 30~40초 주입시키며, 최후 온도 300℃ 정도, 기압을 70kg/㎠ 으로 하고 1~5초간 울렸다가 밸브를 열면 폭발을 일으켜 섬유는 해리되어 솜과 같이 되어 탱크 속으로 들어간 것을 수압기로 열압하여 만든 판이다.

8.4 Flooring(쪽매마루)

양식의 마루판을 Flooring이라는 제품으로 공장에서 만든다. 나무의 종류는나왕, 참나무, 티크 등이다. 뒷면에 홈이 없는 것을 Parquetry, 길이와 폭의 정배수이고, 30㎝ 이상인 것을 Panel이라고 한다.

(1) Flooring Board

① 치수 : 견목재판을 두께 9㎜, 넓이 60㎜, 길이 60㎝ 정도의 판으로 만든다.

② 처리 : 표면은 상대패로 마감하고 양측면은 제혀쪽매로 접합한다.

③ 용도 : 마루장선 위에 깔거나 이중판의 상판으로 깐다.

(2) Parquetry Board

① 치수 : 견목재판을 두께 9~15㎜, 넓이 60㎜, 길이 넓이의 3~5배로 만든 것이다.

② 처리 : 단판을 접착재나 파정으로 23㎝ 각의 판널, 표면은 상대패 로 마감하고, 양측면은 제혀쪽매로 접합한다.

③ 용도 : 마루장선 위에 깔거나 이중판의 상판으로 깐다.

(3) Parquetry Panel

① 치수 : 견목재판을 두께 9~15㎜, 넓이 60㎜, 길이는 폭의 정수배로 한 것이다.

② 처리 : 양측면에 제혀쪽매로 가공하였으며 뒷면에 홈이 없다.

(4) Parquetry Block

① 치수 : 파키트 보드를 3~5매씩 조합하여 180㎜×10㎜ 각이나 300×300㎜ 각 판으로 만든 것이다.

② 처리 : 뒷면에 파정으로 접합하고 방습처리한 것이다.
③ 시공 : 사용할 때는 철물과 몰탈을 사용하여 콘크리트 마루에 깐다.

8.5 벽, 천정재

(1) 코펜하겐리브(Copenhagen Rib)

① 용도 : 강화·집회장 등 음향조절용으로 쓰거나 일반 건물의 벽 수장용으로 사용한다.
② 크기 : 보통 두께 3㎝, 너비 10㎝ 정도의 긴 판에 표면을 리브로 가공한 것 이다.
③ 단면모양 : 설계장의 설계에 따라 선택한다.

(2) 콜크보드(Cork Board)

① 원료 : 남양이나 지중해에 있는 상록수(콜크나무)로 수령 15~20년부터 10년마다 채취하여 200년 까지 계속 채취, 두께는 5㎝ 정도이다.
② 제법 : 채취한 것을 평평하게 압축 건조하여 5~6분 솥에다 끓여 건조해서 만든 것을 화이트 콜크로 탄석성이 있으며, 끓이는 대신 화열 또는 과열 증기로 처리한 것을 탄화 콜크라 하며 약간 질이 떨어진다.
③ 용도 : 탄력성이 양호하고 보온력이 뛰어나서 흡음재로 사용하고나 저온용 보온재로 많이 사용한다.

8.6 대다무(죽재)

대나무는 가구, 일상화용품, 공예품 등으로 많이 쓰이거나 건축구조용으로는 크게 쓰이지 않는다. 대나무의 종류는 약 200여 종에 달하고 옹이 간격이 50㎝ 정도도 있다.

(1) 벌목

대나무는 성장이 1년 정도면 일정한 크기에 이르러 그 다음부터는 조지막 치밀해진다. 그래서 벌먹은 3~6년 정도가 좋으며 벌목시기는 9~11월 정도가 적기이다.

(2) 특성

대나무는 연륜이 없고 곧고 탄성력이 있으며 강도나 크게 쪼개지기 쉽고 부패되기 쉽다. 기건재중 비중은 0.3~0.4, 인장강도는 2,000~2,500kg/㎠ 이므로 연강의 강도와 비슷하다. 휨재의 강도는 2,000kg/㎠ 내외, 건조재가 생재보다 강도와 경도가 크다.

(3) 건조 및 가공성

대나무는 다른 목재보다 건조가 빠르다. 건조는 활죽인 경우 10~20 정도 환죽인 경우 3~4개월 정도이고 건조되면 담황갈색이 된다. 인공건조는 증기로 하며 온도 46℃, 습도55% 이하로 건조한다. 수축율은 길이방향 0.1%, 두께 6%, 둘레 4% 정도이다. 가공은 가열하여 기름을 빼면 내구성이 증대되고 구부릴 때는 증기로 찌거나 가열하면서 서서히 구부린다. 대나무는 0.3%의 알칼리로 처리하면 연해지므로 이를 쪼개서 평판으로도 만들 수 있다.

9. 특수 목재의 용도

일반 목재는 구조용, 장식용, 가구용에 사용되나 특수 목재는 사용상의 특수성을 감안 하여 용도에 따라 적당히 선택하여야 한다.

표4. 특수목재의 용도

목재의 종류	목재의 용도	목재의 종류	목재의 용도
오동나무	옷장재, 악기 등	백오동	나막신 · 정원수
느티나무	건축, 조각, 선박	옻나무	철 · 악재 · 관구
잣나무	건축, 판재	박달나무	차량기구
전나무	상자, 이남박	리기다소나무	용재, 채지
연필향나무	연필	비자나무	바둑판, 조각
은행나무	풍치목, 조각, 소반	돌가시나무	선박의 노병
대팻집나무	세공구재	감나무	옥장재, 장식재

참 고 문 헌

1. 건설교통부, 건축공사 표준시방서, 대한건축학회, 1999
2. 김무환 외, 건축재료학, 문운당, 2005
3. 대한건축학회, 건축학 전서 (7) 건축재료, 기문당, 1997
4. 조준현, 건축재료학, 기문당, 2003
5. 조준현 외, 건축재료학, 기문당, 2003
6. 건축재료 교재 편찬위원회, 건축재료, 보성각, 2005
7. 한국 강구조학회, 강구조의 설계, 구미서관, 2004
8. 한국 콘크리트 학회, 최신 콘크리트 공학, 기문당, 1997
9. 김재훈 외, 건축재료학, 문운당, 2004
10. 정구섭 외, 건축재료학, 광문각, 1999
11. 현대건설 기술연구소, 방수공사 매뉴얼, 건설도서, 2003
12. 한국콘크리트학회, 시멘트 콘크리트의 품질시험 및 품질관리, 한국콘크리트학회, 1995

건축재료학

2025년 1월 5일 인쇄

2025년 1월 30일 발행

저 자 : 박도경,한동진

발행인 : 이 석 환

발행처 : 도서출판 서우

주 소 : 서울시 은평구 대조동 188-8

전 화 : (02) 383-1696, 1697

팩 스 : 387-9578

출판 등록 제 8-159호

IBSN 89-91985-15-7

정가 20,000원